普通高等教育"十一五"国家级规划教材

普通高等院校计算机类专业规划教材·精品系列

操 作 系 统

（第四版）

刘振鹏　张　明　王　煜　编著

U0310503

中国铁道出版社有限公司

CHINA RAILWAY PUBLISHING HOUSE CO., LTD.

内 容 简 介

本书为普通高等教育"十一五"国家级规划教材，是在《操作系统（第三版）》的基础上修订而成的。与前三版相比，第四版在结构、内容上都作了增删、调整和修改。

全书内容共五部分：背景知识，内容包括引论和操作系统的硬件环境；进程，内容包括进程与进程管理、进程同步与通信；存储管理，内容包括存储器管理和虚拟存储器管理；文件和输入/输出管理，内容包括用户接口管理、文件管理和设备管理；网络与分布式系统，内容包括网络服务器与分布式系统。本书以 Linux 操作系统为例，具体分析了当代操作系统的设计思想和实现技术。

本书内容丰富，结构清晰，突出基础，注重应用，强调理论与实践相结合，适合作为普通高等院校计算机及相关专业的教材，也可供计算机爱好者自学使用，对于从事计算机应用和开发的技术人员也具有一定的参考价值。

图书在版编目（CIP）数据

操作系统 / 刘振鹏，张明，王煜编著. —4 版. —北京：
中国铁道出版社，2016.8（2023.12 重印）
普通高等教育"十一五"国家级规划教材. 普通高等院
校计算机类专业规划教材・精品系列
ISBN 978-7-113-22037-2

Ⅰ.①操… Ⅱ.①刘… ②张… ③王… Ⅲ.①操作系统
－高等学校-教材 Ⅳ. ①TP316

中国版本图书馆 CIP 数据核字（2015）第 159962 号

书　　名：操作系统
作　　者：刘振鹏　张　明　王　煜

策　　划：周海燕　　　　　　　　编辑部电话：（010）51873202
责任编辑：周海燕　徐盼欣
封面设计：穆　丽
封面制作：白　雪
责任校对：王　杰
责任印制：樊启鹏

出版发行：中国铁道出版社有限公司（100054，北京市西城区右安门西街 8 号）
网　　址：http://www.tdpress.com/51eds/
印　　刷：三河市兴达印务有限公司
版　　次：2003 年 9 月第 1 版　2007 年 8 月第 2 版　2010 年 7 月第 3 版　2016 年 8 月第 4 版
　　　　　2023 年 12 月第 9 次印刷
开　　本：787 mm×1 092 mm　1/16　印张：21　字数：453 千
书　　号：ISBN 978-7-113-22037-2
定　　价：49.80 元

第四版前言

操作系统是计算机系统中必不可少的系统软件之一，对计算机系统资源实施管理，是所有其他软件与计算机硬件的接口，所有用户在使用计算机时都需要得到操作系统提供的服务。操作系统是计算机课程体系中一门很重要的专业核心课程，本书是编者在多年教学和科研工作的基础上撰写的。《操作系统》第一版出版于 2003 年，第二版出版于 2007 年，并入选为普通高等教育"十一五"国家级规划教材，第三版出版于 2010 年。编者在使用本书的这十几年中，通过第一线的教学实践，听取和收集了使用本书的众多教师和学生的反馈意见，以此为基础对原书内容做了调整。

本书是关于操作系统的基本概念、基本方法、设计原理和实现的教材，使读者全面地了解和掌握操作系统设计原理和实现方法。本书概述操作系统的形成、类型和功能；阐述进程管理、存储器管理、设备管理、文件管理；并对操作系统的最新发展包括网络操作系统、分布式操作系统做扼要介绍。这次改版主要是对整体结构进行调整，使其具有更好的逻辑性。并删除了关于作业和作业管理的内容，并对其他部分做了调整。改版后本书的内容包括：

第一部分　背景知识。这部分主要包括两部分内容，一是操作系统的基本概念、发展、特性、功能和结构设计，二是硬件环境。

第二部分　进程。这部分包括进程和线程的基本概念、进程控制、进程调度、同步和通信以及死锁等内容。

第三部分　存储管理。介绍了存储器管理的概念和功能，重点分析了分区和页式存储管理，虚拟存储器管理重点讲解了虚拟页式存储器管理。

第四部分　文件和输入/输出管理。主要包括三方面内容，一是操作系统的用户接口管理，二是文件管理的基本概念和功能，三是设备管理的基本概念和功能。

第五部分　网络与分布式系统。介绍了网络操作系统和分布式操作系统的一些知识。

这次改版后的《操作系统》保持了原书的一贯风格，以先进性、简明性和理论与实践并重为编写原则，系统地讲述了操作系统的基本概念、原理和实现技术，并以 Linux 操作系统为示例，具体分析了当代操作系统的设计思想和实现技术。

本书由刘振鹏、张明、王煜共同编著。本次教材修订中，王煜编写了第一、二部分，张明编写了第三、四部分，刘振鹏编写了第五部分，最后由刘振鹏统稿定稿。

本书在写作和再版过程中，得到了许多院校操作系统任课教师的大力支持和帮助，他们提出了许多中肯的意见和诚挚的建议，对本书的再版起了很大的指导作用。在此，向他们表示衷心的感谢。中国铁道出版社的各位编辑和图书推广人员，他们为本书高质量的出版并在更多院校使用做出了巨大贡献，在此一并致谢。

由于编者水平有限，书中难免还有不足之处，恳请广大读者批评指正。

编　者

2016 年 5 月

第一版前言

　　操作系统是计算机系统中不可缺少的基本系统软件，主要用来管理和控制计算机系统的软、硬件资源，提高其利用率，并为用户提供一个方便、灵活、安全、可靠地使用计算机的工作平台。计算机操作系统不仅是计算机有关专业的核心课程，也是从事计算机应用开发人员必须掌握的基础知识。

　　本书是作者在近年来讲授"操作系统"课程的教学实践和科学研究的基础上，参考了国内外出版的各种操作系统教材，编写的一本讲述计算机操作系统原理的教科书。本书以先进性、简明性和实用性为编写的指导原则，以操作系统的基本原理为主线，系统地讲述了操作系统的基本概念、原理和实现技术，而且以 Linux 操作系统为示例，展现了当代操作系统的本质和特点，是一本既注重基本原理，又结合实际的教科书。考虑到学习和发展操作系统的需要，对于近年来国际上操作系统等领域中的新发展，也以一定的篇幅加以简单介绍。操作系统是一门实践性非常强的学科，必须对实践和应用给予必要的重视。为此，从强调应用、注重实践出发，本书以 Linux 操作系统为示例，具体分析了当代操作系统的设计思想和实现技术。

　　本书共分 7 章。第 1 章为操作系统引论，介绍了操作系统的概念和操作系统的形成和发展、操作系统的类型和功能，并从多个角度介绍了研究操作系统的观点。另外还介绍了操作系统的硬件环境。第 2 章为作业管理，介绍了作业管理的基本概念和功能、批处理作业管理和交互式作业管理以及系统调用的概念和处理过程。第 3 章为进程管理，介绍了进程的基本概念、进程调度，并讨论了死锁问题，在这一章中还引入了能进一步提高程序并发执行程度的多线程概念。第 4 章为存储管理，介绍了存储器管理的基本概念和功能，详尽讨论了存储器管理的机制和算法，并讨论了虚拟存储器的实现机制，对虚拟存储器的性能进行了分析。第 5 章为文件管理，介绍了文件管理的基本概念和功能，详尽讨论了文件系统的实现以及文件系统的可靠性和安全性，并对文件系统的性能问题进行了分析。第 6 章为设备管理，介绍了设备管理的基本概念和功能，讨论了设备管理的有关技术和处理过程。第 7 章为网络与分布式处理，介绍了网络服务器、进程迁移等内容，并对分布式进程管理和死锁问题进行了讨论。为了便于学习和掌握操作系统的基本知识，本书在每一章的后面还附有一定数量的习题。

　　本书作者提供了教材的电子讲义和书中部分习题的答案，有需要者可与中国铁道出版社计算机图书中心联系。

　　本书的第 1、3 章由刘振鹏编写，第 2、5 章由王煜编写，第 4、6 章由张明编写，第 7 章由李亚平编写，最后由刘振鹏、李亚平统一定稿，陈贤淑、陈晓娟、廖康良等同志参与了本书的编排工作。

　　本书在写作过程中，得到了许多专家的大力支持，参考了大量的文献资料，在此表示诚挚的谢意。

　　限于作者的水平有限，书中难免由不妥甚至错误之处，恳切希望读者予以指正。

编　者

2003 年 8 月

第二版前言

操作系统是现代计算机系统中必不可少的基本系统软件，也是计算机专业的必修课程和从事计算机应用技术人员必须掌握的基础知识。本书是编者在多年教学和科研的基础上对《操作系统》第一版修改而成的。

《操作系统》第一版出版于 2003 年，距今已有 4 年。编者在这 4 年中，通过进一步在第一线的教学实践，积累了大量的经验。在本次再版中，我们根据积累的经验以及反复推敲论证，对原书从结构到内容做了调整、修改和增删，对出现的一些错误进行了修正，更加着重于突出重点内容。原书的第 3 章"进程管理"过于庞大，再版中把第 3 章分解为"进程与进程管理"和"进程同步与通信"两章。再版后的《操作系统》保持了原书的风格，以先进性、简明性和实用性为编写的指导原则，系统地讲述了操作系统的基本概念、原理和实现技术。本书被评为普通高等教育"十一五"国家级规划教材。

再版的《操作系统》共分 8 章：第 1 章仍为操作系统引论，介绍操作系统的概念和操作系统的形成与发展、操作系统的类型和功能，研究操作系统的观点，以及操作系统的硬件环境，并删除了一些与后边章节重复的内容；第 2 章为用户接口和作业管理，突出介绍了操作系统的用户接口，并对操作系统作业管理的概念和功能，以及批处理作业、交互式作业的不同管理方式进行了分析；第 3、4 章详细介绍了进程和线程的基本概念、进程控制、进程调度、同步和通信以及死锁，修改、增加了一些进程同步问题的算法，补充了一些例题；第 5 章为存储器管理，介绍了存储器管理的概念和功能，增加了程序的链接方法、多级页表实现以及分页虚拟存储管理中主存分配策略和分配算法等内容；第 6 章为文件管理，介绍了文件管理的基本概念和功能，增加了 FAT 大小的计算方法、目录的 Hash 查找方法和磁盘容错技术的实现方法；第 7 章为设备管理，介绍了设备管理的基本概念和内容，并对原有内容进行了调整，使其具有更好的逻辑性；第 8 章为网络与分布式系统，增加了分布式进程管理和处理机管理的内容，并对原有内容进行了扩充。

教材的第 1、8 章由刘振鹏编写修订，第 2、6、7 章由王煜编写修订，第 3、4、5 章由张明编写修订，最后由刘振鹏统一定稿。

本书在写作和再版过程中，得到了许多专家和众多院校操作系统任课教师的大力支持和帮助，他们提出了许多中肯的意见和诚挚的建议，对本书的再版起了很大的指导作用。在此，编者向他们表示衷心的感谢。正是他们的认可和支持，使得本书入选普通高等教育"十一五"国家级规划教材。

感谢编者的多位同事和学生，朱亮、杨文柱副教授对本书的内容提出了很多修改意见，赵鹏远、苗秀芬、王硕、张寿华、薛林雁等在使用本书的过程中指出了书中的一些错误，使得本书更加完善。

感谢中国铁道出版社的各位编辑和图书推广人员，他们为本书能够以较高的质量完成和在更多院校使用做出了巨大贡献。

限于编者水平有限，书中难免还有不足之处，恳请读者批评指正。

编　者
2007 年 2 月

第三版前言

操作系统是计算机系统中必不可少的系统软件之一，它出现于 20 世纪 50 年代末，至今已有 50 多年。操作系统是计算机课程体系中很重要的一门专业核心基础原理课程。操作系统的研发能力也很能够体现计算机软件发展的水平。因此，一本适用的操作系统教材十分重要。

本书是编者在多年教学和科研的基础上撰写的。《操作系统》第一版出版于 2003 年，第二版出版于 2007 年，入选为普通高等教育"十一五"国家级规划教材。编者在使用本书的这几年中，通过在第一线的教学实践，积累了大量的经验，并收集了使用本书的众多教师和学生的反馈意见。经过反复推敲、论证，编者对原书内容做了调整，修改和增删了一些内容，更加着重于突出重点内容。

本书是关于操作系统的基本概念、基本方法、设计原理和实现的教材，其目的在于可以系统、全面地讲解操作系统的概念、原理和实现。

修订后的《操作系统（第三版）》仍分 8 章，并在每章之后添加了小结。本书的内容包括：

第 1 章　操作系统引论，介绍操作系统的概念和操作系统的形成与发展、操作系统的类型和功能，研究操作系统的观点以及操作系统的硬件环境，并增加了嵌入式操作系统和操作系统结构设计模式的介绍。

第 2 章　用户接口和作业管理，重点介绍了操作系统的用户接口，并对操作系统作业管理的概念和功能以及批处理作业的管理方式进行了分析，删除了交互式作业管理的有关内容。

第 3、4 章详细介绍了进程和线程的基本概念、进程控制、进程调度、同步和通信以及死锁，修改、完善并增加了一些进程同步问题的算法，补充了一些例题和死锁的检测算法。

第 5 章　存储器管理，介绍了存储器管理的概念和功能，增加了工作集和抖动等内容。

第 6 章　文件管理，介绍了文件管理的基本概念和功能，增加了 NTFS 文件系统的实现介绍，删除了文件的成组和分解的内容。

第 7 章　设备管理，介绍了设备管理的基本概念和内容，并对原有内容进行了调整，使其具有更好的逻辑性。

第 8 章　网络与分布式系统，介绍了网络操作系统和分布式操作系统的一些知识。

《操作系统（第三版）》保持了原书的一贯风格，以先进性、简明性和理论与实践并重为编写的指导原则，系统地讲述了操作系统的基本概念、原理和实现技术，并以 Linux 操作系统为示例，具体分析了当代操作系统的设计思想和实现技术。

本次教材修订中，王煜编写了第 2、3、4、6 章，张明编写了第 5、7 章，何操、陆全华、谢晓峰编写了第 1 章，李苗在编写了第 8 章，最后由刘振鹏统稿。

本书在写作和两次再版过程中，得到了许多专家和众多院校操作系统任课教师的大力支持和帮助。他们提出了许多中肯的意见和诚挚的建议，在此表示衷心的感谢。感谢中国铁道出版社的各位编辑和图书推广人员，他们为本书高质量的出版以及被更多院校使用做出了巨大贡献。

限于编者水平有限，书中难免还有不足之处，恳请读者批评指正。

编　者
2010 年 5 月

目　录

第一部分　背景知识

第二部分　进　　程

第三部分　存　储　管　理

第四部分　文件和输入／输出管理

第五部分　网络与分布式系统

第一部分

背景知识

第 1 章

>>> 引论

操作系统是配置在计算机硬件上的第一层软件，是对硬件系统的第一次扩充。操作系统在计算机系统中占据着重要的地位，其他所有的软件，如汇编程序、编译程序、数据库管理系统等系统软件以及大量的应用软件，都依赖于操作系统的支持。

1.1 操作系统的概念

随着计算机技术的迅速发展，以软件为核心的信息产业对人类经济、政治、文化产生了深远的影响。信息化水平的高低，已经成为衡量一个国家综合国力的重要标志。信息的收集、处理和服务是信息产业的核心内容，它们都离不开软件。在信息技术中，微电子是基础，计算机及通信设施是载体，而软件是核心。软件是计算机的灵魂，没有软件就没有计算机应用，也就没有信息化。信息社会需要众多千变万化的软件系统，因此，软件的研究和开发就变得极其重要。在众多的软件系统中有一类非常重要的软件，为建立更加丰富的应用环境奠定了重要基础，它就是操作系统。

1.1.1 计算机系统

计算机系统就是按人的要求接收和存储信息，自动地进行数据处理和计算，并输出结果信息的系统。计算机是人类脑力的延伸和扩充，是现代科学的重大成就之一。

1. 计算机系统组成

计算机系统由硬件（子）系统和软件（子）系统组成。前者是借助电、磁、光、机械等原理构成的各种物理部件的有机组合，是系统赖以工作的实体。后者是各种程序和文件，用于指挥全系统按指定的要求进行工作。自 1946 年第一台电子计算机问世以来，计算机技术在元器件、硬件系统结构、软件系统、应用等方面均有惊人的进步，已广泛用于科学计算、事务处理和过程控制中，日益深入社会各个领域，对社会的进步产生了深远的影响。

现代计算机不再简单地被认为是一种普通的电子设备，《牛津英语词典（第二版）》中的定义是："计算机是一种进行计算或者控制那些可以表示为数字或者逻辑形式的操作的设备"。

图 1-1 是一般的计算机系统的层次结构：最下面是硬件系统，是进行信息处理的实际物理装置；最上面是使用计算机的人，即各种各样的用户；人与硬件系统之间是软件系统，大致可分为系统软件、支撑软件和应用软件 3 层。

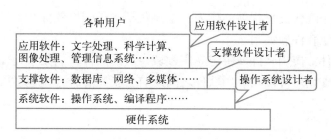

图1-1 计算机系统的层次结构

2. 计算机硬件

计算机硬件是指计算机系统中由电子、机械和光电元件等组成的各种部件和设备。这些部件和设备依据计算机系统结构的要求构成有机整体，称为计算机硬件系统。

硬件系统是计算机系统快速、可靠自动工作的基础。计算机硬件就其逻辑功能来说，主要是完成信息变换、信息存储、信息传送和信息处理等功能，它为软件提供具体实现的基础。计算机硬件系统主要由运算器、内存储器、控制器、I/O 控制系统、辅助存储设备等功能部件组成。

3. 计算机软件

计算机软件是指安装在计算机系统中的程序和有关的文件。程序是对计算任务的处理对象和处理规则的描述；文件是为了便于了解程序所需的资料说明。程序必须装入计算机内部才能工作；文件一般是给人看的，不一定装入计算机。程序作为一种具有逻辑结构的信息，精确而完整地描述了计算任务中的处理对象和处理规则。这一描述还必须通过相应的实体才能体现。记载上述信息的实体就是硬件。

软件是用户与硬件之间的接口界面。使用计算机就必须针对待解决的问题拟定算法，用计算机所能识别的语言对有关的数据和算法进行描述，即必须编写软件。用户主要是通过软件与计算机进行交互。软件是计算机系统中的指挥者，它规定计算机系统的工作，包括各项计算任务内部的工作内容和工作流程，以及各项任务之间的调度和协调。软件是计算机系统结构设计的重要依据。为了方便用户，在设计计算机系统时，必须全面考虑软件与硬件的结构，以及用户的要求和软件的要求。

按照应用的观点，软件可分为系统软件、支撑软件和应用软件 3 类。

（1）系统软件。系统软件是位于计算机系统中最靠近硬件的一层。其他软件一般都通过系统软件发挥作用。它与具体的应用领域无关，如编译程序和操作系统等。编译程序把程序设计人员用高级语言书写的程序翻译成与之等价的、可执行的低级语言程序；操作系统则负责管理系统的各种资源、控制程序的执行。在任何计算机系统的设计中，系统软件都要优先考虑。

（2）支撑软件。支撑软件即支撑其他软件的编制和维护的软件。随着计算机科学技术的发展，软件的编制和维护代价在整个计算机系统中所占的比重不断增大，远远超过硬件。因此，对支撑软件的研究具有重要意义，可直接促进软件的发展。当然，编译程序和操作系统等系统软件也可算作支撑软件。20 世纪 70 年代中期和后期发展起来的软件支撑环境可看作现代支撑软件的代表，主要包括各种接口软件和工具组。三者形成整体，协同支撑其他软件的编制。

（3）应用软件。应用软件即特定应用领域专用的软件，例如字处理程序软件。

系统软件、支撑软件以及应用软件之间既有分工又有结合，是不可分割的整体。

1.1.2 操作系统简介

1. 操作系统的地位

计算机系统是由硬件和软件两部分构成的。在软件的分类中，操作系统属于系统软件，是紧挨着硬件的第一层软件，是对硬件功能的首次扩充，其他软件则是建立在操作系统之上的。通过操作系统对硬件功能进行扩充，并在操作系统的统一管理和支持下运行其他各种软件。

操作系统在计算机系统中占据非常重要的地位，它不仅仅是硬件与所有其他软件之间的接口。任何数字电子计算机（从微型计算机到巨型计算机）都必须在其硬件平台上安装相应的操作系统之后，才能构成一个可以协调运转的计算机系统。只有在操作系统的指挥控制下，各种计算机资源才能被分配给用户使用。也只有在操作系统的支撑下，其他各类软件，如编译系统软件、应用系统软件程序库，才得以获得运行条件。没有操作系统，任何应用软件都无法运行。

可见，操作系统实际上是一个计算机系统中硬、软件资源的总指挥部。操作系统的性能高低，决定了整体计算机的潜在硬件性能能否发挥出来。操作系统本身的安全性、可靠程度在一定程度上决定了整个计算机系统的安全性和可靠性。操作系统是软件技术的核心，是软件的基础运行平台。

2. 操作系统的定义

综上所述，可给出操作系统的一个定义：操作系统是计算机系统中的系统软件，是能有效地组织和管理计算机系统中的硬件和软件资源，合理地组织计算机工作流程，控制程序的执行，并向用户提供各种服务功能，使得用户能够方便地使用计算机，使整个计算机系统能高效运行的一组程序模块的集合。

（1）"有效"主要指操作系统在管理资源方面要考虑到系统运行效率和资源的利用率，要尽可能地提高处理机的利用率，让它尽可能少地空转，其他的资源，例如内存、硬盘，则应该在保证访问效能的前提下尽可能地减少浪费的空间等。

（2）"合理"主要是指操作系统对于不同的用户程序要"公平"，以保证系统不发生"死锁"和"饥饿"的现象。

（3）"方便"主要是指人机界面方面，包括用户使用界面和程序设计接口两方面的易用性、易学性和易维护性。

操作系统主要有以下两方面的作用：

（1）操作系统要管理计算机系统中的各种资源，包括硬件及软件资源。在计算机系统中，所有硬件部件（如处理机、存储器、I/O 设备）称作硬件资源；而程序和数据等信息称作软件资源。从微观上看，使用计算机系统就是使用各种硬件资源和软件资源。特别是在多用户、多道程序的系统中，同时有多个程序在运行，这些程序在执行的过程中可能会要求使用系统中的各种资源。操作系统就是资源的管理者和仲裁者，它负责在各个程序之间调度和分配资源，保证系统中的各种资源得以有效地利用。

（2）操作系统要为用户提供良好的界面。一般来说，使用操作系统的用户有两类。一类是最终用户，他们只关心自己的应用需求是否被满足，而不在意其他情况，至于操作系统的效率是否高，计算机设备是否正常，只要不影响使用，则一律不去关心。例如，用户在使用邮件服务器收发自己的电子邮件时，只注意自己的邮件是否快捷安全地收发，并不在意有多少用户同时使用这台邮件服务器。只要在这台邮件服务器上出现的堵塞、安全问题不影响到邮件的收发，就不会去关心这台邮件服务器的整体状态。但是另一类用户就必须关心整个邮件服务器的工作状态，这就是邮件服务器管理员。这类用户一般称为系统用户。他必须时刻监视系统的整体运行状态，如空间的使用情况，是否发生通信堵塞，是否有黑客攻击系统等。有时系统用户和最终用户可能是同一个人，比如许多使用 Windows 的用户，他可能正在用 Office 写一份报告，此时他是一位最终用户；他想查看一下所使用硬盘上的 D 盘还有多少剩余空间，是否需要删除一些不用的文件以获得更多的自由空间，此时他是一位系统用户。

操作系统必须为最终用户和系统用户这两类用户的各种工作提供良好的界面，以方便用户的工作。典型的操作系统界面有：命令行界面，如 UNIX 和 MS–DOS；图形化的操作系统界面，如 Windows。现在大多数操作系统向用户提供这两种界面。

1.1.3　操作系统的目标

目前存在着多种类型的操作系统，不同类型的操作系统的目标侧重不同。操作系统的目标有以下几点：

（1）方便性。配置操作系统后可使计算机系统更容易使用。

（2）有效性。在未配置操作系统的计算机系统中，例如处理机、I/O 设备等各类资源，都会经常处于空闲状态而得不到正常利用；内存及外存中所存放的数据由于无序而浪费了存储空间。配置了操作系统后，可使处理机和 I/O 设备保持正常工作状态而得到有效利用，且由于使内存和外存中存放的数据有序而节省了存储空间。此外，操作系统还可以通过合理地组织计算机的工作流程，从而进一步改善系统的资源利用率及增加系统的吞吐量。

（3）可扩充性。随着 VLSI（Very Large Scale Integration，超大规模集成电路）技术和计算机技术的迅速发展，计算机硬件和体系结构也随之得到迅速发展，它们对操作系统提出了更高的功能和性能要求。因此，操作系统必须具有很好的可扩充性才能适应发展的要求。而操作系统的模块化结构，有利于增加新的功能和修改旧的功能。

（4）开放性。20 世纪 80 年代和 90 年代陆续出现了各种类型的计算机硬件系统。为了出自不同厂家的计算机及其设备能通过网络加以集成化并能正确、有效地协同工作，实现应用程序的可移植性和互操作性，要求具有统一的开放的环境，其中首先是要求操作系统具有开放性。

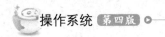

 ## 1.2　操作系统的形成与发展

操作系统的形成迄今已有 60 多年的时间。在 20 世纪 50 年代中期出现了第一个简单的批处理操作系统，到 20 世纪 60 年代中期产生了多道程序批处理系统，不久又出现了基于多道程序的分时系统。20 世纪 80 年代是微型计算机（简称微机）和计算机局域网迅速发展的年代，同时也是微机操作系统和网络操作系统形成和迅速发展的年代。此后，分布式操作系统和网络操作系统得到了迅速发展。近年来，随着移动通信工具的普及和家用电器的智能化，嵌入式操作系统也得到了长足的发展。

1.2.1　操作系统的形成

1. 无操作系统时的计算机系统

（1）人工操作方式。第一代计算机时期（1945 年至 20 世纪 50 年代中期）没有操作系统。这时的计算机操作是由用户（即程序员）采用人工操作方式直接使用计算机硬件系统，即由程序员将事先已穿孔（对应于程序和数据）的纸带（或卡片）装入纸带输入机（或卡片输入机），再启动它们将程序和数据输入计算机，然后启动计算机运行。当程序运行完毕并取走计算结果后，才让下一个用户上机。这种人工操作方式有以下两个缺点：

① 用户独占全机。一台计算机的全部资源只能由一个用户独占。

② 处理机等待人工操作。当用户进行装带（卡）、卸带（卡）等人工操作时，处理机是空闲的。

人工操作方式严重降低了计算机资源的利用率。随着处理机速度的提高、系统规模的扩大，人机矛盾变得日趋严重。

此外，随着处理机速度的迅速提高而 I/O 设备的速度却提高缓慢，又使处理机与 I/O 设备之间速度不匹配的矛盾更加突出。为了缓和此矛盾，先后出现了通道技术、缓冲技术，但未能很好地解决上述矛盾，后来引入的脱机 I/O 方式获得了令人满意的结果。

（2）脱机 I/O 方式。为了解决人机矛盾及处理机和 I/O 设备之间速度不匹配的矛盾，20 世纪 50 年代末出现了脱机 I/O 技术。该技术是指事先将装有用户程序和数据的纸带（或卡片）装入纸带（或卡片）输入机，在一台外围机的控制下把纸带（卡片）上的数据（程序）输入到磁带盘上。当处理机需要这些程序和数据时再从磁带盘上高速地调入内存。

类似地，当处理机需要输出时可由处理机直接高速地把数据从内存送到磁带上，然后再在另一台外围机的控制下，将磁带上的结果通过相应的输出设备输出。图 1-2 所示为脱机 I/O 示意图。由于程序和数据的输入与输出都是在外围机的控制下完成的，或者说它们是在脱离主机的情况下进行的，故称为脱机 I/O 方式；反之，在主机的直接控制下进行 I/O 的方式称为联机 I/O 方式。

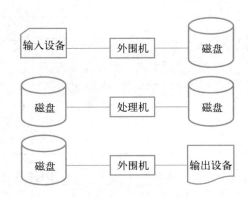

图1-2 脱机I/O示意图

这种脱机I/O方式的主要优点有以下两方面：

① 减少了处理机的空闲时间。装带（卡）、卸带（卡）、将数据从低速I/O设备送到高速的磁带（盘）上，都是在脱机情况下进行的，它们不占用主机时间，从而有效地减少了处理机的空闲时间，缓和了人机矛盾。

② 提高I/O速度。当处理机在运行中需要数据时，是直接从高速的磁带（盘）上将数据调入内存的，不再是从低速I/O设备上调入，从而大大缓和了处理机和I/O设备不匹配的矛盾，进一步减少了处理机的空闲时间。

2. 单道批处理操作系统

（1）批处理系统的处理过程。早期的计算机系统非常昂贵，为了能充分地利用它，应尽量让该系统连续地运行，以减少空闲时间。为此，通常是把一批作业以脱机输入方式输入到磁带（盘）上，并在系统中配上监督程序，在监督程序的控制下使这批作业能一个接一个地连续处理。其自动批处理过程是：首先，由监督程序将磁带（盘）上的第一个作业装入内存，并把运行控制权交给该作业。当该作业处理完成时又把控制权交还给监督程序，然后由监督程序将磁带（盘）上的第二个作业调入内存。计算机系统就这样自动地一个作业一个作业地进行处理，直至磁带（盘）上的作业全部完成，这样便形成了早期的批处理系统。

需要说明的是，作业是一个比程序更广的概念。作业通常是指用户在一次计算过程中或者一次事物处理过程中要求计算机系统所做的工作的集合，也就是把一次计算过程或者事务处理过程中，从输入开始到输出结束，用户要求计算机所做的全部工作称为作业。要让计算机知道用户如何处理它的程序和数据，就需要用户写出一份作业控制说明书。作业控制说明书是采用特定的命令来编写的。所以，作业由程序、数据和作业控制说明书组成。作业的概念一般用于早期批处理系统和现在的大型机、巨型机系统中，对于广为流行的微机和工作站系统，现在较少使用作业的概念。

由于系统对作业的处理都是成批地进行的，且在内存中始终只保持一个作业，故称为单道批处理系统。图1-3显示了单道批处理系统的处理流程。

单道批处理系统是在解决人机矛盾和处理机与I/O设备速率不匹配的矛盾的过程中形成的。也就是说，批处理系统旨在提高系统资源的利用率和系统吞吐量。但这种单道批处理系统仍然不能很好地利用系统资源，现在已很少使用。

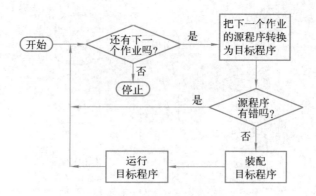

图 1-3 单道批处理系统的处理流程

（2）单道批处理系统的特征。单道批处理系统是最早出现的一种操作系统。严格地说，它只能算是操作系统的前身而并非是现在人们所理解的操作系统。尽管如此，该系统比起人工操作方式已有很大的进步。其主要特征如下：

① 自动性。在顺利的情况下，在磁带上的一批作业能自动地逐个程序依次运行，而无须人工干预。

② 顺序性。磁带上的各道作业是顺序地进入内存，各道作业完成的顺序与它们进入内存的顺序在正常情况下应当完全相同，即先调入内存的作业先完成。

③ 单道性。内存中仅有一道作业并使之运行，即监督程序每次从磁带上只调入一道作业进入内存运行，仅当该作业完成或发生异常情况时，才调入其后继作业进入内存运行。

3. 多道批处理操作系统

（1）多道批处理系统的基本概念。在早期的单道批处理系统中，内存中仅有一道作业，这使得系统中仍有较多的空闲资源，致使系统的性能较差。为了进一步提高资源的利用率和增加系统的吞吐量，在 20 世纪 60 年代中期引入了多道程序设计技术，由此而形成了多道批处理系统。

在多道批处理系统中，用户所提交的作业都先存放在外存并排成一个队列，该队列称为"后备队列"；然后，由作业调度程序按一定的算法从后备队列中选择若干个作业调入内存，使它们共享处理机和系统中的各种资源，以达到提高资源利用率和系统吞吐量的目的。在操作系统中引入多道程序设计可带来以下好处：

① 提高处理机的利用率。当内存中仅存放一道程序时，每逢该程序在运行中发出 I/O 请求后，处理机空闲，必须在其 I/O 完成后才继续运行；尤其是 I/O 设备的低速性，更使处理机的利用率显著降低。

图 1-4（a）显示了单道程序的运行情况。从图中可以看出：在 $t_2 \sim t_3$、$t_6 \sim t_7$ 时间间隔内处理机空闲。在引入多道程序设计技术后，由于可同时把若干道程序装入内存，并可使它们交替地执行，这样，当正在运行的程序因 I/O 而暂停执行时，系统可调度另一道程序运行，从而保持处理机处于忙碌状态。图 1-4（b）显示了 4 道程序的运行情况。

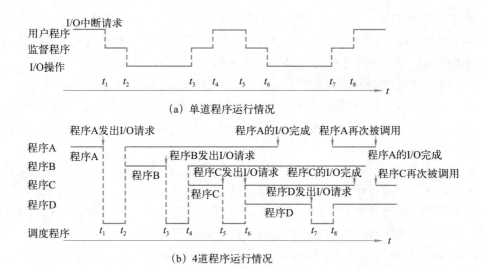

(a) 单道程序运行情况

(b) 4道程序运行情况

图 1-4 单道和多道程序的运行情况

② 可提高内存和 I/O 设备利用率。为了能运行较大作业，通常内存都具有较大容量，但由于 80% 以上的程序都属于中小型，因此在单道程序环境下也必定会造成内存的浪费。类似地，对于系统中所配置的多种类型的 I/O 设备，在单道程序环境下也不能充分利用。如果允许在内存中装入多道程序，并允许它们并发执行，则会大大提高内存利用率和 I/O 设备的利用率。

③ 增加系统吞吐量。在保持处理机、I/O 设备不断忙碌的同时，也必然会大幅度地提高系统的吞吐量，从而降低作业加工所需的费用。

（2）多道批处理系统的特征。在操作系统中引入多道程序设计技术后，系统具有以下特征：

① 多道性。在内存中可同时驻留多道程序，并允许它们并发执行，从而有效地提高了资源利用率和增加系统吞吐量。

② 无序性。多个作业完成的先后顺序与它们进入内存的顺序之间并无严格的对应关系，即先进入内存的可能较后甚至最后完成，而后进入内存的又可能先完成。

③ 调度性。作业从提交给系统开始直至完成，需要经过以下两次调度：

- 作业调度。指按一定的作业调度算法，从外存的后备程序队列中选择若干个作业调入内存。
- 进程调度。指按一定的进程调度算法，从已在内存的作业中选择一个作业，将处理机分配给它，使之执行。

（3）多道批处理系统的优缺点。虽然早在 20 世纪 60 年代便出现了多道批处理系统，但至今它仍是三大基本操作系统类型之一。在大多数的大、中、小型计算机中都配置了它，说明它具有一定的优点。

多道批处理系统的主要优点如下：

① 资源利用率高。由于在内存中装入了多道程序，使它们共享资源，保持资源处于忙碌状态，从而使各种资源得以充分利用。

② 系统吞吐量大。系统吞吐量是指系统在单位时间内所完成的总工作量。能提高系统吞吐量的原因可归结为：第一，处理机和其他资源保持"忙碌"状态；第二，仅当作业完成或运行不下去时才进行切换，系统开销小。

多道批处理系统的主要缺点如下：

① 平均周转时间长。作业的周转时间是指从作业进入系统开始，直至其完成并退出系统为止所经历的时间。在批处理系统中，由于作业要排队依次进行处理，因而作业的周转时间较长，通常需几小时甚至几天。

② 无交互能力。用户一旦把作业提交给系统后直至作业完成，用户都不能与自己的作业进行交互，这对修改和调试程序都是极不方便的。

（4）多道批处理系统需要解决的问题。多道批处理系统是一种有效但又十分复杂的系统。为使系统中的多道程序间能协调地运行，必须解决下述的一系列问题：

① 处理机管理问题。在多道程序之间应如何分配被它们共享的处理机，使处理机既能满足各程序的需要，又能提高处理机的利用率，以及一旦将处理机分配给某程序后又应在何时收回等一系列问题。

② 内存管理问题。包括应如何为每道程序分配必要的内存空间，使它们"各得其所"且不致因互相重叠而丢失信息，以及应如何防止因某道程序出现异常情况而破坏其他程序等问题。

③ I/O 设备管理问题。系统中可能具有多种类型的 I/O 设备供多道程序共享，应如何分配这些 I/O 设备，如何做到既方便用户对设备的使用、又能提高设备的利用率。

④ 文件管理问题。在现代的计算机系统中，通常都存放着大量的程序和数据。应如何组织它们才能便于用户使用，并能保证数据的安全性和一致性。

⑤ 作业管理问题。对于系统中的各种应用程序，例如：有的属于计算型，即以计算为主的程序；有的属于 I/O 型，即以 I/O 为主的程序；有些作业既重要又紧迫，有的又要求系统能及时响应，这时应如何对它们进行组织。

为此，应在计算机系统中增加一组软件，用以对上述问题进行妥善、有效的处理。这组软件应包括能控制和管理四大资源的软件，合理地对各类作业进行调度的软件，以及方便用户使用计算机的软件。正是这样一组软件构成了批处理操作系统。

4. 分时系统

（1）分时系统的产生。如果说，推动多道批处理系统形成和发展的主要动力是提高资源利用率和增加系统吞吐量，那么，推动分时系统形成和发展的主要动力则是用户的需要。具体地说，用户需要表现在以下几个方面：

① 人机交互。对于一个程序员来说，每当编写好一个新程序时，都需要上机进行调试。由于新编程序难免有些错误或不当之处需要修改，因而希望能像早期使用计算机一样，独占全机并对它进行直接控制，以便能方便地修改错误。换言之，希望能够进行人机交互。

② 共享主机。在 20 世纪 60 年代计算机十分昂贵，不可能像现在这样每人独占一台计算机，而只能是多个用户共享一台计算机，但用户在用机时应能够像自己独占计算机一样，不仅可以随时与计算机交互，而且应感觉不到其他用户也在使用该计算机。

③ 便于用户上机。在多道批处理系统中，用户上机前必须把自己的作业邮寄或亲自送到机房，这对于用户尤其是异地用户来说十分不便。用户希望能通过自己的终端直接将作业传送到计算机上进行处理，并能对自己的作业进行控制。

分时系统恰是为了满足上述的用户需要所形成的一种新型操作系统。它与多道批处理系统有着截然不同的性能。分时系统是指一台主机上连接了多个带有显示器和键盘的终端，同时允许多个用户共享主机中的资源，每个用户都可通过自己的终端以交互方式使用计算机。

（2）分时系统实现中的关键问题。为了实现分时系统必须解决一系列问题，其中最关键的问题是如何使用户能与自己的作业交互，即当用户在自己的终端输入命令时系统应能及时接收和及时处理该命令，并将处理结果返回给用户。接着用户可输入下一条命令，此即人机交互。应当强调指出，即使有多个用户同时通过自己的键盘输入命令，系统也应能全部地及时接收并及时处理。

① 及时接收。要及时接收用户输入的命令或数据并不困难，只需在系统中配置一个多路卡。例如，当要在主机上连接 8 个终端时，须配置一个 8 用户的多路卡。多路卡的作用是使主机能同时接收用户从各个终端上输入的数据。此外，还需为每个终端配置一个缓冲区，用来暂存用户输入的命令。

② 及时处理。人机交互的关键是使用户输入命令后能及时地控制自己的程序运行或修改自己的程序。为此，各个用户的程序都必须在内存中，且应能频繁地获得处理机而运行；否则，用户输入的命令将无法作用到自己的程序上。批处理系统是无法实现人机交互的，因为通常大多数作业都是驻留在外存上，即使调入内存的作业也经常要经过较长时间的等待后方能运行，因而用户输入的命令很难及时地作用到自己的作业上。可见，为了实现人机交互应该做到：使所有的用户程序都直接进入内存；在不长的时间内，就能使每个程序都运行一次（较短的时间），这样方能使用户输入的命令获得及时处理。

（3）分时系统的实现方法。为了确保系统能及时处理，必须彻底改变原来批处理系统的运行方式。

一方面用户程序不能先进入磁盘，然后再调入内存。因为程序在磁盘上不能运行，当然用户也就无法与程序进行交互，因此，程序应直接进入内存；另一方面不允许一个程序长期占用处理机直至它运行结束或发生 I/O 请求后，才调度其他程序运行。应该规定每个程序只运行一个很短的时间（例如，0.1 s，通常把这段时间称为时间片），然后便暂停该程序的运行并立即调度下一个程序运行。如果在不长的时间（例如 3 s）内，能使所有的用户程序都执行一次（一个时间片时间），便可使每个用户都能及时地与自己的程序交互，从而可使用户的请求及时得到响应。

具体的方法有以下几种：

① 单道分时系统。在 20 世纪 60 年代初期，由美国麻省理工学院建立的第一个分时系统 CTSS 便属于单道分时系统。在该系统中内存只驻留一道程序，其余程序都在外存上。每当内存中的程序运行一个时间片后，便被调至外存（称为调出），再从外存上选一个程序装入内存（称为调入）并运行一个时间片，以此方法使所有的程序都能在一个规定的时间内轮流运行一个时间片，这样便能使所有的用户都能与自己的程序交互。

由于单道分时系统只有一道程序驻留在内存，在多个程序的轮流运行过程中，每个程序往往可能频繁地被调入 / 调出多次，开销很大，因此系统性能较差。

② 具有"前台"和"后台"的分时系统。在单道批处理系统中，作业调入 / 调出时，处理机空闲；内存中的作业在执行 I/O 请求时处理机也空闲。为了充分利用处理机而引入了"前台"和"后台"的概念。在具有前、后台的系统中，内存被固定地划分为"前台区"和"后台区"两部分，"前台区"存放按时间片"调入"和"调出"的交互式程序，"后台区"存放批处理作业。仅当前台调入 / 调出时，或前台已无程序可运行时，才运行"后台区"中的作业。

③ 多道分时系统。在分时系统中引入多道程序设计技术后，可在内存中同时存放多道程序，每道程序无固定位置，如果程序都较小，内存中便可多装入几道程序，由系统把已具备运行条件的所有程序排成一个队列，使它们以此轮流地获得一个时间片来运行。由于切换程序就在内存，不用花费调入、调出开销，故多道分时系统具有较好的系统性能。现代的分时系统都属于多道分时系统。

（4）分时系统的特征。分时系统与多道批处理系统相比，具有完全不同的特征。

① 多路性。允许在一台主机上同时连接多台联机终端，系统按分时原则为每个用户服务。宏观上，是多个用户同时工作，共享系统资源；微观上，则是每个用户程序轮流运行一个时间片。多路性，亦即同时性，它提高了资源利用率，从而促进了计算机更广泛的应用。

② 独立性。每个用户各占一个终端，彼此独立操作、互不干扰。因此，用户会感觉到就像一人独占主机。

③ 及时性。用户的请求能在很短时间内获得响应，此时间间隔是以人们所能接受的等待时间来确定的，通常为 2 ~ 3 s。

④ 交互性。用户可通过终端与系统进行广泛的人机对话。其广泛性表现在：用户可以请求系统提供各方面的服务，如文件编辑、数据处理和资源共享等。

5. 实时系统

（1）实时系统的引入。虽然多道批处理系统和分时系统已获得了令人较为满意的资源利用率和响应时间，从而使计算机的应用范围日益扩大，但它们仍然不能满足以下两个领域的需要：

① 实时控制。当把计算机用于生产过程的控制以形成以计算机为中心的控制系统时，系统要求能实时采集现场数据，并对所采集的数据进行及时处理，进而自动地控制相应的执行机构，使某些（个）参数（例如温度、压力、方位等）能按预定的规律变化，以保证产品的质量和提高产量。类似地，也可将计算机用于武器的控制，例如火炮的自动控制系统、飞机的自动驾驶系统，以及导弹的制导系统等。通常把要求进行实时控制的系统统称为实时控制系统。

② 实时信息处理。通常把要求对信息进行实时处理的系统称为实时信息处理系统。该系统由一台或多台主机通过通信线路连接成百上千个远程终端，主机接收从远程终端发来的服务请求，根据用户提出的问题，对信息进行检索和处理，并在很短的时间内为用户做出正确的回答。典型的实时信息处理系统有飞机订票系统、情报检索系统等。

实时控制系统和实时信息处理系统统称为实时系统。所谓"实时"，是表示"及时""即时"；而实时系统是指系统能及时（或即时）响应外部事件的请求，在规定的时间内完成该事件的处理，并控制所有实时任务协调一致地运行。

（2）实时任务的类型。在实时系统中必须存在着若干个实时任务，由它们反映或控制某个（些）外部事件，因而带有某种程度的紧迫性。可从不同的角度对实时任务加以分类。

① 按任务执行时是否呈现周期性来划分，包括：周期性实时任务，要求按指定的周期循环执行，以便周期性地控制某个外部事件；非周期性实时任务，任务的执行无明显的周期性，但都必须联系着一个截止时间。它又可分为：开始截止时间，任务在某事件以前必须开始执行；完成截止时间，任务在某事件以前必须完成。

② 根据对截止时间的要求来划分，包括：强实时任务，系统必须满足任务对截止时间的要求，否则可能出现难以预测的结果；弱实时任务，它也联系着一个截止时间，但并不严格，若错过了任务的截止时间，计算结果的可用性会下降，但对系统产生的影响不会太大。

（3）实时系统与分时系统的比较。下面从多路性、独立性、及时性、交互性和可靠性5个方面对它们进行比较。

① 多路性。实时信息处理系统与分时系统一样具有多路性，系统按分时原则为多个终端用户服务；而对实时控制系统，其多路性主要表现在经常对多路的现场信息进行采集以及对多个对象或多个执行机构进行控制。

② 独立性。实时信息处理系统与分时系统一样具有独立性，每个终端用户在向实时系统提出服务请求时，彼此独立地操作，互不干扰；而在实时控制系统中信息的采集和对对象的控制，也都是彼此互不干扰。

③ 及时性。实时信息系统对实时性的要求与分时系统类似，都是以人们所能接受的等待时间来确定；而实时控制系统的及时性，则是以控制对象所要求的开始截止时间或完成截止时间来确定的，一般为秒级、百毫秒级直至毫秒级。

④ 交互性。实时信息处理系统虽然也具有交互性，但这里人与系统的交互，仅限于访问系统中某些特定的专用服务程序。它不像分时系统那样能向终端用户提供数据处理、资源共享等服务。

⑤ 可靠性。分时系统虽然也要求系统可靠，但相比之下，实时系统则要求系统高度可靠。因为任何差错都可能带来巨大的经济损失，甚至无法预料的灾难性后果。因此，在实时系统中，往往都采取了多级容错措施，以此保证系统的安全及数据的安全。

批处理系统、分时系统和实时系统是3种基本的操作系统类型。而一个实际的操作系统，可能兼有三者或其中两者的功能。

1.2.2 操作系统的进一步发展

操作系统的形成已有60多年的历史。在20世纪，经过60年代、70年代的大发展时期，到80年代已趋于成熟。但随着VLSI和计算机体系结构的发展，操作系统仍在继续发展。

由此而先后形成了微机操作系统、多处理机操作系统、网络操作系统、分布式操作系统以及嵌入式操作系统。

1. 微机操作系统

配置在微机上的操作系统称为微机操作系统。最早出现的微机操作系统是在 8 位微机上的 CP/M，后来出现了 16 位微机，相应地也就出现了 16 位微机操作系统。可按微机的字长分成 8 位、16 位、32 位和 64 位的微机操作系统，也可分为单用户单任务操作系统、单用户多任务操作系统和多用户多任务操作系统。

（1）单用户单任务操作系统。单用户单任务操作系统的含义是，只允许一个用户上机且只允许用户程序作为一个任务运行。这是一种最简单的微机操作系统，主要配置在 8 位微机和 16 位微机上。最有代表性的单用户单任务操作系统是 CP/M 和 MS-DOS。

① CP/M。CP/M 是 Control Program/Monitor 的缩写，是在 1975 年由 Digital Research 公司率先推出的带有软盘系统的 8 位微机操作系统，它配置在以 Intel 8080、Intel 8085、Z80 芯片为基础的微机上。由于 CP/M 具有较好的层次结构、可适应性、可移植性及易学易用性，使之在 8 位微机中占据了统治地位，成为事实上的 8 位微机操作系统的标准。

② MS-DOS。1981 年 IBM 公司首次推出了 IBM-PC（IBM 个人计算机），在微机中采用了 Microsoft 公司开发的 MS-DOS 操作系统。该操作系统在 CP/M 的基础上进行了较大的扩充，增加了许多内部和外部命令，使该操作系统具有较强的功能及性能优良的文件系统。又因为它是配置在 IBM-PC 上，而随着该机种及其兼容机的畅销，MS-DOS 操作系统也就成了事实上的 16 位微机单用户单任务操作系统的标准。

（2）单用户多任务操作系统。单用户多任务操作系统的含义是：只允许一个用户上机，但允许将一个用户程序分成若干个任务，使它们并发执行，从而有效地改善系统的性能。在 32 位微机上所配置的 32 位微机操作系统大多数是单用户多任务操作系统，其中最有代表性的是 OS/2、MS Windows 和 Linux。

① OS/2。1987 年 4 月，在 IBM 公司宣布下一代个人系统 PS/2 的同时，又发表了 OS/2。其最初版本 OS/2 1.x 是针对 80286 开发的，故仍属于 16 位微机操作系统，但已能实现真正的多任务处理。后来推出的 OS/2 2.x 版本则是针对 80386 和 80486 开发的，因而已是 32 位微机操作系统。

② Windows。1990 年，Microsoft 公司推出了 Windows 3.0，具有易学易用、友好的图形用户界面和支持多任务的优点，得以很快地流行开来，占领了市场。特别是 Windows NT 的出现，它支持 RISC（精简指令集计算机）平台，具有高容量 I/O、对称多处理 C2 级的安全性、客户机/服务器等功能。Windows 95 在 1995 年 8 月正式发布，这是第一个不要求用户先安装 MS-DOS 的 Windows 版本。此后，又陆续发布 Windows 98、Windows ME、Windows 2000、Windows 2003、Windows XP、Windows Vista、Windows 7、Windows 8、Windows 10 和 Windows Server 操作系统，不断持续更新。

③ Linux。20 世纪 90 年代，Internet 的出现，迅速改变着社会的面貌。国际上操作系统的研究活动也在发生着深刻的变化。1991 年 Linux 在 Internet 上发布了一则消息，称用户可以自由下载 Linux 的公开版本。到 1992 年 1 月为止，全世界大约有 100 个人在使用 Linux，他们的下载代码和评论对 Linux 的发展做出了关键性的贡献。于是，

Linux 从最开始的一个人的产品变成了在 Internet 上由无数志同道合的程序员们参与的一场运动。Linux 遵从国际上相关组织制定的 UNIX 标准 POSIX。它的结构、功能以及界面都与经典的 UNIX 并无两样。然而 Linux 的源码完全是独立编写的，与 UNIX 源码无任何关联。Linux 继承了 UNIX 的全部优点，而且还增加了一条其他操作系统都不曾具备的优点，即 Linux 源码全部开放，并能在网上自由下载。Linux 对硬件配置要求不高，甚至只需一台 386 计算机便能高效实现。Linux 极其健壮，世界上很多 Linux 连续不停机运行一年以上也不曾崩溃过。

（3）多用户多任务操作系统。多用户多任务的含义是，允许多个用户通过各自的终端使用同一台主机，共享主机系统中的各类资源，而每个用户程序又可进一步分为几个任务，使它们并发执行，从而可进一步提高资源利用率和增加系统吞吐量。在大、中、小型机中所配置的都是多用户多任务操作系统；而在 32 位微机上，也有不少配置的是多用户多任务操作系统。其中，最有代表性的是 UNIX 操作系统。

UNIX 操作系统是美国电报电话公司的 Bell 实验室开发的，至今已有 40 多年的历史。最初，它是配置在 DEC 公司的小型计算机 PDP 上，后来被移植到微机上。UNIX 操作系统是唯一在微机工作站、小型计算机到大型计算机上都能运行的操作系统，它已成为当今世界最流行的多用户多任务操作系统。

2. 多处理机操作系统

（1）多处理机系统的引入。短短几十年的计算机发展历史清楚地表明提高计算机系统性能的主要途径有两条：一是提高构成计算机系统的元器件的运行速度；二是改进计算机系统的体系结构。早期的计算机系统基本上都是单处理机系统。进入 20 世纪 70 年代出现了多处理机系统（Multi-Processor System，MPS），试图从计算机体系结构上来改善系统性能。引入多处理机系统的原因可归结为以下几点：

① 增加系统的吞吐量。随着系统中处理机数目的增多，可使系统在较短的时间内完成更多的工作。但为使多台处理机能协调地工作，系统必须为此付出一定的开销。因此，利用 n 个处理机运行时所获得的加速比达不到 n 倍。

② 节省投资。在达到相同处理能力的情况下，与用 n 台独立的计算机系统相比，采用具有 n 个处理机的系统，可以节省费用。这是因为这时的 n 个处理机包含在同一个机箱内，且用同一电源和共享一部分资源，例如外设、内存等。

③ 提高系统的可靠性。在 MPS 中通常都具有系统重构的功能，即当其中任何一个处理机发生故障时，系统能立即将该处理机上所处理的任务迁移到其他的一个或多个处理机上去处理，整个系统仍能正常运行，仅使系统的性能有所降低。例如，对于一个含有 10 个处理机的系统，当其中某一个处理机出现故障时，系统性能大约降低 10%。

（2）多处理机系统的类型。根据多个处理机之间耦合的紧密程度，可把多处理机系统分为两类：紧密耦合多处理机系统和松散耦合多处理机系统。

① 紧密耦合多处理机系统。在紧密耦合多处理机系统中，通常是通过高速总线或高速交叉开关来实现多个处理机之间的相互连接。它们共享内存和 I/O 设备，并要求将内存储器划分为若干个能独立访问的存储器模块，以便多个处理机能同时对内存进行访问。系统中所有的资源和进程都由操作系统实施统一的控制和管理。

② 松散耦合多处理机系统。在松散耦合 MPS 中，通常是通过通道或通信线路来实现多台计算机之间的互联。每台计算机都有自己的存储器、I/O 设备，并配置了操作系统来管理本地资源和在本地运行的进程。因此，每一台计算机都能独立地工作，必要时可通过通信线路与其他计算机交换信息，以及协调它们之间的工作。

（3）多处理机操作系统的类型。在多处理机系统中所配置的多处理机操作系统，可分成以下两种模式：

① 非对称多处理机模式，又称主 – 从模式。在非对称多处理机系统中，把处理机分为主处理机和从处理机两类。主处理机只有一个，其上配置了操作系统，用于管理整个系统的资源，并负责为各从处理机分配任务。从处理机可有多个，它们执行预先规定的即由主处理机所分配的任务。在早期的特大型系统中，较多地采用主 – 从式操作系统。一般来说，主 – 从式操作系统易于实现，但资源利用率低。

② 对称多处理机模式。通常在对称多处理机系统中，所有的处理机都是相同的。在每个处理机上运行一个相同的操作系统备份，用它来管理本地资源和控制进程的运行以及各计算机之间的通信。这种模式的优点是允许多个进程同时运行。例如，当有 n 个处理机时，可同时运行 n 个进程而不会引起系统性能的恶化。然而必须小心地控制 I/O 设备，以保证能将数据送至适当的处理机。同时，还必须注意使各处理机的负载平衡，以免有的处理机超载运行，而有的处理机空闲。

3. 网络操作系统

计算机网络可以定义为一些互联的自主计算机系统的集合。所谓自主计算机是指计算机具有独立处理能力；而互联则是表示计算机之间能够实现通信和相互合作。可见，计算机网络是在计算机技术和通信技术在高度发展的基础上相互结合的产物。

（1）计算机网络的类型。

① 按网络拓扑结构分类。根据网络拓扑结构的不同，可将网络分成以下 5 类：

- 星形网络。每一个远地结点通过一条单独的传输线路与中心点连接，即采用点 – 点连接方式，使网络呈现星形。
- 树形网络。将一个多级星形网络按层次排列便形成树形网络。树的根，即网络的最高层，是中央处理机，树的叶，即网络的最底层，为终端式个人计算机。
- 总线形网络。将若干个结点通过一条高速总线互联起来所形成的网络。采用广播方式，即由一个结点发出的信息可被总线上的所有结点接收。
- 环形网络。采用高速点 – 点信道，将各结点连接成环形，网络中的信息流是定向的，由一个源结点发出的信息将绕环传输一周后返回源结点。
- 网状形网络。各个结点间通过点 – 点连接，形成不规则的形状，结点之间通常都有多条通路。

② 按网络地理范围分类。按网络所覆盖地理范围的大小，可把计算机网络分成以下两类：

- 广域网（WAN）。这种计算机网络所跨越的距离通常为数百千米到数千千米，甚至是上万千米；网络所覆盖的范围可以为一个地区或一个国家，乃至几大洲，其传输速率可达到数 Mbit/s；网络中的通信设施属国家所有。

- 局域网（LAN）。这种计算机网络所跨越的距离通常为几十米至数千米；网络所覆盖的范围为一栋楼或一个单位；其传输速率较高，可达到 100 Mbit/s；网络设施属单位所有。

（2）网络操作系统的模式。网络操作系统有以下两种工作模式：

① 客户机/服务器（Client/Server，C/S）模式。该模式是在 20 世纪 80 年代发展起来的，目前仍广为流行。网络中的各个站点可分为以下两大类。

- 服务器。它是网络的控制中心，其任务是向客户机提供一种或多种服务。服务器可有多种类型，如提供文件/打印服务的文件服务器、提供数据库服务的数据库服务器等。在服务器中包含了大量的服务程序和服务支撑软件。
- 客户机。这是用户用于本地处理和访问服务器的站点。在客户机中包含了本地处理软件和访问服务器上服务程序的软件接口。C/S 模式具有分布处理和集中控制的特征。

② 对等模式。采用这种模式的操作系统的网络中，各个站点是对等的。它既可作为客户机去访问其他站点，又可作为服务器向其他站点提供服务。在网络中既无服务处理中心，也无控制中心。或者说，网络的服务和控制功能分布于各个站点上。可见，该模式具有分布处理及分布控制的特征。

（3）网络操作系统的功能。网络操作系统应具有下述 5 方面的功能：

① 网络通信。这是网络最基本的功能，其任务是在源主机和目标主机之间实现无差错的数据传输。为此，应有的主要功能包括：建立和拆除通信链路、传输控制、差错控制、流量控制、路由选择。

② 资源管理。对网络中的共享资源（硬件和软件）实施有效的管理、协调诸用户对共享资源的使用、保证数据的安全性和一致性。在 LAN 中典型的共享资源有：硬盘、打印机、文件和数据。

③ 网络服务。这是在前两个功能的基础上，为了方便用户而直接向用户提供的多种有效服务。主要的网络服务有：电子邮件服务；文件传输、存取和管理服务；共享硬盘服务；共享打印服务。

④ 网络管理。网络管理最基本的任务是安全管理。通过"存取控制"来确保存取数据的安全性；通过"容错技术"来保证系统出现故障时数据的安全性。此外，还应对网络性能进行监视、对使用情况进行统计，以便为提高网络性能、进行网络维护和记账等提供必要的信息。

⑤ 互操作能力。在 20 世纪 80 年代后期所推出的操作系统都已提供了联网功能，从而便于将微机连接到网络上。在 20 世纪 90 年代推出的网络操作系统又提供了一定范围的互操作能力。所谓互操作，在客户机/服务器模式的 LAN 环境下，是指连接在服务器上的多种客户机和主机不仅能与服务器通信，而且还能以透明的方式访问服务器上的文件系统；而在互联网环境下的互操作，是指不同网络间的客户机不仅能通信，而且也能以透明的方式访问其他网络中的文件服务器。

4．分布式操作系统

（1）分布式系统。在以往的计算机系统中，其处理和控制功能都高度地集中在一台主机上，所有的任务都由主机处理，这样的系统称为集中式系统。

在分布式系统中，系统的处理和控制功能分散在系统的各个处理单元上。系统中的所有任务也可动态地被分配到各个处理单元中，使它们并行执行，实现分布处理。可见，分布式系统最基本的特征是处理上的分布。而处理分布的实质是资源、功能、任务和控制都是分布的。在分布式系统中，如果每个处理单元都是计算机，则可称为分布式计算机系统；如果处理单元只是处理机和局部存储器，则只能称为分布式（处理）系统。

（2）分布式操作系统与网络操作系统的比较。在分布式系统上配置的操作系统，称为分布式操作系统，它虽与网络操作系统有许多相似之处，但两者各有其特点。下面从5个方面对两者进行比较：

① 分布性。分布式操作系统不是集中地驻留在某一个站点中，而是较均匀地分布在系统的各个站点上，因此分布式操作系统的处理和控制功能是分布式的。计算机网络虽然具有分布处理功能，然而网络的控制功能则大多集中在某个（些）主机或网络服务器中，或者说控制方式是集中式。

② 并行性。在分布式处理系统中，具有多个处理单元，因此，分布式操作系统的任务分配程序可将多个任务分配到多个处理单元上，使这些任务并行执行，从而加速任务的执行。而在计算机网络中，每个用户的一个或多个任务通常都在自己（本地）的计算机上处理，因此在网络操作系统中通常无任务分配功能。

③ 透明性。分布式操作系统通常能很好地隐藏系统内部的实现细节。例如，对象的物理位置、并发控制、系统故障等对用户都是透明的。例如，当用户要访问某个文件时，只需提供文件名而无须知道它（所要访问的对象）是驻留在哪个站点上，即可对它进行访问，亦即具有物理位置的透明性。对于网络操作系统，虽然它也具有一定的透明性，但主要是指在操作实现上的透明性。例如，当用户要访问服务器上的文件时，只需发出相应的文件存取命令而无须了解对该文件的存取是如何实现的。

④ 共享性。在分布式系统中，分布在各个站点上的软、硬件资源可供全系统中的所有用户共享，并能以透明方式对它们进行访问。而网络操作系统虽然也能提供资源共享，但所共享的资源大多是设置在主机或网络服务器中。而在其他计算机上的资源则通常仅由使用该机的用户独占。

⑤ 健壮性。由于分布式系统的处理和控制功能是分布的，因此任何站点上的故障都不会给系统造成太大的影响；加之当某设备出现故障时，可通过容错技术实现系统重构，从而仍能保证系统的正常运行，因而系统具有健壮性，即具有较好的可用性和可靠性。而现在的网络操作系统的控制功能大多集中在主机或服务器中，这使得系统具有潜在的不可靠性，此外，系统的重构功能也较弱。

5. 嵌入式操作系统

嵌入式系统在用来控制设备的计算机中运行，这种设备不是一般意义上的计算机，并且不允许用户安装软件。典型的例子有微波炉、电视机、汽车DVD、移动电话以及MP3播放器一类的设备。区别嵌入式系统与掌上设备的主要特征是：不可信的软件肯定不能在嵌入式系统上运行。用户不能给自己的微波炉下载新的应用程序，所有的软件都保存在 ROM 中。嵌入式操作系统是用于嵌入式系统的系统软件，它已经从单一的弱功能向高专业化的强功能方向发展。嵌入式操作系统在系统实时高效性、硬件的相关依赖性、软件固态化以及应用的专用性等方面具有较为突出的特点。嵌入式操作系统是相对于一般操作系统而言的，它除具备一般操作系统最基本的功能，如任务调度、同步机制、中断处理、文件功能等外，还有以下特点：

（1）可装卸性。开放性、可伸缩性的体系结构。

（2）强实时性。嵌入式操作系统实时性一般较强，可用于各种设备控制当中。

（3）统一的接口。提供各种设备驱动接口。

（4）操作方便、简单、提供友好的图形界面，追求易学易用。

（5）提供强大的网络功能，支持 TCP/IP 协议及其他协议，提供 TCP/UDP/IP/PPP 协议支持及统一的 MAC 访问层接口，为各种移动计算设备预留接口。

（6）强稳定性，弱交互性。嵌入式系统一旦开始运行就不需要用户过多的干预，这就要负责系统管理的嵌入式操作系统具有较强的稳定性。嵌入式操作系统的用户接口一般不提供操作命令，它通过系统调用命令向用户程序提供服务。

（7）固化代码。在嵌入系统中，嵌入式操作系统和应用软件被固化在嵌入式系统计算机的 ROM 中。辅助存储器在嵌入式系统中很少使用，因此，嵌入式操作系统的文件管理功能应该能够很容易地拆卸，用各种内存文件系统。

（8）更好的硬件适应性，也就是良好的移植性。

在这个领域中，主要的嵌入式操作系统有 Linux、Symbian 和 VxWorks 等。

1.2.3　推动操作系统发展的主要动力

在短短的几十年中，操作系统取得如此巨大的发展，其主要动力可归结为以下 4 个方面：

（1）不断提高计算机资源利用率的需要。在计算机发展的初期，计算机系统特别昂贵，人们必须千方百计地提高计算机系统中各种资源的利用率，这就成为推动操作系统发展的动力。由此形成了能自动地对一批作业进行处理的批处理系统。

（2）方便用户。当资源利用率不高的问题得到基本解决后，用户（主要是程序员）在上机、调试程序时的不方便性便成为主要矛盾。于是人们又想方设法改善用户上机、调试程序的条件，这又成为继续推动操作系统发展的主要因素，随之便形成了允许人机交互的分时系统。

（3）器件的不断更新换代。计算机器件在不断地更新，由第一代的电子管发展到第二代的晶体管、第三代的集成电路、第四代的大规模和超大规模集成电路，使得计算机的性能不断提高，其规模也在急剧扩大，从而推动着操作系统的功能和性能也迅速提高。例如，当微机由 8 位发展到 16 位，进而发展到 32 位、64 位时，相应的微机操作系统也就由 8 位发展到 16 位，进而发展到 32 位、64 位微机操作系统。与之相应，操作系统的功能和性能也都有了显著的提高。

（4）计算机体系结构的不断发展。计算机体系结构的发展也不断地推动着操作系统

的发展，并产生新的操作系统类型。例如，当计算机由单处理机系统发展为多处理机系统时，操作系统也就相应地由单处理机操作系统发展为多处理机操作系统。又如，当计算机继续发展而出现了计算机网络后，也就相应地有了网络操作系统。

 ## 1.3 研究操作系统的几种观点

操作系统是一个大型系统软件，对它的分析、设计是一个极其复杂的问题。长期以来，人们试图给出一种系统的方法，以利于研究、剖析和设计操作系统的功能、组成部件、工作过程以及体系结构。下面介绍研究操作系统的几种不同观点，用以从不同的侧面加深对操作系统的分析和理解。

1.3.1 软件的观点

从软件的观点来看，操作系统有其作为软件的外在特性和内在特性。

所谓外在特性是指操作系统作为一种软件的外部表现形式，即它的操作命令定义集和它的界面，完全确定了操作系统这个软件的使用方式。例如，操作系统的各种命令、各种系统调用及其语法定义等。需要从操作系统的使用界面上，即从操作系统的各种命令、系统调用及其语法定义等方面，学习和研究操作系统，才能从外部特征上把握住每一个操作系统的性能。

所谓内在特性，是指操作系统是一种软件，它具有一般软件的结构特点，然而这种软件不是一般的应用软件，它具有一般软件所不具备的特殊结构。因此，学习和研究操作系统时就需要研讨其结构上的特点，从而更好地把握住它的内部结构特点。例如，操作系统是直接同硬件打交道的，需要研究同硬件交互的软件是怎么组成的，每个组成部分的功能作用和各部分之间的关系等，即要研究其内部算法。

1.3.2 计算机系统资源管理的观点

在一个计算机系统中，通常包含了各种各样的硬件和软件资源。归纳起来，可将资源分为4类：处理机、存储器、文件（程序和数据）以及I/O设备。现代的计算机系统都支持多个用户、多个程序共享它们。那么，面对众多的程序争夺处理机、存储器、I/O设备和共享软件资源，如何协调，以及有条不紊地进行分配？操作系统就是负责登记谁在使用什么样的资源，系统中还有哪些资源空闲，当前响应谁对资源的要求，以及收回哪些不再使用的资源等。操作系统要提供一些机制去协调程序间的竞争与同步，提供机制对资源进行合理使用，施加保护，以及采取虚拟技术来"扩充"资源等。操作系统的主要功能也是针对以下4类资源进行有效的管理：

（1）处理机管理。用于分配和控制处理机。

（2）存储器管理。主要负责内存的分配和回收。

（3）文件管理。负责文件的存取、共享和保护。

（4）I/O 设备管理。主要负责 I/O 设备的分配和操纵。

概括地说，研究资源管理的目的是为用户提供一种简单、有效的资源使用方法，以充分发挥资源的利用率。

1.3.3 进程的观点

这种观点是把操作系统看作由若干个可以同时独立运行的程序和一个对这些程序进行协调的核心所组成，这些同时运行的程序称为进程。每个进程都完成某一特定任务（例如控制用户程序的运行、处理某个设备的输入与输出……），而操作系统的核心则控制和协调这些进程的运行，解决进程之间的通信。它以系统各部分可以并行工作为出发点，考虑管理任务的分割和相互之间的关系，通过进程之间的通信来解决共享资源时所带来的竞争问题。通常，进程可以分为用户进程和系统进程两大类，由这两类进程在核心控制下的协调运行来完成用户的程序要求。

有了进程的概念，就可以用动态的方法来研究它们的状态变化及其相互制约的关系。在研究、设计操作系统时面临的一个困难问题是系统中包含大量的程序模块，它们除了存在相互调用关系外，还有动态变化的相互制约和并行工作的关系。引入进程概念后，首先可以从那些能够并发运行的程序模块中归纳出若干系统进程，画出它们的状态转换图；然后逐个地研究各进程的状态转换图，列出状态转换的原因，找出转换时的主要工作过程及其有关程序；最后确定它们的功能及相互制约关系。

1.3.4 用户与计算机硬件系统之间接口的观点

操作系统作为用户和计算机硬件系统之间接口的含义是，操作系统处于用户与计算机硬件系统之间，用户通过操作系统来使用计算机。或者说，用户在操作系统的帮助下能够方便、快捷、安全、可靠地操纵计算机硬件和运行自己的程序。

需要注意的是，操作系统是一个系统软件，因而这种接口是软件接口。图 1-5 是操作系统作为接口的示意图。可以看出，用户可以通过以下两种方式来使用计算机：

图 1-5　操作系统作为接口的示意图

（1）命令方式。这是指由操作系统提供了一组联机命令（语言），用户可通过键盘输入有关的命令来直接操纵计算机。

（2）系统调用方式。操作系统提供了一组系统调用，用户可在应用程序中通过调用相应的系统调用来操纵计算机。

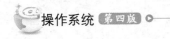

1.3.5 虚机器的观点

从服务用户的机器扩充的观点来看，操作系统为用户使用计算机提供了许多服务功能和良好的工作环境。用户不再直接使用硬件计算机（称为裸机），而是通过操作系统来控制和使用计算机，从而把计算机扩充为功能更强、使用更加方便的计算机系统（称为虚拟计算机）。操作系统的全部功能，例如系统调用、命令、作业控制语言等，称为操作系统虚机器。

虚机器观点从功能分解的角度出发，考虑操作系统的结构，将操作系统分成若干个层次，每一层次完成特定的功能，从而构成一个虚机器，并为上一层次提供支持，构成它的运行环境。通过逐个层次的功能扩充最终完成操作系统虚机器，从而向用户提供全套的服务，完成用户作业要求。

1.3.6 服务提供者的观点

在操作系统以外，从用户角度看操作系统，则它应能为用户提供比裸机功能更强、服务质量更高、使用户感觉更方便、灵活的虚拟计算机。操作系统提供了程序执行的环境，也为程序和用户提供了一系列的操作系统服务。这些服务可使程序员更容易地完成他的编程工作。

操作系统的公共服务类型一般包括以下几方面：

（1）程序执行。系统必须能够把程序装入内存并运行它，在正常情况时能使程序完成；而当出现异常事件时，又应能终止其执行。

（2）I/O 操作。运行中的程序当需要 I/O 设备时，可用 I/O 请求的方式请求操作系统的服务。对于某些特殊设备，还可要求使用其特定的功能。例如，要磁带反绕；在 CRT 上清除屏幕。为使系统能有效和安全地管理设备，系统不允许由用户去直接控制 I/O 设备，而是由操作系统统一实施管理。

（3）文件系统操纵。操作系统中的文件系统对用户特别重要。很明显，用户程序必须能够读和写文件，还应当允许用户使用文件名来创建、删除和修改文件，以及对文件进行保护。

（4）通信。操作系统还提供实现进程之间通信的服务。该服务可分为两种情况：第一种是相互通信的进程运行在同一个计算机系统中；另一种情况是相互通信的进程分别处于不同的计算机系统中，它们通过计算机网络连接在一起。由于有越来越多的计算机要连接到计算机网络上，现代的操作系统都能同时提供上述两种情况下的通信服务。

（5）差错检测。操作系统经常需要知道系统中所出现的差错，必要时应及时地通知操作员或用户。差错可分为两种类型：一类是硬件故障，如处理机、存储器、I/O 设备以及电源等所发生的故障；另一类是软件异常，如地址越界、非法存取、算术错、占用处理机时间过长等。对于每一类差错，操作系统都应采用适当措施，以保证不丢失数据和计算的一致性。

1.4 操作系统的功能与特征

批处理系统、分时系统和实时系统是大、中、小型计算机上操作系统所具有的 3 种形式。这些计算机价格昂贵，因而如何有效地使用计算机资源是系统设计应重视的主要问题。所以，这些计算机的操作系统往往是通用的，即一个系统兼有批处理、分时处理和实时处理三者或其中两者的功能，从而形成通用操作系统。如分时和批处理相结合，将分时任务作为前台任务，将批处理作业作为后台任务，便是分时批处理系统。通用操作系统不仅能满足用户的特殊要求，而且能提高资源的利用率，因此得到广泛应用。

1.4.1 操作系统的功能

在多道程序环境下，系统通常无法同时满足所有程序的资源要求。为使多道程序能有条不紊地运行，操作系统应具有如下五方面的功能，以实现对资源的管理：处理机管理功能、存储器管理功能、文件管理功能和设备管理功能。此外，为了方便用户使用操作系统，还需向用户提供使用方便的用户接口。

1. 处理机管理的功能

处理机管理的主要任务是对处理机进行分配，并对其运行进行有效的控制和管理。在多道程序环境下，处理机的分配和运行都是以进程为基本单位，因而对处理机的管理可归结为对进程的管理，它包括以下几个方面：

（1）进程控制。在多道程序环境下，要使程序运行，必须先为它创建一个或几个进程，并为之分配必要的资源。进程运行结束时，要立即撤销该进程，以便及时回收该进程所占用的各类资源。进程控制的主要任务便是为程序创建进程，撤销已结束的进程，以及控制进程在运行过程中的状态转换。

（2）进程同步。进程是以异步方式运行的，并以人们不可预知的速度向前推进。为使多个进程能有条不紊地运行，系统中必须设置进程同步机制。进程同步的主要任务是对诸进程的运行进行协调。协调方式有两种。

① 进程互斥方式。指诸进程在对临界资源进行访问时，应采用互斥方式。

② 进程同步方式。指在相互合作完成共同任务的进程间，由同步机制对它们的执行次序加以协调。

为了实现进程互斥与同步，系统中必须设置进程同步机制。最简单的用于实现进程互斥的机制是为每一种临界资源配置一把锁。当锁打开时，进程可以对临界资源进行访问；而当锁关上时，则禁止进程访问该临界资源。

（3）进程通信。在多道程序环境下，可由系统为一个应用程序建立多个进程。这些进程相互合作去完成一项共同任务，而在这些相互合作的进程之间往往需要交换信息。例如，有 3 个相互合作的进程，它们分别是输入进程、计算进程和打印进程。输入进程负责将所输入的数据传送给计算进程；计算进程利用输入数据进行计算，并把计算结果传送给打印进程，由打印进程把结果打印出来。进程通信的任务就是实现相互合作进程之间的信息交换。

当相互合作的进程处于同一计算机系统时，通常是采用直接通信方式，即由源进程利用发送命令直接将消息挂到目标进程的消息队列上，之后由目标进程利用接收命令从其消息队列中取出消息。

当相互合作的进程处于不同的系统中时，常采用间接通信方式，即由源进程利用发送命令将消息送入一个存放消息的中间实体中，之后由目标进程利用接收命令从中间实体中取走消息。该中间实体通常称为邮箱，相应的通信系统称为电子邮件系统。

（4）调度。等待在后备队列中的每个作业，通常要经过调度（包括作业调度和进程调度两步）才能执行。作业调度的基本任务是从后备队列中按照一定的算法，选择若干个作业，为它们分配必要的资源（首先是分配内存）。在将它们调入内存后，便为它们建立进程，使之成为可能获得处理机的就绪进程；并将它们按一定算法插入就绪队列。而进程调度的任务则是从进程的就绪队列中，按照一定的算法选出一进程，把处理机分配给它，并为它设置运行现场，使其投入运行。

在进行作业调度和进程调度时，都必须遵循某种调度算法。

2. 存储器管理的功能

存储器管理的主要任务是为多道程序的运行提供良好的环境，方便用户使用存储器，提高存储器的利用率，以及能从逻辑上来扩充内存。为此，存储器管理应具有以下功能：内存分配、内存保护、地址映射和内存扩充等。

（1）内存分配。内存分配的主要任务是为每个程序分配内存空间，使它们"各得其所"，提高存储器的利用率，以减少不可用的内存空间，允许正在运行的程序申请附加的内存空间，以适应程序和数据动态增长的需要。

操作系统在实现内存分配时，可采取以下两种方式：

① 静态分配方式。每个程序的内存空间是在程序装入时确定的；在程序装入后的整个运行期间，不允许再申请新的内存空间，也不允许程序在内存中"移动"。

② 动态分配方式。每个程序所要求的基本内存空间也是在装入时确定的；但允许程序在运行过程中继续申请新的附加空间，以适应程序和数据的动态增长，也允许程序在内存中"移动"。

为了实现内存分配，在内存分配的机制中应具有以下结构和功能：

① 内存分配数据结构。该结构用于记录内存空间的使用情况，作为内存分配的依据。

② 内存分配功能。系统按照一定的内存分配算法为用户程序分配内存空间。

③ 内存回收功能。系统对于用户不再需要的内存，通过用户的释放请求，去完成系统的回收功能。

（2）内存保护。内存保护的主要任务是确保每道用户程序都在自己的内存空间中运行，互不干扰。进一步说，绝不允许用户程序访问操作系统的程序和数据；也不允许转移到非共享的其他用户程序中去执行。

为了确保每道程序只在自己的内存区内运行，必须设置内存保护机制。一种比较简单的内存保护机制是设置两个界限寄存器，分别用于存放正在执行的程序的上界和下界。

系统需对每条指令所访问的地址进行越界检查，如果发生越界，便发出越界中断请求，以停止该程序的执行。如果这种检查完全用软件实现，则每执行一条指令，便需要增加若干条指令去进行越界检查，这将显著地降低程序的执行速度。因此，越界检查都由硬件实现。当然，对发生越界后的处理，还须与软件配合来完成。

（3）地址映射。一个应用程序（源程序）经编译后，通常会形成若干个目标程序；这些目标程序再经过链接而形成可装入程序。这些程序的地址都是从"0"开始的，程序中的其他地址都是相对于起始地址计算的；由这些地址所形成的地址范围称为"地址空间"，其中的地址称为"逻辑地址"或"相对地址"。此外，由内存中的一系列单元所限定的地址范围称为"内存空间"，其中的地址称为"物理地址"或"绝对地址"。

在多道程序环境下，地址空间中的逻辑地址和内存空间中的物理地址是不可能一致的。因此，存储器管理必须提供地址映射功能，将地址空间中的逻辑地址转换为内存空间中与之对应的物理地址。该功能同样应在硬件的支持下完成。

（4）内存扩充。物理内存的容量有限（它是非常宝贵的硬件资源，不可能做得太大），因而难以满足用户的需要，势必影响到系统的性能。存储器管理中的内存扩充任务并非是去增加物理内存的容量，而是借助于虚拟存储技术从逻辑上去扩充内存容量，使用户所感觉到的内存比物理内存大得多；或者是让更多的用户程序能并发运行。这样，既满足了用户的需要、改善了系统性能，又基本上不增加硬件投资。

为了从逻辑上扩充内存，系统必须具有内存扩充机制，用于实现下述各功能：

① 请求调入功能。允许在仅装入一部分用户程序和数据的情况下，启动该程序运行。在运行过程中，当发现继续运行时所需的程序和数据尚未装入内存时，可向操作系统发出请求，由操作系统将所需部分调入内存，以便继续运行。

② 置换功能。若内存中已无足够的空间来装入需要调入的部分，系统应能将内存中的一部分暂时不用的程序和数据调出至磁盘上，以便腾出内存空间，然后再将所需部分调入内存。

3. 文件管理的功能

在现代计算机系统中，总是把程序和数据以文件的形式存储在磁盘或磁带上，供所有的或指定的用户使用。为此，在操作系统中必须配置文件管理机构。文件管理的主要任务是对用户文件和系统文件进行管理，以方便用户使用，并保证文件的安全性。为此，文件管理应具有文件存储空间的管理，目录管理，文件的读、写管理以及文件的共享与保护等功能。

（1）文件存储空间的管理。为了方便用户的使用，一些当前需要使用的系统文件和用户文件都必须存放在可随机存取的磁盘上。在多用户环境下，若由用户自己对文件的存储进行管理，不仅非常困难，而且也必然是十分低效的。因而，需要由文件系统对诸多文件及文件的存储空间实施统一的管理。其主要任务是为每个文件分配必要的外存空间，提高外存利用率，并能有助于提高文件系统的工作速度。

为了实现对文件存储空间的管理，系统应设置相应的数据结构，用于记录文件存储空间的使用情况，以供分配存储空间时使用；系统还应具有对存储空间进行分配和回收的功能。为了提高存储空间的利用率，对存储空间的分配通常是采用离散分配方式，以减少外存碎片，并以盘块为基本分配单位。盘块的大小通常为 512 B ~ 4 KB。

（2）目录管理。为了使用户能方便地在外存上找到所需要的文件，通常由系统为每个文件建立一个目录项。目录项包含文件名、文件属性、文件在磁盘上的物理位置等。若干个目录项又可构成一个目录文件。目录管理的主要任务是为每个文件建立其目录项，并对众多的目录项加以有效的组织，以实现方便地按名存取。也就是说，用户只需提供文件名，即可对该文件进行存取。其次，目录管理还应能实现文件共享，这样，只需在外存上保留一份该共享文件的副本。此外，目录管理还应能提供快速的目录查询手段，以提高文件的检索速度。

（3）文件的读、写管理和存取控制。

① 文件的读、写管理。读、写管理是最基本的功能，根据用户的请求从外存中读取数据或将数据写入外存。在进行文件读（写）时，系统先根据用户给出的文件名，去检索文件目录，从中获得文件在外存中的位置。然后，利用文件读（写）指针，对文件进行读（写）。一旦读（写）完成，便修改读（写）指针，为下一次读（写）做好准备。由于读和写操作不会同时进行，故可以合用一个读/写指针。

② 文件的存取控制。为了防止系统中的文件被非法窃取或破坏，在文件系统中必须提供有效的存取控制功能，以实现下述目标：防止未经核准的用户存取文件；防止冒名顶替存取文件；防止以不正确的方式使用文件。

在一个完善的文件系统中，可以采取多级保护措施来达到这一目标。第一，进行系统级存取控制，通常是以使用口令并对口令进行加密的方法来防止非法用户进入系统，从而不可能进行文件访问。第二，用户级存取控制，这常常是通过对用户进行分类和为用户分配适当的"文件存取权限"等方法来实现。第三，文件级存取控制，这是通过设置文件属性（如只读、只执行、读/写等属性）来控制对文件的存取。

4. 设备管理的功能

设备管理的主要任务是：完成用户提出的 I/O 请求，为用户分配 I/O 设备；提高处理机和 I/O 设备的利用率；提高 I/O 速度；方便用户使用 I/O 设备。为实现上述任务，设备管理应具有缓冲管理、设备分配回收、设备驱动程序以及设备独立性和虚拟设备等功能。

（1）缓冲管理。缓冲管理的基本任务是管理好各种类型的缓冲区，如字符缓冲区和字符块缓冲区，以缓和处理机和 I/O 速度不匹配的矛盾，最终达到提高处理机和 I/O 设备利用率，进而提高系统吞吐量的目的。在不少系统中，还通过增加缓冲区容量的办法来改善文件系统的性能。

对于不同的系统，可以采用不同类型的缓冲区机制。最常见的缓冲区机制有单缓冲机制、能实现双向同时传送数据的双缓冲机制，以及能供多个设备同时使用的公用缓冲池机制。

（2）设备分配回收。设备分配的基本任务是根据用户的 I/O 请求为之分配所需的设备。如果 I/O 设备和处理机之间还存在着设备控制器和 I/O 通道，还须为分配出去的设备分配相应的控制器和通道。

为了实现设备分配，系统中应配置设备控制表、控制器控制表等数据结构，用于记录设备及控制器的标识符和状态，说明该设备是否可用、是否忙碌，以供设备分配时参考。在进行设备分配时，应针对不同的设备采用不同的设备分配方式。对于独占设备（临界资源）的分配，还应考虑到该设备被分配出去后，系统是否安全。设备用完后还应立即加以回收。

（3）设备驱动程序。设备驱动程序其基本任务通常是实现处理机和设备控制器之间的通信。即由处理机向设备控制器发出 I/O 指令，要求它完成指定的 I/O 操作；并能接收由设备控制器发来的中断请求，给予及时的响应和相应的处理。

处理过程是：设备处理程序首先检查 I/O 请求的合法性、了解设备的状态是否空闲、了解有关传递参数以及设置设备的工作方式；然后，向设备控制器发出 I/O 命令，启动 I/O 设备去完成指定的 I/O 操作；最后，及时响应由控制器发来的中断请求，并根据该中断请求的类型调用相应的中断处理程序进行处理。对于设置了通道的计算机系统，设备处理程序还应能根据用户的 I/O 请求自动地构成通道程序。

（4）设备独立性和虚拟设备。

① 设备独立性。设备独立性的基本含义是指应用程序独立于物理设备，以使用户编制的程序与实际使用的物理设备无关。这种独立性不仅能提高用户程序的可适应性，使程序不局限于某具体的物理设备，而且易于实现输入、输出的重定向，即在 I/O 操作中所使用的设备可方便地重新指定，而无须改变原有程序。

② 虚拟设备功能。这一功能可把每次仅允许一个进程使用的物理设备改造为能同时供多个进程共享的设备。或者说，它能把一个物理设备变换为多个对应的逻辑设备，以使一个物理设备能为多个用户共享。这样，不仅提高了设备的利用率，而且还加速了程序的运行，使每个用户都感觉是自己在独占该设备。

5. 用户接口

为了方便用户使用操作系统，操作系统又向用户提供了"用户与操作系统的接口"。该接口通常以命令或系统调用的形式呈现在用户面前，前者提供给用户在键盘终端上使用，后者则提供给用户在编程时使用。在较晚出现的操作系统中，又向用户提供了图形用户接口。

（1）命令接口。为了便于用户直接或间接地控制自己的程序，操作系统向用户提供了命令接口。用户可通过该接口向程序发出命令以控制程序的运行。该接口又可进一步分为联机命令接口和脱机命令接口。

（2）程序接口。程序接口是为用户程序在执行中访问系统资源而设置的，是用户程序取得操作系统服务的唯一途径。它由一组系统调用组成。每一个系统调用都是一个能完成特定功能的子程序。

（3）图形接口。图形用户接口采用了图形化的操作界面，用非常容易识别的各种图标来将系统的各项功能、各种应用程序和文件直观、逼真地表示出来。用户可通过鼠标、菜单和对话框来完成各种应用程序和文件的操作。

1.4.2　操作系统的特征

前面所介绍的 3 种基本操作系统虽然各有特征，如批处理系统具有成批处理的特征，分时系统具有交互特征，实时系统具有实时特征，但它们都具有以下 4 个基本的共同特征。

1. 并发

并行性和并发性是既相似又有区别的两个概念。并行性是指两个或多个事件在同一时刻发生；而并发性是指两个或多个事件在同一时间间隔内发生。在多道程序环境下，并发性是指宏观上在一段时间内有多道程序在同时运行。但在单处理机系统中，每一时刻仅能执行一道程序，故微观上这些程序是在交替执行的。

应当指出，通常的程序是静态实体，它们是不能并发执行的。为使程序能并发执行，系统必须分别为每个程序建立进程。进程，又称任务，简单说来，是在系统中能独立运行并作为资源分配的基本单位，它是一个活动实体。

2. 共享

共享是指系统中的资源可供内存中多个并发执行的进程共同使用。由于资源的属性不同，故多个进程对资源的共享方式也不同，可分为以下两种资源共享方式。

（1）互斥共享方式。系统中的某些资源，如打印机、磁带机，虽然它们可以提供给多个进程使用，但在一段时间内却只允许一个进程访问该资源。当一个进程正在访问该资源时，其他欲访问该资源的进程必须等待，仅当该进程访问完并释放该资源后，才允许另一进程对该资源进行访问。

（2）同时访问方式。系统中还有另一类资源，允许在一段时间内有多个进程同时对它进行访问。典型的可供多个进程同时访问的资源是磁盘。一些用重入码编写的文件，也可同时共享。

并发和共享是操作系统的两个最基本的特征，它们又互为存在条件。一方面，资源共享是以程序（进程）的并发执行为条件的，若系统不允许程序并发执行，自然不存在资源共享问题。另一方面，若系统不能对资源共享实施有效管理，也必将影响程序的并发执行，甚至根本无法并发执行。

3. 虚拟

操作系统中的所谓"虚拟"是指通过某种技术把一个物理实体变成若干个逻辑上的对应物。物理实体（前者）是实的，即实际存在的；而后者是虚的，是用户感觉上的东西。例如，在多道分时系统中，虽然只有一个处理机，但每个终端用户却都以为是有一个处理机在专门为他服务，即利用多道程序技术可以把一台物理设备上的处理机虚拟为多台逻辑上的处理机，也称为虚处理机。类似地，也可以把一台物理 I/O 设备虚拟为多台逻辑上的 I/O 设备。此外，还可以把一条物理信道虚拟为多条逻辑信道（虚信道）。

操作系统中虚拟的实现主要是通过分时使用的办法。显然，如果 n 是某一物理设备所对应的虚拟的逻辑设备数，则虚拟设备的速度必然是物理设备速度的 $1/n$。

4. 异步性

在多道程序环境下，允许多个进程并发执行。但由于资源等因素的限制，进程的执行通常并非"一气呵成"，而是以"走走停停"的方式运行。内存中的每个进程在何时执行，何时暂停，以怎样的速度向前推进，每道程序总共需要多少时间才能完成，都是不可预知的。很可能是先进入内存的程序后完成，而后进入内存的程序先完成。或者说，进程是以异步方式运行的。尽管如此，但只要运行环境相同，程序经多次运行，都会获得完全相同的结果，因此异步运行方式是允许的。

1.5 操作系统结构设计

早期的操作系统规模比较小，操作系统是否具有结构并不重要。随着操作系统规模越来越大，其所具有的代码也越来越多，往往需要数十人或数百人甚至更多的人参与，分工合作，共同来完成操作系统的设计。为此，操作系统的开发必须采用工程化的大型软件开发方法，采用诸如模块化设计、结构化方法和面向对象等方法。

操作系统作为一个大型系统软件，其结构已经历了几代的变革，从开始的无结构的操作系统到采用了模块式结构的操作系统，其后的采用层次式结构的操作系统，发展到现在的采用微内核、面向对象、客户机 / 服务器结构的操作系统。

1.5.1 传统的操作系统结构

1. 模块化结构操作系统

模块化程序设计技术是 20 世纪 60 年代出现的一种结构化程序设计技术。系统包含若干模块；每一块实现一组基本概念以及与其相关的基本属性。采用模块化结构的操作系统，将其功能精心划分为若干个具有一定独立性的模块，每个模块具有某个功能，如进程管理模块、存储管理模块、文件管理模块等，并要仔细地规定好模块间的接口，使各个模块之间能通过接口实现交互。之后，再将个某块细分成一定的子模块，子模块还可以继续细分。如图 1–6 所示。

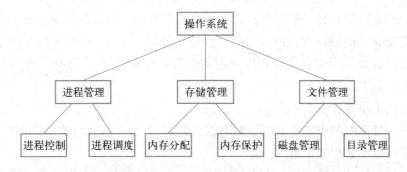

图 1–6 模块化结构的操作系统

模块化结构设计方法较之无结构的操作系统具有以下明显的优点：

（1）提高了操作系统设计的正确性、可理解性和可维护性。

（2）增强了操作系统的可适应性。

（3）加速了操作系统的开发过程。

结构化设计方法的仍存在着下述问题：

（1）难以对模块的划分及对接口的规定精确描述。

（2）从功能观点来划分模块时，未能将共享资源和独占资源加以区别。

2. 层次结构操作系统

要清除模块接口法的缺点就必须减少各模块之间毫无规则地相互调用、相互依赖的关系，特别是清除循环现象。层次结构设计方法正是从这点出发，力求使模块间调用的无序性变为有序性。使用层次式结构设计操作系统时，将操作系统分成若干层，每一层实现一组基本概念以及与其相关的基本属性。层与层之间的相互关系要满足：所有各层的实现不依赖其以上各层所提供的概念及其属性，只依赖其直接下层所提供的概念及属性；每一层均对其上各层隐藏其下各层的存在。因此，只要下层的各模块的设计是正确的，就为上层功能模块的设计提供了可靠基础，从而增加了系统的可靠性。这种结构的优点还在于增加或替换掉一层可以不影响其他层次，便于修改、扩充。

层次结构的操作系统的各功能模块应放在哪一层，系统一共应有多少层是一个很关键的问题。但对这些问题通常并无一成不变的规律可循，必须要依据总体功能设计和结构设计中的功能图和数据流图进行分层，大致的分层原则如下：

（1）把与机器特点紧密相关的软件（如中断处理、输入/输出管理等）放在紧靠硬件的最低层。这样，经过软件扩充后的虚拟机，硬件的特性就被隐藏起来，方便了操作系统的移植。为了便于修改移植，把与硬件有关和与硬件无关的模块截然分开，并把与硬件有关的BIOS(管理输入/输出设备)放在最内层，当硬件环境改变时只需要修改这一层模块就可以了。

（2）进程是操作系统的基本成分，必须要有一部分软件——系统调用的各功能，来为进程提供服务，这些功能模块(各系统调用功能)构成操作系统内核,放在系统的内层。

（3）对于一个计算机系统来说，往往具有多种操作方式(例如，既可在前台处理分时程序，又可在后台以批处理方式运行作业，也可进行实时控制)。为了便于操作系统从一种操作方式转变到另一种操作方式，通常把多种操作方式共同使用的基本部分放在内层，而把随着这些操作方式而改变的部分放在外层(例如，批作业调度程序和联机作业调度程序、键盘命令解释程序和作业控制语言解释程序等)，这样改变操作方式时仅需改变外层，内层部分保持不变。

层次结构的主要优点有：

（1）易保证系统的正确性。自下而上的设计方式,使所有设计中的决定都是有序的,比较容易保证整个系统的正确性。

（2）易扩充性和易维护性。在系统中增加、修改或替换一个层次中的模块或整个层次，只要不改变相应层次间的接口，就不会影响其他层次。

层次结构的主要缺点就是系统效率低。由于层次结构是分层单向依赖的，因此必须在相邻层之间建立层次间的通信机制，操作系统每执行一个功能，通常要自上而下地穿越多个层次，这无疑会增加系统的通信开销，从而导致系统效率的降低。

1.5.2 现代的操作系统结构

1. 微内核

在分层方式中，设计者要确定在哪里划分内核－用户的边界。在传统上，所有的层都在内核中，但是这样做没有必要。事实上，尽可能减少内核态中功能的做法更好，因为内核中的错误会快速拖累系统。相反，可以把用户进程设置为具有较小的权限，某一个错误的后果就不会是致命的。另外，操作系统随时间推移不可避免地要改变，通常是增加新的特性，如支持新的硬件设备，支持新型网络通信能力或新兴的软件技术，应用于分布式处理的计算环境中等。为了实现这一目标，确保操作系统代码的完整性，在卡内基·梅隆大学开发的 Mach 系统中，采用独特的办法来解决这个问题，即微内核结构。某操作系统微内核结构如图 1-7 所示。

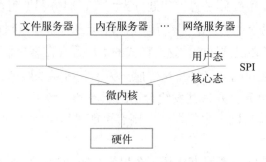

图 1-7 微内核结构的操作系统

关于什么是微内核操作系统结构，目前尚无公认的一致定义，不过微内核结构的操作系统具有以下特点：

（1）足够小的内核。微内核只是操作系统最基本的部分，是操作系统的小核心，它将各种操作系统共同需要的核心功能提炼出来，形成微内核的基本功能。这些基本功能包括：进程（线程）管理、低级存储器管理、中断和陷入的处理。从功能方面而言，它为各种操作系统打好一个公共基础，或者说构成了基本操作系统，因之规模较小。例如，QNX 微内核，内存只有 8 KB，只有 14 条系统调用。

（2）基于客户机/服务器模式。由于客户机/服务器模式具有很多优点，在单机微内核操作系统中基本都采用客户机/服务器模式。操作系统最基本的部分放入内核中，大部分放在内核外的一组服务器（进程）中实现。

（3）应用机制和策略分离的技术。机制是实现某一功能的具体执行机构。策略是在机制的基础上，借助于某些参数和算法来实现该功能的优化，或达到不同的功能目标。一般，机制处于一个系统的基层，而策略则处于系统的高层。通常将机制放在操作系统的微内核中。

（4）采用面向对象的技术。面向对象的技术已经广泛应用于操作系统设计中。

微内核技术是当今操作系统发展的最新成果。在体系结构方面，它采用了面向对象技术来描述操作系统内核对象，提出并实现了基于客户机/服务器体系结构的操作系统。在算法方面，提出了许多高效新颖的算法，如线程及处理机调度算法、写时复制算法、与硬件无关的存储管理算法以及精确计时算法等。它具有提高系统的扩展性、增强系统的可靠性、可移植性和可以支持分布式系统、采用面向对象技术等优点。有许多微内核已经实现并投入应用。微内核在实时、工业、航空以及军事应用中特别流行，这些领域都是关键任务，需要有高度的可靠性。知名的微内核有 Integrity、K42、L4、PikeOS、QNX、Symbian、MINIX 3 等。

微内核虽然具有诸多的优点，但不可否认较早期的操作系统而言，运行效率有所降低。效率降低的主要原因是在完成一次客户对操作系统提出的服务请求时，需要利用消息实现多次交互和进行用户/内核模式及其上下文的多次切换。为了改善运行效率，可以重新把一些常用的操作系统基本功能由服务器移入微内核中。但因此使微内核明显增大，在小型接口定义和适应性方面的优势因此下降，也提高了微内核的设计代价。

2. 客户机/服务器模式

一个微内核思想的略微变体是将进程划分为两类：服务器，每个服务器提供某种服务；客户机，使用这些服务。这个模式就是所谓的客户机/服务器模式。通常，在系统最底层是微内核，但并不是必须这样的。这个模式的本质是存在客户机进程和服务器进程。

在客户机和服务器之间的通信是消息传递。为了获得一个服务，客户机进程构造一段消息，说明所需要的服务，并将其发给合适的服务器。该服务完成工作，发送回应。如果客户机和服务器运行在同一个机器上，则有可能进行某种优化，实际从概念上看，在这里讨论的是消息传递。

这个思想的一个显然的、普遍方式是：客户机和服务器运行在不同的计算机上，它们通过局域或广域网连接。由于客户机通过发送消息与服务器通信，客户机并不需要知道这些消息是在它们的本地机器上处理，还是通过网络被送到远程机器上处理。对于客户机而言，这两种情形是一样的，都是发送请求并得到回应。所以，客户机/服务器模式是一种可以应用在单机或者网络机器上的抽象。

越来越多的系统，包括用户家里的 PC 成为客户机，而在某地运行的大型机器则成为服务器。事实上，许多 Web 就是以这个方式运行的。一台 PC 向某个服务器请求一个 Web 页面，之后，该 Web 页面回送。这就是网络中客户机/服务器的典型应用方式。

客户机/服务器模式的优点在于它既允许数据的分布处理和存储，又便于集中管理，灵活性和可扩充性强，容易修改。但它也存在着不可靠性和瓶颈问题。服务器是瓶颈，当其在重负荷下工作时，会因为忙不过来而延长对用户请求的响应时间。并且，在系统仅有一个服务器时，一旦服务器故障，将导致整个网络的瘫痪。当然，可以在网络中配置多个服务器进行改善，但因此增加了系统成本。

 习 题

1. 什么是硬件系统？什么是软件系统？它们之间有什么联系？
2. 什么是操作系统？操作系统追求的主要目标是什么？
3. 在用户程序与计算机硬件之间，操作系统可以分为哪几个模块？

4. 操作系统如何实现计算机操作的自动化？如何看待操作系统在计算机系统中的地位？

5. 操作系统分成哪几类？

6. 从资源管理观点看，操作系统具有哪些功能？

7. 讨论操作系统可以从哪些观点出发？

8. 简述操作系统发展的几个阶段。

9. 什么是批处理系统？它可分为哪两种？

10. 什么是多道程序系统？其主要特点是什么？

11. 什么是分时系统？其主要特点是什么？

12. 什么是实时系统？主要有哪几大类？

13. 实时系统与分时系统的主要差别有哪些？

14. 简述操作系统的特征。

第 2 章
>>> 操作系统的硬件环境

一个程序在计算机上运行需要有一定的条件，或者说要有一定的环境。例如，要有处理机、内存、I/O 设备和有关系统软件等。而操作系统作为系统的管理程序，为了实现其预定的各种管理功能，更需要有一定的条件，或称之为运行环境来支持其工作。操作系统的运行环境主要包括系统的硬件环境和由其他的系统软件形成的软件环境。

任何系统软件都是硬件功能的延伸，并且都是建立在硬件基础上的，离不开硬件设施的支持。而操作系统更是直接依赖于硬件条件，与硬件的关系尤为密切。

2.1 中央处理机

操作系统作为一个程序要在处理机上执行。如果一个计算机系统只有一个处理机，则称为单机系统；如果有多个处理机，则称为多处理机系统。

每个中央处理机（又称微处理机，简称处理机）都有自己的指令系统。早期的微处理机的指令系统的功能相对来说比较弱。由于大规模集成电路技术的飞速发展，当代微处理机结构已经非常复杂，特别是在各种 RISC 处理机出现之后，微处理机的技术进入了新阶段。

2.1.1 处理机的构成与基本工作方式

一般的处理机由运算器、控制器、一系列的寄存器以及高速缓存构成。运算器实现任何指令中的算术和逻辑运算，是计算机计算的核心；控制器负责控制程序运行的流程，包括取指令、维护处理机状态、处理机与内存的交互等；寄存器是指令在处理机内部作处理的过程中暂存数据、地址以及指令信息的存储设备，在计算机的存储系统中具有最快的访问速度；高速缓存处于处理机和物理内存之间，一般由控制器中的内存管理单元（Memory Management Unit，MMU）管理，它的访问速度高于内存、低于寄存器，它利用程序局部性原理使得高速指令处理和低速内存访问得以匹配，从而大大地提高处理机的效率。

1. 处理机中的寄存器

寄存器为处理机本身提供了一定的存储能力，它们的速度比内存储器快得多，但是因为造价很高，存储容量一般都很小。处理机一般包括两类寄存器：一类称为用户可见寄存器，对于高级语言来说，编译器可通过一定的算法分配并使用这些寄存器，以最大限度地减少程序运行时访问内存储器的次数，这对程序的运行速度影响很大；第二类称为控制和状态寄存器，它们用于控制处理机的操作，一般由具有特权的操作系统代码使用，以控制其他程序的执行。

用户可见寄存器通常对所有程序都是可用的，由机器语言直接引用。它一般包括数据寄存器、地址寄存器以及条件码寄存器。数据寄存器有时又称通用寄存器，主要用于各种算术逻辑指令和访存指令。对具有浮点能力和多媒体能力的处理机来说，浮点处理过程的数据寄存器和整数处理时的数据寄存器一般是分离的。地址寄存器用于存储数据及指令的物理地址、线性地址或者有效地址，以及某种特定方式的寻址。例如，变址寄存器、段指针、栈指针等。条件码寄存器保存处理机操作结果的各种标记位，例如算术运算产生的溢出、符号等，这些标记在条件分支指令中被测试，以控制程序指令的流向。一般来讲，条件码可以被隐式访问，但不能通过显式的方式修改。

处理机中有很多寄存器用于控制处理机的操作。多数处理机上，这些寄存器的大部分对于用户是不可见的，有一部分可以在某种特权模式（由操作系统使用）下访问。最常见的控制和状态寄存器包括程序计数器（Program Counter，PC），它记录了将要取出的指令的地址；指令寄存器（Instruction Register，IR），它包含了最近取出的指令；程序状态字（Program Status Word，PSW），它记录了处理机的运行模式信息等，有的处理机中还包含条件码。

2. 指令执行的基本过程

处理指令最简单的方式包括两个步骤：处理机先从存储器中每次读取一条指令，然后执行这条指令，一个这样的单条指令处理过程称为一个指令周期。程序的执行就是由不断取指令和执行指令的指令周期组成的。仅当关机、发生某些未知的错误或者遇到与关机相关的指令时，指令执行才会停止，如图2-1所示。

图2-1 基本的指令周期

典型的处理机中，每个指令周期开始的时候，处理机依据在程序计数器中保存的指令地址从存储器中取一条指令，并在取指令完成后根据指令类别自动将程序计数器的值变成下一条指令的地址，通常是自增1。取到的指令被放在处理机的指令寄存器中，指令中包含了处理机将要采取的动作的位，处理机于是解释并执行所要求的动作。这些指令大致可以分成5类：访问存储器指令，它们负责处理机和存储器之间的数据传送；I/O指令，它们负责处理机和I/O模块之间的数据传送和命令发送；算术逻辑指令，又称数据处理指令，用以执行有关数据的算术和逻辑操作；控制转移指令，这种指令可以指定一个新指令的执行起点；处理机控制指令，这种指令用于修改处理机状态，改变处理机的工作方式等。

2.1.2 处理机的状态

1. 特权指令和非特权指令

对于一个单用户、单任务方式下使用的微型计算机，普通的非系统用户通常都可使用该计算机的指令系统中的全部指令。但是，如果某微型计算机是处于多用户或多任务的多道程序设计环境中，则它的指令系统中的指令必须分成两部分：特权指令和非特权指令。

所谓特权指令，是指在指令系统中那些只能由操作系统使用的指令。这些特权指令是不允许一般用户使用的，因为，如果允许用户随便使用这些指令（例如，启动某设备指令、设置时钟指令、控制中断屏蔽的某些指令、清内存指令和建立存储保护指令等），就有可能使系统陷入混乱，所以一个使用多道程序设计技术的微型计算机的指令系统必须要区分特权指令和非特权指令。用户只能使用非特权指令，只有操作系统才能使用所有的指令（包括特权指令和非特权指令）。如果一个用户程序使用了特权指令，一般将引起一次处理机状态的切换，这时处理机通过特殊的机制将处理机状态切换到操作系统运行的特权状态，然后将处理权移交给操作系统中的一段特殊代码，这一过程被形象地称为陷入。

一台微型计算机的指令系统中，如果不能区分特权指令和非特权指令，那么在这样的硬件环境下要设计出一个具有多道程序运行的操作系统是相当困难的。至于处理机如何知道当前运行的是操作系统还是一般应用软件，则有赖于处理机状态的标识。

2. 处理机的状态

处理机有时执行用户程序，有时执行操作系统的程序。在执行不同程序时，根据运行程序对资源和机器指令的使用权限而将此时的处理机设置为不同状态。多数系统将处理机工作状态划分为管态和目态。前者一般指操作系统管理程序运行时的状态，具有较高的特权级别，又称特权态（特态）、系统态；后者一般指用户程序运行时的状态，具有较低的特权级别，又称普通态（普态）、用户态。另外，还有些系统将处理机工作状态划分为多个系统状态，例如核心状态、管理状态和用户程序状态（又称目标状态）3 种，它们的具体含义与前面的双状态分级大同小异。

作为一个实例，Intel 公司出品的 x86 系列处理机（包括 386、486、Pentium、Pentium Pro、Pentium II、Pentium III、Pentium 4），都支持 4 个处理机特权级别（特权环：R_0，R_1，R_2 和 R_3）。从 R_0 到 R_3 特权能力依次降低，R_0 相当于双状态系统的管态，R_3 相当于目态，而 R_1 和 R_2 则介于两者之间，它们能够运行的指令集合具备包含关系：$I_{R0} \supseteq I_{R1} \supseteq I_{R2} \supseteq I_{R3}$，处理机在各个级别下的保护性检查（例如地址校验、I/O 限制）以及特权级别之间的转换方式也不尽相同。这 4 个级别被设计成运行不同类别的程序：R_0 运行操作系统核心代码；R_1 运行关键设备驱动程序和 I/O 处理例程；R_2 运行其他受保护的共享代码，例如语言系统运行环境，R_3 运行各种用户程序。基于 x86 处理机的操作系统包括多数的 UNIX 系统、Linux 以及 Windows 系列，大都只用到了 R_0 和 R_3 两个特权级别。

当处理机处于管态时，全部指令（包括特权指令）可以执行，可使用所有资源，并具有改变处理机状态的能力。当处理机处于目态时，就只有非特权指令能执行。不同处理机状态之间的区别在于赋予运行程序的特权级别不同，可以运行的指令集合也不相同，一般说来，特权级别越高，可以运行的指令集合越大，而且高特权级别对应的可运行指令集合包含低特权级的可运行指令集。

3. 程序状态字

为了解决处理机当前工作状态的问题，所有的处理机都有一些特殊寄存器，用以表明处理机当前的工作状态。比如用一个专门的寄存器来指示处理机状态，称为程序状态字（PSW）；用程序计数器（PC）这个专门的寄存器来指示下一条要执行的指令。

处理机的状态字通常包括以下状态代码：

（1）处理机的工作状态代码。指明是管态还是目态，用来说明当前在处理机上执行的是操作系统还是一般用户，从而决定其是否可以使用特权指令或拥有其他的特殊权力。

（2）条件码。反映指令执行后的结果特征。

（3）中断屏蔽码。指出是否允许中断。

不同计算机的程序状态字的格式及其包含的信息会有所不同。

2.2 存储系统

程序和数据存放在内存储器（又称内部存储器、内存）中才能运行。在多道程序系统中，有若干个程序和相关的数据要放入内存储器。操作系统不但要管理、保护这些程序和数据，使它们不至于受到破坏，而且操作系统本身也要存放在内存储器中并运行。因此，内存储器以及与存储器管理有关的机构是支持操作系统运行的硬件环境的一个重要方面。

2.2.1 存储器的类型

在微型计算机中使用的半导体存储器有若干种不同的类型，但基本上可划分为两类：一种是读写型存储器，另一种是只读型存储器。

所谓读写型存储器是指可以把数据存入其中任一地址单元，并且可在以后的任何时候把数据读出来，或者重新存入别的数据的一种存储器。这种类型的存储器常被称为随机访问存储器（Random Access Memory，RAM）。RAM主要用于存放随机存取的程序和数据。

只读型存储器是指只能从其中读取数据，但不能随意地用普通的方法向其中写入数据（向其中写入数据只能用特殊方法进行）的一种存储器。这种类型的存储器常被称为只读存储器（Read-Only Memory，ROM）。作为其变形，还有PROM和EPROM。PROM是一种可编程的只读存储器，它可由用户使用特殊PROM写入器向其中写入数据。EPROM可用特殊的紫外线光照射此芯片，以"擦去"其中的信息位，使之恢复原来的状态，然后使用特殊EPROM写入器写入数据。

在微型计算机中，通常把一些常驻内存的模块以微程序形式固化在ROM中，例如早期IBM PC的基本I/O系统程序BIOS和BASIC解释程序就被固化于ROM中。

2.2.2 存储器的层次结构

计算机存储系统的设计主要考虑3个问题：容量、速度和成本。首先，只要有容量，

就能开发出合适的软件加以利用，但容量的需求一般来说是无止境的。其次，速度则要能匹配处理机的速度，在处理机处理时不应该因为等待指令和操作符而发生暂停。最后，在设计一个实际的计算机系统时，成本也是一个很重要的问题，存储器的成本和其他部件相比应该在一个合适的范围之内。一般来说，3 个目标不可能同时达到最优，要作权衡。存取速度越快，每比特价格越高；容量越大，每比特价格越低，同时存取速度也越慢。这就给设计带来了一个"二律背反"的情况，一方面需要较低的比特价格和较大的容量，另一方面对计算机性能又有着高要求，这又需要价格昂贵、存储量相对较小但速度很快的存储器。解决的方案是采用层次化的存储体系结构，如图 2-2 所示。当沿着层次下降时，每比特的价格将下降，容量将增大，速度将变慢而处理机的访问频率也将下降。

图 2-2　计算机系统中的存储体系结构

　　从整个系统来看，在计算机系统中的存储装置是由寄存器、高速缓存、内存储器、硬盘存储器、磁带机和光盘存储器等装置构成的。较小、较贵而快速的存储设备有较大、较便宜而慢速的存储设备做后盾，它们通过访问频率的控制来提高存储系统的效能。

　　能达成提高存储系统效能目的的关键点在于程序的存储访问局部性原理。程序执行时，处理机为了取得指令和数据而访问存储器。现代的程序设计技术很注重程序代码的复用，程序中会有很多的循环和子程序调用，一旦进入这样的程序段，就会重复存取相同的指令集合。类似地，对数据存取也有这样的局部性。在经过一段时间以后，使用到的代码和数据的集合会改变，但在较短的时间内它们能比较稳定地保持在一个存储器的局部区域中，处理机也主要和存储器的这个局部打交道。基于这一原理，就可以设计出多级存储的体系结构，并使得存取级别较低的存储器的比率小于存取级别较高的存储器的比率。

2.2.3　存储分块和存储保护

1. 存储分块

　　存储的最小单位称为"二进制位"，它包含的信息为 0 或 1。存储器的最小编址单位是字节，1 个字节包含 8 个二进制位。而两个字节称为 1 个字，4 个字节称为 1 个双字。1024 个字节称为 1 KB，1024 KB 称为 1 MB，1024 MB 称为 1 GB，1024 GB 称为 1 TB，等等。现在主流的个人计算机的主存储器（内存）一般在 2 ~ 12 GB 之间，而辅助存储器（外存，一般为硬盘）的存储量一般为 500 GB ～ 2 TB。而各种工作站、服务器的内存大约在 4 ～ 16 GB 之间，硬盘容量则可以高达数 TB，有的系统还配有磁带机，它们用于海量数据存取。

为了简化对存储器的分配和管理，在不少计算机系统中把存储器分成块。在为用户分配内存空间时，以块为最小单位，这样的块有时被称为一个物理页。而块的大小随计算机而异，512 B、1 KB、4 KB、8 KB 的都有，也有其他大小的。

2. 存储保护

存放在内存中的用户程序和操作系统以及它们的数据，很可能受到正在处理机上运行的某用户程序的有意或无意地破坏，这会造成十分严重的后果。例如，该用户程序向操作系统区写入了数据，就有可能造成系统崩溃。所以，必须对内存中的信息加以严格的保护，使操作系统及其他程序不被破坏，这是其正确运行的基本条件之一。下面介绍几种最常用的存储保护机制。

（1）界地址寄存器（界限寄存器）。界地址寄存器是被广泛使用的一种存储保护技术。这种机制比较简单，易于实现。其方法是在处理机中设置一对界限寄存器来存放该用户程序在内存中的下限和上限地址，分别称为下限寄存器和上限寄存器。也可将一个寄存器作为基址寄存器，另一寄存器作为限长寄存器（指示存储区长度）的方法来指出程序在内存的存放区域。每当处理机要访问内存时，硬件自动将被访问的内存地址与界限寄存器的内容进行比较，以判断是否越界。如果未越界，则按此地址访问内存，否则将产生程序中断——越界中断（或称存储保护中断）。

（2）存储键。在有的计算机中，除上述存储保护措施之外，还有"存储保护键"机制来对内存进行保护。为了存储保护的目的，每个存储块都有一个与其相关的由二进位组成的存储保护键附加在每个存储块上。当一个用户程序被允许进入内存时，操作系统分给它一个唯一的不与其他程序相同的存储键号。并将分配给该程序的各存储块的存储键也设置成同样的键号。当操作系统挑选该程序上处理机运行时，操作系统同时将它的存储键号放入程序状态字（PSW）的存储键（"钥匙"）域中。每当处理机访问内存时，都将该内存块的存储键与 PSW 中的"钥匙"进行比较。如果相匹配，则允许访问；否则，拒绝并报警。

2.3 缓冲技术与中断技术

本节介绍操作系统中经常用到的缓冲技术和中断技术。

2.3.1 缓冲技术

缓冲区是硬件设备之间进行数据传输时，专门用来暂存这些数据的一个存储区域。

缓冲技术一般有 3 种用途。一种是用在处理机与内存之间的；另一种是用在处理机和其他外围设备之间的；还有一种是用在设备与设备之间的通信上的。无论哪一种，都是为了解决部件之间速度不匹配的问题。例如，当从某输入设备输入数据时，通常是先把数据送入缓冲区中，然后处理机再把数据从缓冲区读入用户工作区中进行处理和计算。

那么，为什么不直接把数据送入用户工作区，而要设置缓冲来暂存呢？最根本的原因是处理机处理数据速度与设备传输数据速度不相匹配，用缓冲区可缓解其间的速度矛盾。如果把用户工作区直接作为缓冲区则有许多不便。首先，当从工作区向设备输出或从设备向工作区输入时，工作区被长期占用而使用户无法使用；其次，为了方便对缓冲区的管理，缓冲区往往是与设备相联系的，而不直接同用户联系；再者，也是为了减少输入与输出的次数，以减轻对通道和 I/O 设备的压力。缓冲区信息可供多个用户共同使用以及反复使用。每当用户要求输入数据时，先从这些缓冲中去找，如果已在缓冲区，就可减少输入与输出次数。

为了提高设备利用率，通常使用单个缓冲区是不够的。因为在单缓冲区情况下，设备向缓冲区输入数据直到装满后，必须等待处理机将其取完，才能继续向其中输入数据。如果有两个缓冲区时，设备利用率就可大为提高。

目前许多计算机系统广泛使用多缓冲区（Cache）技术。Cache 离处理机最近，能使处理机更快速地访问经常使用的数据。在运行过程中，处理机首先到一级 Cache 中去找数据（可能是数据，也可能是一段指令序列）。如果没有找到，那么处理机接着到二级 Cache 中去找，如果还找不到，处理机就只好到速度较慢的系统内存中去找（如果有三级 Cache，处理机还会在 Cache 中找下去）。从以上的分析可以看出，一级 Cache 是处理机首先访问的，因此一级 Cache 的性能对系统的性能提升作用很大。

内存储器一般由 2^n 个可寻址的字组成，每个字有一个唯一的 n 位地址。为了使 Cache 中的存储单元和内存中的存储单元可以对应，一般将内存视作一些固定大小的块，每块含 K 个字，即将内存划分为 $M=2^n/K$ 个块。Cache 中有 C 个存储槽，每个槽也是 K 个字，当然 C 远小于 M。内存中的一些块的集合常驻留在 Cache 的相应槽中，如果读到了某一块中的一个字，而它又不在 Cache 的槽中，那个块将整个被移到一个槽中。替换哪一个槽中的内容将由处理机的 Cache 管理单元按照一定的策略来选择，并且相应的 Cache 槽中会有一个专门的标记，以表明它对应的是内存的什么地址的块。

下面以 Intel Pentium Ⅲ 处理机为例说明缓冲技术。在整个 Intel Pentium Ⅲ 处理机系统中，有两个缓冲区。Intel Pentium Ⅲ 的一级 Cache 为 32 KB，Intel Pentium Ⅲ 的二级 Cache 以处理机的半速运行，其标准配置为 512 KB，最高可达到 2 MB。在这些缓冲区的支持下，Intel Pentium Ⅲ 处理机的高速运算能力得以充分发挥。

2.3.2　中断技术

前面已多次提到中断技术，中断对于操作系统的重要性就像机器中的齿轮一样，所以也有人称操作系统由"中断"驱动或者"中断事件"驱动。

1. 中断的概念

（1）什么是中断。所谓中断，是指处理机对系统中或系统外发生的异步事件的响应。异步事件是指无一定时序关系的随机发生的事件，如外围设备完成数据传输，实时控制设备出现异常情况等。"中断"这个名称来源于：当这些异步事件发生后，打断了处理机对当前程序的执行，而转去处理该异步事件（执行该事件的中断处理程序）。直到处理完成之后，再转回原程序的中断点继续执行。这种情况很像日常生活中的一些现象，例如，某人正在看书，此时电话响了（异步事件），于是用书签记住正在看的那一页（中断点），再去接电话（响应异步事件并进行处理），接完电话后再从被打断的那页继续向下看（返回原程序的中断点执行）。

最初，中断技术是向处理机报告"设备已完成操作"的一种手段，以免处理机不断地测试设备状态而消耗大量宝贵的处理机时间。中断的出现解决了主机和外围设备并行工作的问题，消除了因外围设备的慢速而使得主机等待的现象，提高了可靠性，为多机操作和实时处理提供了硬件基础。中断技术的应用范围非常广泛。通常中断是作为要打断处理机正常工作并要求其去处理某一事件的一种常用手段出现的。引起中断的那些事件称为中断事件或中断源，中断源向处理机发出的请求信号称为中断请求，而处理中断事件的那段程序称为中断处理程序。一台计算机中有多少中断源，这要根据各个计算机系统的需要而安排。就 PC 而论，它的微处理机能处理 256 种不同的中断。发生中断时正在执行的程序的暂停点称为中断断点，处理机暂停当前程序转而处理中断的过程称为中断响应，中断处理结束之后恢复原来程序的执行称为中断返回。一个计算机系统提供的中断源的有序集合一般称为中断字，这是一个逻辑结构，在不同的处理机上有着不相同的实现方式。

中断受外来异步事件的影响，具有随机性。发生中断的时间或原因与正在执行的程序一般没有任何逻辑关系。中断是自动处理的，在中断处理结束后，被中断的程序可恢复。

由于中断能迫使处理机去执行各中断处理程序，而这个中断处理程序的功能和作用可以根据系统的需要、想要处理的预定的异常事件的性质和要求以及 I/O 设备的特点进行安排设计。中断系统对于操作系统完成其管理计算机的任务是十分重要的。一般来说中断具有以下作用：

① 能充分发挥处理机的使用效率。因为 I/O 设备可以用中断的方式与处理机通信，报告其完成处理机所要求的数据传输的情况和问题，这样可以免除处理机不断地查询和等待，从而大大提高处理机的效率。

② 提高系统的实时能力。因为具有较高实时处理要求的设备可以通过中断方式请求及时处理，从而使处理机能立即运行该设备的处理程序（也是该中断的中断处理程序）。所以，目前的各种微机、小型机及大型机均有中断系统。

典型的中断包括以下 4 种：

① 程序中断。在某些条件下由指令执行结果产生，例如算术溢出、被零除、试图执行非法指令以及访问不被允许访问的存储位置等。

② 时钟中断。由处理机内部的计时器产生，允许操作系统以一定规律执行函数。

③ I/O 中断。由 I/O 控制器产生，用于通知一个 I/O 操作的正常完成或者发生的错误。

④ 硬件失效中断。由掉电、存储器校验错等硬件故障引起。

从用户的角度来看，中断正如字面的含义，即正常执行的程序被打断，当完成中断处理后再恢复执行。这完全由操作系统控制，用户程序不必做任何特殊处理。

（2）中断的分类。无论是哪种计算机都有很多中断源，不同的系统依据这些中断源引起的中断特点的不同划分了若干个不同的中断类型。

依据中断的功能可以将中断划分为多种类别，这种分类在不同的系统中往往差异比较大。

例如，微机中，中断可分为以下几种：

① 可屏蔽中断（I/O 中断）。

② 不可屏蔽中断（机器内部故障、掉电中断）。

③ 程序错误中断（溢出、除法错等中断）。

④ 软件中断（Trap 指令或中断指令 INT）。

又如，IBM 370 系统中，把中断划分为 5 类：

① 计算机故障中断。如电源故障、计算机电路检验错、存储器奇偶校验错等。

② I/O 中断。用以反映 I/O 设备和通道的数据传输状态（完成或出错）。

③ 外部中断。包括时钟中断、操作员控制台中断、多机系统中其他计算机的通信要求中断、各种外设或传感器发来的实时中断等。

④ 程序中断。程序中的问题引起的中断，例如错误地使用指令或数据、溢出等问题，存储保护，虚拟存储管理中的缺页、缺段等。

⑤ 访管中断。用户程序在运行中是经常要请求操作系统为其提供某种功能的服务（例如为其分配一块内存、建立进程等）。那么用户程序如何向操作系统提出服务请求呢？用户程序和操作系统间只有一个相通的"门户"，这就是访管指令或陷阱指令（Trap 指令），指令中的操作数规定了要求服务的类型。每当处理机执行访管指令或陷阱指令时，即引起中断（称为访管中断或陷阱中断），并调用操作系统相应的功能模块为其服务。

从比较通用的观点来看，中断依据被激发的手段可以分为强迫性中断和自愿性中断。强迫性中断事件是正在运行的程序所不期望发生的，它们出现的随机性比较强。强迫性中断包括：时钟中断、I/O 中断、控制台中断、硬件故障以及程序性中断（例如非法指令）等。自愿性中断是正在运行的程序故意安排执行的，通常由访管指令引起，目的是要求操作系统提供系统服务。这一类中断发生的时间以及位置具有确定性。

中断依据中断事件发生和处理是否是异步的可以分为异步中断和同步中断。在很多系统中，异步中断简称中断（Interrupt），而同步中断一般称为异常（Exception）。异步中断的发生一般是由对当前程序而言的外部事件激发的，属于外源性质，例如某种硬件发出的中断请求。这种类型的中断发生的时间具有很大的随机性，在程序执行的过程中，这种中断发生的位置和时间不可预测，它一般和当前程序没有逻辑关联。异常的发生则是当前程序的编码和逻辑激发的，属于"内因"性质，例如非法指令。对于当前程序来说，异常是必然事件，它由当前程序的编码决定，发生的位置可以准确预言。

除了以上几种分类之外，有的系统还依据中断源的类型将中断分成硬件中断和软件中断。

中断的分类不是单角度的，在很多成功的操作系统中，往往会定制一个较完备的中断系统，使得它可以映射到不同的处理机中断机制上去。这样的系统中，中断的分

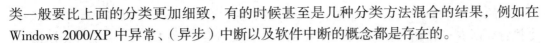

类一般要比上面的分类更加细致，有的时候甚至是几种分类方法混合的结果，例如在Windows 2000/XP 中异常、（异步）中断以及软件中断的概念都是存在的。

2. 中断系统

中断系统是现代计算机系统的核心机制之一，它不是单纯的硬件或者软件的概念，而是硬件和软件相互配合、相互渗透而使得计算机系统得以充分发挥能力的计算模式。中断系统包括两大组成部分：中断系统的硬件中断装置和软件中断处理程序。中断装置负责捕获中断源发出的中断请求，并以一定的方式响应中断源，然后将处理机的控制权移交给特定的中断处理程序。中断处理程序则负责辨别中断类型，并根据请求做出相应的操作。中断装置提供了中断系统的基本框架，是中断系统的机制部分；中断处理程序是利用中断机制对处理能力的扩展和对多种处理需求的适应，属于中断系统的策略部分。

现代计算机系统的中断装置一般要提供如下的几项基本功能：

（1）提供识别中断源的方法，例如提供查询中断源的方法或者通知中断处理程序中断源是什么的方法。

（2）提供查询中断状态的方法，通常使用一个中断寄存器存储有关中断的状态信息，其中的内容一般称为中断字。

（3）提供中断现场保护的能力，包括保护程序状态字、程序计数器和必要的系统寄存器的能力。

（4）提供中断处理程序寻址能力，这使得中断装置可以找到恰当的中断处理程序。

（5）具有预定义的系统控制栈和中断处理程序入口地址映射表（又称中断向量表，表中的每一项称为一个中断向量）等数据结构和它们在内存中的位置，以辅助操作系统定制中断处理策略和中断调度机制。

3. 中断逻辑与中断寄存器

如何接收和响应中断源的中断请求往往因计算机而异。例如，在 IBM PC 中有可屏蔽的中断请求（INTR），这类中断主要是 I/O 设备的 I/O 中断。这种 I/O 中断可以通过建立在程序状态字 PSW 中的中断屏蔽位加以屏蔽，此时即使有 I/O 中断，处理机也不予响应；另一类中断是不可屏蔽的中断请求，这类中断属于计算机故障中断，包括内存奇偶校验错以及掉电使得计算机无法继续操作下去等中断。它是不能被屏蔽的，一旦发生这类中断，处理机不管程序状态字 PSW 中的屏蔽位是否建立都要响应这类中断并进行处理。

此外，还有程序中的问题所引起的中断（例如溢出、除法错都可以引起中断）和软件中断等，由于计算机中可能有很多中断源请求，它们可能同时发生，因此需由中断逻辑按中断优先级加以判定，究竟响应哪个中断请求。

有的大型计算机中为了区分和不丢失每个中断信号，通常对应每个中断源都分别用一个固定的触发器来寄存中断信号，并且规定其值为 1 时，表示该触发器有中断信号，为 0 时表示无中断信号。这些触发器的全体称为中断寄存器，每个触发器称为一个中断位，所以中断寄存器是由若干个中断位组成的。

中断信号是发送给处理机并要求它处理的，但处理机又如何发现中断信号呢？为此，处理机的控制部件中增设了一个能检测中断的机构，称为中断扫描机构。通常在每条指令执行周期内的最后时刻扫描中断寄存器，询问是否有中断信号到来。若无中断信号，就继续执行下一条指令；若有中断到来，则中断硬件将该中断触发器内容按规定的编码送入程序状态字 PSW 的相应位，称为中断码。

4. 多级中断和中断屏蔽

多数微处理机有着多级中断系统，即可以有多根中断请求线（级）从不同设备连接到中断逻辑，例如 M68000 有 7 级，PDP 11 有 11 级。通常具有相同特性和优先级的设备可连到同一中断级（线）上，例如，系统中所有的磁盘和磁带可以同一级，而所有的终端设备又是另一级。

与中断级相关联的概念是中断优先级。在多级中断系统中，很可能同时有多个中断请求，这时处理机接收中断优先级最高的那个中断（如果其中断优先级高于当前运行程序的中断优先级时），而忽略其中断优先级较低的那些中断。

如果在同一中断优先级中的多个设备接口中同时都有中断请求，有两种办法可以采用。

（1）固定的优先数。每个设备接口给安排一个不同的、固定的优先顺序。一种办法是以该设备在总线中的位置来定，离处理机近的设备的优先数高于离处理机远的设备。

（2）轮转法。采用一张表，依次轮转响应，这是较为公平合理的方法。

主机可以允许或者禁止某些类别中断的响应，对于被禁止的中断，有些以后可以继续响应，有些将被简单地丢弃，还有一些中断（例如自愿访管中断）是不能被禁止的。

主机是否允许某些中断，一般由 PSW 中的某些位决定，这些屏蔽位标识了那些被屏蔽的中断类或者中断。

5. 中断响应

处理机如何响应中断呢？这包括两个方面的问题。

（1）处理机何时响应中断。通常在处理机执行了一条指令以后，更确切地说是在指令周期最后时刻接收中断请求，或是在此时扫描中断寄存器。

（2）如何知道提出中断请求的设备或中断源。因为只有知道中断源或中断设备是谁，才好调用相应的中断处理程序到处理机上执行。这也有两种方法：一是用软件指令去查询各设备接口，但这种方法比较费时。所以多数计算机对此问题的解决方法是使用一种称为"向量中断"的硬件设施。当处理机接收某优先级较高的中断请求时，该设备接口给处理机发送一个具有唯一性的"中断向量"，以标识该设备。

"中断向量"设施在各计算机上实现的方法差别比较大。在有的计算机中，将内存的最低位的 128 个字保留作为中断向量表，每个中断向量占两个字。中断请求的设备接口为了标识自己，向处理机发送一个该设备在中断向量表中的表目地址指针。在另一些计算机中，中断优先级按中断类型划分，以机器故障中断的优先级最高，程序中断和访问管理程序中断次之，外部中断更次之，I/O 中断的优先级最低。

有时在处理机上运行的程序，由于种种原因，不希望其在执行过程中被别的事件所中断，这种情况称为中断屏蔽。通常在程序状态字 PSW 中设置中断屏蔽码以屏蔽某些指定的中断类型。如果其程序状态字中的中断禁止位建立后，则屏蔽中断（不包括不可屏蔽的那些中断）。如果程序状态字中的中断禁止位未建立，则可以接收其中断优先级高于运行程序的中断优先级的那些中断；另外，在各设备的接口中也有中断禁止位，可用以禁止该设备的中断。

对于以实时处理为主要任务的计算机，必须把具有重要意义的传感器发出的中断作为高优先级，这样才能有较好的响应。现代实时系统中，中断优先级的设计都是灵活可变的，允许用户根据自己应用的需要，选择不同中断优先策略。

6.　中断处理

（1）中断处理的一般过程。中断处理是由计算机的硬件和软件（或固件）配合起来完成的。中断的发生可以激活很多事件，包括硬件的和软件的。一个典型的处理过程如下：

① 设备给处理机发送一个中断信号。

② 处理机处理完当前指令后响应中断，这个延迟非常短。（要求处理机没有关闭中断）

③ 处理机处理完当前指令后检测到中断，判断出中断来源并向发送中断的设备发送确认中断信号，确认信号使得该设备将中断信号恢复到一般状态。

④ 处理机开始为软件处理中断做准备：保存中断点的程序执行上下文环境（中断处理后从中断点恢复被中断程序执行的必要信息），这通常包括程序状态字 PSW，程序计数器 PC 中的下一条指令位置，一些寄存器的值，它们通常保存在系统控制栈中。处理机状态被切换到管态。

⑤ 处理机根据中断源查询中断向量表获得与该中断相联系的处理程序入口地址，并将 PC 置成该地址，处理机开始一个新的指令周期，结果是控制转移到中断处理程序。

⑥ 中断处理程序开始工作，其中包括检查与 I/O 相关的状态信息，操纵 I/O 设备或者在设备和内存之间传送数据等。

⑦ 中断处理结束时，处理机检测到中断返回指令，被中断程序的上下文环境从系统堆栈中被恢复，处理机状态恢复成原来的状态。

⑧ PSW 和 PC 被恢复成中断前的值，处理机开始一个新的指令周期，中断处理结束。

整个中断处理过程如图 2-3 所示。

一般的计算机系统中都有多个中断源。在这样的系统中，如果一个中断的处理过程中又发生了中断，那么将引起多个中断处理问题。一般有两种方法处理多中断问题。

方法一：正当处理一个中断时禁止中断，此时系统将对任何新发生的中断置之不理。在这期间发生的中断将保持挂起状态。当处理机再次允许中断时，这个新的中断信号会被处理机检测到并作出处理。这种处理方法可以用软件简单地实现，只要在任何中断处理之前使用禁止中断指令，在处理结束之后使用开放中断指令即可，这样所有的中断将严格地按照发生的顺序被处理。不过这样的系统并不考虑中断的紧急程度，通常无法达到比较严格的时间要求。

方法二：中断按照优先度分级，允许优先级较高的中断打断优先级较低的中断处理过程。这样的中断优先级技术将引起中断处理的嵌套，只要合适地定义中断的优先级别，方法一的弊端大都可以克服。

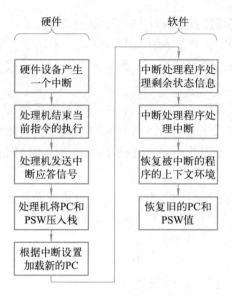

图 2-3　简单的中断处理过程

（2）几种典型中断的处理。

① I/O 中断。I/O 中断一般由 I/O 设备的控制器或者通道发出，常有两类：I/O 操作正常结束和 I/O 异常。对于前者来说，如果要继续进行 I/O 操作，则需要在准备好以后重新启动 I/O；若请求 I/O 的程序正处于等待 I/O 的状态，则应该将其唤醒。对于后者，常常需要更新执行失败的 I/O 操作，不过这个重试的次数有一个上限，因为错误可能由硬件损伤引起，当重试次数过多的时候，系统将判定硬件故障，并通知管理员。

② 时钟中断。时钟中断是计算机系统多道能力的重要推动力量，时钟中断处理程序通常要做较多与系统运转、管理和维护相关的工作，主要包括以下几点：

- 维护软件时钟：系统有若干个软件时钟，控制着定时任务以及进程的处理机时间配额。时钟中断需要维护、定时更新这些软件时钟。
- 处理机时间调度：维护当前进程时间片软件时钟，并在当前进程时间片到时运行调度程序选择下一个被调度的进程。
- 控制系统定时任务：通过软件时钟和调度程序定时激活一些系统任务，例如监测死锁、进行系统记账、对系统状况进行审计等。
- 实时处理：例如，产生系统"心跳"，激活系统"看门狗"等。

当然，在不同的操作系统设计中，时钟中断处理的内容也不一样，但是它们对于整个系统是非常重要的。很多系统的时钟中断通常只处理软件时钟，并在一定条件下激活系统调度程序。一般来说，调度程序并不在时钟中断里，因为时钟中断的优先级往往比较高，而且频繁发生，如果时钟中断处理时间过长，结果就会使一些较低优先级的中断丢失。

③ 硬件故障中断。硬件故障一般是由硬件的问题引起的，排除此类故障一般需要人工干预，例如复位硬件或者更换设备等。硬件故障中断处理程序一般需要做的工作是保存现场，使用一定的手段警告管理员并提供一些辅助的诊断信息。此外，在高可靠性的系统中，中断处理程序还需要评估系统的可用性，并尽可能地恢复系统。例如，Windows 2000/XP 在关键硬件发生故障时，例如显示卡损坏，会出现系统蓝屏，这时系

统实际上进入了相应的故障处理程序，当发现这个故障是不可恢复的，于是 Windows 2000/XP 在屏幕上显示出发生故障时的程序位置（通常在某个核心态驱动程序中），并且（默认）开始进行内存转储（将一定范围的内存内容写到磁盘上去，实际上是系统发生故障时的全系统"快照"），以备日后进行程序调试及故障诊断。

④ 程序性中断。程序性中断多数是程序指令出错、指令越权或者指令寻址越界而引发的系统保护，它的处理方法可以依据中断是否可以被用户程序自己处理分成两类：

- 这个中断的处理只能由操作系统完成，这种情况多为程序试图作自己不能做的操作引起的系统保护，例如访问合法的但是不在内存的虚地址引发的页故障等。这时候的处理一般由操作系统设计的相关扩展功能模块完成，例如页故障一般会引发操作系统的虚存模块作一个页面换入。
- 这个中断处理可以由程序完成，例如一些算术错误。因为不同的程序可能有不同的处理方法，所以很多操作系统提供由用户处理这类中断的"绿色通道"。一般来说，系统调试中断（断点中断、单步跟踪）也是可以被用户程序处理的，用以支持各种程序的调试。

⑤ 系统服务请求（自愿性中断）。系统服务请求一般由处理机提供专用指令（又称访管指令）来激发，例如 x86 处理机提供 INT 指令用来激发软件中断，其他的不少处理机则专门提供系统调用指令 syscall。执行这些指令的结果是系统被切换到管态，并且转移到一段专门的操作系统程序处开始执行。这种指令的格式通常是指令名加上请求的服务识别号（有时是中断号），操作系统利用处理机提供的这种接口建立自己的系统服务体系。处理机机制一般不负责定义系统调用所传递的参数格式，因为不同的系统会提供不同的系统调用，而不同的系统调用需要不同的参数，所以给哪个系统服务例程传递什么样的参数以及如何传递这些参数都由操作系统规定。这方面的实例可以参看 DOS 定义的 21H 号中断的系统服务功能以及参数列表。现代操作系统一般不会提供直接使用系统调用指令的接口，通常的做法是提供一套方便、实用的应用程序函数库（又称应用程序设计接口 API），这些函数从应用的较高层面重新封装了系统调用，一方面屏蔽了复杂的系统调用参数传递问题（用汇编语言传递参数），另一方面是高级语言接口，有助于快速开发。还有的系统在更高层面提供了系统程序设计的模板库和类库。例如，Windows 2000/XP 提供了封装系统调用的 Win32 API 和高层编程设施 MFC 以及 ATL，而 Linux 则提供了封装系统调用的符合 POSIX 标准的 API 和 C 运行库。

2.3.3 时钟

在计算机系统中，设置时钟是十分必要的。这是由于时钟可以为计算机完成以下的必不可少的工作。

（1）在多道程序运行的环境中，它可以为系统发现一个陷入死循环（编程错误）的程序，从而防止机时的浪费。

（2）在分时系统中，用间隔时钟来实现程序间按时间片轮转。

（3）在实时系统中，按要求的时间间隔输出正确的时间信号给一个实时的控制设备（例如 A/D、D/A 转换设备）。

（4）定时唤醒那些要求延迟执行的各个外部事件（例如定时为各进程计算优先数，银行系统中定时运行某类结账程序等）。

（5）记录用户使用各种设备的时间和记录某外部事件发生的时间间隔。

（6）记录用户和系统所需要的绝对时间，即年、月、日。

从上述时钟的这些作用可以看出，时钟是操作系统运行的必不可少的硬件设施。不管是什么时钟，实际上都是硬件的时钟寄存器按时钟电路所产生的脉冲数进行加 1 或减 1 的操作。

绝对时钟记录当前的时间（年、月、日、时、分、秒）。一般来说，绝对时钟非常准确。当计算机停机时，绝对时钟值仍然自动修改。

间隔时钟又称相对时钟，也是通过时钟寄存器来实现的，同样由操作人员设置时间间隔的初值，以后每经过一个单位的时间，时钟的值减 1。直到该值为负时，则触发一个时钟中断，并进行相应的处理。

微机系统中通常只有一个间隔时钟，大型计算机中时钟类型会多一些。但硬件提供的时钟总是比较少，往往不能满足多个进程的不同时钟要求，因而操作系统会提供虚拟时钟（软时钟），它通常是一个软件计数器，由操作系统负责维护，使其与硬件时钟保持同步。

习　题

1. 简述处理机的组成和工作原理。你认为哪些部分和操作系统密切相关，为什么？

2. 为了支持操作系统，现代处理机一般都提供哪两种工作状态，以隔离操作系统和普通程序？两种状态各有什么特点？

3. 什么是分级的存储体系结构？它主要解决了什么问题？

4. 内存通常有哪两种类型？它们各自的特点是什么？用在哪里？

5. 缓冲技术在计算机系统中起着什么样的作用？它是如何工作的？

6. 简述中断和操作系统的关系。操作系统是如何利用中断机制的？

7. 时钟对操作系统有什么重要作用？

第二部分

进　程

第3章

>>> 进程与进程管理

操作系统中最核心的概念是进程。在多道程序批处理系统和分时系统中，程序不能独立运行。资源分配和独立运行的基本单位是进程。操作系统所具有的四大特征都是基于进程而形成的，并可从进程的观点来研究操作系统形成所谓的进程观点。

3.1 进程的引入

在操作系统中，进程是一个极其重要的概念。进程是对正在运行的程序的一个抽象，没有进程的抽象，现代计算将不复存在。操作系统的其他内容都是围绕着进程的概念展开的。

3.1.1 前驱图的定义

前驱图是一个有向无循环图，图中的每个结点可用于表示一条语句、一个程序段或进程；结点间的有向边表示在两结点之间存在的偏序或前驱关系"→"，→ ={(P$_i$,P$_j$)| P$_i$必须在 P$_j$ 开始前完成 }。如果 $(P_i,P_j) \in \rightarrow$，可写成 $P_i \rightarrow P_j$，称 P$_i$ 是 P$_j$ 的前驱，而 P$_j$ 是 P$_i$ 的直接后继。在前驱图中，没有前驱的结点称为初始结点，没有后继的结点称为终止结点。此外，每个结点还具有一个权重，它可用该结点所含的程序量或结点的执行时间来计量。图 3-1（a）给出的前驱图存在下面的前驱关系：

$P_1 \rightarrow P_2$，$P_1 \rightarrow P_3$，$P_1 \rightarrow P_4$，$P_2 \rightarrow P_5$，$P_3 \rightarrow P_5$，$P_4 \rightarrow P_6$，$P_5 \rightarrow P_7$，$P_6 \rightarrow P_7$

或表示为

$P = (P_1,P_2,P_3,P_4,P_5,P_6,P_7)$

$\rightarrow = \{ (P_1P_2), (P_1P_3), (P_1P_4), (P_2P_5), (P_3P_5), (P_4P_6), (P_5P_7), (P_6P_7) \}$

应当注意：前驱图中不能存在环。例如，在图 3-1（b）中有着下面的前驱关系：$P_1 \rightarrow P_3$，$P_3 \rightarrow P_5$，$P_5 \rightarrow P_4$，$P_4 \rightarrow P_1$。显然，这种前驱关系是不可能满足的。

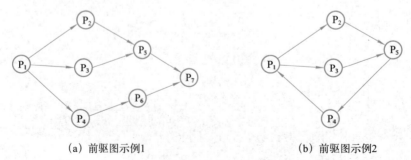

（a）前驱图示例1　　　　　　　　　　（b）前驱图示例2

图 3-1　前驱图示例

3.1.2 程序顺序执行

一个较复杂的程序通常都由若干个程序段组成。程序在执行时，必须按照某种先后次序逐个执行，仅当前一操作执行完后，才能执行后继操作。例如，在进行计算时，总是先输入用户的程序和数据，然后才能进行计算，计算完后再将结果打印出来。这里，用结点代表各程序段的操作，其中，结点 I 代表输入操作，结点 C 代表计算操作，结点 P 代表打印操作。上述各程序段的执行，可用图 3-2 的前驱图来描述。

图 3-2　程序顺序执行时的前驱图

对于一个程序段中的多条语句来说，也有一个执行顺序问题。如对于具有下述 3 条语句的程序段：

S_1：a=x+y;
S_2：b=a-1;
S_3：c=b+8;

其中的语句 S_2 必须在 a 被赋值后才能执行；同样，S_3 也只能在 b 被赋值后才能执行。

很明显，一切程序顺序执行时都具有以下特征：

（1）程序执行的顺序性。处理机的操作严格按程序规定的顺序执行，即只有前一操作结束后才能执行后继操作。

（2）程序执行的封闭性。程序是在封闭的环境下运行的，即程序在运行时，它独占全机资源，因而机内各资源的状态（除初始状态外）只有本程序才能改变。程序一旦开始运行，其执行结果不受外界因素的影响。

（3）程序执行结果的确定性。程序执行的结果与它的执行速度无关，程序无论是从头到尾不停地执行，还是"停停走走"地执行，都不会影响得到最终结果。

（4）程序结果的可再现性。只要程序执行时的环境和初始条件相同，当程序多次重复执行时，都将获得相同的结果。

程序顺序执行时的特性为程序员检测和校正程序的错误带来了极大的方便。

3.1.3 程序并发执行

在图 3-2 中的输入程序、计算程序和打印程序三者之间，存在着 $I_i \rightarrow C_i \rightarrow P_i$ 这样的前驱关系，以致对一个程序的输入、计算和打印 3 个操作必须顺序执行，但并不存在 $P_i \rightarrow I_{i+1}$ 关系，因而在对一批程序进行处理时，可使它们并发执行。例如，输入程序输入第一个程序后，在计算程序对该程序进行计算的同时，可由输入程序再输入第二个程序，从而使第一个程序的计算操作与第二个程序的输入操作并发执行。一般来说，输入程序在输入第 $i+1$ 个程序时，计算程序可能正在对第 i 个程序进行计算，而打印程序正在打印第 $i-1$ 个程序的计算结果。图 3-3 给出了输入、计算、打印 3 个程序对一批程序进行处理的情况。

在该例中存在下述的前驱关系：

$$I_i \rightarrow C_i, \ I_i \rightarrow I_{i+1}, \ C_i \rightarrow P_i, \ C_i \rightarrow C_{i+1}, \ P_i \rightarrow P_{i+1}$$

而 I_{i+1} 和 C_i 及 P_{i-1} 是重叠的，亦即 P_{i-1} 和 C_i 以及 I_{i+1} 可以并发执行。

对于一个程序段中的多条语句来说，有时也可以进行并发处理。例如，对于具有下述 4 条语句的程序段：

```
S₁:  a=x-1;
S₂:  b=2*y;
S₃:  c=a-b;
S₄:  d=c+10;
```

可画出图 3-4 所示的前驱关系。可以看出：S_3 必须在 a 和 b 被赋值后方能被执行；但 S_1 和 S_2 可以并发执行。因为它们彼此互不依赖。

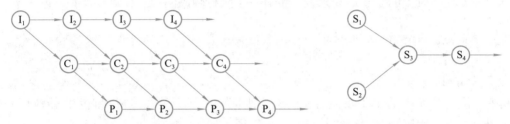

图 3-3　程序并发执行时的前驱图　　　图 3-4　4 条语句的前驱图

程序的并发执行卓有成效地提高了系统的吞吐量，但也产生了一些与顺序执行时不同的新特征。

（1）程序执行的间断性。程序在并发执行时，由于它们共享资源或为完成同一项任务而相互合作，致使在并发程序之间形成了相互制约的关系。例如，在图 3-3 中的 I、C 和 P 是 3 个相互合作的程序，当计算程序完成 C_{i-1} 的计算后，如果输入程序 I 尚未完成 I_i 的处理，则计算程序就无法进行 C_i 处理，致使计算程序暂停运行。又如，打印程序完成了 P_i 的打印后，若计算程序尚未完成对 C_{i-1} 的计算，则打印程序就无法对 C_{i-1} 的结果进行打印。一旦使某程序暂停的因素消失后（如 I_i 处理已完成），计算程序就可恢复对 C_i 进行处理。简而言之，相互制约将导致并发程序具有"执行—暂停执行—执行"这种间断性的活动规律。

（2）程序执行失去封闭性。程序在并发执行时是多个程序共享系统中的各种资源，因而这些资源的状态将由多个程序来改变，致使程序的运行失去了封闭性。这样，某程序在执行时必然会受到其他程序的影响。例如，当处理机资源被其他程序占有时，某程序必须等待。

（3）程序执行结果的不可再现性。程序在并发执行时，由于失去了封闭性，也将导致失去其可再现性。例如，有两个循环程序 A 和 B，它们共享一个变量 n。程序 A 每执行一次时，都要做 n++ 操作；程序 B 则每执行一次时，都要执行 cout<<n 操作（此处以 C++ 语言为例），然后再将 n 置成 "0"，程序 A 和 B 以不同的速度运行。这样，可能出现下述 3 种情况（假定某时刻变量 n 的值为 c）。

① n++ 在 cout<<n 和 n=0 之前，此时得到的 n 值分别为 c+1，c+1，0。

② n++ 在 cout<<n 和 n=0 之后，此时得到的 n 值分别为 c，0，1。

③ n++ 在 cout<<n 和 n=0 之间，此时得到的 n 值分别为 c，c+1，0。

上述情况说明：程序在并发执行时，由于失去了封闭性，其计算结果与并发程序的执行速度有关，从而使程序失去了可再现性。亦即，程序经过多次执行后，虽然其执行时的环境和初始条件都相同，但得到的结果却不相同。

（4）程序和计算不再一一对应。程序和计算是两个不同的概念，前者是指令的有序集合，是静态的概念。"计算"是指令序列在处理机上的执行过程和处理机按照程序的规定执行操作的过程，是动态的概念。程序在顺序执行时，程序与"计算"间有着一一对应的关系。在并发执行时，一个共享程序可为多个用户程序调用，而使该程序处于多个执行中，从而形成多个"计算"。这就是说，一个共享程序可对应多个"计算"。因此，程序与"计算"已不再一一对应。例如，在分时系统中，一个编译程序副本同时为几个用户程序编译时，该编译程序便对应了几个"计算"。

引入并发的目的是提高资源利用率，从而提高系统效率。程序并发执行，虽然能有效地提高资源利用率和系统的吞吐量，但必须采取某种措施以使并发程序能保持其"可再现性"。

3.1.4 多道程序设计

由于计算机技术的进步，从第二代计算机起就具有了处理机和外围设备并行工作的能力，让几道程序同时进入计算机显然要比程序一道道的串行地进入计算机效率要高得多。在采用多道程序设计的计算机系统中，允许多个程序同时进入一个计算机系统的内存并运行，这种让多个程序同时进入计算机计算的方法称为多道程序设计。

例如，有两道程序，在串行环境下，其计算过程如图 3-5 所示。

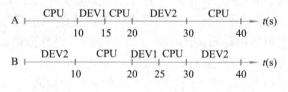

图 3-5 串行环境示例

其 CPU 的利用率为：40/80=50%。

DEV1 的利用率为：10/80=12.5%。

DEV2 的利用率为：30/80=37.5%。

在多道程序设计环境下，其计算过程如图 3-6 所示。

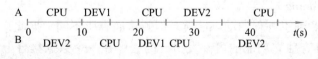

图 3-6 多道程序环境示例

其 CPU 的利用率为：40/45=88.89%。

DEV1 的利用率为：10/45=22.22%。

DEV2 的利用率为：30/45=66.67%。

由此可见，具有处理机和外围设备并行功能的计算机采用多道程序设计的方法后，可以提高处理机的效率，从而也就能提高整个系统的效率。

实现多道程序设计必须妥善地解决 3 个问题：

（1）存储保护与程序浮动。

（2）处理机的管理和调度。

（3）系统资源的管理和调度。

有关的实现技术和调度算法与实现将在以后的章节中作具体介绍。

3.2 进　　程

在多道程序工作环境下，程序的并发执行产生了一些新的特征，使得一些程序不能并发执行。例如，程序在执行中一旦受阻而停下来时，系统无法保留该程序的现场，因而也就无法再恢复该程序的现场以继续执行。为了使程序在多道程序环境下能够并发执行，并对并发执行的程序加以控制和描述，引入了进程的概念。操作系统专门为之设置一个称为"进程控制块"的数据结构，其中存放了进程标识符、进程运行的当前状态、程序和数据的地址以及保存该程序运行时处理机的环境信息。程序段、数据段及进程控制块 3 部分构成了一个进程的实体。

3.2.1　进程的概念

1. 进程的定义

"进程"这一术语在 20 世纪 60 年代初期首先于美国麻省理工学院的 MULTICS 系统和 IBM 公司的 CTSS/360 系统中引入。进程是操作系统中的一个最基本也是最重要的概念。掌握这个概念对于理解操作系统的实质，对于分析、设计操作系统都具有非常重要的意义。但是，迄今为止，进程的概念仍未有一个非常确切的、统一的定义。有许多人从不同角度对"进程"下过各种定义，下面是几个操作系统的权威人士对进程所下的定义。

（1）行为的一个规则称为程序，程序在处理机上执行时所发生的活动称为进程（Dijkstra）。

（2）进程是可以和别的计算并发执行的计算（Madnick and Donowan）。

（3）进程是一个程序及其数据在处理机上顺序执行时所发生的活动（A. C. Shaw）。

（4）进程是程序在一个数据集合上的运行过程，是系统进行资源分配和调度的一个独立单位（Peter Denning）。

上述描述都注意到了进程的动态性质，但侧重面有所不同。据此，可把"进程"定义如下："进程是具有独立功能的可并发执行的程序在一个数据集合上的运行过程，是系统进行资源分配和调度的独立单位"，或者说，"进程"是进程实体的运行过程。

2. 程序与进程的区别和联系

为了进一步理解进程这个概念，下面对进程与程序之间的关系作进一步的说明。

（1）进程是程序的一次执行，它是一个动态的概念，程序是完成某个特定功能的指令的有序序列，它是一个静态的概念。进程是把程序作为它的运行实体，没有程序，也就没有进程。

进程和程序的区别还在于一个进程可以执行一个或几个程序。例如，一个执行 C 编译程序的进程先后执行了预处理、词法分析、语法分析、目标代码生成和优化等几个程序。反之，同一程序也可能由多个进程同时执行。例如，在分时系统中，几个用户同时使用内存中的同一 C 语言编译程序分别编译各自不同的 C 语言源程序。

（2）进程是系统进行资源分配和调度的一个独立单位；程序则不是。以多用户进程共享一个编译程序为例，为多个用户执行编译时，资源分配显然是以进程为单位，而不是以程序为单位。

（3）程序可以作为一种软件资源长期保存，而进程是程序的一次执行过程。进程是临时的、有生命期的，表现在它由创建而产生，完成任务后被撤销。

（4）进程是具有结构的。为了描述进程的运行变化过程，应为每个进程建立一个结构——进程控制块。从结构上看，进程由程序、数据和进程控制块 3 部分组成。

由上面的描述可知，引入进程概念之后，可以更清晰地描述系统中的各种并发活动，使得对操作系统的理解更加深入，便于操作系统的设计、调试和维护。

3. 进程的特征

进程具有以下 5 个特征：

（1）动态性。进程既然是进程实体的执行过程，因此，动态性是进程最基本的特性。动态性还表现为："它由创建而产生，由调度而执行，因得不到资源而暂停执行，以及由撤销而消亡"。可见，进程有一定的生命期。而程序只是一组有序指令的集合，并存放在某种介质上，本身并无运动的含义。因此，程序是个静态体。但是，进程离开了程序也就失去了存在的意义，进程是执行程序的动态过程，而程序是进程运行的静态文本。

（2）并发性。并发性是指多个进程实体同存于内存中，能在一段时间内同时运行。并发性是进程的重要特征，同时也成为操作系统的重要特征。引入进程的目的也正是为了使其程序的执行能和其他程序的执行并发执行，而程序是不能并发执行的。

（3）独立性。独立性是指进程实体是一个能独立运行的基本单位，同时也是系统中独立获得资源和独立调度的基本单位。凡未建立进程的程序都不能作为一个独立的单位参加运行。

（4）异步性。异步性是指进程按各自独立的、不可预知的速度向前推进；或者说，进程按异步方式运行。这一特征将导致程序执行的不可再现性。因此，在操作系统中必须采取某种措施来保证各程序之间能协调运行。

（5）结构特征。从结构上看，进程实体是由程序段、数据段及进程控制块 3 部分组成，有人把这 3 部分统称为"进程映像"。

3.2.2　进程的基本状态及其转换

因为系统中的诸进程并发运行，并因竞争系统资源而相互依赖、相互制约，因而进程执行时呈现了"运行—暂停—运行"的间断性。进程执行时的间断性可用进程的状态及其转换来描述。

1. 进程的 3 种基本状态

进程在运行中不断地改变其运行状态。通常，一个进程必须具有以下 3 种基本状态。

（1）就绪状态。当进程已分配到除处理机以外的所有必要的资源后，只要能再获得处理机便可立即执行，这时的状态称为就绪状态。在一个系统中，可以有多个进程同时处于就绪状态，通常把这些进程排成一个或多个队列，称这些队列为就绪队列。

（2）执行状态。执行状态指进程已获得处理机，其程序正在执行。在单处理机系统中，只能有一个进程处于执行状态。在多处理机系统中，则可能有多个进程处于执行状态。

（3）阻塞状态。进程因发生某种事件（例如 I/O 请求、申请缓冲空间等）而暂停执行时的状态，亦即进程的执行受到阻塞，故称这种状态为阻塞状态，有时也称"等待"状态或"睡眠"状态。通常将处于阻塞状态的进程排成一个队列，称为阻塞队列。在有的系统中，按阻塞的原因不同而将处于阻塞状态的进程排成多个队列。

进程的 3 种基本状态及其转换如图 3-7 所示。

图 3-7　进程的 3 种基本状态及其转换

2. 进程状态的转换

进程在运行期间不断地从一个状态转换到另一个状态，进程的各种调度状态依据一定的条件而发生变化，它可以多次处于就绪状态和执行状态，也可多次处于阻塞状态，但可能排在不同的阻塞队列。下面简要地阐述进程状态转换的原因。

（1）就绪→执行状态。当进程调度为处于就绪状态的进程分配了处理机后，该进程便由就绪状态变为执行状态。正在执行的进程也称当前进程。

（2）执行→阻塞状态。正在执行的进程因出现某种事件而无法执行，例如，进程请求访问临界资源，而该资源正被其他进程访问，则请求该资源的进程将由执行状态变为阻塞状态。

（3）执行→就绪状态。在分时系统中，正在执行的进程因时间片用完而被暂停执行，该进程便由执行状态变为就绪状态。又如，在抢占调度方式中，一个优先级高的进程到来后可以抢占一个正在执行的优先级低的进程的处理机，该低优先级进程也将由执行状态转换为就绪状态。

（4）阻塞→就绪状态。处于阻塞状态的进程，在其等待的事件已经发生，例如 I/O 请求完成，则进程由阻塞状态变为就绪状态。

3. 进程的挂起状态

（1）挂起状态的引入。在不少系统中，进程只有上述 3 种基本状态，但在另一些系统中，基于某种需要又增加了一些新的进程状态，其中最重要的是挂起状态。引入挂起状态可能基于下述需要：

① 终端用户的需要。当终端用户在自己的程序运行期间发现有可疑问题时，往往希望暂时使自己的进程静止下来。也就是说，若进程处于执行状态则暂停执行；若进程处于就绪状态则暂不接受调度，以便研究其执行情况或对程序进行修改。

② 父进程的需要。父进程常常希望考察和修改子进程或者当要协调各子进程间的活动时要挂起自己的子进程。

③ 操作系统的需要。操作系统有时需要挂起某些进程，检查运行中资源的使用情况及进行记账，以便改善系统运行的性能。

④ 对换的需要。为了缓解内存紧张的情况，即将内存中处于阻塞状态的进程换至外存上，使进程又处于一种有别于阻塞状态的新状态。因为即使该进程所期待的事件发生，处于挂起状态的进程仍不具备执行条件，故而仍不能进入就绪队列。

⑤ 负荷调节的需要。当实时系统中的负荷较重可能影响到对实时任务的控制时，可由系统把一些不重要或不紧迫的进程挂起，以保证系统仍然能正常运行。

（2）进程状态的转换。在引入挂起状态后，又将增加从挂起状态（又称静止状态）到非挂起状态（又称活动状态）的转换，可以有 4 种情况：

① 活动就绪→静止就绪。当进程处于未被挂起的就绪状态时，称此状态为活动就绪状态。当用挂起原语 suspend() 将该进程挂起后，该进程便转变为静止就绪状态，处于静止就绪状态的进程不再被调度执行。

② 活动阻塞→静止阻塞。当进程处于未被挂起的阻塞状态时，称它处于活动阻塞状态。当用挂起原语 suspend() 将它挂起后，进程便转变为静止阻塞状态。处于该状态的进程在其所期待的事件出现后，它将从静止阻塞变为静止就绪。

③ 静止就绪→活动就绪。处于静止就绪状态的进程，若用激活原语 active() 激活后，该进程将转变为活动就绪状态。

④ 静止阻塞→活动阻塞。处于静止阻塞状态的进程，若用激活原语 active() 激活后，该进程将转变为活动阻塞状态。

图 3-8 所示为具有挂起状态的进程转换图。

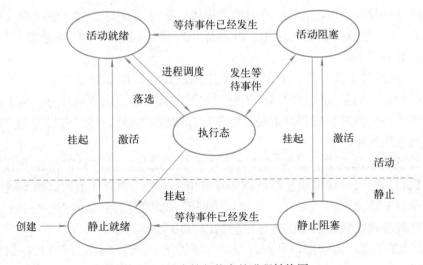

图 3-8 具有挂起状态的进程转换图

3.2.3 进程控制块

进程控制块 PCB 是进程实体的一部分，是操作系统中最重要的数据结构。PCB 记录了操作系统所需的、用于描述进程情况及控制进程运行所需的全部信息。

1. 进程控制块的作用

进程控制块 PCB 的作用是使一个在多道程序环境下不能独立运行的程序（含数据）成为一个能独立运行的基本单位，一个能与其他进程并发执行的进程。也就是说，操作系统是根据 PCB 来对并发执行的进程进行控制和管理的。例如，当操作系统要调度某进程执行时，要从该进程的 PCB 中查出其现行状态及优先级；在调度到某进程后，要根据其 PCB 中所保存的处理机状态信息去设置该进程恢复运行的现场，并根据其 PCB 中的程序和数据的内存地址找到其程序和数据；进程在执行过程中，当需要和与之合作的进程实现同步、通信或访问文件时，也都需要访问进程控制块 PCB；当进程因某种原因而暂停执行时，又需将其断点的处理机环境保存在 PCB 中。可见，在进程的整个生命期中，系统总是通过其 PCB 对进程进行控制。亦即，系统是根据进程的 PCB 而感知到该进程的存在，进程控制块 PCB 是进程存在的唯一标志。

当系统创建一个新进程时就为它建立了一个进程控制块 PCB；进程结束时又回收其 PCB，进程也随之消亡。进程控制块 PCB 可以被操作系统中的多个模块读或修改，如被调度程序、资源分配程序、中断处理程序以及监督和分析程序等读或修改。因为进程控制块 PCB 经常被系统访问，尤其是被运行频率很高的进程调度及分派程序访问，故 PCB 应常驻内存。系统将所有的 PCB 组织成若干个链表（或队列），存放在操作系统中专门开辟的 PCB 区内。

2. 进程控制块中的信息

在进程控制块 PCB 中，主要包括下述 4 个方面用于描述和控制进程运行的信息。

（1）进程标识符信息。进程标识符用于唯一地标识一个进程。一个进程通常有以下两种标识符。

① 外部标识符。外部标识符由创建者提供，通常由字母、数字所组成，往往是由用户（进程）在访问该进程时使用。外部标识符便于记忆，如计算进程、打印进程、发送进程、接收进程等。

② 内部标识符。这是为了方便系统使用而设置的。在所有操作系统中都为每一个进程赋予一个唯一的整数作为内部标识符，它通常就是一个进程的序号。为了描述进程的家族关系，还应设置父进程标识符及子进程标识符。此外，还可以设置用户标识符以指示拥有该进程的用户。

（2）处理机状态信息。处理机状态信息主要是由处理机各种寄存器中的内容所组成。处理机在运行时，许多信息都放在寄存器中。当处理机被中断时，所有这些信息都必须保存在被中断进程的 PCB 中，以便在该进程重新执行时能从断点顺序执行。

这组存放处理机状态信息的寄存器包括以下几个：

① 通用寄存器。又称用户可视寄存器，可被用户程序访问，用于暂存信息。在大多数处理机中有 8 ~ 12 个通用寄存器，在 RISC 结构的计算机中，可超过 100 个。

② 指令计数器。其中存放要访问的下一条指令的地址。

③ 程序状态字 PSW。其中含有状态信息，如条件码、执行方式、中断屏蔽标志等。

④ 用户栈指针。每个用户进程有一个或若干个与之相关的系统栈，用于存放过程和系统的调用参数及调用地址，栈指针指向该栈的栈顶。

（3）进程调度信息。在进程控制块 PCB 中还存放了一些与进程调度和进程对换有关的信息，包括以下 4 种：

① 进程状态。指明进程的当前状态，可作为进程调度和对换时的依据。

② 进程优先级。用于描述进程使用处理机的优先级别的一个整数，优先级高的进程应优先获得处理机。

③ 进程调度所需的其他信息。它们与所采用的进程调度算法有关。比如，进程已等待 CPU 的时间总和、进程已执行的时间总和等。

④ 事件。这是指进程由执行状态转变为阻塞状态所等待发生的事件，即阻塞原因。

（4）进程控制信息。进程控制信息包括以下 4 种：

① 程序和数据的地址。它是指该进程的程序和数据所在的内存或外存地址，以便再调度到该进程时能从中找到其程序和数据。

② 进程同步和通信机制。它是指实现进程同步和进程通信时所必需的机制，如消息队列指针、信号量等，它们可能全部或部分地放在 PCB 中。

③ 资源清单。它是一张列出了除处理机外的进程所需的全部资源及已经分配到该进程的资源清单。

④ 链接指针。它给出了本进程所在队列中的下一个进程的 PCB 首地址。

3. 进程控制块的组织方式

在一个系统中，通常可拥有数十个、数百个乃至数千个进程控制块 PCB。为能对它们进行有效的管理，应该用适当的方式将它们组织起来。目前常用的组织方式有以下两种：

（1）链接方式。把具有相同状态的进程控制块 PCB 链接成一个队列，这样可形成就绪队列、若干个阻塞队列和空队列等。处于就绪状态的进程的 PCB 可按照某种策略排成多个就绪队列；根据阻塞原因的不同可把处于阻塞状态的进程的 PCB 排列成等待 I/O 操作完成队列、等待分配内存队列等。图 3-9 所示为一种按链接方式组织的 PCB。

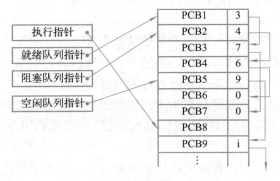

图 3-9　按链接方式组织的 PCB

（2）索引方式。系统根据所有进程的状态建立几张索引表，例如，就绪索引表、阻塞索引表等，并把各索引表在内存的首地址记录于内存中的一些专用单元中。在每个索引表的表目中，记录具有相应状态的某个进程控制块 PCB 在 PCB 表中的地址。图 3-10 所示为按索引方式组织的 PCB。

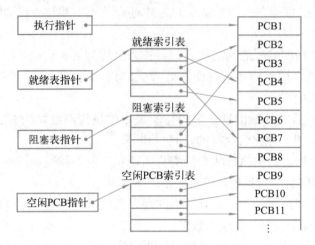

图 3-10　按索引方式组织的 PCB

3.2.4　进程控制

计算机系统中硬件提供一组指令系统，其中有一部分指令，例如 I/O 指令，是不允许用户程序直接使用的。如果用户直接使用这部分指令必须了解硬件特性、组织启动等具体工作，加大了用户的负担，并且用户直接使用这些指令启动外围设备工作还可能会造成错误。因此，为了方便用户、保证系统的正确执行，将"启动 I/O"等一类可能影响系统安全的指令定为特权指令。

当处理机处于管态时可以执行包括特权指令在内的一切机器指令，当处理机处于目态时不允许执行特权指令。因此，操作系统程序占用处理机时，应让处理机在管态下工作，而用户程序占用处理机时，应让处理机在目态下工作。如果处理机在目态工作，却取到了一条特权指令，此时处理机将拒绝执行该指令，并形成一个"非法操作"事件。中断装置识别到该事件后，转交给操作系统处理，由操作系统通知用户"程序中有非法指令"，必须修改。

当系统启动时，硬件设置处理机的初始状态为管态，然后装入操作系统程序。如果操作系统选择了用户程序占用处理机，则把管态变成目态。如果中断装置发现了一个事件，则又将其设置为管态，让操作系统去处理出现的事件。

进程控制的主要任务是创建和撤销进程以及实现进程的状态转换。进程控制一般由操作系统的内核来实现。为了防止操作系统及关键数据如 PCB 等受到用户程序有意或无意的破坏，通常用户程序运行在用户态，它不能去执行操作系统指令和访问操作系统区域，这样也就防止了用户程序对操作系统的破坏。操作系统内核通常是运行在系统态的。

1. 操作系统内核

现代操作系统广泛采用层次式结构,而将操作系统的功能分别设置在不同的层次中。通常将一些与硬件紧密相关的模块,诸如中断处理程序、各种常用设备的驱动程序以及运行频率较高的模块(例如时钟管理、进程调度以及许多模块公用的一些基本操作),都安排在紧靠硬件的软件层次中并使它们常驻内存,以便提高操作系统的运行效率,并对它们加以特殊的保护。通常把这一部分称为操作系统的内核。内核是计算机硬件的第一层扩充软件,它们为系统对进程进行控制、对存储器进行管理提供了有效的机制。内核所提供的功能随操作系统的不同而异。可归纳为3个方面:

(1)中断处理。中断处理功能在操作系统中既是内核的最基本功能,也是整个操作系统赖以活动的基础,即操作系统的重要活动最终都将依赖于中断。例如,各种类型的系统调用、键盘命令的输入、进程调度、设备驱动及文件操作等无不依赖于中断。通常,内核只对中断进行"有限地处理",然后便转由有关进程继续处理。这不仅可减少中断处理机的时间,也可提高程序执行的并发性。

(2)进程管理。进程管理的任务有:

① 进程的建立和撤销。为一个程序建立一个或多个进程、撤销已结束的进程。

② 进程状态的转换。从进程状态转换图可以看出,系统应能使进程从阻塞变为就绪,把活动进程挂起或把挂起的进程激活。

③ 进程调度。进行处理机的重新分配。

④ 控制进程的并发执行。为使诸进程有条不紊地运行,应能保证进程间的同步,实现相互合作进程间的通信。

(3)资源管理中的基本操作。包括对时钟、I/O 设备和文件系统进行控制和管理的基本操作。一般来说,这些操作与硬件的关系比较密切。例如,设备驱动程序、磁盘读写程序、时钟处理程序等,也都属于内核。

内核在执行上述操作时,往往是通过执行各种原语操作来实现的。它是机器指令的延伸,是由若干条机器指令构成用以完成特定功能的一段程序。为保证操作的正确性,它们应当是原子操作。所谓原子操作是指:一个操作中的所有动作,要么全做,要么全不做。换言之,原子操作是一个不可分割的操作。在单处理机中,操作的"原子"性可以通过屏蔽中断来实现。在内核中可能有许多原语,例如,用于建立进程和撤销进程的原语、改变进程状态的原语、实现进程同步和通信的原语等。

2. 进程的创建

(1)进程图。一个进程能够创建若干个新进程,新创建的进程又可继续创建进程。为了描述进程之间的创建关系引入"进程图"。

进程图是用于描述进程家族关系的有向树。图 3–11 给出了一个进程图示例。图中的结点代表进程,在进程 P_i 创建了进程 P_j 后,称 P_i 是 P_j 的父进程,P_j 是 P_i 的子进程。这里可用一条由进程 P_i 指向进程 P_j 的有向边来描述它们

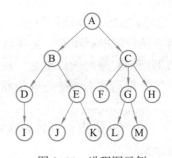

图 3–11 进程图示例

之间的父子关系。这样便形成了一棵进程树，把树的根结点作为进程家族的祖先。

子进程可以继承父进程所拥有的资源。例如，继承父进程打开的文件、继承父进程所分配的缓冲区等。当子进程撤销时，应将从父进程那里获得的资源归还给父进程。在撤销父进程时，也必须同时撤销其所有的子进程。为了标识进程之间的家族关系，在 PCB 中设有家族关系表项，以表明自己的父进程及所有的子进程。

（2）引起创建进程的事件。在多道程序环境中，只有进程才能在系统中运行。因此，为使程序能运行就必须为它创建进程。导致一个进程去创建另一进程的典型事件可有以下 4 类：

① 用户登录。在分时系统中，用户在终端输入登录命令后，若是合法用户，系统将为该终端用户建立一进程并把它插入就绪队列。

② 作业调度。在批处理系统中，当作业调度程序按一定的算法调度到某个作业时，便将该作业装入内存，为它分配必要的资源并立即为它创建进程，再插入就绪队列。

③ 提供服务。当运行中的用户程序提出某种请求后，系统将专门创建一个进程来提供用户所需要的服务。例如，如果用户程序要求进行文件打印，操作系统将为之创建一个打印进程，不仅可使打印进程与该用户进程并发执行，而且还便于计算为完成打印任务所花费的时间。

④ 应用请求。基于应用进程的需要，由应用进程自己创建一个新进程，以便使新进程以并发运行方式完成特定任务。例如，某应用程序需要不断地从键盘终端读入输入数据，继而又要对输入数据进行相应的处理，然后又将处理结果以表格形式在屏幕上显示。该应用进程为使这几个操作能并发执行以加速任务的完成，可以分别建立键盘输入进程、数据处理进程、表格输出进程。

（3）进程的创建过程。一旦操作系统发现了要求创建新进程的事件后，便调用进程创建原语 create()，按下述步骤创建一新进程。

① 申请空白进程控制块。为新进程分配唯一的数字标识符，并从进程控制块 PCB 集合中索取一空白 PCB。

② 为新进程分配资源。为新进程的程序和数据以及用户栈分配必要的内存空间。操作系统必须知道新进程所需内存的大小。批处理作业的大小可在用户提出创建进程要求时提供。若是为应用进程创建子进程，也应在该进程的创建进程的请求中给出内存的大小。对于交互式程序，用户可以不给出内存要求，而由系统分配一定的空间。如果新进程要共享某个已在内存的地址空间（已装入内存的共享段），则必须建立相应的链接。

③ 初始化进程控制块。进程控制块 PCB 的初始化工作包括：初始化标识符信息，将系统分配的标识符、父进程标识符填入新 PCB 中；初始化处理机状态信息，将程序计数器指向程序的入口地址，使栈指针指向栈顶；初始化调度及控制信息，将进程的状态设置为就绪状态或静止就绪状态；对于优先级，通常是将它设置为最低优先级，除非用户以显式方式提出高优先级要求。

④ 将新进程插入就绪队列。如果进程就绪队列能够容纳新进程，便将新进程插入就绪队列。

3．进程的终止

（1）引起进程终止的事件。

① 正常结束。在任何计算机系统中，都应有一个用于表示进程已经运行完成的指示。例如，在批处理系统中，通常在程序的最后安排一条 Halt 指令或终止系统调用。当程序运行到 Halt 指令时，将产生一个中断，去通知操作系统一个进程已经完成。在分时系统中，用户可利用 Logs Off 去表示进程运行完毕，此时同样可产生一个中断，去通知操作系统已运行完毕。

② 异常结束。在进程运行期间，由于出现某些错误和故障而迫使进程终止。这类异常事件很多，常见的有：越界错误，指程序所访问的存储区已越出该进程的区域；保护错误，进程试图去访问一个未被允许访问的资源或文件，或者以不适当的方式进行访问，例如，试图去写一个只读文件；特权指令错误，用户进程试图去执行一条只允许操作系统执行的指令；非法指令错，进程试图去执行一条不存在的指令，出现该错误的原因可能是程序错误地转移到数据区，把数据当成了指令；运行超时，进程的执行时间超过了指定的最大值；等待超时，进程等待某事件的时间超过了规定的最大值；算术运算错，进程试图去执行一个被禁止的计算，例如，被零除；I/O 故障，在 I/O 过程中发生了错误等。

③ 外界干预。外界干预并非指在本进程运行中出现了异常事件，而是进程应外界的请求而终止运行。这些干预有：操作员或操作系统干预，由于某种原因（例如，发生了死锁）由操作员或操作系统终止该进程；父进程请求，由于父进程具有终止自己的任何子孙进程的权利，因而当父进程提出请求时，系统将终止该进程；父进程终止，当父进程终止时，操作系统也将它的所有子孙进程终止。

（2）进程的终止过程。一旦系统发生了上述要求终止进程的事件后，操作系统便调用进程终止原语 destroy()，按下述过程终止指定进程。

① 根据被终止进程的标识符从进程控制块 PCB 集合中检索出该进程的 PCB，从中读出该进程的状态。

② 若被终止进程正处于执行状态，应立即终止该进程的执行并设置调度标志为真，用于指示该进程被终止后应重新进行调度，选择一新进程，把处理机分配给它。

③ 若该进程还有子孙进程，还应将其所有子孙进程予以终止，以防它们成为不可控的。

④ 将该进程所拥有的全部资源或者归还其父进程或者归还给系统。

⑤ 将被终止进程的 PCB 从所在队列中移出，等待其他程序来搜集信息。

4．进程的阻塞与唤醒

（1）引起进程阻塞和唤醒的事件。

① 请求系统服务。当正在执行的进程请求操作系统提供某种服务时，由于某种原因，操作系统并不能立即满足该进程的要求时，该进程只能转变为阻塞状态来等待。例如，一进程请求使用打印机，但系统已将它分配给其他进程而不能分配给请求进程，故请求进程只能被阻塞，仅在其他进程释放出打印机的同时再由释放者将请求者唤醒。

② 启动某种操作。当进程启动某种操作后，如果该进程必须在该操作完成之后才能继续执行，则必须先使进程阻塞。例如，进程启动某个 I/O 设备，如果只有在 I/O 设

备完成了指定 I/O 任务后进程才能继续执行，则进程在启动了 I/O 操作后，便自动进入阻塞状态去等待。在 I/O 操作完成后，由中断处理程序或中断进程将该进程唤醒。

③ 新数据尚未到达。对于相互合作的进程，如果其中一个进程需要先获得另一进程提供的数据后才能运行（对数据进行处理），则只要其所需数据尚未到达，进程只有阻塞（等待）。例如，有两个进程，进程 A 用于输入数据，进程 B 对输入数据进行加工。假如 A 尚未将数据输入完毕，则进程 B 将因无所需的处理数据而阻塞；一旦进程 A 把数据输入完后，便可唤醒进程 B。

④ 无新工作可做。系统往往设置一些具有某特定功能的系统进程，每当这种进程完成任务后，便把自己阻塞起来等待新任务的到来。例如，系统中的发送进程的主要工作是发送数据，若已有的数据已全部发送完成而又无新的发送请求，进程将使自己进入阻塞状态；而当又有进程提出新的发送请求时，才将发送进程唤醒。

（2）进程阻塞过程。正在执行的进程当出现上述某个事件时，由于无法继续执行，于是进程便通过调用阻塞原语 block() 把自己阻塞。可见，进程的阻塞是进程自身的一种主动行为。

进入 block 过程后，由于此时该进程还处于执行状态，所以应先立即停止执行，把进程控制块中的现行状态由"执行"改为"阻塞"，并把它插入到阻塞队列。如果系统中设置了因不同事件而阻塞的多个阻塞队列，则应将该进程插入到具有相同事件的阻塞（等待）队列。最后，转到调度程序进行重新调度，将处理机分配给另一就绪进程并进行切换。亦即保留被阻塞进程的处理机状态（在 PCB 中），再按新进程的 PCB 中的处理机状态设置处理机环境。

（3）进程唤醒过程。当被阻塞进程所期待的事件出现时，如 I/O 操作完成或其所期待的数据已经到达，则由有关进程（例如，用完并释放了该 I/O 设备的进程）调用唤醒原语 wakeup() 将等待该事件的进程唤醒。

唤醒原语执行的过程是：首先把被阻塞进程从等待该事件的阻塞队列中移出，将其进程控制块 PCB 中的现行状态由"阻塞"改为就绪，然后再将该进程插入到就绪队列中。

应当指出，block() 原语和 wakeup() 原语是一对作用刚好相反的原语。因此，如果在某进程中调用了阻塞原语，则必须在与之相合作的另一进程或其他相关进程中调用唤醒原语来唤醒阻塞进程；否则，被阻塞进程将会因不能被唤醒而长久地处于阻塞状态，从而再无机会运行。

5. 进程的挂起与激活

（1）进程的挂起过程。当出现了引起进程挂起的事件时，例如，用户进程请求将自己挂起或者父进程请求将自己的某个子进程挂起时，系统就利用挂起原语 suspend() 将指定进程或处于阻塞状态的进程挂起。

挂起原语的执行过程是：检查被挂起进程的状态，若正处于活动就绪状态，便将其改为静止就绪；对于活动阻塞状态的进程，则将其改为静止阻塞。为了方便用户或父进程考察该进程的运行情况，而把该进程的 PCB 复制到某指定的内存区域。最后，如被挂起的进程正在执行，则转到调度程序重新调度。

（2）进程的激活过程。当发生激活进程的事件时，例如用户进程或父进程请求激活指定进程，若进程驻留在外存而内存又有足够空间，则可将在外存上处于静止就绪状态的进程换入内存。这时，系统将利用激活原语 active() 将指定进程激活。

激活原语先将进程从外存调入内存，检查该进程的现行状态：若是静止就绪，便将其改为活动就绪；若为静止阻塞，便将其改为活动阻塞。假如采用的是抢占调度策略，则每当有新进程进入就绪队列时，应检查是否要进行重新调度，即由调度程序将被激活进程与当前进程进行优先级的比较，如果被激活进程的优先级更低，就不必重新调度；否则，立即剥夺当前进程的运行，把处理机分配给刚激活的进程。

3.3 进程调度

进程调度即处理机调度。在多道程序环境下，进程数目往往多于处理机数目，致使它们竞争处理机。这就要求系统能按某种算法，动态地把处理机分配给就绪队列中的一个进程，使之执行。分配处理机的任务是由进程调度程序完成的。由于处理机是最重要的计算机资源，提高处理机的利用率及改善系统性能（吞吐量、响应时间）在很大程度上取决于进程调度性能的好坏，因而进程调度成为操作系统设计的中心问题之一。

3.3.1 调度的基本概念

1. 高级、中级和低级调度

一个程序从提交开始直到完成，往往要经历下述三级调度。

（1）高级调度。高级调度又称作业调度，它决定将哪些在外存上处于后备状态的作业调入主机内存，准备执行。有时把它称为接纳调度。系统一旦接纳了一个作业，便将为它创建一个或一组进程，为它们分配必要的资源，并挂到就绪队列上。在批处理系统中，大多配有高级调度。但在分时系统中，却往往不配置高级调度。高级调度的执行频率较低，它与作业的大小、到达的速率有关，通常为几分钟一次，甚至更久。

（2）低级调度。低级调度又称进程调度，它决定就绪队列中哪个进程将获得处理机，并实际执行将处理机分配给该进程的操作。执行分配处理机的程序称为分派程序。分派程序的执行频率非常高，典型情况是几十毫秒一次，它必须常驻内存。进程调度是操作系统中最基本的调度，在批处理及分时系统中都必须配置它。图 3–12 所示为一种简单的排队调度模型。

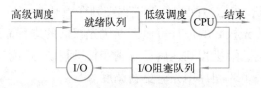

图 3–12 简单的排队调度模型

（3）中级调度。在有些系统中，特别是分时系统及具有虚拟存储器的系统中，可能增加一级中级调度。其主要作用是在内存和外存对换区之间进行进程对换，以解决内存紧张问题，即它将内存中处于等待状态的某些进程调至外存对换区，以腾出内存空间，而将

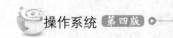

外存对换区上已具备运行条件的进程重新调入内存，准备运行。一个进程在运行期间可能多次调进调出。

2. 进程调度的功能

进程调度就是系统按照某种算法把处理机动态地分配给某一就绪进程。进程调度工作是通过进程调度程序来完成的。进程调度程序的主要功能可描述如下：

（1）选择占有处理机的进程。选择占有处理机的进程是进程调度的实质，即按照系统规定的调度策略从就绪队列中选择一个进程占有处理机执行。进程调度程序就是通过进程控制块 PCB 来准确地掌握系统中所有进程的执行情况和状态特征的。

进程调度依据的算法是与系统的设计目标相一致的。对于不同的系统，通常采用不同的调度策略。对于批处理系统常采用短作业的进程优先，以减少各作业的周转时间。而对于分时系统，更多地采用时间片轮转调度算法。

（2）进行进程上下文的切换。当进程调度选中一个进程占有处理机时，进程调度程序要做的主要工作是进行进程上下文切换：将正在执行进程的上下文保存在该进程的 PCB 中，以便以后该进程恢复执行。将刚选中进程的运行现场恢复起来，并将处理机的控制权交给被选中进程，使其执行。

3. 调度方式

进程调度有两种方式。

（1）非剥夺方式。非剥夺方式规定：分派程序一旦把处理机分配给某进程后便让它一直运行下去，直到进程完成或发生某事件（如提出 I/O 请求）而阻塞时才把处理机分配给另一进程。

这种调度方式的优点是简单，系统开销小，貌似公正，但却可能导致系统性能的恶化，表现为：

① 一个紧急任务到达时，不能立即投入运行，以致延误时机。

② 若干个后到的短进程须等待长进程运行完毕，导致短进程的周转时间增长。

例如，有 3 个进程 P_1、P_2、P_3 先后（但又几乎在同时）到达，它们分别需要 30、6 和 3 个单位时间运行完毕。若它们就按 P_1、P_2、P_3 的顺序执行，且不可剥夺，则 3 进程各自的周转时间分别为 30、36 和 39 个单位时间，平均周转时间是 35 个单位时间。这种非剥夺方式对短进程 P_3 而言是不公平的。

（2）剥夺方式。剥夺方式规定：当一个进程正在运行时，系统可以基于某种原则剥夺已分配给它的处理机，将之分配给其他进程。剥夺原则有：

① 优先权原则，优先权高的进程可以剥夺优先权低的进程而运行。

② 短进程优先原则，短进程到达后可以剥夺长进程的运行。

③ 时间片原则，一个时间片用完后更新调度。

3.3.2 进程调度算法

进程调度究竟采用什么算法是与整个系统的设计目标相一致的。对于不同的系统，则有不同的设计目标，通常采用不同的调度算法。在批处理系统中，系统的设计目标是增加系统吞吐量和提高系统资源的利用率，而分时系统则保证每个分时用户能容忍的响应时间。因此，进程调度通常采用如下一些算法。

1. 先进先出算法

先进先出算法（First In First Out，FIFO）是把处理机分配给最先进入就绪队列的进程，即就绪队列按进入的先后次序排队。调度时，选就绪队列中的队首进程投入执行。一个进程一旦分得了处理机，便可一直执行下去，直到该进程完成或因发生某事件而阻塞时，才释放处理机。例如，有 3 个进程 P_1、P_2 和 P_3，它们先后（但几乎又是同时）进入就绪队列。它们的 CPU 执行期分别是 18、6 和 3 个单位时间。按 FIFO 算法调度，它们的执行情况如图 3–13（a）所示。对于 P_1，其周转时间是 18，P_2 的周转时间是 24，P_3 的周转时间是 27，它们的平均周转时间是 23。若它们按 P_3、P_2、P_1 次序到达，它们的执行情况如图 3–13（b）所示。对于 P_3、P_2 和 P_1 的周转时间分别是 3、9 和 27，它们的平均周转时间是 13。由上述两种情况可以看出：虽然 FIFO 调度算法易于实现、表面上也公平，但服务质量不佳，容易引起短进程不满，因而 FIFO 算法很少作为进程调度的主要调度算法，常作为一种辅助调度算法。

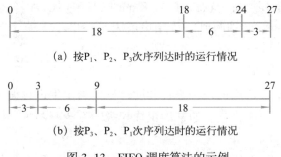

（a）按 P_1、P_2、P_3 次序列达时的运行情况

（b）按 P_3、P_2、P_1 次序列达时的运行情况

图 3–13 FIFO 调度算法的示例

2. 最短处理机运行期优先调度算法

该算法从就绪队列中选出"下一个处理机执行期"最短的进程，为之分配处理机使之执行。例如，在就绪队列中有 4 个进程 P_1、P_2、P_3 和 P_4，它们的下一个处理机执行期分别是 13、7、4 和 3 个单位时间。在利用本算法进行调度时，它们的执行情况如图 3–14 所示。可看出 P_1、P_2、P_3 和 P_4 的周转时间分别为 27、14、7 和 3 个单位时间，它们的平均周转时间近似为 13 个单位时间。但若用 FIFO 算法调度，它们的执行情况如图 3–15 所示。P_1、P_2、P_3 和 P_4 的周转时间分别是 13、20、24 和 27 个单位时间，它们的平均周转时间是 21。

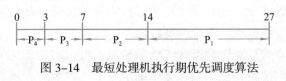

图 3–14 最短处理机执行期优先调度算法

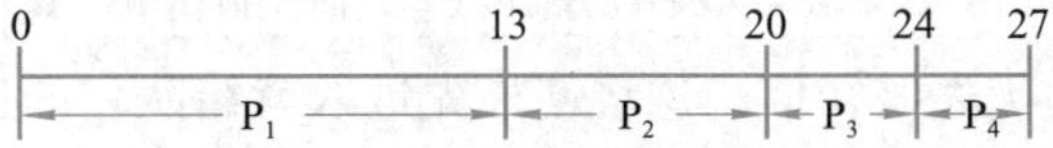

图 3–15 FIFO 调度算法

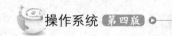

虽然最短处理机执行期优先调度算法可获得较好的调度性能，但它所依赖的下一个处理机执行期却难以准确地知道，而只能根据每一个进程的执行历史来预测。令 t_n 是第 n 个实际的处理机执行期，τ_n 是其预测值，可写出计算下一个处理机执行期的预测公式为

$$\tau_{n+1}=\alpha t_n+(1-\alpha)\tau_n$$

式中，α 用于控制最近的 t_n 和其预测值 τ_n 在预测中的作用，其值常在 0.5 左右。

3. 最高响应比优先调度算法

最高响应比优先调度算法是一个非剥夺的调度算法。按照此算法每个进程都有一个响应比，响应比不但是要求的服务时间的函数，而且是该进程为得到服务所花费的等待时间的函数。

进程的响应比计算公式为

$$响应比 = \frac{等待时间+要求服务的时间}{要求服务的时间}$$

要求的服务时间是分母，所以对短进程有利，可优先运行。但是由于等待时间是分子，所以长进程由于其等待了较长时间，提高了其响应比，因而被分给了处理机。进程一旦得到了处理机，就会执行到进程结束或因等待事件主动让出处理机，中间不被剥夺。

4. 优先级调度算法

优先级调度算法是最常用的一种进程调度方法。当发生进程调度时，将处理机分配给就绪队列中优先级最高的进程。通常确定优先级的方法有两种，即静态优先级法和动态优先级法。

（1）静态优先级。静态优先级是在进程创建时确定的。确定进程优先级的依据有以下几种。

① 进程的类型。依据是用户进程还是系统进程赋予进程一定的优先级。通常赋予系统进程较高优先级，特别是在某些系统中，应赋予它一种特权，只要它需要处理机，应尽快予以满足。

② 进程对资源的需求。如估计运行时间、内存需要量、I/O 设备的数量等，申请资源量少的赋予较高优先级。

③ 用户申请的优先级。根据用户所提供的外部优先权，确定该程序所对应的进程优先级。这通常是用高的经济费用换取高的优先级。

一旦进程的优先级确定，在其整个运行过程中保持不变。这种算法的最大优点是简单，但不能动态反映进程特点，系统调度性能差。

（2）动态优先级。为了克服静态优先级的缺点，可采用动态优先级。所谓动态优先级是指：进程在开始创建时，根据某种原则确定一个优先级后，随着进程执行时间的变化，其优先级不断地进行动态调整。例如，在就绪队列中的进程，其优先级以速率 α 增加，若所有进程具有相同的优先级初值，这将使最先进入就绪队列的进程最先获得处理机。若所有进程具有不同的优先级初值，优先级低的进程在等待足够长的时间后，其优先级便可升为最高而获得处理机执行。在采用可剥夺式调度方式时，若再令正在执行进程的优先级以速率 β 下降，便可防止一个长进程长期垄断处理机。

动态计算各进程的优先级，系统要付出一定的开销。有关动态优先级确定的依据有多种，通常根据进程占有处理机时间的长短或等待处理机时间的长短动态调整。UNIX 系统进程优先级正是采用这种方法实现的。

5. 时间片轮转调度算法

时间片轮转调度算法（Round Robin，RR）通常用在分时系统，它按照先进先出原则轮流地调度就绪队列中的进程。在实现时，它利用一个定时时钟，使之定时地发出中断。时钟中断处理程序在设置新的时钟常量后，即转入进程调度程序，选择一个新的进程占用处理机。时间片长短的确定遵循这样的原则：既要保证系统各个用户进程及时地得到响应，又不要由于时间片太短而增加调度的开销，降低系统的效率。

就绪队列中的进程在依次执行时，可能发生以下 3 种情况：

（1）进程未用完一个时间片便结束，这时系统应提前进行调度。

（2）进程在执行过程中提出 I/O 请求而阻塞，系统应将它放入相应的阻塞队列并引起调度。

（3）进程用完一个时间片后尚未完成，系统应将它重新放到就绪队列的末尾，等待下次执行。

简单时间片轮转法的调度模型如图 3–16 所示。

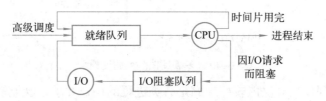

图 3–16 简单时间片轮转法的调度模型

6. 前后台调度算法

前后台调度算法用在批处理和分时相结合的系统中。将分时用户程序放在前台，把批处理程序放在后台。系统对前台程序按照时间片轮转法进行调度，仅当前台无程序时，才把处理机分配给后台程序的进程。后台进程通常按先来先服务方式运行。这样既能使分时用户进程得到及时响应，又提高了系统资源的利用率。

在有的系统中，把进程分成更多类型，如系统进程、交互型进程、编辑型进程、批处理型进程、学生型进程 5 种。这样，系统中就应设置 5 个就绪队列，并赋予它们不同的优先级。对每个队列可采用不同的调度算法，如对系统进程队列可采用优先级调度算法；对交互型进程队列采用时间片轮转调度算法；对批处理型进程队列采用 FIFO 算法等。仅当无系统进程时，才运行交互型进程；仅当无系统型和交互型进程时，才运行编辑型进程；学生型进程队列的优先级最低。因此，仅当系统中无其他类型进程时，才运行学生型进程。

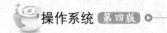

7. 多级反馈队列轮转算法

在轮转法中，进程在就绪队列的情况有如下 3 种：一种是刚刚被创建的进程在等待进程调度；一种是已经被调度执行过，但还没有执行完，等待下一次调度；还有一种是正在执行的进程还未用完分给它的时间片，因请求 I/O、等待 I/O 完成等原因被迫放弃处理机，当等待原因解除后又一次进入就绪队列等待运行。为了反映各进程的情况，对于上述 3 种情况，系统通常设置多个就绪队列，且进程在其生命期内可能在多队列中存在。通常刚创建的进程和因请求 I/O 未用完时间片的进程排在最高优先级队列，在这个队列中运行 2 ~ 3 个时间片未完成的进程排入下一个较低优先级队列。这样，系统可设置 n 个优先级队列。系统在调度时，总是先调度优先级最高的队列。仅当该队列为空时，才调度次高优先级队列。依此类推，第 n 个队列进程被调度时，必须是前 $n-1$ 个队列为空。无论什么时候，只要较高优先级队列有进程进入，立即转到进程调度，及时调度较高优先级队列进程。多级反馈队列调度模型如图 3–17 所示。

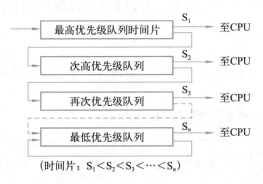

（时间片：$S_1 < S_2 < S_3 < \cdots < S_n$）

图 3–17 多级反馈队列调度模型

这种多级队列反馈算法能较好地满足各类进程的用户要求，既能使分时用户进程得到满意的响应，又能使批处理用户的进程获得较合理的周转时间。

3.3.3 进程调度的时机和过程

1. 进程调度的时机

执行进程调度一般是在下述情况下发生的。

（1）正在执行的进程运行完毕。

（2）正在执行的进程调用阻塞原语将自己阻塞起来进入等待状态。

（3）在采用抢占式优先级调度时，有优先级高于正在运行进程的进程进入就绪队列。

（4）在分时系统中时间片已经用完。

以上都是在处理机为不可剥夺方式时引起进程调度的原因。当处理机方式是可剥夺时，还有下面的原因：就绪队列中的某个进程越优先级变为高于当前运行进程的优先级，这时也将引起进程调度。

2. 进程调度的过程

进程调度所依赖的数据结构通常是调度队列，由于调度的原因不同，在单处理机系统中设置了多种等待队列。例如，等待处理机的就绪队列、等待 I/O 请求响应的设备队列、等待实时时钟的睡眠队列、等待通信信息的通信队列等。每种队列中的进程都可能引起调度，都可以采用上述各种算法和算法组合。但是，只有就绪队列中的进程能够获得处理机而最终运行，其他队列中的进程从队列中调度出来后，必须进入就绪队列才能分配处理机。这些等待队列中的进程具有相对应的进程状态，对它们的调度，即将进程从相应的队列中取出插入就绪队列，也就相应改变了进程的状态，从而形成了状态的转换（迁移）。

新创建的进程可以处于自由状态，排入一个队列，也可以直接进入挂起队列或者就绪队列，分别处于挂起状态和就绪状态。到底进入哪个队列与操作系统的设计有关，大多数情况下，新进程是进入就绪队列。

调度操作的最后一瞬间是进程的运行体（运行程序代码）的切换，停止正在运行的程序代码，让另一进程的程序代码运行，即将处理机分配给了另一进程。调度原语完成此操作，切换程序在最后瞬间完成转接。

队列数据结构的组成可以是堆栈、树、链表等，队列可以是双向队列，也可以是单向或者循环队列，它们的建立结构与调度算法密切相关。例如，在时间片轮转法中，就绪进程常组织成 FIFO 队列形式。在最高优先级优先调度算法中（常采用优先级队列形式），进程在进入就绪队列时，根据其优先级的高低，把它插在队列中相应优先级的位置上。调度程序总是把处理机分配给就绪队列中的队首进程。在最高优先级优先的调度算法中，也可采用无序链表方式，即每次进程进入就绪队列时，只被放在队尾，而由调度程序在每次调度时，依次比较队列中各进程的优先级，从中找出优先级最高的进程，把处理机分配给它。比起优先级队列来，这种方式的调度效率较低。对就绪队列的操作也是使用系统原语进行的，例如，对就绪队列操作，可以包含 newqueue（队列创建）、enqueue（插入队列项）、dequeue（撤销队列项）等原语。

进程调度算法只是决定哪一个进程将获得处理机，而将处理机分配给该进程的具体操作是由分派程序完成的。分派程序首先将正在执行进程的处理机状态保存在该进程 PCB 的现场保留区中，再从被调度程序选中的进程的 PCB 现场保留区中，取出其处理机状态信息来重新布置处理机现场。处理机状态信息包括程序状态寄存器、若干个通用寄存器、程序计数器等信息。这样，被调度到的进程便可继续执行。由于分派程序的执行频率较高，典型情况是几十毫秒一次，因而应尽量提高其运行效率。

假定就绪队列中的进程，已按其优先级的大小排列并允许剥夺调度，当就绪队列的队首出现其优先级比当前正在执行进程 j 的优先级更高的进程 i 时，应立即停止当前进程 j 的执行并将它按其优先级的大小，插入到就绪队列中的适当位置上（调用 enqueue(RQ,j)），然后用进程 i 所保存的处理机现场信息去恢复处理机现场。采用最高优先级优先的调度算法可描述如下：

```
    void dispatcher()
    {
        if(RQ==0)
            if(EP==0)
                idler();
            else continue;
        enqueue(RQ,i);
        if(EP==0)
            go to L;
            j=EP;
            if(i.priority>j.priority)
            {
                stop(j);
                j.status=ready;
                j.sdata=Epdata;
                enqueue(RQ,j);
                L:dequeue(RQ,i);
                i.status=executing;
                EPdata=i.sdata;
                EP=i;
            }
        else
            continue;
    }
```

 ## 3.4 线程的基本概念

自从 20 世纪 60 年代提出进程的概念后，在操作系统中以进程作为能独立运行的基本单位。直到 20 世纪 80 年代中期，人们又提出了比进程更小的能独立运行的基本单位——线程，试图用它来提高系统内程序并发执行的程度，从而可进一步提高系统的吞吐量。近几年，线程概念已得到广泛应用，不仅在新推出的操作系统中大多已引进了线程概念，而且在新推出的数据库管理系统和其他应用软件中也都纷纷引入了线程来改善系统的性能。

3.4.1 线程的引入

如果说，在操作系统中引入进程的目的是使多个程序并发执行以改善资源利用率及提高系统的吞吐量；那么，在操作系统中再引入线程，则是为了减少程序并发执行时所付出的时空开销，使操作系统具有更好的并发性。为了说明这一点，首先回顾进程的两个基本属性：一是进程是一个可拥有资源的独立单位；二是进程同时又是一个可以独立

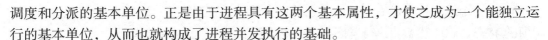

调度和分派的基本单位。正是由于进程具有这两个基本属性，才使之成为一个能独立运行的基本单位，从而也就构成了进程并发执行的基础。

然而为使程序能并发执行，系统还必须进行以下的一系列操作：

（1）创建进程。系统在创建进程时，必须为之分配其所必需的、除处理机以外的所有资源，如内存空间、I/O 设备以及建立相应的 PCB。

（2）撤销进程。系统在撤销进程时，必须先对资源进行回收操作，然后再撤销 PCB。

（3）进程切换。在对进程进行切换时，由于要保留当前进程的处理机环境和设置新选中进程的处理机环境，需花费不少处理机时间。

简而言之，由于进程是一个资源拥有者，因而在进程的创建、撤销和切换中，系统必须为之付出较大的时空开销。也正因如此，在系统中所设置的进程数目不宜过多，进程切换的频率也不宜过高，但这也就限制了并发程度的进一步提高。

如何能使多个程序更好地并发执行，同时又尽量减少系统的开销，这已成为近年来设计操作系统时所追求的重要目标。有不少操作系统的学者们考虑：可否将进程的上述两个属性分开，由操作系统分开进行处理？即对作为调度和分派的基本单位，不同时作为独立分配资源的单位，以使之轻装运行；而对拥有资源的基本单位，又不频繁地对之进行切换。正是在这种思想的指导下，产生了线程概念。

3.4.2 线程的定义和属性

1. 线程的定义

在引入线程的操作系统中，线程是进程的一个实体，是被系统独立调度和分派的基本单位。线程自己基本上不拥有系统资源，只拥有一点在运行中必不可少的资源（如程序计数器、一组寄存器和栈），但它可与同属一个进程的其他线程共享进程所拥有的全部资源。一个线程可以创建和撤销另一个线程；同一进程中的多个线程之间可以并发执行。

2. 线程的属性

由于线程之间的相互制约，致使线程在运行中也呈现出间断性。相应地，线程也同样有就绪、阻塞和执行 3 种基本状态。线程有如下属性：

（1）每个线程有一个唯一的标识符和一张线程描述表，线程描述表记录了线程执行的寄存器和栈等现场状态。

（2）不同的线程可以执行相同的程序，即同一个服务程序被不同用户调用时操作系统为它们创建成不同的线程。

（3）同一进程中的各个线程共享该进程的内存地址空间。

（4）线程是处理机的独立调度单位，多个线程是可以并发执行的。在单处理机的计算机系统中，各线程可交替地占用处理机。在多处理机的计算机系统中，各线程可同时占用不同的处理机，若各个处理机同时为一个进程内的各线程服务则可缩短进程的处理时间。

（5）一个线程被创建后便开始了它的生命周期，直至终止，线程在生命周期内会经历阻塞状态、就绪状态和执行状态等各种状态变化。

3. 引入线程的好处

（1）创建一个新线程花费时间少（结束亦如此）。创建线程不需另行分配资源，因而创建线程的速度比创建进程的速度快，且系统的开销也少。

（2）两个线程的切换花费时间少。

（3）由于同一进程内的线程共享内存和文件，线程之间相互通信无须调用内核，故不需要额外的通信机制，使通信更简便，信息传送速度也快。

（4）线程能独立执行，能充分利用和发挥处理机与外围设备并行工作的能力。

3.4.3　线程与进程的比较

线程具有许多传统进程所具有的特征，故又称轻型进程或进程元；而把传统的进程称为重型进程，它相当于只有一个线程的任务。在引入了线程的操作系统中，通常一个进程都有若干个线程，至少也需要有一个线程。下面从调度、并发性、拥有资源、系统开销等方面来比较线程和进程。

1. 调度

在传统的操作系统中，拥有资源的基本单位和独立调度、分派的基本单位都是进程。而在引入线程的操作系统中，则把线程作为调度和分派的基本单位，而把进程作为资源拥有的基本单位，使传统进程的两个属性分开，线程便能轻装运行，从而可显著地提高系统的并发程度。在同一进程中，线程的切换不会引起进程切换；在由一个进程中的线程切换到另一个进程中的线程时，将会引起进程切换。

2. 并发性

在引入线程的操作系统中，不仅进程之间可以并发执行，而且在一个进程中的多个线程之间亦可并发执行，因而使操作系统具有更好的并发性，从而能更有效地使用系统资源和提高系统吞吐量。例如，在一个未引入线程的单处理机操作系统中，若仅设置一个文件服务进程，当它由于某种原因而被阻塞时，便没有其他的文件服务进程来提供服务。在引入了线程的操作系统中，可以在一个文件服务进程中设置多个服务线程，当第一个线程等待时，文件服务进程中的第二个线程可以继续运行；当第二个线程受阻塞时，第三个线程可以继续执行，从而显著地提高了文件服务的质量以及系统吞吐量。

3. 拥有资源

不论是传统的操作系统，还是设有线程的操作系统，进程都是拥有资源的一个独立单位，它可以拥有自己的资源。一般地说，线程自己不拥有系统资源（也有一点必不可少的资源），但它可以访问其隶属进程的资源。亦即，一个进程的代码段、数据段以及系统资源，如已打开的文件、I/O 设备等，可供同一进程的所有线程共享。

4. 系统开销

由于在创建或撤销进程时，系统都要为之分配或回收资源，如内存空间、I/O 设备等，因此，操作系统所付出的开销将显著地大于在创建或撤销线程时的开销。类似地，在进行进程切换时，涉及整个当前进程处理机环境的保存以及新被调度运行的进程的处理机环境的设置。而线程切换只须保存和设置少量寄存器的内容，并不涉及存储器管理方面的操作。可见，进程切换的开销也远大于线程切换的开销。此外，由于同一进程中的多个线程具有相同的地址空间，致使它们之间的同步和通信的实现也变得比较容易。在有的系统中，线程的切换、同步和通信都无须操作系统内核的干预。

3.4.4 线程的实现机制

1. 用户级线程和内核支持线程

线程已在许多系统中实现，但实现的方式并不完全相同。在有的系统中，特别是一些数据库管理系统（如 Informix）实现的是用户线程，这种线程不依赖于内核。而另一些系统（如 Mach 和 OS/2 操作系统）实现的是内核支持线程，这种线程依赖于内核。还有一些系统（如 Solaris 操作系统），则同时实现了这两种类型的线程。

对于通常的进程，不论是系统进程还是用户进程，在进行切换时都要依赖于内核中的进程调度。因此，不论什么进程都是与内核有关的，是在内核支持下进行切换的。对于线程来说，则可分为两类：一类是内核支持线程，它们是依赖于内核的，即无论是在用户进程中的线程，还是系统进程中的线程，它们的创建、撤销和切换都由内核实现。在内核中保留了一张线程控制块，内核根据该控制块而感知该线程的存在并对线程进行控制。另一类是用户级线程。它仅存在于用户级中，对于这种线程的创建、撤销和切换，都不利用系统调用来实现，因而这种线程与内核无关。相应地，内核也并不知道有用户级线程的存在。这两种线程各有优缺点，因此它们也各有其适用场所。

2. 用户级线程和内核支持线程的比较

下面从 3 个方面对用户级线程和内核支持线程进行比较。

（1）线程的调度与切换速度。内核支持线程的调度和切换与进程的调度和切换十分相似。例如，在线程调度时的调度方式同样也是抢占方式和非抢占方式两种。在线程的调度算法上也同样采用时间片轮转调度算法、优先级调度算法等。由线程调度选中一个线程后，再将处理机分配给它。当然，线程在调度和切换上所花费的开销要比进程的小得多。用户级线程的切换通常是发生在一个应用进程的诸线程之间，这不仅无须通过中断进入操作系统的内核，而且切换的规则也远比进程调度和切换的规则简单。例如，当一个线程阻塞后会自动地切换到下一个具有相同功能的线程。因此，用户级线程的切换速度特别快。

（2）系统调用。当传统的用户进程调用一个系统调用时，要由用户态转入核心态，用户进程将被阻塞。当内核完成系统调用而返回时才将该进程唤醒继续执行。而在用户级线程调用一个系统调用时，由于内核并不知道该用户级线程的存在，因而把系统调用看作整个进程的行为，于是使该进程等待，而调度另一进程执行，同样是在内核完成系统调用而返回时进程才继续执行。如果系统中设置的是内核支持线程，则调度是以线程为单位，当一个线程调用一个系统调用时，内核把系统调用只看作该线程的行为，因而阻塞该线程，于是可以再调度该进程中的其他线程执行。

（3）线程执行时间。对于只设置了用户级线程的系统，调度是以进程为单位进行的。在采用时间片轮转调度算法时，各个进程轮流执行一个时间片，这对诸进程而言似乎是公平的。但假如在进程 A 中包含了一个用户级线程，而在另一个进程 B 中含有 100 个线程，这样，进程 A 中线程的运行时间将是进程 B 中各线程运行时间的 100 倍；相应地，速度就快 100 倍。假如系统中设置的是内核支持线程，其调度是以线程为单位进行的，这样，进程 B 可以获得的处理机时间是进程 A 的 100 倍，进程 B 可使 100 个系统调用并发工作。

3.5　Linux 的进程与进程管理

　　Linux 系统中主要的活动实体就是进程，每个进程执行一段独立的程序并在进程初始化时拥有一个独立的控制线程。由于 Linux 是一个多道程序设计系统，因此系统中有多个批次相互独立的进程在同时运行。

3.5.1　Linux 的进程结构与进程控制

1. Linux 的进程结构

　　Linux 支持多进程。进程控制块是系统中最为重要的数据结构之一，用来存放进程所必需的各种信息。进程控制块用结构 task_struct 来表示，定义在文件 include\linux\seched.h 中，包括如下一些内容：

　　（1）进程状态。Linux 把进程状态区分为运行态、等待态、暂停态和僵死态。其中，运行态指进程正在运行或处于就绪队列中；等待态指进程处于等待队列中，待资源有效时被唤醒；暂停态指进程接收信号或出现故障后暂停运行的状态；僵死态指进程已经停止运行，但进程控制块仍然存在。

　　（2）进程调度信息。用于进程调度，决定优先级。

　　（3）进程标识。Linux 进程都有唯一的标识 PID，另外还有一个组标识 GID，均用数字表示，用于访问系统文件和设备时使用。

　　（4）内部通信信息。用于消息队列、信号量或共享内存等进程通信操作。

　　（5）进程指针。表示父子进程、兄弟进程之间的连接关系。

　　（6）时钟信息。用于追踪使用处理机时间、软件定时等。

　　（7）文件系统。记录进程访问文件的信息。

　　（8）虚拟存储信息。记录进程的内存空间分配信息。

　　（9）进程上下文。记录进程当前运行现场的各种必要信息。

　　另外，系统中还有一个数组 task[]，用来存放每一个进程控制块的指针，相当于一个矢量表。

2. Linux 的进程控制

　　（1）进程的建立。一个进程可以通过调用 fork() 创建新的进程，其中原进程称为父进

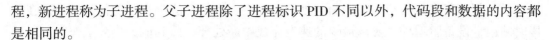

程，新进程称为子进程。父子进程除了进程标识 PID 不同以外，代码段和数据的内容都是相同的。

（2）进程执行。启动一个进程可以通过调用 exec() 来实现，其参数就是需要执行的文件名。

（3）等待子进程结束。父进程创建子进程后，可以调用 wait() 等待子进程执行结束。

（4）结束子进程。需要结束一个进程时，调用 exit() 实现。

3.5.2 Linux 的核心进程调度

1．Linux 中的进程调度

在任何一种操作系统中，进程调度一直是一个核心问题，进程调度策略的选择对整个系统的性能有至关重要的影响。一般来说，不同用途的操作系统的调度策略是不同的。作为一种通用操作系统的 Linux 的进程调度采用了最一般的调度策略，系统中的普通进程采取优先级调度策略，系统中的实时进程采用先进先出（FIFO）与时间片轮转调度算法（Round Robin）相结合的方法进行调度，这样的调度算法在大多数情况下都能很好地工作。

2．Linux 中的进程的分类和相应调度策略

Linux 系统中存在两类进程——普通进程与实时进程。实时进程的优先级要高于其他进程。如果一个实时进程处于可执行状态，它将先得到执行。实时进程又有两种策略：时间片轮转和先进先出。在时间片轮转策略中，每个可执行的实时进程轮流执行一个时间片，而先进先出策略中每个可执行进程按各自在运行队列中的顺序执行，并且顺序不能变化。

在 Linux 中，进程调度策略共定义了 3 种：

（1）SCHED_FIFO。用于实时进程的调度。

（2）SCHED_RR。用于实时进程的调度。

（3）SCHED_OTHER。用于非实时进程的调度。

关于 3 种调度算法的相关指标如表 3-1 所示。

表 3-1　3 种调度算法的相关指标表

算　　法	最小优先级	最大优先级
SCHED_FIFO	1	99
SCHED_RR	1	99
SCHED_OTHER	0	99

实时进程的优先级由相应的数据项 rt_priority 来表示，非实时进程的优先级就是 task_struct 结构中的 counter 值，进程中关于调度的数据参看进程结构 task_struct 中的相应部分。

3．Linux 核心中的软中断机制（Bottom Half）

发生中断时，处理机要停止当前正在执行的指令，而操作系统负责将中断发送到对

应的设备驱动程序去处理。在中断的处理过程中，系统不能进行其他任何工作，在这段时间内，设备驱动程序要以最快的速度完成中断处理，而其他大部分工作在中断处理过程之外进行。Linux 内核利用底层处理过程帮助实现中断的快速处理，它可以让设备驱动和 Linux 核心其他部分将这些工作进行排序以延迟执行。软中断机制在 Linux 核心中的文件 softirq.c 中实现。图 3-18 给出了一个与底层部分处理相关的核心数据结构。

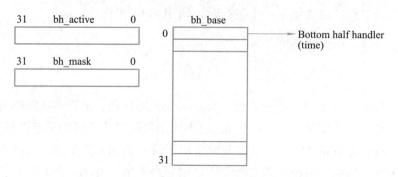

图 3-18   一个与底层部分处理相关的核心数据结构

系统中最多可以有 32 个不同的底层处理过程，bh_base 是指向这些过程入口的指针数组，而 bh_active 和 bh_mask 用来表示哪些处理过程已经安装，以及哪些处于活动状态。如果 bh_mask 的第 N 位置位，则表示 bh_base 的第 N 个元素包含底层部分处理例程。如果 bh_active 的第 N 位置位，则表示第 N 个底层处理过程例程可在调度器认为合适的时刻调用。这些索引被定义成静态的，定时器底层部分处理例程具有最高优先级（索引值为 0），控制台底层部分处理例程其次（索引值为 1）。典型的底层部分处理例程包含与之相连的任务链表，例如，immediate 底层部分处理例程通过那些需要被立刻执行的任务的立即任务队列（tq_immediate）来执行。

有些核心底层部分处理过程是与设备相关的，但有些更加具有通用性。

（1）timer。每次系统的周期性时钟中断发生时，此过程被标记为活动，它被用来驱动核心的定时器任务队列机制。

（2）console。此过程被用来处理进程控制台消息。

（3）tqueue。此过程被用来处理进程 tty 消息。

（4）net。此过程被用来做通用网络处理。

（5）immediate。这是被几个设备驱动用来将任务排队成稍后执行的通用过程。

当设备驱动或者核心中其他部分需要调度某些工作延迟完成时，它们将把这些任务加入到相应的系统任务队列中去，如定时器队列，然后对核心发出信号通知它需要调用某个底层处理过程，具体方式是设置 bh_active 中的某些位。如果设备驱动将某个任务加入到 immediate 队列并希望底层处理过程运行和处理它，可将第 8 位置 1。每次系统调用结束返回调用进程前都要检查 bh_active，如果有位被置 1 则调用处于活动状态的底层处理过程。检查的顺序是从第 0 位开始直到第 31 位，即按照优先级从高到低的顺序。

每次调用底层处理过程时 bh_active 中的对应位将被清除。bh_active 是一个瞬态变量，它仅仅在调用调度管理器时有意义，同时它还可以在空闲状态时避免对底层处理过程的调用。关于核心直接创建并使用的任务队列参见下面内容。

4．Linux 中的 3 个系统任务队列

任务队列是核心延迟任务启动的主要手段。Linux 提供了对任务队列中任务排队以及处理的通用机制。

任务队列通常和底层处理过程一起使用，底层的定时器队列处理过程运行时对定时器队列进行处理。任务队列的结构比较简单，它由一个 tq_struct 结构链表构成，每个结点中包含处理过程的地址指针以及指向数据的指针。处理任务队列中的任务时将用到这些过程，同时此过程还将用到指向这些数据的指针。核心的所有部分，如设备驱动等，都可以创建与使用任务队列。当处理任务队列中的任务时，处于队列头部的元素将从队列中删除同时以空指针代替它，这个删除操作是一个不可中断的原于操作。队列中每个元素的处理过程将被依次调用，元素通常使用静态分配数据，但是没有一个固有机制来丢弃已分配内存。任务队列处理例程简单地指向链表中下一个元素，这个任务才真正清除任何已分配的核心内存。核心自己创建与管理的任务队列只有以下 3 个：

（1）timer。此队列用来对下一个时钟滴答（系统的周期性中断）时要求尽快运行的任务进行排队。每个时钟滴答时都要检查此队列是否为空，如果不为空则定时器底层处理过程将激活此任务。当调度管理器下次运行时定时，队列底层处理过程将和其他底层处理过程一道对任务队列进行处理。这个队列不能和系统定时器混淆。

（2）immediate。immediate 底层处理过程的优先级低于定时器底层处理过程，所以此类型任务将延迟运行。

（3）scheduler。此任务队列直接由调度管理器来处理。它被用来支撑系统中其他任务队列，此时可以运行的任务是一个处理任务队列的过程，如设备驱动。

系统的这 3 个 TASK_QUEUE 具体分别是：tq_timer、tq_immediate 和 tq_scheduler，在文件 sched.c 中定义：

```
DECLARE_TASK_QUEUE (tq_timer);
DECLARE_TASK_QUEUE (tq_immediate);
DECLARE_TASK_QUEUE (tq_scheduler);
```

5．Linux 中调度程序运行的时机

Linux 中的调度程序在以下情况下运行：当前进程被放入等待队列后或者系统调用结束时，以及从系统模式返回用户模式时。此时系统时钟将当前进程的 counter 值设为 0 来驱动调度管理器。

6．Linux 中具体的调度流程

Linux 核心调度程序在文件 sched.c 中定义。

每次调度管理器运行时将进行下列操作：

（1）处理任务队列。调用函数 run_task_queue 处理系统的任务队列 tq_scheduler 处理软中断。

（2）核心工作。系统调度程序需要判断当前是否在中断处理过程中，在中断处理中不能运行调度程序，调度程序将退出。调度程序运行 bottom half 处理程序并处理调度任务队列。

（3）保存当前进程的工作。当选定其他进程运行之前必须对当前进程进行一些处理。如果当前进程的调度策略是时间片轮转，则它被放回到运行队列中。如果任务可中断且从上次被调度后接收到了一个信号，则它的状态变为 Running。如果当前进程超时，则它的状态变为 Running。如果当前进程的状态是 Running，则状态保持不变。那些既不处于 Running 状态又不是可中断的进程将被从运行队列中删除。这表示调度管理器在选择运行进程的时候不会将这些进程考虑在内。

（4）选择将要运行的进程。调度器在运行队列中选择一个最迫切需要运行的进程。如果运行队列中存在实时进程（那些具有实时调度策略的进程），则它们比普通进程具有更高的优先级权值。普通进程的权值是它的 counter 值，而实时进程则是 counter 加上1000。这表明如果系统中存在可运行的实时进程，它们将总是在任何普通进程之前运行。如果系统中存在和当前进程相同优先级的其他进程，这时当前运行进程已经用掉了一些时间片，所以它将处在不利形势（其 counter 已经变小）；而原来优先级与它相同的进程的 counter 值显然比它大，这样位于运行队列中最前面的进程将开始执行而当前进程被放回到运行队列中。在存在多个相同优先级进程的平衡系统中，每个进程被依次执行，这就是时间片轮转法（Round Robin）策略。然而由于进程经常需要等待某些资源（例如 I/O 等），所以它们的运行顺序也经常发生变化。

（5）换出当前运行的进程。如果系统选择其他进程运行，则必须挂起当前进程且开始执行新进程。进程执行时将使用寄存器、物理内存以及处理机。每次调用子程序时，它将参数放在寄存器中并把返回地址放置在堆栈中，所以调度管理器总是运行在当前进程的上下文。虽然可能在特权模式或者核心模式中，但是仍然处于当前运行进程中。当挂起一个进程时，系统的机器状态，包括程序计数器（PC）和全部的处理机寄存器，必须存储在进程的 task_struct 数据结构中，同时加载新进程的机器状态。这个过程与系统类型相关，不同的处理机使用不同的方法完成这个工作，通常这个操作需要硬件辅助完成。

进程的切换发生在调度管理器运行之后。以前进程保存的上下文与当前进程加载时的上下文相同，包括进程程序计数器和寄存器内容。

如果以前或者当前进程使用了虚拟内存，则系统必须更新其页表入口，这与具体体系结构有关。

7. SPINLOCK 自旋锁

自旋锁是一种保护数据结构或代码片段的原始方式，在某个时刻只允许一个进程访问临界区内的代码。自旋锁的定义在文件 spinlock.h 中。在 Linux 中定义了两种自旋锁，一种是普通自旋锁，另一种是用于读/写操作的自旋锁（允许多个读者和一个写者）。

Linux 还同时将一个整数域作为锁来限制对数据结构中某些域的存取。每个希望进入此区域的进程都试图将此锁的初始值从 0 改成 1。如果当前值是 1，则进程将再次尝试，此时进程好像在一段循环代码中自旋。对包含此锁的内存区域的存取必须是原子性的，即检验值是否为 0 并将其改变成 1 的过程不能被任何进程中断。多数处理机结构通过特殊指令提供对此方式的支持，同时可以在一个非缓冲内存中实现这个自旋锁。

当控制进程离开临界区时将递减此自旋锁。任何处于自旋状态的进程都可以读取它，它们中最快的那个将递增此值并进入临界区。

8. SEMAPHORE 信号量

Linux 中使用的信号量在文件 semaphore.h 中定义。

信号量被用来保护临界区中的代码和数据。每次对临界区数据，如描述某个目录 VFS inode 的访问，是通过代表进程的核心代码来进行的。允许某个进程擅自修改由其他进程使用的临界区数据是非常危险的。防止此问题发生的一种方式是在被存取临界区周围使用自旋锁，但这种简单的方式将降低系统性能。Linux 使用信号量来迫使某个时刻只有唯一进程访问临界区代码和数据，其他进程都必须等待资源被释放才可使用。这些等待进程将被挂起而系统中其他进程可以继续运行。

Linux 的信号量的实现对于 SMP 和中断都是安全的。

在 Linux 中一个信号量结构的定义和其中各个域的作用如下：

```
struct semaphore{
    atomic_t count;
    int waking;
    struct wait_queue *wait;
}
```

count：此域用来保存希望访问此资源的进程个数。当它为正数时表示资源可用，负数和 0 表示进程必须等待，当它初始值为 1 时表示一次仅允许一个进程来访问此资源。当进程需要此资源时它们必须将此 count 域减 1，并且在使用完后将其加 1。可以看到，对该域的操作应该是一个原子操作。

waking：这是等待此资源的进程个数，同时也是当资源可利用时等待被唤醒的进程个数。

wait_queue：当进程等待此资源时，它们被放入此等待队列。

假设此信号量的初始值为 1，第一个使用它的进程看到此计数为正值，然后将其减去 1 而得到 0。现在此进程拥有了这些被信号量保护的段代码和资源。当此进程离开临界区时它将增加此信号量的计数值，最好的情况是没有其他进程与之争夺临界区的控制权。Linux 将信号量设计成可以在多数情况下有效工作。

如果此时另外一个进程希望进入此已被别其他进程占据的临界区时，它也将此计数减 1。当它看到此计数值为 –1，则知道现在不能进入临界区，必须等到此进程退出使用临界区为止。在这个过程中 Linux 将让这个等待进程睡眠。等待进程将其自身添加到信号量的等待队列中，然后系统在一个循环中检验 waking 域的值并当 waking 非 0 时调用调度管理器。

临界区的所有者将信号量计数值加 1，但是如果此值仍然小于等于 0 则表示还有等待此资源的进程在睡眠。在理想情况下此信号量的计数将返回到初始值 1 而无须做其他工作，所有者进程将递增 waking 计数并唤醒在此信号量等待队列上睡眠的进程。当等待进程醒来时，发现 waking 计数值已为 1，那么就知道现在可以进入临界区了。然后将递减 waking 计数，将其变成 0 并继续。所有对信号量 waking 域的访问都将受到使用信号量的自旋锁的保护。

9. 原子操作

C 语言并没有提供有效的手段用于原子操作以保证对一个数据的操作是原子的（操作过程是不可中断的），因此，在众多需要对某关键数据进行操作的地方为保证其原子性引入了原子操作，原子操作在文件 atomic.k 中定义。

可以看到：原子操作其实就是保证在单处理机的情况下编译器产生的数据操作代码只是一条汇编语句而已。需要注意的是，在 SMP 的情况下，在进行原子操作前需要进行 LOCK，而且进行原子操作的数据也是 volatile 的。

10. Linux 中的实时钟

操作系统应该能够在将来某个时刻准时调度某个任务，所以需要一种能保证任务较准时调度运行的机制。希望支持每种操作系统的微处理机必须包含一个可周期性中断它的可编程间隔定时器。这个周期性中断即系统时钟滴答，它像节拍器一样来组织系统任务。

Linux 的时钟观念很简单，它表示系统启动后的以时钟滴答计数的时间。所有的系统时钟都基于这种量度，在系统中的名称和一个全局变量相同——jiffies。

Linux 包含两种类型的系统定时器，它们都可以在某个系统时间上被队列例程使用，但是它们的实现稍有区别，以下将给出详细说明。

第一个是旧的定时器机制，它包含指向 timer_struct 结构的 32 位指针的静态数组，以及当前活动定时器的屏蔽码 time_active，如图 3-19 所示。

此定时器表中的位置是静态定义的（旧的定时器的处理机制同 Linux 底层处理机制很相像），其入口在系统初始化时被加入到表中。值得注意的是：旧的定时器已经被淘汰，只是因为兼容性的原因在

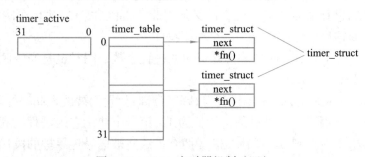

图 3-19　Linux 定时器机制（旧）

源代码中还存在，在编写新的内核代码和应用程序代码时应该使用新的定时器。

第二种是相对较新的定时器，它使用一个以升序排列到期时间的 timer_list 结构链表，如图 3-20 所示。

这两种方法都使用 jiffies 作为终结时间，希望运行 10 s 的定时器将不得不把 10 s 时间转换成 jiffies 的单位，并且将它和以 jiffies 计数的当前系统时间相加从而得到计数器的终结时间。在每个系统时钟滴答时，定时器的底层部分处理过程被标记为活动状态，以便调度管理器下次运行时能进入定时器队列的处理。定时器底层部分处理过程包含两种类型的系统定时器。

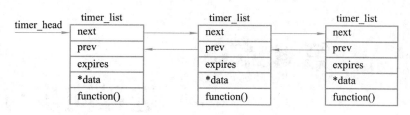

图 3-20 Linux 定时器机制（新）

如果活动定时器已经到期，则其定时器例程将被调用，同时它的活动位也被清除，新定时器位于 timer_list 结构链表中的入口也将受到检查。新定时器机制的优点之一是能传递一个参数给定时器例程，而旧的定时器机制则不行。

11. Linux 中的对称多处理机支持

Linux 很早就开始支持对称多处理机系统，在 Linux 内核 2.2.x 中对多处理机的处理已经逐步完善起来。

显然，只能支持单处理机的核心是不能在多处理机上正常工作的，在编译 Linux 内核的过程中，根据是否支持对称多处理机编译条件设置的不同将产生不同的内核。一般说来，单处理机的内核要比多处理机的内核简单一些。

 习　　题

1. 什么是进程？它与程序有哪些异同点？

2. 进程控制块的作用是什么？它主要包括哪几部分内容？

3. 进程有哪几种基本状态？试举出使进程状态发生变化的事件并描绘它的状态转换图。

4. 什么是操作系统的内核？

5. 大多数时间片轮转调度算法使用一个固定大小的时间片，给出选择小时间片的理由，然后再给出选择大时间片的理由。

6. 某系统采用最高响应比优先的调度算法，某个时刻根据用户要求创建了一个进程 P，进程 P 在其存在过程中依次经历了以下过程。

（1）进程调度选中了进程 P 占用处理机运行，进程 P 运行中提出资源申请，要求增加内存使用量，没有得到。

（2）进程等待一段时间后得到内存。

（3）进程调度再次选中了进程 P 占用处理机运行。

（4）有紧急进程 Q 进入，系统停止进程 P 的运行，将处理机分配给进程 Q。

（5）进程 Q 运行完，进程调度再次选中了进程 P 占用处理机运行。

（6）进程 P 运行完。

分析进程 P 在其整个生命过程中的状态变化。

7. 什么是线程？进程和线程的主要区别是什么？

8. 简述创建进程的步骤。

第4章

《《 进程同步与通信

并发进程在其活动过程中存在着各种制约关系，为了保证正确控制并发活动，操作系统必须提供相应的功能以协调这些制约关系。

4.1 进程间的相互作用

操作系统内部存在着许许多多的并发活动：相对独立的多个用户程序可以并发运行；操作系统本身的许多不同功能的程序可以并发执行；一个程序内部的不同程序段可以并发执行。操作系统支持这些活动是通过进程来实现的。

4.1.1 进程间的联系

在多道程序环境下，系统中可能有许多进程，在这些进程之间可能存在以下两种关系。

（1）资源共享关系。多个进程之间彼此无关，它们并不知道其他进程的存在。例如，在批处理系统中，系统分别为各个作业建立了进程；在分时系统中，系统分别为每个用户（终端）建立一个进程。但这些进程既然是同处于一个系统中，也就必然存在着资源共享的关系，如共享 CPU 和 I/O 设备等。此时，进程同步的主要任务是保证诸进程能互斥地访问临界资源。为此，系统中的资源应不允许用户进程直接使用，而应由系统统一分配。

（2）相互合作关系。在某些进程之间还存在一种相互合作的关系，例如，如图 3-3 所示的程序并发执行前驱图中，在输入进程、计算进程和打印进程三者之间，就是一种相互合作的关系。此时进程同步的主要任务是保证相互合作的诸进程在执行次序上的协调，不会出现与时间有关的差错。

1. 临界资源

下面通过一个简单的例子来说明临界资源的含义。

生产者 – 消费者问题（Producer-Consumer）是一个著名的进程同步问题。它描述的是：有一群生产者进程在生产产品，并将此产品提供给消费者进程去消费。为使生产者进程和消费者进程能并发执行，在它们之间设置一个具有 n 个缓冲区的缓冲池，生产者进程可将它所生产的产品放入一个缓冲区中，消费者进程可从一个缓冲区取得一个产品消费。尽管所有的生产者进程和消费者进程都是以异步方式运行的，但它们之间必须保持同步，即不允许消费者进程到一个空缓冲区去取产品，也不允许生产者进程向一个已装有产品且尚未被取走的缓冲区中投放产品。

利用一个数组来表示上述的具有 *n* 个（0，1，…，*n*-1）缓冲区的缓冲池。用一个输入指针 in 来指示下一个可投放产品的缓冲区，每当生产者进程生产并投放一个产品后，输入指针加 1，即 in=(in+1)mod *n*。用一个输出指针 out 来指示下一个可获取产品的缓冲区，每当消费者进程取走一个产品后，输出指针加 1，即 out=(out+1)mod *n*。当 (in+1)mod *n*==out 时表示缓冲池满；而 in==out 表示缓冲池空。此外，引入一个整型变量 counter，其初始值为 0。每当生产者进程向缓冲中投放一个产品后，使 counter 加 1；反之，每当消费者进程从中取走一个产品时，counter 减 1。生产者和消费者两进程共享下面的变量：

```
typedef … item;
int  n;
item buffer[n];
int  in,out,counter;
```

指针 in 和 out 初始化为 0。生产者和消费者进程的描述中，no-op 是一条空操作指令。在生产者进程中使用一个局部变量 nextp，用于暂时存放每次刚生产出来的产品。而在消费者进程中，则是用一个局部变量 nextc，用于存放每次要消费的产品。

```
void Producer()
{
    while (1)
    {
        …
        produce an item in nextp;
        while (counter==n)
            no-op;
        buffer[in]=nextp;
        in=(in+1)mod n;
        counter++;
    }
}
void Consumer()
{
    while(1)
    {
        while (counter==0)
            no-op;
        nextc=buffer[out];
        out=(out+1)mod n;
        counter--;
        consume the item in nextc;
        …
    }
}
```

虽然上面的生产者程序和消费者程序单独看时是正确的，而且两者在顺序执行时其结果也会是正确的，但若并发执行时就会出现差错。问题在于这两个进程共享变量 counter。生产者对它做加 1 操作，消费者对它做减 1 操作，这两个操作在用机器语言实现时常可用下面形式描述：

```
register1=counter;              register2=counter;
register1++;                    register2--;
counter=register1;              counter=register2;
```

假设 counter 的当前值是 5。如果生产者进程先执行左列的 3 条机器语言语句，然后消费者进程再执行右列的 3 条语句，则最后共享变量 counter 的值仍为 5；反之，如果让消费者进程先执行右列的 3 条语句，然后生产者进程再执行左列的 3 条语句，counter 的值也还是 5，如果按下述方式执行：

```
register1=counter;(register1==5)
register1++;(register1==6)
register2=counter;(register2==5)
register2--;(register2==4)
counter=register1;(counter==6)
counter=register2;(counter==4)
```

正确的答案（counter 值）应当是 5，但现在是 4。倘若再将两段程序中各语句交叉执行的顺序改变，可以看到有可能得到 counter==6 的答案。这表明程序的执行不具有可再现性。这种一个时刻只允许一个进程使用的资源称为临界资源。为了预防产生这种错误，应对临界资源进行互斥访问，亦即，令生产者进程和消费者进程互斥地访问变量 counter。

2. 临界区

不论是硬件临界资源，还是软件临界资源，多个进程必须互斥地对它们进行访问。把在每个进程中访问临界资源的那段代码称为临界区（Critical Section）。

显然，若能保证诸进程互斥地进入自己的临界区，便可实现它们对临界资源的互斥访问。为此，每个进程在进入临界区之前应先对欲访问的临界资源进行检查，看它是否正在被访问。如果此时临界资源未被访问，该进程便可进入临界区对该资源进行访问，并设置它正被访问的标志；如果此刻该临界资源正被某进程访问，则该进程不能进入临界区。因此，必须在临界区前面增加一段用于进行上述检查的代码。相应地，在临界区后面也要加上一段代码，用于将临界区正被访问的标志恢复为未被访问标志。

3. 同步机制应遵循的准则

为实现进程互斥，可利用软件方法在系统中设置专门的同步机制来协调诸进程，但所有的同步机制都应遵循下述 4 条准则：

（1）空闲让进。当无进程处于临界区时，相应的临界资源处于空闲状态。因而可允许一个请求进入临界区的进程立即进入自己的临界区，以有效地利用临界资源。

（2）忙则等待。当已有进程进入自己的临界区时，意味着相应的临界资源正被访问，因而所有其他试图进入临界区的进程必须等待，以保证诸进程互斥地访问临界资源。

（3）有限等待。对要求访问临界资源的进程，应保证该进程能在有效的时间内进入自己的临界区，以免陷入"死等"状态。

（4）让权等待。当进程不能进入自己的临界区时，应立即释放处理机，以免进程陷入"忙等"。

4.1.2 利用软件方法解决进程互斥问题

假如有两个进程 P_1 和 P_2，它们共享一个临界资源 R。

```
main()
{
    cobegin {
        P₁;
        P₂;
    }
}
```

1. 算法 1

设置一个公用整型变量 turn，用于指示被允许进入临界区的进程的编号，即若 turn==1，表示允许进程 P_1 进入临界区。算法 1 对 P_1 进程的描述如下：

```
while (1)
{
    …
    while (turn!=1)
        no-op;
    critical section
    turn=2;
    …
}
```

该算法可确保每次只允许一个进程进入临界区。但是强制两个进程轮流地进入临界区，很容易造成资源利用不充分。例如，当进程 P_1 退出临界区后将 turn 置为 2，以便允许 P_2 进入临界区。但如果进程 P_2 暂时并未要求访问该临界资源，而 P_1 又想再次访问该资源，但它却无法进入临界区。可见，此算法不能保证实现"空闲让进"的准则。

2. 算法 2

算法 1 的问题在于：它采取了强制的方法让 P_1 和 P_2 轮流访问临界资源，完全不考虑它们的实际需要。算法 2 的基本思想是：在每一个进程访问临界资源之前，先去查看一下临界资源是否正被访问。若正被访问，该进程需等待；否则进入自己的临界区。为此，设置一个数组，使其中每个元素的初值为 0，表示所有进程都未进入临界区。若 flag[0]==1 时，表示进程 P_1 正在临界区内执行；若 flag[1]==1 时，表示进程 P_2 正在临界区内执行。算法 2 的描述如下：

```
int flag[2]={0,0};
    …
```

```
P₁:
  while (1)
  {
    …
    while (flag[1])
      no-op;
    flag[0]=1;
    critical section
    flag[0]=0;
    …
  }
```

此算法虽然解决了空闲让进的问题，但又出现了新的问题。即当 P_1 和 P_2 都未进入临界区时，它们各自的访问标志都为 0。如果 P_1 和 P_2 几乎是在同时都要求进入临界区，因而都发现对方的访问标志 flag 为 0，于是两进程都先后进入临界区，这时就违背了"忙则等待"的准则。

3. 算法 3

算法 2 的问题在于：当进程 P_1 观察到进程 P_2 的标志为 0 后，便将自己的标志由 0 改为 1，这仅需一极短的时间，而正是在此期间，它仍然表现为 0 而被 P_2 所观察到。为了解决这一问题，在算法 3 中仍然使用了数组 flag[]，但令 flag[0]==1 表示进程 P_1 希望进入临界区，然后再去查看 P_2 的标志。若此时 flag[1]==1，则 P_1 等待；否则，P_1 进入临界区；对于进程 P_2 亦然。换言之，算法 3 是使要进入临界区的进程先设置其要求进入的标志，然后，再去查看其他进程的标志。算法 3 描述如下：

```
int flag[2]={0,0};
  …
P₁:
  while (1)
  {
   …
   flag[0]=1;
   while (flag[1])
     no-op;
   critical section
   flag[0]=0;
   …
  }
```

算法 3 可以有效地防止两个进程同时进入临界区。但仔细分析又可看出，该算法又会造成最终谁都不能进入临界区的后果。因而它既违背了"空闲让进"的准则 1，又违背了"有限等待"的准则 3。例如，当 P_1 和 P_2 几乎在同时要进入临界区，而分别把自己的标志 flag 置为 1 后，又都立即去检查对方的标志，因而都发现对方也要进入或已经在临界区，即对方的标志也为 1，于是双方都在"谦让"，结果谁也进不了临界区。

从上述的 3 个用于解决诸进程互斥地进入临界区的算法可以看出，每当针对前一算法所存在的问题而加以改进时，却又出现了新的问题。

4. 算法 4

算法 4 是组合了算法 1 和算法 3 中的关键概念而形成的。算法 4 为每个进程设置了相应的标志 flag[]，当 flag[0]==1（或 flag[1]==1）时，表示进程 P_1（或 P_2）要求进入临界区或正在临界区中执行。此外，还设置了一个 turn 变量，用于指示允许进入临界区的进程编号。进程 P_1 为了进入临界区先置 flag[0] 为 1，并置 turn 为 2，表示应轮到进程 P_2 进入临界区。接下去再判别 flag[1]&&turn==2 的条件是否满足。若未满足，则可进入临界区；否则等待。或者说，当 flag[1]==0 或者 turn==1 时，进程 P_1 可以进入临界区。前者表示 P_2 未要求进入临界区，后者表示仅允许 P_1 进入临界区。该算法描述如下：

```
int flag[2]={0,0};
    …
P1:
    while (1)
    {
        …
        flag[0]=1; turn=2;
        while (flag[1]&&turn==2)
          no-op;
        critical section
        flag[0]=0;
        …
    }
```

假如进程 P_1 和进程 P_2 几乎同时要求进入临界区，它们将分别将标志 flag[0] 和 flag[1] 置为 1。P_1 先将 turn 置为 2，当它去执行 while 语句时，flag[1]&&turn==2 条件成立，故 P_1 等待；但立即 P_2 又将 turn 置成 1；这样，P_1 便可进入临界区，而进程 P_2 执行 while 语句时，flag[0]&&turn==1 条件成立，使 P_2 等待；当 P_1 退出临界区时，将 flag[0] 置为 0 后，将使 flag[0]&&turn==1 条件不再成立，从而使 P_2 进入临界区。这样既保证了"忙则等待"，又实现了"空闲让进"。

当进程无法进入临界区时，上述 4 种算法均为忙式等待。

4.1.3 利用硬件方法解决进程互斥问题

完全利用软件的方法来解决诸进程互斥进入临界区的问题有一定难度且有很大局限性，因而现在已很少采用。针对这一点，现在许多计算机提供了一些特殊的硬件指令，这些指令允许对一个字中的内容进行检测和修正，或交换两个字的内容等。可利用这些特殊的指令来解决临界区问题。

1. 利用 Test-and-Set 指令实现互斥

在许多计算机中都有这样的指令，不同计算机的相应指令的功能是相同的。因而可以不局限于某特定的计算机，定义 Test-and-Set 指令如下：

```
int TS(static int lock)
{
    int TS=lock;
    lock=1;
    return(TS);
}
```

其中，lock 有两种状态：当 lock==0 时，表示该资源空闲；当 lock==1 时，表示该资源正在被使用。

为了实现诸进程对临界资源的互斥访问，可为每个临界资源设置一个全局变量 lock 并赋予其初值为 0，表示资源空闲。用 TS 指令将变量 lock 的状态记录于变量 TS 中，并将 1 赋予 lock，这等效于关闭了临界区，使任何进程都不能进入临界区。利用 TS 指令实现互斥的循环进程可描述为如下：

```
while (1)
{
    …
    while (TS(lock)) do
      no-op;
    critical section
    lock=0;
    …
}
```

程序中的"while(TS(lock))do no-op;"语句用于检查 TS 指令执行后的 TS 状态。若为 0 表示资源空闲，进程可进入临界区；否则，不断测试执行 TS 指令后的 TS 变量值，直至其为 0。当进程退出临界区时，设置变量 lock 为 0，以允许其他进程进入临界区。

2. 利用 Swap 指令实现进程互斥

Swap 指令称为交换指令。在微机中该指令又称 XCHG 指令，用于交换两个字的内容，可描述如下：

```
void Swap(static int a,b)
{
    int temp;
    temp=a;
    a=b;
    b=temp;
}
```

在利用 Swap 实现进程互斥时，可为临界资源设置一个全局变量 lock。其初值为 0，在每个进程中再利用一个局部变量 key。利用 Swap 指令实现进程互斥的循环进程可描述如下：

```
while (1)
{
    …
```

```
    key=1;
    do{
      Swap(lock,key);
    }while(key);
    critical section
    lock=0;
    ...
  }
```

利用硬件指令能有效地实现进程互斥,但它却不能满足"让权等待"的准则,造成处理机时间的浪费,而且也很难将它用于解决较复杂的进程同步问题。

4.1.4 信号量机制

荷兰学者 Dijkstra 于 1965 年提出的信号量机制是一种卓有成效的进程同步工具。在长期且广泛的应用中,信号量机制得到了很大的发展,现在信号量机制已被大量地应用于单处理机和多处理机系统以及计算机网络。

1. 记录型信号量机制

在记录型信号量机制中,除了需要一个用于代表资源数目的整型变量 value 外,还有一个进程链表 L,用于链接所有等待该信号量代表资源的进程。记录型信号量是由于采用了记录型的数据结构而得名的。它所包含的上述两个数据项可描述如下:

```
typedef struct {
  int value;
  list of process *L;
}semaphore;
```

信号量除初始化外,仅能通过两个标准的原子操作 wait(s) 和 signal(s) 来访问。这两个操作很长时间以来一直被分别称为 P、V 操作。wait(s) 和 signal(s) 是两个原子操作,因此,它们在执行时是不可中断的。亦即,当一个进程在修改某信号量时,没有其他进程可同时对该信号量进行修改。

相应地,wait(s) 和 signal(s) 操作可描述如下:

```
void wait(static semaphore s)
{
  s.value--;
  if(s.value<0)
    block(s.L);
}
void signal(static semaphore s)
{
  s.value++;
  if(s.value<=0)
    wakeup(s.L);
}
```

在记录型信号量机制中，s.value 的初值表示系统中某类资源的数目，因而又称资源信号量，每次的 wait 操作意味着进程请求一个单位的资源，因此描述为 s.value-- ；当 s.value < 0 时，表示资源已分配完毕，因而进程调用 block 原语，进行自我阻塞，放弃处理机并插入到信号量链表 s.L 中。该机制遵循了让权等待准则。此时 s.value-- 的绝对值表示在该信号量链表中已阻塞进程的数目。每次 signal 操作，表示执行进程释放一个单位资源，故 s.value++ 操作表示资源数目加 1。若加 1 后仍是 s.value<=0，则表示在该信号量链表中仍有等待该资源的进程被阻塞，故还应调用 wakeup 原语，唤醒进程访问临界资源。

为使多个进程能互斥地访问某临界资源，需为该资源设置一信号量 mutex，并设其初始值为 1，然后将各进程的临界区 CS 置于 wait(mutex) 和 signal(mutex) 操作之间即可。这样，每个欲访问该临界资源的进程在进入临界区之前，都要先对 mutex 执行 wait 操作，若该资源此刻未被访问，本次 wait 操作成功，进程便可进入自己的临界区。这时若再有其他进程欲进入自己的临界区，由于对 mutex 执行 wait 操作必然失败，因而阻塞，从而保证了该临界资源被互斥地访问。当访问临界资源的进程退出临界区后，又应对 mutex 执行 signal 操作，释放该临界资源。故把信号量初始值为 1 的信号量又称互斥信号量。利用信号量实现进程互斥的进程可描述如下：

```
semaphore mutex=1;
void procedure1()
{
    while (1)
    {
        …
        wait(mutex);
        critical section
        signal(mutex);
        …
    }
}
void procedure2()
{
    while (1)
    {
        …
        wait(mutex);
        critical section
        signal(mutex);
        …
    }
}
main()
```

```
{
    cobegin {
        procedure1();
        procedure2();
    }
}
```

在利用信号量机制实现进程互斥时需要注意，wait(mutex) 和 signal(mutex) 必须成对地出现。缺少 wait(mutex) 将导致系统混乱，不能保证对临界资源的互斥访问；而缺少 signal(mutex) 将会使临界资源永远不被释放，从而使因等待该资源而阻塞的进程不再被唤醒。

还可利用信号量来描述程序或语句之间的前驱关系。设有两个并发执行的进程 P_1 和 P_2，P_1 中有语句 T_1；P_2 中有语句 T_2。如果希望 T_1 执行后再执行 T_2，为实现这种前驱关系，只需使进程 P_1 和 P_2 共享一个公用信号量 s，并赋予其初值为 0，将 signal(s) 操作放在 T_1 后面，而在 T_2 语句前面插入 wait(s) 操作。由于 s 被初始化为 0，若 P_2 先执行必定阻塞，只有在进程 P_1 执行完 T_1 和 signal(s) 操作后使 s 增 1 后，P_2 进程方能执行语句 T_2 成功。同样，可以利用信号量，按照语句的前驱关系（见图 4-1）写出一个可并发执行的程序，其描述如下：

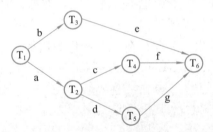

图 4-1 有 6 个语句的前驱图

```
main()
{
    semaphore a=b=c=d=e=f=g=0;
    cobegin {
        {T₁;signal(a);signal(b);}
        {wait(a);T₂;signal(c);signal(d);}
        {wait(b);T₃;signal(e);}
        {wait(c);T₄;signal(f);}
        {wait(d);T₅;signal(g);}
        {wait(e);wait(f);wait(g);T₆;}
    }
}
```

2. 信号量集机制

（1）AND 型信号量集机制。上述的进程互斥问题是针对进程之间要共享一个临界资源而言的。在有些应用场合，一个进程需要先获得两个或更多的共享资源后方能执行其任务。假定现有两个进程 P 和 Q，它们都要求访问共享数据 A 和 B。共享数据都应作为临界资源，可为这两个数据分别设置用于互斥的信号量 Amutex 和 Bmutex，并令它们的初值为 1，相应地在两进程中都要包含两个对 Amutex 和 Bmutex 的操作，即

```
process P:              process Q:
  wait(Amutex);           wait(Bmutex);
  wait(Bmutex);           wait(Amutex);
```

若进程 P 和 Q 按下述次序交替地执行 wait 操作：

```
process P: wait(Amutex); 于是 Amutex==0。
process Q: wait(Bmutex); 于是 Bmutex==0。
process P: wait(Bmutex); 于是 Bmutex==-1，P 阻塞。
process Q: wait(Amutex); 于是 Amutex==-1，Q 阻塞。
```

最后，进程 P 和 Q 处于僵持状态，在无外力作用时，它们都无法从僵持状态中解脱出来。称此时的进程 P 和 Q 进入死锁状态。当进程同时要求的共享资源越多时，发生进程死锁的可能性也就越大。

AND 同步机制的基本思想是：将进程在整个运行过程中所需要的所有临界资源一次性全部分配给进程，待该进程使用完后再一起释放。只要尚有一个资源未能分配给该进程，其他所有可能为之分配的资源也不分配给它。亦即，对若干个临界资源的分配采取原子操作方式，要么全部分配到进程，要么一个也不分配。由死锁理论可知，这样就可能避免上述死锁情况的发生。为此，在 wait 操作中增加了一个 AND 条件，称为 AND 同步，或称为同时 wait 操作，即 Swait(Simultaneous Wait)。其定义如下：

```
Swait(S₁,S₂,…,Sₙ)
{
  if (S₁>=1&&…&&Sₙ>=1)
    for (i=1;i<=n;i++)
      Sᵢ--;
  else
    Place the process in the waiting queue associated with the Sᵢ found with
Sᵢ < 1, and set the program count of this process to the beginning of Swait
operation.
  }
Ssignal(S₁,S₂,…,Sₙ)
{
  for (i=1;i<=n;i++)
  {
    Sᵢ++;
    Remove all the process waiting in the queue associated with Sᵢ
into the ready queue.
    }
}
```

（2）一般"信号量集"机制。在记录型信号量机制中，wait(s) 或 signal(s) 操作仅能对信号量施以增 1 或减 1 的操作，即每次只能获得或释放一个单位的临界资源。当一次需要 n 个某类资源时，便需要进行 n 次 wait(s) 操作，显然这是低效的。此外，在某些情况下，当资源数量低于某一下限值时便不予分配。因而，在每次分配之前都必须测试该资源的数量是否大于测试值 t。基于上述两点可以对 AND 信号量机制进行扩充，形成一般化的"信号量集"机制。Swait 操作可描述如下：

```
Swait(S₁,t₁,d₁,S₂,t₂,d₂,…,Sₙ,tₙ,dₙ)
{
    if (S₁>=t₁&&…&&Sₙ>=tₙ&&S₁>=d₁&&…&&Sₙ>=dₙ)
        for (i=1;i<=n;i++)
            Sᵢ=Sᵢ-dᵢ;
    else
        Place the process in the waiting queue associated with the Sᵢ
found with Sᵢ < tᵢ or sᵢ < dᵢ, and set the program count of this process
to the beginning of Swait operation.
    }
Ssignal(S₁,t₁,d₁,S₂,t₂,d₂,…,Sₙ,tₙ,dₙ)
{
    for (i=1;i<=n;i++)
    {
    Sᵢ=Sᵢ+dᵢ;
    Remove all the process waiting in the queue associated with Sᵢ
into the ready queue.
    }
}
```

下面讨论一般"信号量集"的几种特殊情况。

① Swait(s,d,d)。此时在信号量集中只有一个信号量，但它允许每次申请 d 个资源，当现有资源数少于 d 时，不予分配。

② Swait(s,1,1)。此时的信号量集已退化为一般的记录型信号量（s > 1 时）或互斥信号量（s==1 时）。

③ Swait(s,1,0)。这是一种很特殊且很有用的信号量。当 s≥1 时，允许多个进程进入某特定区；当 s 变为 0 后，将阻止任何进程进入特定区。换言之，它相当于一个可控开关。

4.1.5　经典进程同步问题

在多道程序环境下，进程同步问题是十分重要的也是相当有趣的，因而吸引了不少学者对它进行研究，由此产生了一系列经典的进程同步问题，其中较有代表性的是"生产者 – 消费者问题""读者 – 写者问题""哲学家进餐问题"和"嗜睡的理发师问题"等。

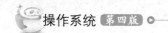

1. 生产者 – 消费者问题

前面已对生产者 – 消费者问题做了一些描述，但未考虑进程的同步与互斥问题，因而造成了计数器 counter 的不定性。由于生产者 – 消费者问题是相互合作的进程关系的一种抽象，因此该问题有很强的代表性和实用性。

（1）利用记录型信号量解决生产者 – 消费者问题。

假定在生产者和消费者之间的公用缓冲池中有 n 个缓冲区，可利用互斥信号量 mutex 使诸进程实现对缓冲池的互斥使用；利用资源信号量 empty 和 full 分别表示缓冲池中空缓冲区和满缓冲区的数量。进一步假定这些生产者和消费者相互等效，只要缓冲池未满，生产者便可将产品送入缓冲池；只要缓冲池未空，消费者便可从缓冲池中取走一个产品。生产者 – 消费者问题可描述如下：

```
semaphore mutex=1,empty=n,full=0;
item buffer[n];
int in=out=0;
void producer(int i)
{
  while (1)
  {
    …
    produce an item in nextp;
    …
    wait(empty);
    wait(mutex);
    buffer[in]=nextp;
    in=(in+1) mod n;
    signal(mutex);
    signal(full);
  }
}
void consumer(int j)
{
  while (1)
  {
    …
    wait(full);
    wait(mutex);
    nextc=buffer[out];
    out=(out+1) mod n;
    signal(mutex);
    signal(empty);
    …
```

```
        consume the item in nextc;
        …
    }
}
main()
{
    cobegin {
        producer(1);
        …
        producer(n);
        consumer(1);
        …
        consumer(m);
    }
}
```

在生产者 – 消费者问题中应注意以下几点：

① 在每个程序中用于实现互斥的 wait(mutex) 和 signal(mutex) 必须成对出现。

② 对资源信号量 empty 和 full 的 wait 和 signal 操作，同样需要成对出现，但它们是分别处于不同的进程中。例如，wait(empty) 在生产者进程中，而 signal(empty) 则在消费者进程中。生产者进程若因执行 wait(empty) 而阻塞，则以后将由消费者进程将它唤醒。

③ 在每个程序中的多个 wait 操作顺序不能颠倒。应先执行对资源信号量的 wait 操作，然后再执行对互斥信号量的 wait 操作，否则可能引起进程死锁。

只有在缓冲全满或缓冲全空的情况下，指针 out 和 in 才会指向同一缓冲，其他时候均指向不同的缓冲。而在缓冲全满的时候，由于没有缓冲生产者就不能放产品，而缓冲全空时，由于无产品消费者就不能取走产品，于是生产者放产品和消费者取产品必然针对不同的缓冲操作，因而生产者放产品和消费者取产品就无需互斥执行。因此，生产者 – 消费者问题又可描述如下：

```
semaphore mutex1=1, mutex2=1,empty=n,full=0;
item buffer[n];
int in=out=0;
void producer(int i)
{
  while (1)
  {
    …
    produce an item in nextp;
    …
    wait(empty);
    wait(mutex1);
    buffer[in]=nextp;
    in=(in+1) mod n;
    signal(mutex1);
    signal(full);
  }
```

```
    }
    void consumer(int j)
    {
      while (1)
      {
        …
        wait(full);
        wait(mutex2);
        nextc=buffer[out];
        out=(out+1) mod n;
        signal(mutex2);
        signal(empty);
        …
        consume the item in nextc;
        …
      }
    }
    main()
    {
        cobegin {
            producer(1);
            …
            producer(n);
            consumer(1);
            …
            consumer(m);
        }
    }
```

（2）利用 AND 信号量解决生产者 – 消费者问题。

对生产者 – 消费者问题也可利用 AND 信号量来解决，即用 Swait(empty,mutex1) 来代替 wait(empty) 和 wait(mutex1)；用 Ssignal(mutex1,full) 来代替 signal(mutex1) 和 signal(full)；用 Swait(full,mutex2) 代替 wait(full) 和 wait(mutex2)，以及用 Ssignal(mutex2,empty) 代替 signal(mutex2) 和 signal(empty)。利用 AND 信号量来解决生产者 – 消费者问题的算法描述如下：

```
semaphore mutex1=1, mutex2=1,empty=n,full=0;
item buffer[n];
int in=out=0;
void producer(int i)
{
  while (1)
  {
```

```
        …
        produce an item in nextp;
        …
        Swait(empty,mutex1);
        buffer[in]=nextp;
        in=(in+1) mod n;
        Ssignal(mutex1,full);
    }
}
void consumer(int j)
{
    while (1)
    {
        …
        Swait(full,mutex2);
        nextc=buffer[out];
        out=(out+1) mod n;
        Ssignal(mutex2,empty);
        …
        consume the item in nextc;
        …
    }
}
main()
{
    cobegin {
        producer(1);
        …
        producer(n);
        consumer(1);
        …
        consumer(m);
    }
}
```

2.　读者 – 写者问题

一个数据文件或记录（统称数据对象）可被多个进程共享。其中，有些进程要求读，而另一些进程对数据对象进行写或修改。把只要求读的进程称为"读者进程"，进行写或修改的进程称为"写者进程"。允许多个读者进程同时读一个共享对象，因为读操作不会使数据文件混乱，但决不允许一个写者进程和其他读者进程或写者进程同时访问共享对象。所谓读者 – 写者问题（The Reader-Writer Problem）是只保证一个写者进程必须与其他进程互斥地访问共享对象的同步问题。该问题首先在 1971 年由 Courtois 等人解决。此后，读者－写者问题常被用来测试新同步原语。

考虑到读者－写者问题的读者和写者争夺访问共享数据时可以具有不同的优先权，写者问题有两种变形：一种称为第一类读者－写者问题，此问题读者优先；另一种称为第二类读者－写者问题，此问题写者优先。

（1）在第一类读者－写者问题中，当读者和写者争夺访问共享数据时，读者具有较高的优先访问权。该问题的具体描述如下：

① 如果当前无人访问数据，无论读者或写者欲访问数据都可直接进行访问。

② 如果已有一个读者正在访问数据，那么其他欲访问数据的读者可以直接进行访问，而当前欲访问数据的写者则必须无条件等待。

③ 若某个写者正在访问数据，则当前欲访问数据的读者和写者均须等待。

④ 当最后一个结束访问的读者发现有写者正在等待时，则将其中的一个唤醒。

⑤ 当某个写者结束访问数据时发现存在等待着，那么若此时只有写者处于等待时，则唤醒某个写者，若此时有读者和写者同时处于等待，则按照 FIFO 或其他原则唤醒一个写者或唤醒所有读者。

在该问题中的"读者优先"主要表现在：除了某个写者正在访问数据之外，任何情况下读者欲访问数据均可以直接进行访问，即只要存在读者正在访问数据，后续到达的那些欲访问数据的读者就无须估计此时是否已存在等待访问数据的写者，均直接进行访问。

（2）第二类读者－写者问题则不同，它试图使得写者具有较高的访问优先权。"写者优先"表现在：写者欲访问数据时，将尽可能早得让它访问。只要存在一个写者正在等待访问数据，那么任何后续欲访问的读者均不能访问。

上述两种方法均能解决读者－写者问题，但均可能导致进程被"饿死"的现象。在第一种情况下，写者可能因为连续不断地出现新的读者而长期不能访问数据被"饿死"；在第二种情况下，读者可能因为连续不断地出现新的写者而长期不能访问数据被"饿死"。基于这种原因，人们又提出了另一些关于读者－写者问题的解决方法，例如在第一类读者－写者问题（第二类读者－写者问题）中，设定某个数值 N，当连续有 N 个读者（写者）读（写）之后，都要先检查有无写者（读者）等待，若有则唤醒一个写者（所有读者）。

下面是用信号量机制接触解决第一类读者－写者问题的实现方法。第二类读者－写者问题在本节将用管程方式解决。

（1）利用记录型信号量解决读者－写者问题。

为实现读者进程与写者进程读或写时的互斥，设置一个互斥信号量 mutex。又设置一个整型变量 readcount 以表示正在读的进程的数目。由于只要有一个读者进程在读便不允许写者进程去写，因此，仅当 readcount==0 时，表示尚无读者进程在读时读者进程才需要执行 wait(mutex) 操作。若 wait(mutex) 操作成功，读者进程便可去读，相应地 readcount++。同理，仅当读者进程在执行了 readcount-- 操作后其值为 0 时，才需执行 signal(mutex) 操作，以便让写者进程写。又因为 readcount 是一个可被多个读者进程访问的临界资源，因此应为它设置一互斥信号量 rmutex。读者－写者问题可描述如下：

```
semaphore rmutex=mutex=1;
int readcount=0;
void reader(int i)
{
  while (1)
  {
    wait(rmutex);
    if (readcount==0)
      wait(mutex);
    readcount++;
    signal(rmutex);
    perform read operation;
    wait(rmutex);
    readcount--;
    if (readcount==0)
      signal(mutex);
    signal(rmutex);
  }
}
void writer(int j)
{
  while (1)
  {...
    wait(mutex);
    perform write operation;
    signal(mutex);
  }...
}
main()
{
  cobegin {
    reader(1);
    ...
    reader(n);
    writer(1);
    ...
    writer(m);
  }
}
```

（2）利用信号量集机制解决读者－写者问题。

这里的读者－写者问题与前面的略有不同，它增加了一条限制，即最多只允许 RN 个读者同时读。为此，又引入一个信号量 L 并赋予其初值为 RN，通过执行 Swait(L,1,1)

操作来控制读者的数目。每当有一个读者进入时，都要先执行 Swait(L,1,1) 操作，使 L 的值减 1。当有 RN 个读者进入后，L 便减为 0，第 RN+1 个读者要进入时必然会因 Swait(L,1,1) 操作失败而阻塞。

利用信号量集机制来解决读者 – 写者问题的描述如下：

```
#define RN ...
semaphore L=RN,mutex=1;
void reader(int i)
{
  while (1)
  {
    Swait(L,1,1);
    Swait(mutex,1,0);
    perform read operation;
    signal(L,1);
    ...
  }
}
void writer(int j)
{
  while (1)
  { ...
    Swait(mutex,1,1,L,RN,0);
    perform write operation;
    Signal(mutex,1);
  }
}
main()
{
  cobegin {
    reader(1);
    ...
    reader(n);
    writer(1);
    ...
    writer(m)
  }
}
```

其中，Swait(mx,1,0) 语句起着开关的作用。只要无写者进程进入写（mx==1），读者进程就都可以进入读。但只要一旦有写者进程进入写时，其 mx==0，则任何读者进程就都无法进入读。Swait(mx,1,1,L,RN,0) 语句表示仅当既无写者进程在写（mx==1），又无读者进程在读（L==RN）时，写者进程才能进入临界区写。

3. 哲学家进餐问题

哲学家进餐问题是典型的同步问题，它由 Dijkstra 提出并解决。该问题的描述是：有 5 个哲学家，他们的生活方式是交替地进行思考和进餐；哲学家们共用一张圆桌，分别坐在周围的 5 张椅子上；在圆桌上有 5 个碗和 5 支筷子，平时哲学家进行思考，饥饿时便试图取用其左、右最靠近他的筷子，只有在他拿到两支筷子时才能进餐；进餐完毕后，放下筷子继续思考。

（1）利用记录型信号量解决哲学家进餐问题。

经分析可知，筷子是临界资源，在一段时间内只允许一个哲学家使用。因此，可以用一个信号量表示一支筷子，由 5 个信号量构成信号量数组。其描述如下：

```
semaphore chopstick[5]={1,1,1,1,1};
```

所有信号量被初始化为 1，第 i 个哲学家的活动可描述如下：

```
void philosopher(int i)
{
    while (1)
    {
        wait(chopstick[i]);
        wait(chopstick[(i+1) mod 5]);
        …
        eat;
        …
        signal(chopstick[i]);
        signal(chopstick[(i+1) mod 5]);
        …
        think;
    }
}
```

在以上描述中，哲学家饥饿时总是先拿他左边的筷子，即执行 wait(chopstick[i])，成功后再去拿他右边的筷子，即执行 wait(chopstick[(i+1) mod 5])，再成功后便可进餐。进餐毕，又先放下他左边的筷子，然后放下他右边的筷子。虽然上述解法可保证不会有两个相邻的哲学家同时进餐，但引起死锁是可能的。假如 5 个哲学家同时饥饿而各自拿起左边的筷子时，就会使 5 个信号量 chopstick 均为 0；当他们试图去拿起右边筷子时都将因无筷子拿而无限期地等待。对于这样的死锁问题可采取以下几种解决方法：

① 仅当哲学家的左、右两支筷子均可用时才允许他拿起筷子进餐。

② 至多只允许 4 个哲学家同时进餐，以保证至少有一个哲学家能够进餐，最终总会释放出他所使用过的两支筷子，从而可使更多的哲学家进餐。

③ 规定奇数号哲学家先拿他左边的筷子，然后再去拿他右边的筷子；而偶数号哲学家则相反。按此规定，将是 1、2 号哲学家竞争 1 号筷子；3、4 号哲学家竞争 3 号筷子。即 5 个哲学家都先竞争奇数号筷子，获得后，再去竞争偶数号筷子，最后总会有一个哲学家能获得两支筷子而进餐。

使用第二种解决方法，利用记录型信号量机制来解决哲学家进餐问题描述如下，信号量 mutex 用来表示可以进餐的哲学家的数量。

```
semaphore mutex=4;
void philosopher (int i)
{
    while (1)
    {
        wait(mutex);
        …
        eat;
        …
        signal(mutex);
        …
        think;
    }
}
main()
{
    cobegin {
        philosopher (0);
        philosopher (1);
        philosopher (2);
        philosopher (3);
        philosopher (4);
    }
}
```

（2）利用 AND 信号量机制解决哲学家进餐问题。

在哲学家进餐问题中，要求每个哲学家先获得两个临界资源（筷子）后方能进餐，这在本质上就是前面所介绍的 AND 同步问题，故用 AND 信号量机制可获得最简洁的解法。

```
semaphore chopstick[5]={1,1,1,1,1};
void philosopher (int i)
{
    while (1)
    {
        Swait(chopstick[(i+1) mod 5], chopstick[i]);
            …
        eat;
            …
        Ssignal(chopstick[(i+1) mod 5], chopstick[i]);
            …
```

```
        think;
    }
}
main()
{
    cobegin {
        philosopher (0);
        philosopher (1);
        philosopher (2);
        philosopher (3);
        philosopher (4);
    }
}
```

4. 嗜睡的理发师问题

一个理发店由一个有 N 张沙发的等候室和一个放有一张理发椅的理发室组成。没有顾客要理发时，理发师便去睡觉。当一个顾客走进理发店时，如果等候室的所有沙发都已经占用，便离开理发店；否则，如果理发师正在为其他顾客理发，则该顾客就找一张空沙发坐下等待。如果理发师因无顾客正在睡觉，则由新到的顾客唤醒理发师为其理发。

分析顾客进程和理发师进程并发具体情况如下：

（1）只有在理发椅空闲时，顾客才能做到理发椅上等待理发师理发，否则顾客便必须等待；只有当理发椅上有顾客时，理发师才可以开始理发，否则他也必须等待；可通过信号量 customers 和 barbers 来控制。

（2）设置一个整型变量 waiting 来对理发店中等待在沙发上的顾客进行计数（最大为沙发的数量 N），该变量将被多个顾客进程互斥地访问并修改，可通过一个互斥信号量 mutext 来实现。

```
semaphore  Customers=0,babers=0,mutex=1;
int waiting=0;
void barber()
{
    while (1)
    {
        …
        wait(customers);
        wait(mutex);
        waiting=waiting-1;
        signal(barbers);
        signal(mutex);
        Cut_hair();
```

```
            ...
        }
    }
    void Customer(int i)
    {
        ...
      wait(mutex);
      if(waiting<N)
        {
            waiting=waiting+1;
            signal(customers);
            signal(mutex);
            wait(barbers);
            have a haircut;
        }
      else
        signal(mutex);
      leave;
      ...
    }
    main()
    {
     cobegin {
            barber();
            Customer(1);
            ...
            Customer(n);
        }
    }
```

4.1.6 管程机制

虽然信号量机制是一种既方便又有效的进程同步机制，但每个要访问临界资源的进程都必须自备同步操作 wait(s) 和 signal(s)，这就使大量的同步操作分散在各个进程中。这不仅给系统的管理带来麻烦，而且还会因同步操作的使用不当而导致系统死锁。在解决上述问题的过程中，产生了一种新的同步工具——管程。

1. 管程的引入

引入信号量的目的是消除与时间有关的错误。但如果在使用同步操作 wait(s) 和 signal(s) 时发生了某种错误，同样会造成与时间有关的错误。下面用 3 个例子来说明。

（1）错误 1。在利用互斥信号量 mutex 实现进程互斥时，如果将 wait(s) 与 signal(s) 颠倒，即：

```
signal(mutex);
critical section
wait(mutex);
```

在这种情况下，可能会有几个进程同时进入临界区，因而同时去访问临界资源。对于这样的错误仅在几个进程同时活跃在临界区内时才能发现，而这种情况又并非总是可再现的。

（2）错误 2。在实现进程互斥时，如果将程序中的 signal(mutex) 误写为 wait(mutex)，即：

```
wait(mutex);
critical section
wait(mutex);
```

此时的 mutex 将被出错的进程连续两次地执行 wait 操作，因而变成 –1，这样将会使任何其他进程都不能进入临界区，从而也不会再有进程通过执行 signal(mutex) 操作去唤醒出错的进程。在这种情况下将发生死锁。

（3）错误 3。在实现进程互斥时，如果在程序中遗漏了 wait(mutex) 操作，将会使多个进程同时活跃在临界区；如果遗漏了 signal(mutex) 操作，则将会使其他进程无法再进入临界区；如果已有进程因不能进入临界区而阻塞，则该进程将永远不会被唤醒。

基于上述情况，Dijkstra 于 1971 年提出：把所有进程对某一种临界资源的同步操作都集中起来，构成一个所谓的"秘书"进程。凡要访问该临界资源的进程，都需要先报告"秘书"，由秘书来实现诸进程的同步。1973 年，Hansan 和 Hoare 又把"秘书"进程思想发展为管程概念，把并发进程间的同步操作分别集中于相应的管程中。

2. 管程的基本概念

系统中的各种硬件资源和软件资源，均可用数据结构加以抽象的描述，即用少量信息和对该资源所执行的操作来表征该资源，而忽略它们的内部结构和实现细节。

当共享资源用共享数据结构表示时，资源管理程序可用对该数据结构进行操作的一组过程来表示。如资源的请求和释放过程 request 和 release。这样一组相关的数据结构和过程一并称为管程。

Hansan 为管程所下的定义是："一个管程定义了一个数据结构和能为并发进程所执行（在该数据结构上）的一组操作，这组操作能同步进程和改变管程中的数据"。由定义可知，管程由 3 部分组成：

① 局部于管程的共享变量说明。

② 对该数据结构进行操作的一组过程。

③ 对局部于管程的数据设置初值的语句。

此外，还需为该管程起一个名字。

管程的语法描述如下：

```
monitor monitor_name {
    variable declarations
    entry p₁(…)
        {…}
    entry p₂(…)
        {…}
```

```
        ...
    entry p_n(...)
      {...}
    {
      initialization code
    }
  };
```

局部于管程的数据结构，仅能被局部于管程的过程所访问，任何管程外的过程都不能访问；反之，局部于管程的过程也仅能访问管程内的数据结构。由此可见，管程相当于围墙。它把共享变量相对它进行操作的若干过程围了起来，所有进程要访问临界资源时，都必须经过管程（相当于通过围墙的门）才能进入，而管程每次只准许一个进程进入管程，从而实现了进程互斥。

在利用管程实现进程同步时，必须设置两个同步操作原语 wait 和 signal。当某进程通过管程请求临界资源而未能满足时，管程便调用 wait 原语使该进程等待，并将它排在等待队列上。仅当另一进程访问完并释放之后，管程又调用 signal 原语唤醒等待队列中的队首进程。

通常，等待的原因可有多个，为了区别它们，引入条件变量 condition。管程中对每个条件变量都需予以说明，其形式为："condition x,y;"。该变量应置于 wait 和 signal 之前，即可表示为 x.wait 和 x.signal。

应当指出：x.signal 操作的作用是重新启动一个被阻塞的进程，但如果没有进程被阻塞，则 x.signal 操作不产生任何后果，这与信号量机制中的 signal 操作不同。

如果有进程 Q 处于阻塞状态，当进程 P 执行了 x.signal 操作后，怎样决定哪个进程执行哪个进程等待，可采用下述两种方式处理。

（1）P 等待，直至 Q 离开管程或等待另一条件。

（2）Q 等待，直至 P 离开管程或等待另一条件。

Hoare 采用了第一种处理方式。

3. 利用管程解决生产者 - 消费者问题

在利用管程方法来解决生产者 - 消费者问题时，首先便是为它们建立一个管程，并命名为 Producer_Consumer。其中包含两个过程：

（1）put(item) 过程。生产者利用该过程将自己生产的产品投放到缓冲池中，并用整型变量 count 来表示在缓冲池中已有的产品数目。当 count=>n 时，表示缓冲池已满，生产者等待。

（2）get(item) 过程。消费者利用该过程从缓冲池中取得一个产品，当 count<=0 时，表示缓冲池中已无可用消息，消费者应等待。

Producer_Consumer 管程可描述如下：

```
monitor producer_consumer {
  int in,out,count;
  item buffer[n];
```

```
      condition notfull,notempty;
      entry put(item)
      {
        if(count>=n)
          notfull.wait;
        buffer[in]=nextp;
        in=(in+1) mod n;
        count++;
        notempty.signal;
      }
      entry get(item)
      {
        if(count<=0)
          notempty.wait;
        nextc=buffer[out];
        out=(out+1) mod n;
        count--;
        notfull.signal;
      }
      {
        in=out=0;
        count=0;
      }
};
```

在利用管程解决生产者 – 消费者问题时，其中的生产者和消费者可描述如下：

```
void producer(int i)
{
  while (1)
  {
    …
    produce an item in nextp;
    producer-consumer.put(item);
    …
  }
}
void consumer(int j)
{
  while (1)
  {
    …
    producer-consumer.get(item);
    consume the item in nextc;
```

```
        ...
     }
   }
main()
{
   cobegin {
     producer(1);
     ...
     producer(n);
     consumer(1);
     ...
     consumer(m);
   }
}
```

4. 利用管程解决哲学家进餐问题

在这里，可以认为哲学家可以处于这样 3 种状态之一：进餐、饥饿和思考。相应地，引入数据结构：

```
enum status{
  thinking,hungry,eating
};
enum status state[5];
```

还可为每一位哲学家设置一个条件变量 self(i)，每当哲学家饥饿但又不能获得进餐所需的筷子时，他可以执行 self(i).wait 操作来推迟自己进餐。条件变量可描述为：

```
condition self[5];
```

在管程中还设置了 3 个过程。

（1）pickup(int i) 过程。在哲学家进程中，可利用该过程去进餐。如某哲学家是处于饥饿状态，且他的左、右两个哲学家都未进餐时，便允许这位哲学家进餐，因为他此时可以拿到左、右两支筷子，但只要其左、右两位哲学家中有一位正在进餐时，便不允许该哲学家进餐，此时将执行 self(i).wait 操作来推迟他的进餐。

（2）putdown(int i) 过程。当哲学家进餐完毕，他去看他左、右两边的哲学家，如果他们都在饥饿且他左、右两边的哲学家都未用餐时，便可让他们进餐。

（3）test(int i) 过程。该过程为测试过程，用它去测试哲学家是否已具备用餐条件，即 state[i−1 mod 5] ≠ eating && state[i]=hungry && state[i+1 mod 5] ≠ eating 条件表达式值是否为真。若为真，允许该哲学家进餐。该过程将被 pickup 和 putdown 两过程所调用。

用于解决哲学家进餐问题的管程描述如下：

```
monitor dining-philosophers{
  enum status{
    thinking,hungry,eating
  };
  enum status state[5];
```

```
        condition self[5];
        entry pickup(int i)
        {
          state[i]=hungry;
          test(i);
          if(state[i] ≠ eating)
            self(i).wait;
        }
        entry putdown(int i)
        {
          state[i]=thinking;
          test(i-1 mod 5);
          test(i+1 mod 5);
        }
        test(int i);
        {
          if(state[i-1 mod 5] ≠ eating && state[i]==hungry && state[i+1 mod
5] ≠ eating)
          {
            state[i]=eating;
            self[i].signal;
          }
        }
        {
          for(i=0;i<=4;i++)
            state[i]=thinking;
        }
    };
```

5. 管程方法解决第二类读者－写者问题

在第二类读者－写者问题中，当读者和写者争夺访问共享数据时，该问题的具体描述如下：

（1）如果当前无人访问数据，无论读者或写者欲访问数据都可直接进行访问。

（2）如果无写者正在访问数据或者等待访问数据，那么欲访问数据的读者可以访问数据。

（3）若某个写者正在访问数据，若既无写者在写，也无读者再读，则写者可以访问数据，否则写者均须等待。

（4）当最后一个结束访问的读者发现有写者正在等待时，则将其中的一个唤醒。

（5）当某个写者结束访问数据时发现存在等待者，那么若此时有写者处于等待时，则唤醒某个写者，若此时若无写者处于等待，但有读者处于等待，则唤醒所有读者。

在该问题中的"写者优先"主要表现在：若某个写者申请写，则欲访问数据的读者均必须等待，若后续写者不断到达，则读者会一直等下去。

用两个计数器 readercount 和 writercount 分别对读进程和写进程计数，用 Read 和 Write 分别表示允许读的允许写的条件变量，于是管理该文件的管程描述如下：

```
monitor reader-writer{
  int readercount,writercount;
  condition Read,Write;
  entry statrt_read()
  {
    if (writercount>0) Read.wait;
    readercount++;
    Read.signal;
  }
  entry end_read()
  {
    readercount--;
    if (readercount==0) Write.signal;
  }
  entry start_write()
  {
    writercount++;
    if((readercount>0)||writercount>0) Write.wait;
  }
  entry end_write()
  {
    writercount--;
    if(writercount>0) Write.signal;
    else Read.signal;
  }
  {
    readercount=writercount=0;
  }
}
```

任何一个进程读（写）文件前，首先调用 start_read（start_write），执行完读（写）操作后，调用 end_read（end_write）。

```
Reader(int i)
{
  While(1)
  {
    …
    reader_writer.statrt_read;
    reading;
    reader_writer.end_read;
```

```
       …
     }
  }
writer(int i)
{
   While(1)
   {
     …
     reader_writer.statrt_write;
     reading;
     reader_writer.end_write;
   …
   }
}


main()
{
   cobegin
   {
     reader(1);
       …
       reader(n);
       writer(1);
       …
       writer(m);}
}
```

4.2 进程通信

进程通信是指进程之间的信息交换。其所交换的信息量少则是一个状态或数值，多则是成千上万个字节。

进程的互斥和同步可归结为低级通信。在进程互斥中，进程通过修改信号量向其他进程表明临界资源是否可用。在生产者 – 消费者问题中，生产者通过缓冲池将所生产的产品送给消费产者。

信号量机制作为通信工具是不够理想的，主要表现在效率低和通信对用户不透明。

高级进程通信是指用户可直接利用操作系统所提供的一组通信命令高效地传送大量数据的一种通信方式。在高级进程通信方式中，操作系统隐藏了进程通信的实现细节，或者说通信过程对用户是透明的。

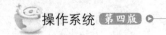

4.2.1　进程通信的类型

目前，高级通信机制可归结为 3 大类：共享存储器系统、消息传递系统以及管道通信系统。

1. 共享存储器系统

在共享存储器系统中，相互通信的进程共享某些数据结构或共享存储区，进程之间能够通过它们进行通信。共享存储器又可进一步分成两种类型。

（1）基于共享数据结构的通信方式。在这种通信方式中，要求诸进程共用某些数据结构，进程通过它们交换信息。

这种方式下，公用数据结构的设置及对进程间同步的处理都是程序员的职责。操作系统只需提供共享存储器，这增加了程序员的负担。因此，这种通信方式是低效的，只适于传递少量数据。

（2）基于共享存储区的通信方式。为了传输大量数据，在存储器中划出一块共享存储区，诸进程可通过对共享存储区中的数据进行读写来实现通信。

这种通信方式属于高级通信。进程在通信前，向系统申请共享存储区中的一个分区，并指定该分区的关键字；若系统已经给其他进程分配了这样的分区，则将该分区的描述符返回给申请者。接着，申请者把获得的共享存储分区连接到本进程上。此后，便可像读、写普通存储器一样地读、写公用存储分区。

2. 消息传递系统

在消息传递系统中，进程间的数据交换以消息为单位。程序员直接利用系统提供的一组通信命令（原语）来实现通信。操作系统隐藏了通信的实现细节，大大简化了通信程序编制的复杂性，因而获得广泛的应用。

消息传递系统的通信方式属于高级通信方式。因其实现方式的不同，消息传递系统又可分为以下两种方式：

（1）直接通信方式。发送进程直接将消息发送给接收进程并将它挂在接收进程的消息缓冲队列上，接收进程从消息缓冲队列中取得消息。

（2）间接通信方式。发送进程将消息发送到某种中间实体中，接收进程从中取得消息。这种中间实体一般称为信箱，故这种通信方式又称信箱通信方式。

3. 管道通信

管道是指用于连接一个读进程和一个写进程以实现它们之间通信的共享文件，又称 pipe 文件。向管道（共享文件）提供输入的发送进程（写进程）以字符流形式将大量的数据送入管道；而接收管道输出的进程（读进程）可从管道中接收数据。由于发送进程和接收进程是利用管道进行通信的，故又称管道通信。

为了协调双方的通信，管道通信机制必须提供以下 3 方面的协调能力：

（1）互斥。

（2）同步。

（3）判断对方是否存在。

4.2.2 直接通信和间接通信

1. 直接通信方式

直接通信方式是指发送进程利用操作系统所提供的发送命令直接把消息发送给目标进程。此时，要求发送进程和接收进程都以显示的方式提供对方的标识符。通常系统提供下述两条通信原语。

```
send(receiver, message);
receive(sender, message;
```

可以利用直接进程通信原语来解决生产者 – 消费者问题。

```
void producer()
{
  while (1)
  {
    …
    produce an item in nextp;
    …
    send(consumer,nextp);
  }
}
void consumer()
{
  while (1)
  {
    …
    receive(producer,nextc);
    …
    consume the item in nextc;
  }
}
main()
{
  cobegin
  {
    producer();
    consumer();
  }
}
```

2. 间接通信方式

所谓间接通信方式是指进程之间的通信需要通过作为某种共享数据结构的实体，该实体用来暂存发送进程发送给目标进程的消息；接收进程则从该实体中取出对方发送给自己的消息。通常把这种中间实体称为信箱。在逻辑上，信箱由信箱头和包括若干个信格的信箱体所组成，每个信箱必须有自己的唯一标识符。利用信箱进行通信，用户可以不必写出接收进程标识符，从而也就可以向不知名的进程发送消息，且信息可以安全地保存在信箱中，允许目标用户随时读取。这种通信方式被广泛地用于多机系统和计算机网络中。

系统为信箱通信提供了若干条原语，用于信箱的创建、撤销和消息的发送、接收等。信箱可由操作系统创建，也可由用户进程创建。可把信箱分为以下 3 类：

（1）私有信箱。

（2）公用信箱。

（3）共享信箱。

在利用信箱通信时，在发送进程和接收进程之间存在着下述 4 种关系：

（1）一对一关系。可以为发送进程和接收进程建立一条专用的通信链路，使它们之间的交互不受其他进程的影响。

（2）多对一关系。允许提供服务的进程与多个用户进程之间进行交互，也称为客户/服务器交互。

（3）一对多关系。允许一个发送进程与多个接收进程进行交互，使发送进程可用广播方式向接收者发送消息。

（4）多对多关系。允许建立一个公用信箱，让多个进程都能向信箱中投递消息，也可从信箱中取走属于自己的消息。

4.2.3 消息缓冲队列通信机制

在消息缓冲队列通信机制中，发送进程利用 send 原语将消息直接发送给接收进程，接收进程则利用 receive 原语接收消息。

1. 消息缓冲队列通信机制中的数据结构

（1）消息缓冲区。在消息缓冲队列通信方式中，主要利用的数据结构是消息缓冲区，它可描述如下：

```
struct message_buffer{
          sender;                 // 发送者进程标识符
          size;                   // 消息长度
          text;                   // 消息正文
          next;                   // 指向下一个消息缓冲区的指针
        };
```

（2）PCB 中有关通信的数据项。在利用消息缓冲队列通信机制时，在 PCB 中应增加的数据项可描述如下：

```
struct processcontrol_block{
          ...
          mq;                     // 消息队列队首指针
          mutex;                  // 消息队列互斥信号量
          sm;                     // 消息队列资源信号量
          ...
        };
```

2. 发送原语

发送进程在利用发送原语发送消息之前应首先在自己的内存空间设置一发送区 a，把待发送的消息正文、发送进程标识符、消息长度等信息填入其中，然后调用发送原语，把消息发送给目标（接收）进程。发送原语首先根据发送区 a 中所设置的消息长度 a.size 来申请一缓冲区 i，接着把发送区 a 中的信息复制到消息缓冲区 i 中。为了能将 i 挂在接收进程的消息队列 mq 上，应先获得接收进程的内部标识符 j，然后将 i 挂在 j.mq 上。由于该队列属于临界资源，故在执行 insert 操作的前后要分别执行 wait 和 signal 操作。

发送原语描述如下：

```
void send(receiver,a)
{
  getbuf(a.size,i);                 // 根据 a.size 申请缓冲区
  i.sender=a.sender;                // 将发送区 a 中的信息复制到消息缓冲区 i 中
  i.size=a.size;
  i.text=a.text;
  i.next=0;
  getid(PCB set,receiver,j);        // 获得接收进程内部标识符 j
  wait(j.mutex);
  insert(j.mq,i);                   // 将消息缓冲区插入消息队列
  signal(j.mutex);
  signal(j.sm);
}
```

3. 接收原语

接收原语进程调用接收原语 receive(b) 从自己的消息缓冲队列 mq 中摘下第一个消息缓冲区 i，并将其中的数据复制到以 b 为首址的指定消息接收区内。

接收原语描述如下：

```
void receive(b)
{
  j=internal.name;                  //j 为接收进程的内部标识
  wait(j.sm);
  wait(j.mutex);
  remove(j.mq,i);                   // 将消息队列中第一个消息移出
  signal(j.mutex);
  b.sender=i.sender;                // 把消息缓冲区 i 中的信息复制到接收区 b
  b.size=i.size;
  b.next=i.next;
}
```

4.3 死 锁

在多道程序系统中，同时有多个进程并发运行，共享系统资源，从而提高了系统资源利用率，提高了系统的处理能力。但是，若对资源的管理、分配和使用不恰当，也会产生一种危险，即在一定条件下会导致系统发生一种随机性错误——死锁。这是因为进程在运行时要使用资源，在一个进程申请与释放资源的过程中，其他进程也不断地申请资源与释放资源。由于资源总是有限的，因而异步前进的诸进程会因申请与释放资源顺序安排不当，造成一种僵局。另外，在进程使用某种同步或通信工具发送、接收时次序安排不当，也会造成类似现象。

死锁问题的研究工作是从理论和实践两方面处理操作系统问题的一个成功的、有代表性的例子。对死锁问题的研究涉及计算机科学中并行程序的终止性问题，死锁是计算机操作系统中一个很重要的问题。

4.3.1 产生死锁的原因和必要条件

1. 死锁的定义

死锁现象并不是计算机操作系统环境中所独有的，在日常生活乃至各个领域都屡见不鲜。假如，一条河上有一座独木桥，过河的人总是沿着自己过河的方向前进而不能后退，并且没有规定两岸的人必须谁先过河。则在此独木桥上就有可能发生死锁现象——如果有两个人同时从河的两岸出发过河。

现有 P_1、P_2 两个进程竞争 R_1、R_2 两个资源，每个进程都要独占使用这两个资源一段时间。

```
进程 P₁ 为                    进程 P₂ 为
P₁()                         P₂()
{                            {
    …                            …
    Request R₁;                  Request R₂;
    …                            …
    Request R₂;                  Request R₁;
    …                            …
    Release R₁;                  Release R₂;
    …                            …
    Release R₂;                  Release R₁;
    …                            …
}                            }
```

图 4-2 描述了这种情况，其中 x 轴表示 P_1 的执行进展，y 轴表示 P_2 的执行进展，两个进程的共同进展由从原点开始向东北方向的路径表示。对单处理机系统，一次只有一个进程执行，其路径由交替的水平段和垂直段组成。水平段表示 P_1 执行而 P_2 等待，垂直段表示 P_2 执行而 P_1 等待。可以有 6 种不同的执行路径。

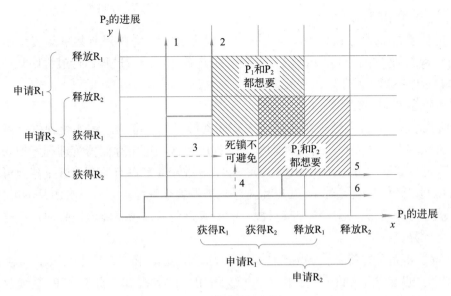

图 4-2 一个有死锁的例子

（1）P_2 获得 R_2，然后获得 R_1；然后释放 R_2 和 R_1。当 P_1 恢复执行时，它可以获得全部资源。

（2）P_2 获得 R_2，然后获得 R_1；P_1 执行并阻塞在对 R_1 的请求上。P_2 释放 R_2 和 R_1，当 P_1 恢复执行时，它可以获得全部资源。

（3）P_2 获得 R_2，然后 P_1 获得 R_1；由于在继续执行时，P_2 阻塞在 R_1 上而 P_1 阻塞在 R_2 上，死锁是不可避免的。

（4）P_1 获得 R_1，然后 P_2 获得 R_2；由于在继续执行时，P_2 阻塞在 R_1 上而 P_1 阻塞在 R_2 上，死锁是不可避免的。

（5）P_1 获得 R_1，然后获得 R_2；P_2 执行并阻塞在对 R_2 的请求上。P_1 释放 R_1 和 R_2，当 P_2 恢复执行时，它可以获得全部资源。

（6）P_1 获得 R_1，然后获得 R_2；然后释放 R_1 和 R_2。当 P_2 恢复执行时，它可以获得全部资源。

死锁的发生与否还取决于动态执行和应用程序的细节。假如进程 P_1 不是同时需要两个资源，不论两个进程如何执行，都不会发生死锁。

所谓死锁是指在多道程序系统中，一组进程中的每一个进程均无限期地等待被该组进程中的另一个进程所占有且永远不会释放的资源。出现这种现象则称系统处于死锁状态，简称死锁。处于死锁状态的进程称为死锁进程。

当死锁发生后，死锁进程将一直等待下去，除非有来自死锁进程之外的某种干预。系统发生死锁时，死锁进程的个数至少为两个；所有死锁进程都在等待资源，并且其中至少有两个进程已占有资源。系统发生死锁不仅浪费了大量的系统资源，甚至会导致整个系统崩溃，带来灾难性的后果。因为系统中一旦有一组进程陷入死锁，那么要求使用被这些死锁进程所占用的资源或者需要它们进行某种合作的其他进程就会相继陷入死锁，最终可能导致整个系统处于瘫痪状态。

2. 产生死锁的原因

产生死锁的原因可归结为两点：一是竞争资源，多个进程所共享的资源不足，引起它们对资源的竞争而产生死锁；二是进程推进顺序不当，进程运行过程中，请求和释放资源的顺序不当，而导致进程死锁。

（1）竞争资源引起死锁。

① 可剥夺和非剥夺性资源。系统中有些资源是可剥夺的。例如处理机，可由优先权高的进程剥夺低优先级进程的处理机。又如内存区，可由存储器管理程序把一个进程从一个存储区移至另外一个存储区，即剥夺了该进程原来占有的存储区；甚至可将一进程从内存调出到外存上。可见，CPU 和内存属于可剥夺资源。另一类资源是不可剥夺的，如磁带机、打印机等，当系统把某资源分配给某进程后，再不能强行收回，只能在进程用完后自动释放。

② 竞争非剥夺性资源。若系统中只有一台打印机 R_1 和一台读卡机 R_2，可供进程 P_1 和 P_2 共享。假定 P_1 已占用了打印机 R_1，P_2 占用了读卡机 R_2，此时若 P_2 继续要求打印机，P_1 继续要求读卡机，则 P_1 与 P_2 间便会形成僵局，两个进程都在等待着对方释放出自己所需的资源，但因它们都不能获得所需资源而不能继续推进，从而也不能释放出已占有的资源，以致进入死锁状态。为了便于说明，用方块代表资源，用圆圈代表进程。当箭头从进程指向资源时，表示进程请求资源；当箭头从资源指向进程时，表示该资源已分配给该进程。现在讨论的这种死锁情况如图 4-3 所示。显然，这时 P_1、P_2 和 R_1 及 R_2 间已经形成一个环路。

③ 竞争临时性资源。上述的打印机等资源是可顺序重复使用的资源，称为永久性资源。还有一种所谓的临时性资源，是指由一个进程产生，被另一个进程使用一短暂时间后便无用的资源，故也称之为消耗性资源。它同样也可能引起死锁。图 4-4 给出了在进程之间通信时形成死锁的情况。图 4-4 中，S_1、S_2 和 S_3 是临时性资源。进程 P_1 产生消息 S_1，又要求从进程 P_3 接收消息 S_3；进程 P_3 产生消息 S_3，又需要接收进程 P_2 所产生的消息 S_2；进程 P_2 产生消息 S_2，而又需接收进程 P_1 所产生的消息 S_1。若消息通信按下述顺序进行：

P_1: …Release(S_1);Request(S_3);…

P_2: …Release(S_2);Request(S_1);…

P_3: …Release(S_3);Request(S_2);…

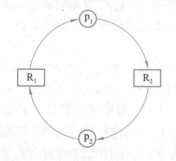

图 4-3　I/O 设备共享时的死锁情况

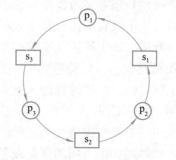

图 4-4　进程之间通信时的死锁情况

这种情况并不可能发生死锁。但若改变运行顺序如下：

```
P₁: …Request(S₃);Release(S₁);…
P₂: …Request(S₁);Release(S₂);…
P₃: …Request(S₂);Release(S₃);…
```

则可能发生死锁。

（2）进程推进顺序不当引起死锁。由于进程具有异步特性，这就使进程按下述两种顺序向前推进。

① 进程推进顺序合法。在进程 P_1 和 P_2 并发执行时，如果按照下述顺序推进：P_1Request(R_1)，P_1Request(R_2)，P_1Release(R_1)，P_1Release(R_2)，P_2Request(R_2)，P_2Request(R_1)，P_2Release(R_2)，P_2Release(R_1)。两个进程可顺利完成。

② 进程推进顺序非法。若并发进程 P_1 和 P_2 按 P_1Request(R_1)，P_2Request(R_2)，P_1Request(R_2) 的顺序推进，它们将进入不安全区内，此时 P_1 保持了资源 R_1，P_2 保持了资源 R_2，系统处于不安全状态。因为，两进程再向前推进，便可能产生死锁。例如：当 P_1 运行到 P_1 Request(R_2) 时，将因 R_2 已被 P_2 占用而阻塞；当 P_2 运行到 P_2Request(R_1) 时，也将因 R_1 已被 P_1 占用而阻塞，于是产生了进程死锁。

3. 产生死锁的必要条件

综上所述可以看出，产生死锁的 4 个必要条件是：

（1）互斥条件。进程要求对所分配的资源进行排他性控制，即在一段时间内某资源仅为一进程所占有。

（2）请求和保持条件。当进程因请求资源而阻塞时，对已获得的资源保持不放。

（3）不剥夺条件。进程已获得的资源在未使用完之前，不能被剥夺，只能在使用完时由自己释放。

（4）环路等待条件。在发生死锁时，必然存在一个进程 – 资源的环形链，即进程集合 $\{P_1, P_2, \cdots, P_n\}$ 中的 P_1 正在等待一个 P_2 占用的资源，P_2 正在等待一个 P_3 占用的资源，……，P_n 正在等待一个 P_1 占用的资源。

4. 解决死锁的基本方法

目前用于解决死锁的办法有以下 4 种：

（1）预防死锁。通过设置某些限制条件，以破坏产生死锁的 4 个必要条件中的一个或几个，防止发生死锁。预防死锁是一种比较可取的方法，已得到广泛应用，但可能导致系统资源利用率降低。

（2）避免死锁。不需预先采取各种限制措施去破坏产生死锁的必要条件，而是在资源的动态分配过程中，使用某种方法去防止系统进入不安全状态，从而避免了死锁的发生。这种办法只须预先加以较弱的限制条件，这样可获得较高的资源利用率。

（3）检测死锁。检测死锁方法允许系统运行过程中发生死锁。但通过系统所设置的检测机构，可以及时检测出死锁的发生，并精确地确定与死锁有关的进程和资源，然后采取适当措施，从系统中消除所发生的死锁。

（4）解除死锁。解除死锁是与检测死锁相配套的一种设施，用于将进程从死锁状态下解脱出来。常用的方法是撤销或挂起一些进程，以便释放出一些资源，再将它们分配给已处于阻塞状态的进程，使之转为就绪状态可以继续运行。

4.3.2　预防死锁

可以通过使产生死锁的（2）、（3）、（4）这3个必要条件不成立的方法，来预防死锁的产生。由于必要条件（1）是设备的固有特性，不仅不能改变，还应设法加以保证。

1. 摒弃"请求和保持"条件

为了摒弃这一条件，系统要求所有进程一次性地申请其所需的全部资源。若系统有足够的资源分配给一进程时，便一次把所有其所需的资源分配给该进程。这样，该进程在整个运行期间，便不会再提出任何资源要求，从而使请求条件不成立。但在分配时只要有一种资源要求不能满足，则已有的其他资源也全部不分配给该进程，该进程只能等待。由于等待期间的进程不占有任何资源，破坏了保持条件，从而可以避免发生死锁。

这种方法的优点是简单、易于实现，且很安全。但缺点也极其明显：

（1）资源严重浪费。一个进程一次获得其所需的全部资源且独占，其中可能有些资源很少使用，甚至在整个运行期间都未使用，这就严重地恶化了系统资源利用率。

（2）进程延迟运行。仅当进程获得其所需的全部资源后，方能开始运行，但可能有许多资源长期被其他进程占用，致使进程推迟运行，这往往要经过很长的时延。

2. 摒弃"不剥夺"条件

该策略规定：对于一个已保持了某些资源的进程，若新的资源要求不能立即得到满足，它必须释放已保持的所有资源，以后再需要时重新申请。这意味着：一个进程已占有的资源在运行过程中可能暂时地释放，或者说被剥夺，从而摒弃了"不剥夺条件"。

这种防止死锁的策略实现起来比较复杂，而且要付出很大代价。这是因为一个资源在使用一段时间后被释放，可能会造成前阶段工作的失效，即使采取某些防范措施，也还会使前后两次运行的信息不连续。此外，该策略还可能由于反复地申请和释放资源，使进程的执行无限推迟。这不仅延长了进程的周转时间，还增加了系统开销，又降低了系统吞吐量。

3. 摒弃"环路等待"条件

在该策略中，将所有的资源按类型进行线性排队，并赋予不同的序号。例如，令输入机的序号为1、打印机为2、穿孔机为3、磁带机为4、磁盘为5。所有进程对资源的请求，必须严格按资源序号递增的次序提出，这样在所形成的资源分配图中不可能再出现环路，因而也就摒弃了"环路等待"条件。事实上，在采用这种策略时，总有一个进程占据了较高序号的资源，它继续请求的资源必然是空闲的，因此进程可以一直向前推进。

这种防止死锁的策略较之前两种策略，不论是资源利用率还是系统吞吐量都有显著的改善。但也存在下述严重问题：

（1）为系统中各种资源类型分配的序号必须相对稳定，这就限制了新设备类型的增加。

（2）尽管在为资源类型分配序号时，已考虑到大多数程序实际使用这些资源的顺序，但也经常会发生程序使用资源的顺序与系统规定顺序不同的情况，造成资源的浪费，如某进程先用磁带机，后用打印机，但按系统规定，它应先申请打印机，后申请磁带机，致使打印机长期闲置（分到进程后）。

（3）为方便用户，系统对用户编程所施加的限制条件应尽量少些，然而这种按规定次序申请资源的方法必然会限制用户简单、自由地编程。

4.3.3 避免死锁

在预防死锁的方法中所采取的几种策略都施加了较强的限制条件，从而使实现较简单，但却严重地损害了系统性能。在避免死锁的方法中，所施加的限制条件较弱，因而有可能获得令人满意的系统性能。

1. 安全与不安全状态

（1）安全状态。

在避免死锁的方法中，允许进程动态地申请资源，系统在进行资源分配之前，先计算资源分配的安全性。若此次分配不会导致系统进入不安全状态，则将资源分配给进程；否则，进程等待。

所谓安全状态，是指系统能按某种进程顺序，如 $<P_1, P_2, \cdots, P_n>$（称 $<P_1, P_2, \cdots, P_n>$ 序列为安全序列），来为每个进程分配其所需资源，直至最大需求，使每个进程都可顺利完成。若系统不存在这样一个安全序列，则称系统处于不安全状态。

虽然并非所有不安全状态都是死锁状态，但当系统进入不安全状态后，便可能进而进入死锁状态；反之，只要系统处于安全状态，系统便可避免进入死锁状态。避免死锁的实质在于：如何使系统不进入不安全状态。

下面通过一个例子来说明安全性。假定系统有 3 个进程 P_1、P_2 和 P_3，共有 12 台磁带机。进程 P_1 总共要求 10 台磁带机，P_2 和 P_3 分别要求 4 台和 9 台。设在 T_n 时刻进程 P_1、P_2 和 P_3 已分别获得 5 台、2 台和 2 台，尚有 3 台空闲未分。经分析可发现，在 T_n 时刻系统是安全的，因存在一个安全序列 $<P_2, P_1, P_3>$，即只要系统按此进程序列分配资源，每个进程都可顺利完成。例如，再将剩余的磁带机取出两台分配给 P_2，使之继续运行，待 P_2 完成，便释放出 4 台磁带机，使可用资源增至 5 台，以后再将它全部分配给进程 P_1，待 P_1 完成后将释放出 10 台磁带机，P_3 便能获得足够的资源，从而使 P_1、P_2、P_3 每个进程都能顺利完成。

（2）由安全状态向不安全状态的转换。

如果不按照安全顺序分配资源，则系统可能由安全状态进入不安全状态。例如，在 T_n 时刻以后，P_3 又请求 1 台磁带机，若系统此时把剩余 3 台中的 1 台分配给 P_3，则系统进入不安全状态。因为，把其余两台分配给了 P_2，P_2 完成后只能释放出 4 台，既不能满足 P_1 需 5 台的要求，也不能满足 P_3 需 6 台的要求，则它们都无法推进到完成，彼此都在等待对方释放资源，结果将导致死锁。从给 P_3 分配了第 3 台磁带机开始，系统就进入了不安全状态。由此可见，在 P_3 请求资源时，尽管系统中尚有可用的磁带机，但却不能为它分配，而须让它一直等待到 P_2、P_1 完成，释放出资源后，再将足够的资源分配给 P_3，它才能顺序完成。

2. 银行家算法

最有代表性的避免死锁的算法是 Dijkstra 的银行家算法。这个得名是由于该算法能用于银行系统现金贷款的发放。为实现银行家算法，系统中必须设置若干个数据结构。

（1）可利用资源向量 Available。它是一个具有 m 个元素的数组，其中的每一个元素代表一类可利用的资源数目，其初始值为系统中所配置的该类全部可用资源的数目。其数值随该类资源的分配与回收而动态改变。如果 Available[j]=k，表示系统中现有 R_j 类资源 k 个。

（2）最大需求矩阵 Max。它是一个 $n \times m$ 的矩阵，定义了系统中 n 个进程中的每一个进程对 m 类资源的最大需求。如果 Max(i,j)=k，表示进程 i 需要 R_j 类资源的最大数目为 k。

（3）分配矩阵 Allocation。它是一个 $n \times m$ 的矩阵，定义了系统中每一类资源当前已分配给每一个进程的资源数。如果 Allocation(i,j)=k，表示进程 i 当前已分得 R_j 类资源的数目为 k。

（4）需求矩阵 Need。它是一个 $n \times m$ 的矩阵，用以表示每一个进程尚需的各类资源数，如果 Need[i,j]=k，表示进程 i 还需要 R_j 类资源 k 个，方能完成其任务。

上述 3 个矩阵存在下述关系：

```
Need(i,j)=Max(i,j)-Allocation(i,j)
```

设 Request$_i$ 是进程 P$_i$ 的请求向量。如果 Request$_i$[j]=k，表示进程 P$_i$ 请求 k 个 R_j 类型的资源。当 P$_i$ 发出资源请求后，系统按下述步骤进行检查。

（1）如果 Request$_i$<=Need$_i$，则转向步骤（2）；否则，认为出错，因为它所需要的资源数已超过它所宣布的最大值。

（2）如果 Request$_i$<=Available，则转向步骤（3）；否则，表示尚无足够资源，P$_i$ 必须等待。

（3）系统试探把要求的资源分配给进程 P$_i$，并修改下面数据结构中的数值：

```
Available=Available-Request_i;
Allocation_i=Allocation_i+Request_i;
Need_i=Need_i-Request_i;
```

（4）系统执行安全性算法，检查此次资源分配后，系统是否处于安全状态。若安全，才正式将资源分配给进程 P$_i$，完成本次分配；否则，将试探分配作废，恢复原来的资源分配状态，让进程 P$_i$ 等待。

系统所执行的安全性算法可描述如下：

（1）设置两个向量：工作向量 Work，它表示系统可提供给进程继续运行所需的各类资源数目，含有 m 个元素，执行安全性算法开始时，Work=Available；Finish 表示系统是否有足够的资源分配给进程使之运行完成，开始时先设 Finish[i]=0，当有足够的资源分配给进程 P$_i$ 时，令 Finish[i]=1。

（2）从进程集合中找到一个能满足下述条件的进程：

```
Finish[i]==0 && Need₁<=Work
```

如找到，则执行步骤（3），否则执行步骤（4）。

（3）当进程 P_i 获得资源后，顺利执行，直至完成并释放出分配给它的资源，故应执行：

```
Work=Work+Allocationᵢ;
Finish[i]=1;
go to step 2;
```

（4）如果所有进程的 Finish[i]==1，则表示系统处于安全状态，否则系统处于不安全状态。

例：银行家算法实施死锁避免的资源分配策略。

设系统中有 3 种类型的资源 R_1、R_2、R_3 和 5 个进程 P_1、P_2、P_3、P_4、P_5，R_1 资源的数量为 10，R_2 资源的数量为 5，R_3 资源的数量为 7。在某个时刻系统状态如表 4-1 所示。

表 4-1　系统状态表

进程	Max			Allocation			Need			Available		
	R_1	R_2	R_3	R_1	R_2	R_3	R_1	R_2	R_3	R_1	R_2	R_3
P_1	7	5	3	0	1	0	7	4	3	3	3	2
P_2	3	2	2	2	0	0	1	2	2			
P_3	9	0	2	3	0	2	6	0	0			
P_4	2	2	2	2	1	1	0	1	1			
P_5	4	3	3	0	0	2	4	3	1			

（1）利用银行家算法对此时的资源分配情况进行分析，可得此时刻的安全性分析情况如表 4-2 所示：Work=Available；Finish 开始时先做 Finish[i]=0；P_2 的 Need$_2$<=Work，可以执行完，Finish[2]=1，Work=Work+Allocation$_2$=[5,3,2]；P_4 的 Need$_4$<=Work，可以执行完，Finish[4]=1，Work=Work+Allocation$_4$=[7,4,3]；P_5 的 Need$_5$<=Work，可以执行完，Finish[5]=1，Work= Work+ Allocation$_5$=[7,4,5]；P_3 的 Need$_3$<=Work，可以执行完，Finish[3]=1，Work=Work+Allocation$_2$ = [10,4,7]；P_1 的 Need$_1$<=Work，可以执行完，Finish[1]=1，Work= Work+Allocation$_2$=[10,5,7]；无满足 Finish[i]==0 && Need$_i$<=Work 的进程，此时所有进程 Finish[i] 都为 1。可知，在此时刻存在着一个安全序列 <P_2,P_4,P_5,P_3,P_1>，故系统是安全的。

表 4-2　安全性分析情况

进程	Work			Need			Allocation			Work+Allocation			Finish
	R_1	R_2	R_3	R_1	R_2	R_3	R_1	R_2	R_3	R_1	R_2	R_3	
P_2	3	3	2	1	2	2	2	0	0	5	3	2	1
P_4	5	3	2	0	1	1	2	1	1	7	4	3	1
P_5	7	4	3	4	3	1	0	0	2	7	4	5	1
P_1	7	4	5	7	4	3	0	1	0	7	5	5	1
P_3	7	5	5	6	0	0	3	0	2	10	5	7	1

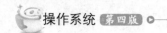

（2）若此时，P_2 请求资源 Request(1,0,2)，系统按银行家算法进行检查：

```
Request(1,0,2)<=Need(1,2,2)
Request(1,0,2)<=Available(3,3,2)
```

系统试探分配，修改相应的向量，形成的资源变化情况如表 4-3 所示。

表 4-3　资源变化情况

进程	Max			Allocation			Need			Available		
	R_1	R_2	R_3	R_1	R_2	R_3	R_1	R_2	R_3	R_1	R_2	R_3
P_1	7	5	3	0	1	0	7	4	3	2	3	0
P_2	3	2	2	3	0	2	0	2	0			
P_3	9	0	2	3	0	2	6	0	0			
P_4	2	2	2	2	1	1	0	1	1			
P_5	4	3	3	0	0	2	4	3	1			

再利用安全性算法检查此时系统是否安全，分析情况如表 4-4 所示。

表 4-4　安全性分析情况

进程	Work			Need			Allocation			Work+Allocation			Finish
	R_1	R_2	R_3	R_1	R_2	R_3	R_1	R_2	R_3	R_1	R_2	R_3	
P_2	2	3	0	0	2	0	3	0	2	5	3	2	1
P_4	5	3	2	0	1	1	2	1	1	7	4	3	1
P_5	7	4	3	4	3	1	0	0	2	7	4	5	1
P_1	7	4	5	7	4	3	0	1	0	7	5	5	1
P_3	7	5	5	6	0	0	3	0	2	10	5	7	1

由安全性算法检查可知，可以找到一个安全序列 $<P_2,P_4,P_5,P_1,P_3>$。因此，系统是安全的，可以立即把 P_2 所申请的资源分配给它。

（3）在（2）的基础上 P_5 发出资源请求 Request(3,3,0)，系统按照银行家算法进行检查：

```
Request(3,3,0)<=Need(4,3,1)
Request(3,3,0)>=Available(2,3,0)
```

所以让 P_5 等待。

（4）在（3）的基础上 P_1 发出资源请求 Request(0,2,0)，系统按照银行家算法进行检查：

```
Request(0,2,0)<=Need(7,4,3)
Request(0,2,0)<=Available(2,3,0)
```

系统试探分配，修改相应的向量，形成的资源变化情况如表 4-5 所示。

表 4-5　资源变化情况

进程	Allocation			Need			Available		
	R_1	R_2	R_3	R_1	R_2	R_3	R_1	R_2	R_3
P_1	0	3	0	7	2	3	2	1	0
P_2	3	0	2	0	2	0			
P_3	3	0	2	6	0	0			
P_4	2	1	1	0	1	1			
P_5	0	0	2	4	3	1			

进行安全性检查，可用资源 Available(2,1,0) 已不能满足任何进程的需要，故系统进入不安全状态，此时系统不分配资源。

4.3.4 检测死锁

当系统为进程分配资源时，若未采取任何限制性措施来保证不进入死锁状态，则系统必须提供检测和解除死锁的手段。为此，系统必须：保存有关资源的请求和分配信息；提供一种算法，利用这些信息来检测系统是否已进入死锁状态。

1. 资源分配图

系统死锁可利用资源分配图来描述，该图是由一组结点 N 和一组边 E 所组成的一组对偶 $G =(N,E)$，其具有下述形式的定义和限制：

（1）N 被分为两个互斥的子集。一组进程结点 $P=\{p_1,p_2,\cdots,p_n\}$，一组资源结点 $R=\{r_1, r_2, \cdots, r_n\}$，$N=P \cup R$。

（2）凡属于 E 中的一条边 $e \in E$，都连接着 P 中的一个结点和 R 中的一个结点。$e=<p_i,r_j>$ 是资源请求边，由进程 p_i 指向资源 r_j，它表示进程 p_i 请求一个单位的 r_j 资源。$e=<r_i,p_j>$ 是资源分配边，由资源 r_i 指向进程 p_j，它表示分配一个单位的资源 r_i 给进程 p_j。

用圆圈代表一个进程，用方块代表一类资源。由于一种类型的资源可能有多个，方块中的一个点代表一类资源中的一个资源。此时，请求边由进程指向方块 r_j，而分配边则应始于方块中的一个点。如图 4-5 所示的一个资源分配图，p_1 进程已分得了两个 r_1 资源，并请求一个 r_2 资源，p_2 进程分得了一个 r_1 和一个 r_2 资源，并请求一个 r_1 资源。

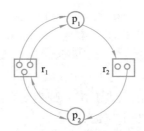

图 4-5 资源分配图示例

2. 死锁定理

可以利用把资源分配图加以简化的方法来检测系统处于 S 状态时是否为死锁状态。简化方法如下：

（1）在资源分配图中，找出一个既不阻塞又非孤立的进程结点 p_i，在顺利情况下，p_i 可获得所需资源而继续执行，直至运行完毕，再释放其所占有的全部资源。这相当于消去 p_i 所有的请求边和分配边，使之成为孤立结点。在图 4-6（a）中，将 p_1 的两个分配边和一个请求边消去，便形成图 4-6（b）所示的情况。

（2）p_1 释放资源后，便可使 p_2 获得资源而继续运行，直到 p_2 完成后又释放出它所占有的全部资源，而形成图 4-6（c）所示的情况。

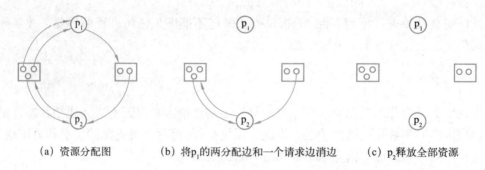

(a) 资源分配图　　　　(b) 将p_1的两分配边和一个请求边消边　　　　(c) p_2释放全部资源

图 4-6　资源分配图的简化

对于较复杂的资源分配图，可能有多个既未阻塞又非孤立的进程结点，不同的简化顺序，是否会得到不同的简化图？有关文献已经证明：所有的简化顺序将导致相同的简化图。同样可以证明 S 为死锁状态的充分条件是：当且仅当 S 状态资源分配图是不可完全简化的。该充分条件称为死锁定理。

3. 死锁检测算法

死锁检测算法可以采用银行家算法中的安全检查方法来完成，其中的数据结构相同。算法可描述为：

（1）可利用资源向量 Work，初值等于 Available。它表示了 n 类资源中每一类资源的可用数量。

（2）把不占用资源和不需求资源的进程，即向量 $Allocation_i== 0$ && $Need_i==0$ 的记入表 L 中。

（3）从进程集合中找到一个 $Need_i <=Work$ 的进程 P_i 做如下处理：

将其资源分配图简化，释放出资源，增加工作向量：

```
Work = Work + Allocation_i
```

将它记入表 L 中。

（4）若不能把所有的进程都记入表 L 中，则表明系统状态 S 的资源分配图是不可完全简化的。因此，该系统状态将发生死锁。

```
Work=Available;
L={P_i| Allocation_i== 0 && Need_i==0};
for all Pi ∉ L do
 if  Need_i<=Work
 {  Work=Work+ Allocation_i;
    把 Pi 记入表 L 中
 }
DeadLock= !(L=={p_1,p_2,p_3,…,p_n});
```

死锁的检测程序也可用 Warshall 的传递闭包算法来检测。

4.3.5　解除死锁

当发现有进程死锁后，便应立即把它从死锁状态中解脱出来，常采用的两种方法是：

（1）剥夺资源。从其他进程剥夺足够数量的资源给死锁进程，以解除死锁状态。

（2）撤销进程。最简单的撤销进程的方法是使全部死锁进程都被清除掉；稍为温和

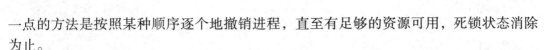

一点的方法是按照某种顺序逐个地撤销进程，直至有足够的资源可用，死锁状态消除为止。

在出现死锁时，可采用各种策略来撤销进程。例如，保证解除死锁状态所需撤销的进程数目最小，或者撤销进程所付出的代价最小等。一个付出最小代价的死锁解除方法如图 4–7 所示。

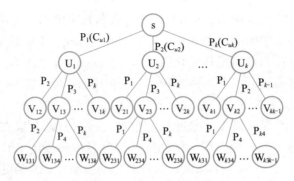

图 4–7 付出代价最小的死锁解除方法

假定在死锁状态时，有死锁进程 P_1，P_2，…，P_k。首先，取消进程 P_1，使系统状态由 $S \to U_1$，将 P_1 记入被撤销进程集合 $d(T)$ 中，并把付出的代价 c_1 加入 $rc(T)$ 中；对死锁进程 P_2、P_3 等重复上述过程，得到状态 U_1、U_2、…、U_k。然后，再按撤销进程时所花费代价的大小把它插入到由状态 S 所演变的新的状态队列中。假设队列中的第一个状态为 U_i，显然状态 U_i 是由状态 S 花最小代价撤销一个进程所演变的状态。在撤销一个进程后，若系统仍处于死锁状态，则从状态 U_i 中按照上述处理方式再一次撤销一个进程，得到 V_{i1}、V_{i2}、…、V_{ik} 状态，再从上述状态中选取一个代价最小的状态，假设为 V_{ij}。如此反复，直至死锁状态解除为止。为把系统从死锁状态解脱出来，所花发费的代价可表示为

$$R(S)_{min} = min\{c_{ui}\} + min\{c_{uj}\} + \cdots$$

4.4 Linux 进程间通信

一般情况下，系统运行时，系统中都有大量的进程，各个进程之间并不是相互独立的，在一些进程之间常常要传递信息。但是，每个进程都有自己的地址空间，不允许其他进程随意进入。因此，就必须有一种机制既能保证进程之间的通信，又能保证系统的安全。

4.4.1 Linux 进程通信的基本概念

在 Linux 中，整个内存空间有用户空间和系统空间之分。在系统空间中由于各个线程的地址空间都是共享的，即一个线程能够随意访问 kernel 中的任意地址，所以无须进程通信机制的保护。而在用户空间中，每个进程都有自己的进程空间，一个进程为了与其他进程通信，必须陷入到有足够权限访问其他进程空间的 kernel 中，从而与其他进程进行通信。此时就用到了进程通信机制。在 Linux 系统中进程间通信主要有 3 种手段：

消息队列、共享内存和信号量。当这些通信手段被有效使用时，进程间的通信将安全而高效地进行。

为了便于理解进程通信的具体机制，在描述具体的通信手段之前，有必要对进程通信的一些基本概念进行介绍。

1. 进程通信对象标识符

在 kernel 中，对每一类 IPC 对象都有一个非负整数来索引。每类 IPC 结构的具体实例的标识符是由 kernel 中的一个变量 xxx_seq（xxx 为 msg、shm 或 sem）来确定的。具体的确定方法如下：首先在系统初始化时，将变量 xxx_seq 置为 0，然后当生成一个新的 IPC 对象时，就将 xxx_seq 的值赋给 IPC 对象中的 seq 域；当释放一个 IPC 对象时，就将变量 xxx_seq 的值不断加 1，直到达到最大值，然后又置为 0。而 IPC 对象的标识符，是该对象的 seq 值乘以该类对象的最大数量，再加上该对象在 kernel 中数组中的下标。这样的好处是：当一个进程试图访问一个已经被释放的 IPC 对象时，由于该对象的 seq 值已递增了 1，所以按上面的方法计算出的对象标识符肯定与输入的对象标识符不同，同时，它也不可能是该类对象数组中的下一个对象，这样就保证了进程通信的安全。

这里所说的进程通信对象是指在系统中进行通信的实体，它可以是一个消息队列、一个共享内存段或一组信号灯（在进程通信中，信号灯总是成组使用的）。为了识别并唯一标识各个进行通信的对象，需要一个标识符来标识各个通信对象。例如，如果想访问一个消息队列，唯一需要知道的就是通信对象的标识符。

这里要注意的是：所谓的唯一性是与通信对象的类别有关的。也就是说，在上面提到的 3 类通信对象中，同一类中的对象的标识符是不允许相同的，但是不同类中的标识符却是允许相同的。例如，有一个标识符是 "1234567"，那么不可能存在两个或多个以 "1234567" 为标识符的消息队列、共享内存段或信号灯组，但是却可能存在同时以 "1234567" 为标识符的一个消息队列、一个共享内存段和一组信号灯。

2. 进程通信对象的码

为了获取一个独一无二的通信对象，必须使用码。这里的码是用来定位 IPC 对象的标识符的。在系统调用中，例如，msgget(key_t key, int flag)，可以根据 key 值找到与之相匹配的 IPC 对象的数组下标，然后就可以根据该对象的 seq 值和数组下标算出该对象的标识符了。同样的方法可以用在共享内存和信号量上。

为了生成一个 IPC 对象，要传给系统调用两个参数：key 和 flag。如果 key 的值等于 IPC_PRIVATE 或者 key 的值未被使用，但是在 flag 中的 IPC_CREATE 未被置位的情况下，一个新的 IPC 对象将被生成。

在生成一个新的 IPC 对象时，一定要保证 flag 中的 IPC_CREATE 和 IPC_EXCL 同时被置位。这样，当试图生成一个已经存在的 IPC 对象时，就能确保函数返回一个 EXIST 错误。

要注意的是，不能用 key 值来访问 IPC 对象，原因是：如果用 key 值来访问 IPC 对象，当一个进程试图访问一个已经释放的 IPC 对象时，判断该对象是否已经被释放过将比较麻烦，而用 IPC 标识符来访问 IPC 对象则不存在这种情况。

　　key 的产生可以是一个路径名和一个字符通过硬件编码合成。要注意的是：这样生成的 key 值不能保证其唯一性。因此，应用程序必须检查冲突，需要时重新生成一个 key 值。

　　这里要注意的问题是：进行通信的收发双方是如何确定同一个 IPC 对象的呢？一般有 3 种方法：

　　方法一：server 通过指定一个 key 值 IPC_PRIVATE 创建一个 IPC 对象，然后将返回的标识符存放在某地以便 client 将其获得。但是这样做有一个缺点：当 server 向文件中写入标识符和 client 从文件中取出标识符时，要进行文件系统的操作。码值 IPC_PRIVATE 也用在父进程和子进程的关系中。父进程通过 IPC_PRIVATE 创建一个 IPC 对象，返回的标识符对 fork 生成的子进程是可用的，子进程可以将它作为一个参数用在其他函数中。

　　方法二：client 和 server 将一个它们一致同意的 key 存放在一个公共的头文件中，然后可以通过这个 key 值来确定同一个 IPC 对象。但是，这种方法同样有一个缺点：client 和 server 一致同意的 key 值可能已经被使用了。在这种情况下，get(msgget, semget,shmget) 函数将返回错误。server 必须处理这种错误，并试着重新生成 IPC 对象。

　　方法三：client 和 server 对一个路径名和一个字符达成一致，然后将它们转换成一个 key 值，剩下的工作与方法二相同。

3. Permission Struct

　　在 Linux 系统中，每个 IPC 对象中都有一个重要的域：IPC_perm。这个结构主要的作用就是定义 IPC 对象的权限和所有者，其具体形式如下：

```
struct IPC_perm{
  uid_t    uid;                    // owner's effective user id
  gid_t    gid;                    // owner's effective group id
  uid_t    cuid;                   // creator's effective user id
  gid_t    cgid;                   // creator's effective group id
  mode_t   mode;                   // access modes
  key_t    key;                    // key
};
```

　　其中 mode 为 IPC 对象的访问权限，它的取值可能为：S_IRUGO、S_IWUGO、S_IRUSR、S_IWUSR、S_IRGRP、S_IWGRP、S_IROTH、S_IWOTH 等及它们的或运算的结果。这些域在 IPC 对象创建时赋初值，在系统运行期间，可以通过调用 msgctl、semctl 或 shmctl 等系统调用来改变 uid、gid 和 mode 的值，seq 的值在 IPC 对象被释放时加 1，以便防止进程访问无效 IPC 对象。

4. 函数 ipcperms

函数原型：

```
    int IPCperms(struct IPC_perm *IPCp,short flag)
```

函数功能：检查访问 IPC 对象的进程是否有足够的权限，参数 *IPCp 是 IPC 对象所允许的权限，而 flag 中的各个位表示了进程所需要的权限。当权限检查被通过时，返回 0，

否则返回 −1。在进程通信的许多地方都用到了这个函数，通过这个函数的权限检查，可以有效地防止越权操作，从而保证了进程通信的安全。

5. 命令 ipcs

Linux 中一个重要的命令为 ipcs，通过它可以观察系统中的 IPC 对象。输入 ipcs 命令，会看见如下输出信息：

```
------ Shared Memory Segments ------
key shmid owner perms bytes nattch status
0x00000000 0 nobody 600 46084 11 dest
------ Semaphore Arrays --------
key semid owner perms nsems status
------ Message Queues --------
key msqid owner perms used-bytes messages
0x00000000 0 root 700 0 0
```

在这里可以看见系统中有一个共享内存段和一个消息队列，没有信号量。

6. 命令 iperm

Linux 中另一个重要的命令是 iperm，这个命令用来从 kernel 中删除 IPC 对象。例如输入 ipcs 命令会看见上一页中的输出结果，如果接着再输入命令"iperm msg 0"，系统会删除资源。这时再输入 ipcs，输出结果如下：

```
------ Shared Memory Segments ------
key sbmid owner perms bytes nattch status
0x00000000 0 nobody 600 46084 11 dest
------ Semaphore Arrays --------
key semid owner perms nsems status
------ Message Queues --------
key msqid owner perms used-bytes messages
```

在这里可以看见，一个消息队列确实被删除了。

4.4.2　Linux 消息队列

1. 基本概念

在进程通信机制中，如果两个进程想通过消息队列来通信，那么发送消息的进程就将待发送的消息挂到某个消息队列上，而接收消息的进程则从该队列上取出它想要的消息。这样两个进程就能够通信了。

消息队列是存储在 kernel 中的链表，它的结点是消息。每个消息队列都由一个消息队列标识符来确定。创建或打开一个消息队列可以通过系统调用 msgget(...) 来完成。在 kernel 中有一个消息队列的数组，系统中消息队列的最大数目不能超过数组的容量，数组的大小定义在宏 MSGMNI 中。当一个进程想发送消息时，它通过系统调用 msgsnd 向数组中的某个消息队列中添加一个消息；而当一个进程想接收消息时，它通过系统调用 msgrcv 从数组的某个消息队列中取出满足它要求的消息。一个进程所能发送的消息的大小是有限制的，这定义在宏 MSGMAX 中。一个消息队列所能存放的消息也是有

限的，这定义在宏 MSGMNB 中。当进程从消息队列中取消息时，不必遵循先入先出的
顺序。

2. 数据结构

Linux 消息队列结构如图 4-8 所示。

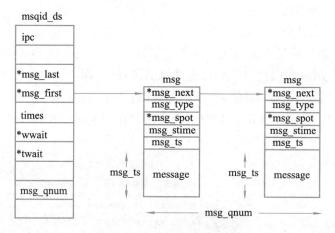

图 4-8 Linux 消息队列结构

（1）msqid_ds 结构。在进程通信的消息队列机制中最重要的数据结构是 msqid_ds，
理解它是理解消息队列的关键。它的具体形式如下：

```
struct msqid_ds{
    struct IPC_perm msg_perm;
    struct msg msg_first;        //first message in queue
    struct msg msg_last;         //last message in queue
    kernel_time_t msg_stime;     //last msgsnd time
    kernel_time_t msg_rtime;     //last msgcrv time
    kernel_time_t msg_ctime;     //last change time
    struct wait_queue wwait;     //waiting wait queue
    struct wait_queue rwait;     //reading wait queue
    unsigned short msg_cbytes;   //current number of bytes in queue
    unsigned short msg_qnum;     //number of messages in queue
    unsigned short msg_qbytes;   //max number of bytes in queue
    kernel_IPC_pid_t msg_lspid;  //pid of last msgsnd
    kernel_IPC_pid_t msg_lrpid;  //last receive pid
};
```

下面对 msqid_ds 中的各个域进行逐一说明：

msg_perm：说明消息队列的权限和所有者。它是一个 IPC_perm 结构，这个结构在
前面已经做了详细说明，这里不再重复。

msg_first：指向消息队列中第一个消息的指针。

msg_last：指向消息队列中最后一个消息的指针。

msg_stime：最后一个消息发送到消息队列中的时间。

msg_rtime：最后一次从消息队列中取消息的时间。

msg_ctime：最后一次改变消息队列的时间。

wwait：消息队列的写等待队列。

rwait：消息队列的读等待队列。

msg_cbytes：当前消息队列中所有消息的字节数。

msg_qnum：消息队列中的消息个数。

msg_qbytes：消息队列所能容纳的最大字节数。

msg_lspid：最后一次向消息队列发送消息的进程的pid。

msg_lrpid：最后一次从消息队列中接收消息的进程的pid。

（2）msg结构。在消息通信机制中，消息是存储在msg结构中的，msg结构定义在文件Linux\msg.h中。它的具体形式如下：

```
struct msg{
    struct msg msg_next;        //next message in queue
    long msg_type;
    char msg_spot;              //message text address
    time_t msg_stime;           //msgsnd time
    short msg_ts;               //message text size
};
```

其中各个域的说明如下：

msg_next：指向消息队列和下一个消息的指针。在消息队列中，所有的消息通过msg_next指针链接成一个单向链表。

msg_spot：一个指向消息体开始处的指针。

msg_type：消息的类型。它用一个正整数表示，并且只能用正整数表示。

msg_time：消息发送的时间。

msg_ts：消息体或者说是消息正文的长度。

（3）msgbuf结构。msgbuf结构主要用于系统调用msgsnd()和msgrcv()中。这个结构实际上可以被看作一个消息数据的模板，因为程序员可以自己定义这种类型的结构。但是，在定义自己的结构之前要先理解msgbuf结构。它定义在文件Linux\msg.h中，具体形式如下：

```
struct msgbuf{
    long mtype;                 //type of message
    char mtext[1];              //message text
};
```

其中各个域的说明如下：

mtype：消息的类型，它必须用一个正整数表示。

mtext：消息正文本身。

给消息赋予一个类型的能力使得消息队列上能够存放多种消息。例如，一个应用程序可以将消息类型设为1表示错误消息，设为2表示一个请求等。另外一个需要注意的地方是：

不要被 char mtext[1] 所误导，这里 mtext 域并不一定只能是字符串数组，它可以是任意形式的任意数据。这个域实际上是任意的，也正因为如此，程序员才能重新定义这个数据结构。下面是一个重新定义的例子：

```
struct my_msgbuf{
    long mtype;                  //Message type
    long request_id;             //Request identifier
    struct client info;          //Client information structure
};
```

在这可以看到 mtype 域没有变化，mtext 域却被替换成了另外两个元素。这就是消息队列的优点，任何信息都能被发送和接收。

4.4.3 Linux 的信号量

1. 基本概念

信号量可以看作共享资源的计数器，它控制多个进程对共享资源的访问，常常被当作锁来用，防止一个进程访问另一个进程正在使用的资源。一个进程为了获取共享资源，必须完成以下 3 步：

（1）测试控制共享资源的信号量。

（2）如果信号量的值大于 0，那么这个进程就能使用共享资源。信号量的值要被减 1，表明它已经使用了一个共享资源。

（3）如果信号量的值小于 0，那么这个进程就要进入睡眠状态。一直等到该信号量的值大于 0，即当该进程被唤醒时，它返回第一步。

当一个进程使用完一个共享资源后，控制该共享资源的信号量要加 1。如果此时有处于睡眠状态的进程正在等待此共享资源，那么这些进程将被唤醒。

为了正确实施对信号量的操作，对信号量值的测试和对信号量值的减运算都必须是一个原子操作。

信号量的一个常见形式称为二进制信号量。它控制一个单一的资源，它的初始值为 1。但是，一个信号量的初始值可以是任意正整数，这个正整数表示可用的共享资源有多少个。

Linux 系统的信号量要比上面所说的信号量复杂。它有 3 个不同于上述信号量的特点：

（1）在 Linux 系统中信号量总是成组使用的，也就是说，为信号量赋值时，要对这一组信号量中的每一个赋值。当创建一个信号量组时，要指定信号量的数量。

（2）信号量的创建（semget）和信号量的初始化（semctl）是相互独立的。这是个致命的弱点，因为不能用一个原子操作来同时完成创建一个信号量组并为其赋初值的工作。

（3）必须考虑到一个进程在没有释放分配给它的信号量时就结束了这样一种情况。在这种情况下，使用了 undo 结构。此结构将在后面具体讲述。

2. 数据结构

Linux 信号量组结构如图 4-9 所示。

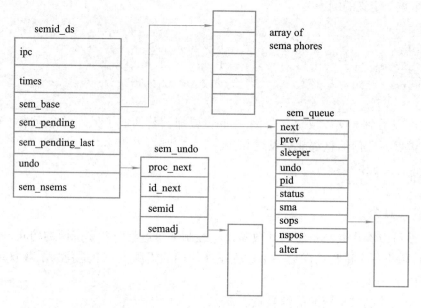

图 4-9　Linux 信号量组结构

（1）semid_dsz 结构。同消息队列相似，对应于信号量，在 kernel 中同样有一个特殊的数据结构：semid_ds，它定义在文件 Linux\sem.h 中。

该数据结构的各个域的意义如下：

sem_perm：这个域定义了信号量组的所有者和权限。它是一个 IPC_perm 型的变量，在前面已经详细讨论过了，这里不再重复。

sem_otime：这个域记录了最后一次对信号量组操作的时间。

sem_ctime：这个域记录了信号量组最后一次改变的时间（如改变权限等）。

sem_base：这个域是指向数组中第一个信号量的指针（注意，在 Linux 系统中，信号量总是成组使用的，见信号量的基本概念）。

sem_pending：需要对信号量组进行操作的队列。队列中的每个结点都包含了对信号量组中若干结点的操作。

sem_pending_last：指向队列最后一个结点地址的指针。

un_do：这个信号量组所需要的 undo 操作的队列。每当对信号量级执行一个操作后，一个对应于该操作的 undo 结点就加入了 undo 队列。

sem_nsems：信号量组中的信号量的个数。

（2）sem 结构。在数据结构 semid_ds 中，有一个指向信号量组中第一个信号量的指针，数组中每一个信号量都是 sem 类型的变量，它也定义在文件 Linux\sem.h 中。

结构中各个域的意义如下：

semval：信号量的当前值。

sempid：最后对信号量操作的进程的 pid。

（3）sem_queue 结构。结构中各个域的意义如下：

next：指向队列中下一个元素的指针。

prev：指向队列中前一个元素的指针。

sleeper：等待进行操作的进程队列。

undo：一个指向 undo 结构的指针，它对应于所做的操作。

pid：请求进行此操作的进程的 pid。

status：操作完成的状态。

sma：指向要进行操作的信号量组的指针。

sop：要对信号量组进行的操作。

nsop：要进行的操作的数目。

alte：这个域表明进程是否要使用资源。

（4）sem_undo 结构。如果一个进程没有释放资源就结束，那么其他资源就不能使用该进程所占用的资源，这样系统资源就会被浪费。为了防止这种情况发生，用到了 sem_undo 结构，它定义在文件 Linux\sem.h 中。

结构中各个域的意义如下：

proc_next：指向对信号量组进行操作的进程的 undo 链表中的下一个结点指针。

id_next：指向进行操作的信号量组 undo 链表中的下一个结点指针。

semid：进行操作的信号量组的标识符。

semadj：对信号量组进行操作实际上就是给信号量加上一个值，而 semadj 就是这个值的相反数。

在表示进程的 task_struct 结构中有一个 sem_undo 类型的域 semundo。当一个进程结束时，kernel 检查该进程的 sem_undo 链表中的各个结点，看有没有 semadj 的值不为 0。如果有，则将这个位加到对应的信号量上去，这样可将资源释放，从而保证了资源不被浪费。

（5）sembuf 结构。在结构 sem_queue 中，有一个域 sops 表示要进行的操作，它的类型就是 sembuf，该类型定义在文件 Linux\sem.h 中。

结构中各个域的意义如下：

sem_num：信号量组的下标。它确定了操作对象。

semop：将要进行的操作。它实际上就是一个要加到信号量组上的值，表示使用或释放资源。

sem_flag：它定义了一些操作的约束条件。如是否 undo、是否等待等。

（6）wait_queue 结构。在结构 sem_queue 中，还有一个域 sleeper，表示等待对信号量组进行操作的进程等待队列。它定义在文件 Linux\wait.h 中。

各个域的意义如下：

task：等待操作的进程。在 Linux 系统中，每个进程都是用一个 task_struct 结构表示的。

next：指向等待队列中的下一个元素的指针。

4.4.4 共享内存

1. 基本概念

共享内存可以看作对一段内存区域的映射，它将一段内存区域映射到多个进程的地址空间，从而使得这些进程能够共享这一内存区域。共享内存是进程通信中最快的一种方法，因为数据不需要在进程间复制，而可以直接映射到各个进程的地址空间中。

在共享内存中要注意的一个问题是：当多个进程对共享内存区域进行访问时，要注意这些进程之间的同步问题。例如，如果 server 正在向共享内存区域中写数据，那么 client 进程就不能访问这些数据，直到 server 全部写完之后，client 才可以访问。为了实现进程间的同步问题，通常使用前面介绍过的信号量来实现这一目标。

一个共享内存段可以由一个进程创建，然后由任意共享这一内存段的进程对它进行读写。当进程间需要通信时，一个进程可以创建一个共享内存段，然后需要通信的各个进程就可以在信号量的控制下保持同步，在这里交换数据，完成通信。

2. 数据结构

Linux 共享内存结构如图 4-10 所示。

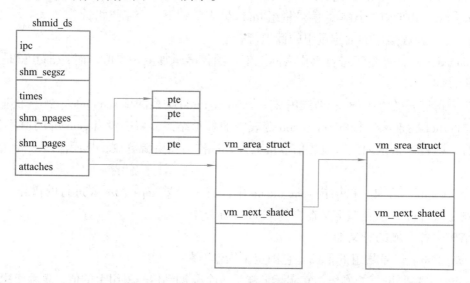

图 4-10　Linux 共享内存结构

（1）shmid_ds 结构。同消息队列和共享内存类似，对于共享内存，也有一个专门的数据结构——shmid_ds 来描述它，它定义在文件 Linux\shm.h 中。

结构中各个域的意义如下：

shm_perm：一个 IPC_perm 类型的变量。

shm_segsz：共享段的大小。

shm_atime：共享内存最后一次连接的时间。

shm_dtime：共享内存最后一次取消连接的时间。

shm_ctime：共享内存最后一次改变的时间。

shm_cpid：创建共享内存段的进程的 pid。

shm_nattch：共享内存段上的当前连接数。

shm_unused：这个域是为了兼容性而设置的，实际上并不使用。

shm_unused2：同 shm_unuscd 一样，实际并不使用。

shm_unused3：同样在实际运用中并不使用。

（2）shmid_kernel 结构。在 Linux 的内存管理中，内存是分页的，而 shmid_kernel 就是在 shmid_ds 的基础上对共享内存段的进一步说明，它定义在文件 Linux\shm.h 中。

结构中的各个域的意义如下：

u：这是一个 shmid_ds 类型的变量，它记录了关于共享内存除了页信息之外的所有信息。

shm_npages：共享内存段的大小，它的单位是页。

shm_pages：共享内存被分成了若干页，而这个域实际上是起始地址。

attaches：段描述符的链表。一个 shmid_kernel 对应着一个共享内存段，当一个进程要共享这个内存段时，它就将这个共享段映射到它的地址空间中去，然后将一个 vm_area_struct 类型的段描述符加入到 shmid_kernel 的段描述符链表中去。

4.4.5　Linux 系统调用与进程通信

前面介绍了进程通信的 3 种方法，用户进程是怎样使用这 3 种方法的呢？前面介绍的一些关键函数在它的原型中，在函数名的开始处都有"sys_"这样的字符串前缀，它表示这个函数是一个系统调用。由此可以看出进程通信是通过系统调用来完成的。为了明确进程通信的全过程，下面介绍系统调用与进程通信的关系。

首先，当用户进程想进行进程通信时，它调用系统调用函数 sys_IPC，同时传入必要的参数。当系统调用执行时，一个 0x80 的中断首先被执行，此时用户进程进入了 kernel。在 kernel 中，有一个系统调用表，表的内容是各个系统调用程序的入口地址，而进程通信系统调用函数 sys_IPC 在表中是第 116 个表项。当用户进程进入 kernel 后，首先，一些与进行系统调用进程有关的环境变量被压栈保存起来，然后，系统从系统调用表的 r 第 116 个元素中取出进程通信函数的入口地址，跳转到函数 sys_IPC 的起始处。函数 sys_IPC 根据用户传入的参数，用若干 case 语句决定具体调用前面介绍的哪个关键函数。当调用的函数执行完成后，系统将前面保存的环境变量恢复，然后将函数的返回值返回给进行系统调用的函数。这样用户进程就完成了进程通信。

4.4.6　进程通信信号

1. 基本概念

信号是 UNIX 系统中最古老的进程间通信机制之一，它主要用来向进程发送异步的事件信号。键盘中断可能产生信号，而浮点运算溢出或者内存访问错误等也可产生信号，shell 通常利用信号向子进程发送作业控制命令。

一些常见的信号宏定义如下：

```
#define SIGHUP 1          #define SIGINT 2          #define SIGQUIT 3
#define SIGILL 4          #define SIGTRAP 5         #define SIGABRT 6
#define SIGIOT 6          #define SIGBUS 7          #define SIGFPE 8
#define SIGKILL 9         #define SIGUSR1 10        #define SIGSEGV 11
#define SIGUSR2 12        #define SIGPIPE 13        #define SIGALRM 14
#define SIGTERM 15        #define SIGSTKFLT 16      #define SIGCHLD 17
#define SIGCONT 18        #define SIGSTOP 19        #define SIGTSTP 20
#define SIGTTIN 21        #define SIGTTOU 22        #define SIGURG 23
#define SIGXCPU 24        #define SIGXFSZ 25        #define SIGVTALRM 26
#define SIGPROF 27        #define SIGWINCH 28       #define SIGIO 29
#define SIGPWR 30         #define SIGUNUSED 31
```

进程可以选择对某种信号采取的特定操作，这些操作包括以下几点：

（1）忽略信号。进程可忽略产生的信号，但 SIGKILL 和 SIGSTOP 信号不能被忽略。

（2）阻塞信号。进程可选择阻塞某些信号。

（3）由进程处理该信号。进程本身可在系统中注册处理信号的处理程序地址，当发出该信号时，由注册的处理程序处理信号。

（4）由内核进行默认处理。信号由内核的默认处理程序处理。大多数情况下，信号由内核处理。

需要注意的是：Linux 内核中不存在任何机制用来区分不同信号的优先级。也就是说，当同时有多个信号发出时，进程可能会以任意顺序接收到信号并进行处理。另外，如果进程在处理某个信号之前，又有相同的信号发出，则进程只能接收到一个信号。

有几个常用到的概念需要在此进行解释：

（1）产生信号。当一个能导致该信号的事件发生时，就可以说该信号被产生了。

（2）发送信号。每个信号都有其处理函数，当一个信号的处理函数被执行时，就说这个信号被发送到一个执行处理函数的进程。

（3）挂起信号。在信号产生和信号发送之间的这段时间内，称信号处于挂起状态。

（4）阻塞信号。有时候，有的进程并不想对发送给它的信号做出处理，那么这个信号将保持在挂起状态，这时，称这个进程阻塞了这个信号。如果对这个信号的处理不是将其忽略，那么阻塞状态将一直保持下去，除非发生了下面两个事件之一——解除了对该信号的阻塞或将对该信号的处理过程改为忽略该信号。

在 kernel 中，每个进程都用一个 task_struct 结构来表示，在这个结构中有几个重要的域。一个是 signal，每当一个信号被发送给进程时，signal 中对应于该信号的一位将被置1，表示收到一个信号。另一个重要的域是 block，如果进程不想对某个信号做出处理，那么它就将 block 中该信号对应的位置1。而进程在处理信号前要看该信号是否被阻塞，如果被阻塞，进程将不处理此信号。还有一个重要的域是 k_sigaction 数组，该数组的元素为各个信号的处理函数。当进程处理一个信号时，就可以根据这个数组找出相应的处理函数进行处理了。

2. 数据结构

sigaction：这个数据结构定义了信号的处理函数。其中域 sa_handler 表示信号的具体处理函数，域 sa_flag 是对操作的一些限制。

k_sigaction：这个数据结构以另外一个名字定义了信号的处理函数。

signal_struct：这个数据结构中最重要的域就是 k_sigaction，它是一个数组，数组中的每个元素都对应了一个信号的处理函数。

sigset_t：前面所提到的 signal 和 block 字都是的 sigset_t 类型的。系统中的信号数量很可能大于一个字的位数，为了用一位表示一个信号，就要使用两个或多个字，因此定义了类型 sigset_t，每个 sigset_t 类型变量的每一位都对应一个信号。

习　题

1. 什么叫临界资源？什么叫临界区？对临界区的使用应符合哪些准则？

2. 并发执行的进程在系统中通常表现为几种关系？各是在什么情况下发生的？

3. 当进程对信号量 s 执行 wait、signal 操作时，s 的值发生变化，当 s>0、s=0 和 s<0 时，其物理意义是什么？

4. 若信号量 s 表示某一类资源，则对 s 执行 wait、signal 操作的直观含义是什么？

5. 在用 wait、signal 操作实现进程通信时，应根据什么原则对信号量赋初值？

6. 假设一条河上有一座由若干个桥墩组成的桥，若一个桥墩一次只能站一个人，想要过河的人总是沿着自己过河的方向前进而不后退，且没有规定河两岸的人应该谁先过河。显然，如果有两个人 P_1 和 P_2 同时从两岸沿此桥过河，就会发生死锁。请给出解决死锁的各种可能的方法，并阐述理由。

7. 有一容量为 100 的循环缓冲区，有多个并发执行进程通过该缓冲区进行通信。为了正确地管理缓冲区，系统设置了两个读写指针分别为 IN、OUT。IN 和 OUT 的值如何反映缓冲区为空还是满的情况？

8. 有一阅览室，共有 100 个座位。为了很好地利用它，读者进入时必须先在登记表上进行登记。该表表目设有座位号和读者姓名，离开时再将其登记项抹除。试问：

（1）为描述读者的动作，应编写几个程序？应设几个进程？它们之间的关系是什么？

（2）试用信号量机制描述进程之间的同步算法。

9. 什么是死锁？

10. 死锁产生的 4 个必要条件是什么？

11. 死锁的 4 个必要条件是彼此独立的吗？试给出最少的必要条件。

12. 什么是银行家算法？

13. 假定系统有 4 个同类资源和 3 个进程，进程每次只申请或释放一个资源。每个进程最大资源需求量为 2。请问，这个系统为什么不会发生死锁？

14. 假定系统有 N 个进程共享 M 个单位资源。进程每次只申请或释放一个资源。每个进程的最大需求不超过 M。所有进程的需求总和小于 $M+N$。为什么这种情况下绝不会发生死锁？试证明。

15. 一个计算机系统有 6 个磁带驱动器和 n 个进程。每个进程最多需要两个磁带驱动器。当 n 为什么值时，系统不会发生死锁？

16. 考虑某一系统，它有 4 类资源 R_1、R_2、R_3、R_4，有 5 个并发进程 P_0、P_1、P_2、P_3、P_4。请按照银行家算法回答下列问题：

（1）当前资源剩余向量、各进程的最大资源请求和已分配的资源矩阵如表 4-6 和表 4-7 所示，计算各进程的需求向量组成的矩阵。

（2）系统当前是处于安全状态吗？

（3）当进程 P_2 申请的资源分别为（0,3,2,0）时，系统能立即满足吗？

表 4-6 当前资源剩余向量

R_1	R_2	R_3	R_4
1	5	2	2

表 4-7 资 源 矩 阵

进程	分配向量				最大需求量			
	R_1	R_2	R_3	R_4	R_1	R_2	R_3	R_4
P_0	0	0	1	2	0	0	2	2
P_1	1	0	0	0	1	7	5	0
P_2	1	0	3	4	2	3	5	6
P3	0	6	3	2	0	6	5	2
P4	0	0	1	4	0	6	5	6

17. 考虑这样一种资源分配策略：对资源的申请和释放可以在任何时刻进行。如果一个进程的资源得不到满足，则考查所有由于等待资源而被阻塞的进程，如果它们有申请进程所需要的资源，则把这些资源取出分给申请进程。

例如，考虑一个有 3 类资源的系统，Available=(4,2,2)。进程 A 申请 (2,2,1)，可以满足；进程 B 申请（1,0,1），可以满足；若进程 A 再申请 (0,0,1)，则被阻塞（无资源可分）。此时，若进程 C 申请 (2,0,0)，它可以分得剩余资源 (1,0,0)，并从进程 A 已分得的资源中获得一个资源，于是，进程 A 的分配向量变成：Available=(1,2,1)，而需求向量变成：Need=(1,0,1)。

（1）这种分配方式会导致死锁吗？若会，举一个例子；若不会，说明死锁的哪一个必要条件不成立。

（2）这种分配方式会导致某些进程的无限等待吗？

18. 设系统中每类资源的资源数为 1，写出时间复杂度为 $O(n^2)$ 的死锁检测算法（n 是进程个数）。

19. 有 3 个进程 P_1、P_2 和 P_3 并发执行。进程 P_1 需使用资源 R_3 和 R_1，进程 P_2 需使用资源 R_1 和 R_2，进程 P_3 需使用资源 R_2 和 R_3。

（1）若对资源分配不加限制，会发生什么情况，为什么？

（2）为保证进程能执行到结束，应采用怎样的资源分配策略？

第三部分

存储管理

第 5 章

>>> 存储器管理

存储器是计算机系统的重要组成部分。如何对它们施行有效的管理，不仅直接影响到存储器的利用率，而且还对系统性能有重大影响。

5.1 概　述

近年来，随着计算机技术的发展，系统软件和应用软件在种类、功能及其所需存储空间等方面都在急剧地扩展。虽然存储器的容量也一直在不断地扩大，但仍不能满足现代软件发展的需要。因此，存储器是一种宝贵且容量有限的资源。存储器管理讨论的主要对象是内存。由于对外存的管理与对内存的管理相似，只是两者的用途不同，又因外存主要用来存放文件，故对外存的管理将放在第 8 章中介绍。

5.1.1 存储体系

计算机系统中存储器一般分为主存储器和辅助存储器两级。主存储器简称主存，又称内存，它由顺序编址的单元（通常为字或字节）所组成，是处理机直接存取指令和数据的存储器。它速度快，但容量有限。辅助存储器简称辅存，又称外存，它由顺序编址的"块"所组成，每块包含若干个单元，寻址与交换均以块为单位进行，处理机不能直接访问它，须经过专门的启动 I/O 过程与内存交换信息。它存取速度较慢，但容量远大于内存。实际上，现代计算机系统中用户的数据（或信息）都是保存在外存中。

存储管理主要是对内存的管理，同时也涉及对内存和外存交换信息的管理。内存可以分成系统区和用户区两部分，系统区用来存储操作系统等系统软件，用户区用于分配给用户程序使用，存储管理实际上是对用户区的管理。

5.1.2 存储管理的目的

存储管理要实现的目的是为用户提供方便、安全和充分大的存储空间。

方便是指将逻辑地址和物理地址分开，用户只在各自的逻辑地址空间编写程序，不必过问物理空间和物理地址的细节，地址的转换由操作系统自动完成；安全是指同时驻留在内存的多个用户进程相互之间不会发生干扰，也不会访问操作系统所占有的空间；充分大的存储空间是指利用虚拟存储技术，从逻辑上对内存空间进行扩充，从而可以使用户在较小的内存里运行较大的程序。

5.1.3 存储管理的任务

存储管理是计算机操作系统的一部分，它负责完成逻辑地址到物理地址的转换，对内存进行分配与回收，实现内存的共享和保护，通过软件手段实现对内存容量的扩充。

1. 地址转换

（1）逻辑地址。用户源程序经过编译或汇编后形成的目标代码中出现的地址，通常为相对地址形式，即规定目标程序的首地址为零，而其他指令中的地址部分都是相对于首地址而定的，这里的地址通常称为逻辑地址，也称相对地址。就用户程序而言，其逻辑地址构成的空间称为逻辑地址空间，或简称地址空间。

（2）物理地址。内存中各存储单元的编号称为物理地址，物理地址也称绝对地址。就系统而言，内存的全部物理单元的集合称为内存空间，也称物理空间或绝对空间。

处理机执行指令时是按物理地址进行的。因此，在程序调度选中某一用户程序，将该程序装入内存并为之创建进程，在进程运行之前必须把该进程指令中的逻辑地址转换成内存中的物理地址，才能得到信息在内存中的真实存放位置，这个过程称为地址转换。

2. 内存的分配和回收

在多道程序环境下，内存如何分配至关重要。当用户程序要装入内存创建进程时，需向操作系统提出申请，操作系统按一定策略分配存储空间。操作系统必须随时掌握内存空间的使用情况，譬如可以设计一张内存分配表记录各内存区域的分配情况。当用户提出存储申请时，操作系统按一定策略从表中选出符合申请者要求的空闲区进行分配，并修改表内有关项，称为内存的分配；若某进程执行完毕，需归还内存空间时，操作系统负责及时收回相关存储空间，并修改表中有关项，称为内存的回收。

3. 内存的地址保护

在多道程序环境下，内存中不仅有多个用户进程，而且还有系统进程。为避免内存中若干个进程相互干扰，尤其是防止用户进程侵犯系统进程所在的内存区域，必须对内存采取保护措施，以保证各个进程都在自己所属的内存空间中或在公共区域中工作，互不发生干扰。内存的地址保护功能一般由硬件和软件配合实现。

当要访问内存的某一单元时，首先由硬件检查是否允许访问。若允许，则执行；否则产生中断，转由操作系统进行相应的处理。重要的是：对于不同结构的存储器，所采用的保护方法各不相同。

4. 内存的共享

为提高内存的利用率，需要进行内存空间的共享，这包括两方面的含义：

（1）共享内存资源。在多道程序环境下，多个程序同时装入内存的不同区域，共同占用一个存储器。

（2）共享内存的某些区域。在同一内存中的若干进程有共同的程序段或数据段时，将这些共同的部分存放于同一内存区域中，该区域可同时被若干进程访问，从而可节省大量内存空间。

5. 内存的扩充

内存容量是有限的，当内存资源不能满足用户程序需求时，例如当有一个比内存容量还要大的程序要运行时，或为使多个用户程序在内存中并发运行时，就需要由操作系统利用外存对内存容量进行扩充。这个过程对用户是透明的（用户感知不到）。

注意：这里所说内存的扩充不是硬件设备上的扩充，而是用虚拟技术来实现的逻辑上的扩充，即虚拟存储概念。

5.1.4 程序的连接和装入

要了解操作系统是如何管理内存的，首先需要知道程序是如何运行的。在多道程序环境下，程序要运行必须为之创建进程，而创建进程首先要将程序和数据装入内存。

将一个用户源程序变为一个可在内存中执行的程序，通常需要经过以下几个步骤：首先是编译，由编译程序将用户源代码编译成若干个目标模块；其次是连接，由连接程序将编译后形成的目标模块以及它们所需要的库函数连接在一起，形成一个装入模块；最后是装入，由装入程序将装入模块装入内存。

1. 程序的连接

源程序经过编译后，得到一个或多个目标模块。对于某些无须连接的单个目标模块，该目标模块也就是装入模块，可以直接装入内存；对于其他情况来说，则需要利用连接程序将目标模块和它们所需要的库函数连接，形成装入模块。根据连接时间的不同，可把连接分成3种。

（1）静态连接方式。在程序运行以前，将各个目标模块及它们所需要的库函数，连接成一个完整的装入模块，又称可执行文件，通常不再拆开。这种事先进行连接以后不再拆开的连接方式称为静态连接方式。静态连接方式需要解决两个问题：

① 对目标模块中相对地址进行修改。在由编译程序所产生的所有目标模块中，使用的都是相对于本模块起始地址0的相对地址。在连接成一个装入模块后，需要把地址更改为相对于装入模块起始地址0的新的相对地址。

② 变换目标模块中外部调用符号。将每个目标模块中所用的外部调用符号也都变换为相对于装入模块起始地址0的相对地址，如图5-1所示。

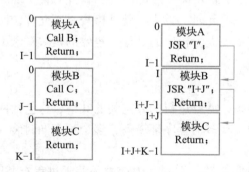

图5-1 程序连接示意图

（2）装入时动态连接。用户源程序经编译后所得的目标模块在装入内存时，边装入边连接，即在装入一个目标模块时，如果发生一个外部模块调用事件，将引起装入程序去找出相应的外部目标模块，并将它装入内存，进行连接。同时还要按照图5-1所示的方式来修改目标模块中的相对地址。装入时动态连接方式有两个优点：

① 便于修改和更新。对于静态连接装配在一起的装入模块，如果需要修改或者更新其中的某一个模块，则需要重新将装入模块打开。这样不仅效率很低，而且有时是做不到的。如果采用装入时动态连接方式，由于各个目标模块是分开存放的，所以修改或者更新某个目标模块是一件非常容易的事情。

② 便于实现对目标模块的共享。在采用静态连接方式时，每个应用模块必须含有该目标模块的备份，而无法实现共享。但采用装入时动态连接方式时，操作系统则很容易将一个目标模块连接到几个应用模块上，实现多个应用程序对该目标模块的共享。

（3）运行时动态连接。在许多情况下，应用程序在运行时，每次要运行的模块可能是不相同的。但由于事先无法知道本次要运行哪些模块，故只能将所有可能要运行的模块全部装入内存，并在装入时连接在一起。这样做显然是低效的，因为有些目标模块往往不运行。比如，用作错误处理的目标模块，如果在整个程序运行过程中都不出现错误，则显然就不会用到该模块。另外，程序中存在着大量的分支结构，所以在程序的一次运行中，肯定有些目标模块是运行不到的。

对上述装入时连接方式进行改进，即得运行时动态连接方式。这种连接方式是将对某些模块的连接推迟到执行时才进行。在执行过程中，当发现一个被调用模块尚未调入内存时，立即由操作系统去找到该模块并装入内存，再把它连接到调用者模块上。凡在执行过程中未被用到的目标模块，都不会被调入内存和被连接到装入模块上，这样不仅可以提高装入的速度，而且可以节省大量的内存空间。

2. 程序的装入

将一个装入模块装入内存时，需要进行地址转换。程序的装入可以有绝对装入方式、可重定位装入方式和动态运行时装入方式，下面分别进行简述。

（1）绝对装入方式。在绝对装入方式中，逻辑地址转换成物理地址的过程发生在程序编译或汇编时。将程序装入内存时，按照程序模块中的地址将程序装入，也就是说，程序必须装入内存的固定位置。装入后，由于程序中的逻辑地址与实际物理地址完全相同，故不需对程序和数据的地址进行修改。

程序中使用的物理地址可以在编译或汇编时给出，也可以由程序员直接给出，但由程序员直接给出绝对地址时，不仅要求程序员熟悉内存的使用情况，而且一旦程序或数据被修改后，如插入新的或删除老的程序或数据，可能要改变程序中的所有地址。因此，通常是宁可在程序中采用符号地址，然后在编译或汇编时，将这些符号地址再转换为物理地址。

（2）可重定位装入方式。在重定位装入方式中，逻辑地址转换成物理地址的过程发生在程序装入内存时进行。这样就可以根据内存的使用情况，将程序装入内存的适当位置，解决了绝对装入方式只能将目标模块装入到内存中事先指定位置的缺点，适用于多道程序环境。因为地址的转换过程在程序装入时一次完成，以后不再改变，所以这种方式又称静态重定位。可重定位装入方式不允许程序在内存中移动位置。

（3）动态运行时装入方式。在动态运行时装入方式中，逻辑地址转换成物理地址的过程推迟到程序真正执行时。可重定位装入方式可以将装入模块装入内存中的任何位置，但不允许程序在内存中移动位置。因为程序若在内存中移动，意味着它的物理位置发生了变化，这时必须对程序和数据的物理地址进行修改后方能运行。然而，在程序运行过程中，实际的情况是，它在内存中的位置可能经常要改变，此时就应采用动态运行时装入方式。

动态运行时装入方式是靠硬件的地址转换机构来实现的。通常采用的办法是设置一个重定位寄存器。在存储管理为程序分配一个内存区域后，装入程序直接把程序和数据装入分配的存储区中，然后把这个存储区的起始地址送入重定位寄存器中。在程序执行时，再把逻辑地址转换为相应的物理地址，方法是：用逻辑地址加上重定位寄存器中的地址得到相应的物理地址。由于这种地址转换过程是在指令执行过程中进行的，所以这种方式称为动态重定位，图5-2说明了该过程。

采用动态运行时装入方式，允许程序在内存中移动位置，以提高对内存的利用率，移动后把新的起始地址送入重定位寄存器即可。

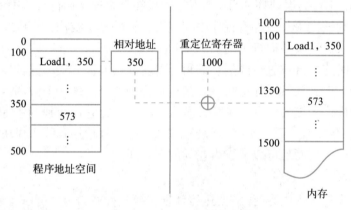

图5-2　动态重定位过程示意图

5.1.5　存储管理方式的分类

存储管理方式可以分为连续分配方式和离散分配方式两大类。其中，连续分配方式可以分为单一连续分配和分区分配方式，分区分配方式又可分为固定分区和可变分区两种方式。离散分配方式有分页存储器管理方式、分段存储器管理方式和段页式存储管理方式。此外，存储管理方式还包括覆盖技术、交换技术和虚拟存储器管理，虚拟存储器管理包括请求分页存储管理方式和请求分段存储管理方式，其层次关系如图5-3所示。

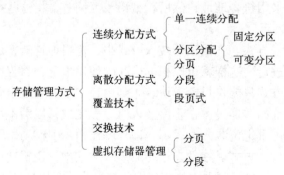

图5-3　存储管理方式层次关系图

5.2 连续存储管理方式

所谓连续分配方式就是用户程序装入内存时系统分配一块连续的内存区域。连续分配方式可以分为单一连续分配方式和分区分配方式，分区分配方式又可分为固定分区和可变分区两种方式。

5.2.1 单一连续分配

单一连续分配是最简单的一种存储管理方式，但只能用于单用户、单任务的操作系统中。采用这种存储管理方式时，内存的用户区一次只分配给一个用户程序使用，如图 5-4 所示，所以这种管理方式的分配、回收算法非常简单。一般情况下，一个程序实际只占用该区的一部分，剩余的部分只能空闲未被利用，所以这种存储管理方式内存的利用率很低。

图 5-4　单一连续分配示意图

在早期的单用户、单任务操作系统中，大多配置了存储器保护机构，用于防止用户程序对操作系统的破坏。主要是采用设置基址寄存器和界限寄存器的方法实现。但在常见的几种单用户操作系统中，例如 CP/M、MS-DOS 以及 RT-11 等，都未设置存储器保护设施。这一方面是为了节省硬件，另一方面也因为这是可行的。其根据是由于机器由用户独占，不可能存在受其他用户程序干扰的问题；其可能出现的破坏行为，也只是由用户程序自己去破坏操作系统，其后果也并不严重，只是影响该用户程序的运行；且操作系统也很容易通过系统的再启动而重新装入内存。

5.2.2 分区分配

分区分配的存储管理是为了适应多道程序设计技术而产生的最简单的存储管理。它把内存划分成若干个连续的区域，每个用户程序占有一个。根据分区情况，它又分为固定分区和可变分区（动态分区）。

1. 固定分区

固定分区方法是指系统预先把内存中的用户区分成若干个连续的区域，每个区域称为一个"分区"。各分区的大小可以相同，也可以不相同，但为了满足存储要求，能较好地利用内存空间，通常都把各分区划分为大小不等的连续区域。程序装入时，根据它对内存大小的需求量，系统将按照一定的策略把能满足它要求的一个分区分配给该程序。采用固定分区存储管理时，进入内存的每一个程序都占据一个连续的分区。

为了能对内存各分区的划分和使用情况加以有效地管理，系统设有一张固定分区分配表，如图 5-5 所示。固定分区分配表的内容包括分区号、起始地址、长度、占用标志等。"占用标志"记录分区的使用状态，例如约定占用标志为 0 则表明该分区为空闲，可以进行分配；若"占用标志"非 0，譬如填入程序名称，则意味该分区已分配给某一程序使用。于是，固定分区方法的分配、回收工作通过固定分区分配表很容易进行。

分区号	起始地址/K	长度/KB	占用标志
1	30	10	0
2	40	25	J1
3	65	40	J2
4	105	100	0
5	…	…	…

(a) 分区说明表　　　　　　(b) 存储空间分区情况

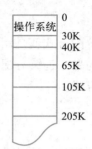

图 5-5　固定分区分配表

在单一连续分配中，存储保护机构是设置基址寄存器和界限地址寄存器。在固定分区中，有两种保护机构：设置上、下限寄存器或设置基址、长度寄存器。

固定式分区的主要优点是简单易行，特别是对于程序的大小预先可以知道的专用系统比较实用。其缺点是内存利用不充分，程序的大小受到分区大小的限制。

2. 可变分区

可变分区管理与固定分区的主要区别是系统并不预先划分内存空间，而是在程序装入时根据程序的实际需要动态地划分内存空间。若无空闲的存储空间或无足够大的空闲存储空间供分配时，则拒绝为该程序分配内存。

（1）分区分配中的数据结构。为了实现分区分配，系统中必须配置相应的数据结构，用来记录内存的使用情况，为内存的分配、回收提供依据。常用的数据结构有已分分区表和空闲分区表，如图 5-6 所示。

序号	大小/KB	起始地址/K	状态
1	10	30	已分配
2	25	65	已分配
3	—	—	空表目
4	150	150	已分配
5	…	…	…

序号	大小/KB	起始地址/K	状态
1	25	40	已分配
2	60	90	已分配
3	—	—	空表目
4	—	—	空表目
5	…	…	…

(a) 已分分区表　　　　　　(b) 空闲分区表

图 5-6　可变分区说明表

已分分区表中记录当前已经分配给用户程序的内存分区，包括分区序号、分区大小、起始地址等信息。空闲分区表记录了当前内存中空闲分区的情况，包括分区序号、分区大小、起始地址等。由于分区数目不固定，因而这些表格不一定要填满，所以用状态描述相应的表目是否使用，不用的表目即为空表目。空闲分区也可以组织成链表的形式，叫空闲分区链。为了实现对空闲分区的分配和连接，在每个分区的起始部分，设置一些用于控制分区分配的信息，以及用于连接各分区的前向指针，在分区尾部则设置一后向指针；然后，通过前、后向指针将所有的分区连接成一个双向链，如图 5-7 所示。为了检索空闲分区方便，在分区尾部重复设置状态位和分区大小表目，当分区分配出去以后，把状态位由"0"改为"1"，此时前、后向指针已无意义。

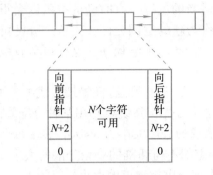

图 5-7 空闲分区链结构

（2）分区分配算法。为把一个新程序装入内存，须按照一定的分配算法，从空闲分区表或空闲分区链中选出一分区分配给该程序。目前常用以下 4 种分配算法。

① 首次适应算法。下面以空闲分区链为例来说明采用首次适应算法时的分配情况。首次适应算法要求空闲分区链以地址递增的次序连接，在进行内存分配时，从链首开始顺序查找，直至找到一个能满足程序大小要求的空闲分区为止。然后，再按照程序的大小，从该分区中划出一块内存空间分配给请求者，余下的空闲分区仍留在空闲链中。

该算法倾向于优先利用内存中低址部分的空闲分区，在高址部分的空闲分区很少被利用，从而保留了高址部分的大空闲区。这为以后到达的大程序分配大的内存空间创造了条件。其缺点是低址部分不断被划分，致使留下许多难以利用的、很小的空闲分区，称为内存碎片。其每次查找都从低址部分开始，这无疑会增加查找可用空闲分区的开销。

② 循环首次适应算法。该算法是由首次适应算法演变而形成的。在为程序分配内存空间时，不再每次从链首开始查找，而是从上次找到的空闲分区的下一个空闲分区开始查找。直至找到第一个能满足要求的空闲分区，并从中划出一块与请求的大小相等的内存空间分配给程序。

为实现该算法，应设置一起始查寻指针，以指示下一次起始查寻的空闲分区，并采用循环查找方式。即如果最后一个（链尾）空闲分区大小仍不能满足要求，应返回到第一个空闲分区，继续查找。找到后，应立即调整起始查寻指针。该算法能使内存中的空闲分区分布得更均匀，减少查找空闲分区的开销，但这会导致缺乏大的空闲分区。

③ 最佳适应算法。"最佳"的含义是指每次为程序分配内存时，总是把既能满足要求、又是最小的空闲分区分配给程序，避免"大材小用"。为了加速寻找，该算法要求将所有的空闲区，按其分区大小以递增的顺序形成一空闲分区链。这样，第一个找到的满足要求的空闲区，必然是最佳的。孤立地看，最佳适应算法似乎是最佳的，其实却不一定。因为每次分配后所切割下的剩余部分总是最小的，最容易形成内存碎片。

④ 最差适应算法。"最差"的含义是指每次为程序分配内存时，总是找到一个满足程序长度要求的最大空闲区进行分配，以便使剩下的空闲区不至于太小而形成内存碎片。这种算法适合于中、小程序运行，但对大程序的运行来讲是不利的。

不管采用何种算法，分配总不能使得被分配的空闲区刚好满足程序的要求，可把被找到的空闲分区一分为二，一部分分配给程序，多余的部分则作为新的空闲分区放到空闲分区表中并调整到适当的位置。有时新的空闲区会很大，有时可能会很小，把这一很小的空闲区留下来作为新的空闲分区，则这一分区可能永远也不会被分配。在这种情况下，系统可以把它全部分配给程序，这样可节省系统开销，避免内存碎片的产生。

（3）内存分区分配操作。在可变分区存储管理方式中，主要的操作是分配和回收内存。内存分配的操作步骤是：首先，系统要利用某种分配算法，从空闲分区链（表）中找到所需的适合分区；设请求的分区大小为 u.size，表中每个空闲分区的大小为 m.size，若 m.size−u.size 小于系统规定的不再切割的剩余分区的大小 size 值，则将整个分区分配给请求者；否则从该分区中划分出与请求的大小相等的内存空间分配出去，余下的部分仍留在空闲分区表或空闲分区链中；最后，将分配区的首址返回给申请者，分配流程如图 5-8 所示。

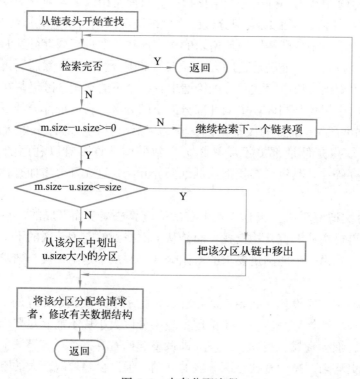

图 5-8　内存分配流程

（4）分区回收操作。当进程运行完毕释放内存时，系统根据回收区的首址从空闲分区表（链）中找到相应的插入点，进行回收，此时可能出现以下 4 种情况：

① 回收区与插入点的前一个分区相邻接（见图 5-9（a））。此时应将回收区与插入点的前一个分区合并，不再为回收分区分配新表项，而只需修改 F1 区的大小，大小为两分区之和。

② 回收区与插入点的后一个分区相邻接（见图 5-9（b））。此时将这两分区合并形成新的空闲区，用回收区的首址作为新空闲区的首址，大小为两分区之和。

③ 回收区同时与插入点的前、后两个分区邻接（见图 5-9（c））。此时将 3 个分区合为一个分区，使用 F1 的首址，大小为 3 个分区之和，取消 F2 的表项。

④ 回收区既不与 F1 邻接，也不与 F2 邻接。这时应为回收区单独建立一个新表项，填写回收区的首址和大小，并根据其首址插入到空闲表（链）的适当位置。

（a）与插入点前一分区相邻接　　　（b）与插入点后一分区相连接　　　（c）与插入点的前、后两分区相连接

图 5-9　可变分区内存回收情况

（5）可变分区分配的优缺点。

可变分区分配的主要优点：

① 有助于多道程序设计，提高了内存的利用率。

② 要求硬件支持少，代价低。因为存储保护只需上、下限寄存器越界检查机构，或者是基址、长度寄存器，动态地址变换机构。

③ 管理算法简单，实现容易。

可变分区分配的缺点：

① 必须给程序分配一个连续的内存区域。有时虽然内存中所有空闲区的总和可以容纳一个程序，但没有一个空闲区可容纳这个程序。

② 碎片问题严重，内存仍不能得到充分利用。

③ 不能实现对内存的扩充。分区的大小受到存储器容量的限制。

3. 紧凑

为了解决内存碎片问题，可采用的一种方法是将内存中的所有进程进行移动，使它们相邻接。原来分散的多个小分区便拼接成一个大分区，从而就可以把程序装入运行。这种通过移动，把多个分散的小分区拼接成大分区的方法称为"紧凑"或"拼接"，如图 5-10 所示。

（a）紧凑前　　　　　　（b）紧凑后

图 5-10　紧凑示意图

紧凑的开销是很大的，因为它不仅要修改被移动进程的地址信息，而且要复制进程空间，所以如不必要，尽量不做紧凑。通常仅在系统接收到程序所发出的申请命令，且每个空闲区域单独均不能满足，但所有空闲区域之和能够满足请求时才进行一次紧凑。

由于经过紧凑后，进程在内存中的位置发生了变化，若不对程序和数据的地址进行修改（变换），则进程将无法执行。为使之能够执行，必须进行重定位，即用新的开始地址替换重定位寄存器中原来的地址。

5.3 覆盖技术与交换技术

单一连续分配和分区管理对程序大小都有严格的限制。当程序要求运行时，系统将程序的全部信息一次装入内存并一直驻留内存直至运行结束。当程序的大小大于内存可用空间时，该程序就无法运行。这些管理方案限制了在计算机系统上开发较大程序的可能。覆盖与交换是解决大程序与小内存矛盾的两种存储管理技术，它们实质上对内存进行了逻辑扩充。

5.3.1 覆盖技术

所谓覆盖是指同一内存区可以被不同的程序段重复使用。通常一个程序由若干个功能上相互独立的程序段组成，程序在一次运行时，也只用到其中的几段，利用这样一个事实，就可以让那些不会同时执行的程序段共用同一个内存区。把可以相互覆盖的程序段称为覆盖，而把可共享的内存区称为覆盖区。把程序执行时并不要求同时装入内存的覆盖组成一组，称为覆盖段，并分配同一个内存区。覆盖段与覆盖区一一对应。

覆盖的基本原理可用图 5-11 所示的例子说明。程序 J 由 6 段组成，图 5-11（a）给出了各段之间的逻辑调用关系。由图中的调用关系不难看出，主程序是一个独立的段，它调用子程序 1 和子程序 2，且子程序 1 与子程序 2 是互斥被调用的两个段，在子程序 1 执行过程中，它调用子程序 11，而子程序 2 执行过程中它又调用子程序 21 和子程序 22，显然子程序 21 和子程序 22 也是互斥被调用的。因此，可以为程序 J 建立如图 5-11（b）所示的覆盖结构：主程序段是程序 J 的常驻内存段，而其余部分组成覆盖段。根据上述分析，子程序 1 和子程序 2 组成覆盖段 0，子程序 11、子程序 21 和子程序 22 组成覆盖段 1。为了实现真正覆盖，相应的覆盖区应为每个覆盖段中最大覆盖的大小，于是形成图 5-11（b）所示的内存分配。

为了实现覆盖管理，系统必须提供相应的覆盖管理控制程序。当程序装入运行时，由系统根据用户提供的覆盖结构进行覆盖处理。当程序中引用当前尚未装入覆盖区的覆盖中的例程时，则调用覆盖管理控制程序，请求将所需的覆盖装入覆盖区中，系统响应请求，并自动将所需覆盖装入内存运行。

覆盖技术的关键是提供正确的覆盖结构。通常，一个程序的覆盖结构要求编程人员事先给出，对于一个规模较大或比较复杂的程序来说是难以分析和建立它的覆盖结构的。

因此，通常覆盖技术主要用于系统程序的内存管理。例如，磁盘操作系统分为两部分：一部分是操作系统中经常用到的基本部分，它们常驻内存已占有固定区域；另一部分是不经常用的部分，它们放在磁盘上，当调用时才被装入内存覆盖区中运行。

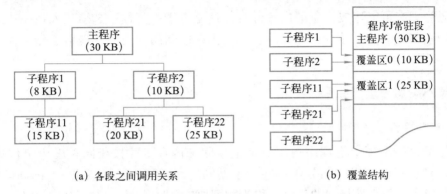

(a) 各段之间调用关系　　　　　　(b) 覆盖结构

图 5-11　覆盖示例

覆盖技术的主要特点是打破了必须将一个程序的全部信息装入内存后才能运行的限制，在一定程度上解决了小内存运行大程序的矛盾。

5.3.2　交换技术

交换技术被广泛地运用于早期的小型分时系统的存储管理中。其目的是：一方面解决内存容量不够大的矛盾，另一方面使各分时用户能保证合理的响应时间。所谓交换（又称对换）就是系统根据需要把内存中暂时不运行的某个（或某些）进程部分或全部移到外存，以便腾出足够的内存空间，再把外存中的某个（或某些）已具备运行条件的程序移到相应的内存区，创建进程，并使其投入运行。

交换的时机通常在以下情况发生：

（1）进程用完时间片或等待输入／输出。

（2）进程要求扩充存储而得不到满足时。

利用这种反复的进程换进换出，既可以实现小容量内存运行多个用户程序，也可以使各用户程序在有限的时间内得到及时响应。

具有交换功能的操作系统，通常把外存分为文件区和交换区。文件区用于存放文件，交换区用于存放从内存中换出的程序（进程）。由于通常文件都是较长时间存放在外存中，所以对文件区管理的主要目的是提高存储空间（磁盘）的利用率，故对文件区采用离散分配方式。然而，在交换区的程序驻留时间是短暂的，交换操作又较为频繁，所以对交换区管理的主要目的是提高程序的换入换出速度，故对交换区采用连续分配方式。

交换技术的关键是设法减少每次交换的信息量，以提高速度。为此，常将程序的副本保留在外存，每次换出时，仅换出那些修改过的信息即可。

同覆盖技术一样，交换技术也是利用外存来逻辑地扩充内存。它的主要特点是打破了一个程序一旦进入内存便一直运行到结束的限制。

5.4 分页存储管理方式

分区管理有可能造成大量的内存碎片，这是由于一个程序必须装入在一片连续的内存空间引起的。为了减少内存碎片，提高内存空间的利用率，提出了分页存储管理技术。

5.4.1 基本思想（工作原理）

1. 基本思想

在分页存储管理中将程序的逻辑地址空间和内存空间按相同长度为单位进行等量划分。把进程的逻辑空间分成一些大小相同的片段称为页面或页（Page）。把内存空间也分成大小与页面相同的片段，称为物理块或页框（Frame）。在分配存储空间时，总是以块为单位按照进程的页数分配物理块。分配的物理块可以连续也可以不连续，如图 5-12 所示。由于进程的最后一页经常装不满一块而形成不可利用的碎片，称为"页内碎片"。

在分页系统中页面的大小是由计算机的地址结构所决定的，亦即由硬件决定。对于某一种计算机只能采用一种大小的页面。例如，Intel 80386 规定的页面大小为 4096B。

在确定页面大小时，若选择的页面较小，一方面可使页内碎片小，并减少了页内碎片的总空间，有利于提高内存的利用率。但另一方面，也会使每个进程有较多的页面，从而导致页表过长，占用大量内存空间。此外，在虚拟存储器中还会降低页面换进换出的效率。若选择的页面较大，虽然可以减少页表长度，提高换进换出效率，但又会使页内碎片增大。因此，页面的大小要选择适中。通常页面的大小是 2 的幂，且常在 $2^9 \sim 2^{12}$ 之间，即在 512 B ～ 4 KB 之间。

2. 页表

在分页系统中，允许将进程的每一页离散地存储在内存的任一物理块中。但系统应能保证进程的正确运行，即能在内存中找到每个页面所对应的物理块。为此，系统又为每个进程建立了一张页面映射表，简称页表。在进程逻辑地址空间内的所有页，依次在页表中占据一个表项，其中记录了相应页在内存中对应的物理块号，如图 5-13 所示。在配置了页表后，进程执行时，通过查找页表找到每页在内存中的物理块号。可见，页表的作用是实现从页号到物理块号的地址映射。系统在内存空间设置一片区域作为页表区，系统为每个进程提供一个页表。进程页表的起始地址存放在进程 PCB 中。

即使在简单的分页系统也常在页表的表项中设置一存取控制字段，用于对该存储块中的内容进行保护。当存取控制字段仅有一位时，可用来规定该存储块中的内容是允许读 / 写还是只读；若存取控制字段为两位，则可规定为读 / 写、只读和只执行等存取方式。如果有一个进程试图去写一个只允许读的存储块时，则将引起操作系统的一次中断。

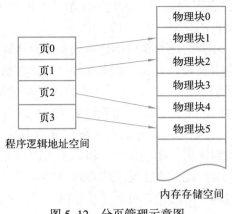

程序逻辑地址空间

内存存储空间

图 5-12 分页管理示意图

图 5-13 页表示意图

5.4.2 动态地址变换

1. 地址结构

在分页系统中，逻辑地址和物理地址可以分解成两部分。逻辑地址可以分解成：页号、页内位移量（页内地址），分别记为 p、d；物理地址可以分解成：物理块号、物理块内位移量（物理块内地址），记为 f、d。例如，页面大小为 512 B，逻辑地址 1153 属于第 2 号页，页内位移为 129，即

$$p= 逻辑地址 / 页面大小$$
$$d= 逻辑地址 -p \times 页面大小$$

下面以 32 位地址空间为例说明在分页存储管理方式中地址结构的划分，如图 5-14 所示。

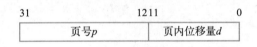

图 5-14 分页存储中的地址结构

其中 0 ~ 11 位为页内地址，即每页的大小为 4 KB；12 ~ 31 位为页号，地址空间最多允许有 1 MB 页。

2. 地址变换

为了能将进程逻辑地址空间中的逻辑地址变换为内存空间中的物理地址，在系统中必须设置地址变换机构。该机构的基本任务是实现逻辑地址到物理地址的转换。由于页内地址和物理块内地址是一一对应的，例如，对于页面大小是 1K 的页内地址是从 0 ~ 1 023，其相应的物理块内的地址也是从 0 ~ 1 023，无须再进行转换。因此，地址变换机构的任务，实际上只是将逻辑地址中的页号转换为内存中的物理块号。又因为页表的作用就是用于实现页号到物理块号的变换，因此地址变换任务是借助于页表来完成的。

系统设置了一个页表寄存器（Page-Table Register，PTR），其中存放页表在内存的始址和页表的长度。进程未执行时，页表的始址和长度存放在对应进程的 PCB 中。当

调度程序调度到某进程时，才将它们装入到页表寄存器中。因此，在单处机理系统中，虽然系统中可以运行多个进程，但只需一个页表寄存器。

当进程要访问某个逻辑地址中的数据时，分页地址变换机构会自动将逻辑地址分为页号和页内地址两部分，再以页号为索引去检索页表。查找操作由硬件执行。在执行检索之前，先将页号与页表寄存器中的页表长度进行比较，如果页号大于或等于页表长度，则表示本次所访问的地址已超越进程的地址空间。于是，这一错误将被系统发现并产生一地址越界中断。若没有出现越界错误，则将页表始址与页号和页表项长度的乘积相加，便得到该表项在页表中的位置，于是可从中得到该页的物理块号，将之装入物理地址寄存器中，与此同时，再将逻辑地址寄存器中的页内地址直接送入物理地址寄存器的块内地址字段中。这样便完成了从逻辑地址到物理地址的转换。分页系统中的地址变换机构如图 5-15 所示。

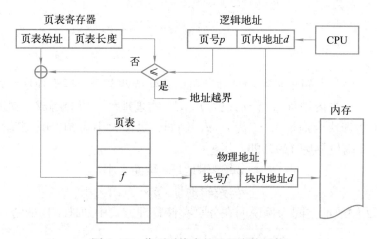

图 5-15　分页系统中的地址变换机构

5.4.3　快表

由于页表存储在内存中，所以当要按照给定的逻辑地址取得一条指令或数据时，需要两次访问内存，一次是根据页号访问页表，读出页表相应栏中的块号以便形成物理地址；第二次是根据物理地址进行读 / 写操作。这样比通常执行指令的速度慢一半。为了提高存取速度，在地址变换机构中增设了一个具有并行查寻能力的特殊高速缓冲存储器，又称"联想存储器"或"快表"。

联想存储器的造价较高，因此一般快表中只能存放 8 ~ 16 个页表内容，所以在快表中存储了正在运行程序的当前最常用的页号和它的相应的物理块号。利用快表进行读 / 写操作的过程是，首先按逻辑地址中的页号先查快表，若该页在快表中，则立即能得到相应的物理块号并与页内地址形成物理地址；若该页不在快表中，则再查内存中的页表找到相应的块号，形成物理地址，同时将该页的对应项写入快表。若快表已满，则按照一定策略淘汰一个旧项。最简单的策略是"先进先出"原则，即淘汰最先进入快表的那一项。采用快表后，使得指令执行速度大大加快，过程如图 5-16 所示。

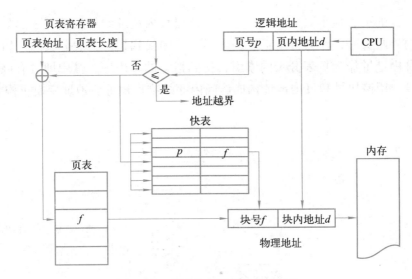

图 5-16　利用快表的地址变换机构

5.4.4　两级和多级页表

现代的大多数计算机系统都支持非常大的逻辑地址空间,页表就变得非常大,要为它分配一大段连续的内存空间将变得十分困难。例如,对于一个具有 32 位逻辑地址空间的分页系统,规定页面大小为 4 KB,则在每个进程中页表的页表项有 1M 个,又因为每个页表项占用 4 B,故每个进程仅页表就需要占用 4 MB 的内存空间,而且还要求是连续的。显然这是不现实的,可以采用两个办法来解决这个问题:

(1)采用离散分配方式来解决难以找到一块连续的内存空间问题。

(2)只将当前需要的部分页表项调入内存,其余的页表项仍驻留在磁盘上,需要时再调入。

采用离散分配方式需将页表进行分页,并将各个页表页分别存放到不同的内存块中。此时,必须为离散分配的页表再建立一张页表,称为外层页表,用来记录存放各页表页的内存块号,从而形成了两级页表。此时的逻辑地址结构如图 5-17 所示。

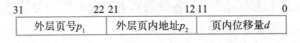

图 5-17　两级页表地址结构

由图 5-17 中所采用的地址结构可以看出,该两级页表结构外层页内地址 p_2 为 10 位,外层页号 p_1 也为 10 位,也就是说,每页中包含 2^{10} 个页表项,最多允许有 2^{10} 个页表分页。

两级页表结构同样需要进行逻辑地址到物理地址的转换,可以利用外层页表和页表这两级页表来实现。为了进行地址转换,系统中同样需要设置一个外层页表寄存器,用来存放外层页表的内存始址和长度,而逻辑地址将由地址变换机构自动根据页的大小和每页可存放的页表项个数分成页内地址、外层页内地址和外层页号 3 部分。利用逻辑地址中的外层页号，作为外层页表的索引，从中找到指定页表分页的开始地址，再利用外层页内地址作为页表分页的索引，找到指定的页表项，其中即含有该页在内存的物理块号，用该块号和页内地址构成访问内存的物理地址。地址变换机构如图 5-18 所示。

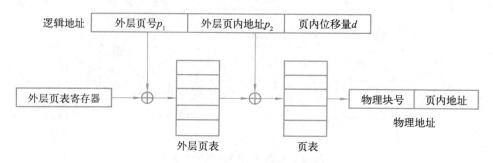

图 5-18　两级页表的地址变换机构

在使用两级页表的分页系统中，每次访问一个数据或指令需要访问 3 次内存，故同样需要增设快表来有效地提高访问速度。

对页表进行离散存储的方法虽然解决了页表需要连续内存空间的问题，但并未解决用较小的内存去存放大页表的问题。换言之，只用离散分配的办法并没有减少页表所占用的内存空间。唯一的解决方法是把当前所需要的一批页表项调入内存，以后再根据需要陆续调入。在采用两级页表结构的情况下，对于正在运行的进程必须将外层页表调入内存，而对页表则只需调入一页或几页。为了表征某页的页表是否已经调入内存，还应在外层页表项中增设一个状态位 s，其值若为 0 表示该页表分页尚未调入内存，如果为 1 则说明已在内存。进程运行时，地址变换机构根据逻辑地址中的外层页号，去查找外层页表，如果所找到的页表项中的状态位为 0，则产生一个中断信号，请求操作系统将该页表分页调入内存，请求调页的详细情况，将在虚拟存储器内容中介绍。

如果外层页表仍十分庞大，则可以将它再进行分页并离散地存储到内存中，然后再通过一张第二级的外层页表来记录存放各外层页表页分页的内存块号，这样就形成了三级页表，并可进一步形成更多级的页表。

5.4.5　分配与回收

分页存储管理方式中内存的分配和回收可以采用位示图的方法，即用一位来表示一块内存块，用一位的两种状态来表示内存块是空闲还是已分配。某位为"1"状态表示相应块已被占用，为"0"状态的位所对应的物理块是空闲块。

假定内存共有 3200 个物理块可用来存储信息。如果用字长为 32 位的字来构造位示图，共需 100 个字，如图 5-19 所示。

	0 位	1 位	2 位		29 位	30 位	31 位
第 0 字	0/1	0/1	0/1	...	0/1	0/1	0/1
第 1 字	0/1	0/1	0/1	...	0/1	0/1	0/1
	⋮	⋮	⋮		⋮	⋮	⋮
第 99 字	0/1	0/1	0/1	...	0/1	0/1	0/1

图 5-19　位示图示例

1. 分配方法

根据进程的页数得到其所需的物理块数，检查空闲物理块总数是否足够，不能满足则分配失败；能满足该进程的需求，则查位示图中为"0"的位，计算出物理块号，并写入进程的页表。位示图中第 i 个字的第 j 位对应的物理块号为：

$$块号 = i \times 位示图中的字长 + j$$

2. 回收方法

根据回收进程的页表，依次计算每个物理块所对应的位在位示图中的位置第 i 字，第 j 位，并将该位置 0，最后增加空闲物理块总数。

$$i = 块号 / 位示图中的字长$$
$$j = 块号 \% 位示图中的字长$$

5.5　分段存储管理方式

如果说分页存储器管理方式引入的目的是提高内存的利用率，那么分段存储器管理方式的引入便是为了方便用户的使用。引入分段存储器管理方式主要是为了满足用户方便编程、分段共享和分段保护等要求。

5.5.1　基本思想（工作原理）

1. 基本思想

分段存储管理方式要求每个程序的地址空间按照自身的逻辑关系划分成若干段，比如主程序段、子程序段、数据段、堆栈段等，每个段都有自己的名字。为了简单，通常可用一个段号来代替段名，每个段都从 0 开始独立编址，段内地址连续。段的长度由相应的逻辑信息组的长度决定，因而各段的长度不等。分配内存时，为每个段分配一连续的存储空间，段间地址空间可以不连续。

2. 段表

在分段存储管理系统中，为每一个段分配一个连续的存储空间，而段和段之间可以不连续，离散地分配到内存的不同区域。为了使程序能够正常执行，亦即能从内存中找到每个逻辑段所存储的位置，系统为每个进程建立了一张段映射表，简称"段表"。进程的每个段在段表中占有一个表项，其中记录了该段在内存中的起始地址（基址）和段的长度，如图 5-20 所示。段表一般情况下存储在内存中，在配置了段表以后，执行中的进程可以通过查找段表，找到每个段在内存中存储的位置。段表实现了从逻辑段到物理内存区的映射。

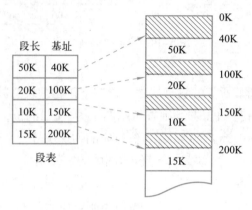

图 5-20　段表示意图

5.5.2　动态地址变换

1. 地址结构

在分段存储管理系统中，逻辑地址分为段号和段内地址两部分，如图 5-21 所示。同样以 32 位地址空间为例来说明在分段存储管理系统中的地址结构。

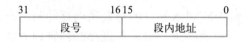

图 5-21　分段存储中的地址格式

如图 5-21 所示，0 ~ 15 位共 16 位用来表示段内地址，16 ~ 31 位共 16 位来表示段号。在这样的地址结构中，允许一个程序最多可分为 2^{16}（64K）个段，每个段的最大长度为 64 KB。

2. 地址变换

为了实现分段存储关系中逻辑地址到物理地址的变换，系统设置了段表寄存器用来存储当前运行进程的段表的始址和段表长度。在进行地址变换时，首先比较逻辑地址中的段号和段表寄存器中的段表长度，如果段号大于或等于段表长度，则访问越界，产生一越界中断，由系统处理。如果没有越界，则用段号和段表寄存器中的段表始地址检索段表，按照始址和段号找到该逻辑地址所在的段在段表中的位置，从中读出该段的始址，然后比较逻辑地址中的段内地址和段长，如果段内地址大于或等于段长，则越界。如果没有越界，则用该段的始址加上段内地址得到要访问的物理地址，地址变换过程如图 5-22 所示。

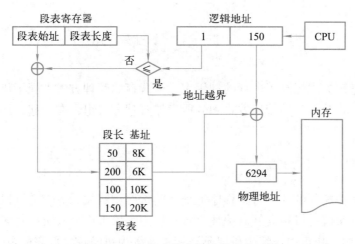

图 5-22　分段系统中的地址变换过程

像分页系统一样,段表也存储在内存中,取得一条指令或数据需要两次访问内存。为了提高地址变换速度,同样可以在分段系统中设置联想寄存器,其中存储最近常用的段表项。

5.5.3　存储保护

由于在分段存储管理方式中,用户各分段是信息的逻辑单位,因此容易对各段实现保护。保护可分为越界保护和越权保护两种。

1. 越界保护

在地址变换过程中,需要进行段号和段表长度的比较,以及段内地址和段长的比较。若段号小于段表长度并且段内地址小于段长,才能进行地址变换。否则,产生越界中断,终止程序运行。

2. 越权保护

和分页存储管理方式一样,通过在段表中设置存取控制字段来对各段进行保护。

5.5.4　分页和分段的主要区别

分页和分段有许多相似之处,但是在概念上两者完全不同,主要表现在以下 3 点:

(1)页是信息的物理单位,分页是为了系统管理内存的方便而进行的,故对用户而言,分页是不可见的,是透明的;段是信息的逻辑单位,分段是程序逻辑上的要求,对用户而言,分段是可见的。

(2)页的大小是固定的,由系统决定;段的大小是不固定的,由用户程序本身决定。

(3)从用户角度看,分页的地址空间是一维的,而段的地址空间是二维的。

5.6 段页式存储管理方式

分页存储管理方式提高了内存的利用率，分段存储管理方式方便了用户的使用。结合两者的优点，将分页存储管理方式和分段存储管理方式组合在一起，形成了段页式存储管理方式。

5.6.1 基本思想（工作原理）

内存分成大小相同的块，每个程序地址空间按照逻辑关系分成若干段，并为每个段赋予一个段名，每段可以独立从 0 编址，每段按内存块大小分成页，每段分配与其页数相同的内存块，内存块可以连续也可以不连续。系统为每段建立页表记录每页对应的块，同时还为该程序建立段表记录每段对应的页表（段表以及段内页表中的状态位为实现虚拟存储而设置），如图 5-23 所示。

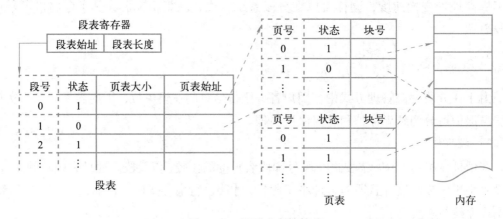

图 5-23 段页式存储管理

5.6.2 地址变换

1. 地址结构

由段页式存储管理方式的基本原理可以知道：为了访问段页式的地址空间，逻辑地址由 3 部分组成：段号 s、段内页号 p 和页内地址 d，如图 5-24 所示。

段号s	段内页号p	页内地址d

图 5-24 段页式存储管理方式中地址结构

2. 地址变换

在段页式存储管理系统中，为了实现地址变换，配置一段表寄存器来存放段表的始址和段长。地址变换时，首先利用段号和段长进行比较，如果段号小于段长，则没有越界，于是利用段表寄存器中的段表始址和段号求出该段的段表项在段表中的位置，从中得到该段的页表始址，并利用逻辑地址中的段内页号得到该页对应的页表项的位置，从中读出该页所对应的物理块号，把物理块号和页内地址送到物理地址寄存器，构成物理地址。地址变换机构如图 5-25 所示。

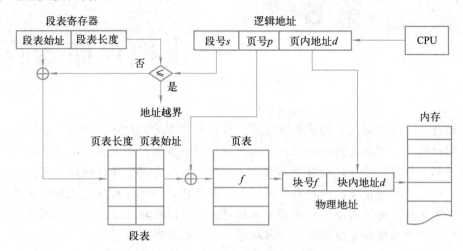

图 5-25 段页式系统中的地址变换机构

在段页式存储管理方式中，执行一条指令需要 3 次访问内存。第一次访问段表，从中得到页表的位置；第二次访问页表，得出该页所对应的物理块号；第三次按照得到的物理地址访问内存。为了提高地址变换速度，同样可以和分页存储管理方式、分段存储管理方式一样，设置一个高速缓冲寄存器，利用段号和页号去检索该寄存器，得到相应的物理块号。

习 题

1. 计算机系统中存储器一般分为哪两级？各有什么特点？

2. 存储管理的目的是什么？存储管理的任务是什么？

3. 地址转换可分为哪 3 种方式？比较这 3 种方式的优缺点。

4. 可变分区常用的分区算法有哪几种？它们各自的特点是什么？

5. 用类 C++ 语言写出首次适应分配算法的分配过程。

6. 什么叫紧凑？为什么要进行紧凑？

7. 什么是覆盖？什么是交换？覆盖和交换的区别是什么？

8. 简述分页存储管理方式的基本思想和页表的作用。

9. 简述快表的作用。

10. 简述段和页的区别。

11. 某存储区的用户空间共 32 个页面，每页 1 KB，内存 16 KB。假定某时刻系统为用户的第 0、1、2、3 页分别分配的物理块号为 5、10、4、7，将逻辑地址 0A5CH 和 093CH 变换为物理地址。

第 6 章

>> 虚拟存储器管理

无论是单一连续分配、分区分配还是分页存取管理方式和分段存储管理方式，都有一个共同的特点：需要将程序一次性装入内存。这样如果程序很大，其所要求的内存空间超过当前内存空间总和，则程序不能被一次性的装入内存，会致使程序无法执行。另外，当要运行的程序很多，而内存空间不足，则只能让一部分程序先运行，大量程序只能在外存中等待。为了解决这些内存不足的情况，可以从物理上和逻辑上两方面扩充内存容量。虚拟存储器就是使用虚拟技术从逻辑上对存储器进行扩充。

6.1 概 述

6.1.1 局部性原理

程序在运行时一次性装入内存，并且有些程序一旦装入内存便一直驻留到程序运行结束。尽管运行中的进程会因 I/O 而长期等待，或有的程序运行一次后，就不再需要运行了，然而它们都将继续占据宝贵的内存资源，此即所谓的驻留性。一次性和驻留性会使许多在进程运行时不用的，或暂时不用的程序（数据）占据大量的内存空间，而使一些需要运行的程序无法装入运行。这样将严重地降低内存的利用率，从而显著地减少了系统吞吐量。那么一次性及驻留性是否是程序运行时所必需的呢？

研究表明：程序在执行过程中呈现局部性原理。

由实验知道：在几乎所有程序的执行中，一段时间内往往呈现出高度的局部性，即程序对内存的访问是不均匀的，表现在时间与空间两方面。

（1）时间局部性。一条指令被执行后，那么它可能很快会再次被执行。程序设计中经常使用的循环、子程序、堆栈、计数或累计变量等程序结构都反映了时间局部性。

（2）空间局部性。若某一存储单元被访问，那么与该存储单元相邻的单元可能也会很快被访问。程序代码的顺序执行，对线性数据结构的访问或处理，以及程序中往往把常用变量存放在一起等都反映出空间局部性。

换句话说，CPU 总是集中地访问程序中的某一个部分而不是随机地对程序所有部分平均地访问。局部性原理使得虚拟存储技术的实现成为可能。

由程序的局部性，人们认识到：把一个程序特别是一个大型程序的一部分装入内存是可以运行的。以下的事实也是人们所熟知的。

（1）程序中的某些部分在程序整个运行期间可能根本就不用。像出错处理程序，只有在数据或计算处理出错时才会运行，而在程序的正常运行情况下，没有必要把它调入内存。

（2）许多表格占用固定数量的内存空间，而实际上只用到其中的一部分。

（3）许多程序段是顺序执行的，还有一些程序段是互斥执行的，在这些运行活动中只可能用到其中之一，它们并没有必要同时驻留在内存。

（4）在程序的一次运行过程中，有些程序段被执行之后，将从某个时刻起不再用到。

程序局部性原理和上述事实说明没有必要一次性把整个程序全部装入内存后再开始运行，在程序执行过程中其某些部分也没有必要从开始到结束一直都驻留在内存，而且程序在内存空间中没有必要完全连续存放，只要局部连续便可。换言之，可以把一个程序分多次装入内存，每次装入当前运行需要使用的部分——多次性；在程序执行过程中，可以把当前暂不使用的部分换出内存，若以后需要时再换进内存——交换性，即非驻留性；程序在内存中可分段存放，每一段是连续的——离散性。这些都是虚拟存储器的特征，除此以外，虚拟存储器还有一个最重要的特征——虚拟性，从逻辑上扩充内存容量，使用户所看到的内存容量远大于实际内存容量。

6.1.2 虚拟存储器定义

所谓虚拟存储器是指仅把程序的一部分装入内存便可运行程序的存储器系统。具体地说，虚拟存储器是指具有请求调入功能和置换功能，能从逻辑上对内存容量进行扩充的一种存储器系统。实际上，用户所看到的大容量只是一种感觉，是虚的，故称之为虚拟存储器。虚拟存储器逻辑容量由内存和外存容量之和所决定，其运行速度接近于内存速度，成本又接近于外存。虚拟存储技术是一种性能非常卓越的存储器管理技术，故被广泛地应用于大、中、小型计算机和微机中。

虚拟存储器并非可以无限大，其容量受外存大小和指令中地址长度两方面的限制。

6.2 分页虚拟存储管理

6.2.1 基本原理

分页虚拟存储管理方式是在分页系统的基础上增加了请求调页功能和页面置换功能所形成的虚拟存储器系统。在进程装入内存时，并不是装入全部页面，而是装入若干页（一个或零个页面），之后根据进程运行的需要，动态装入其他页面；当内存空间已满，而又需要装入新的页面时，则根据某种算法淘汰某个页面，以便腾出空间，装入新的页面。

在分页虚拟存储管理时使用的页表，是在原来页表的基础上发展起来的，包括以下内容：物理块号、状态位、访问位、修改位、外存地址。其中，状态位表示该页是否已经调入内存；访问位表示该页在内存期间是否被访问过；修改位表示该页在内存中是否被修改过，若未被修改，则在置换该页时就不需将该页写回到外存，以减少系统的开销和启动磁盘的次数，若已被修改，则在置换该页时必须把该页写回到外存，以保证外存中所保留的始终是最新副本；外存地址用于指出该页在外存上的地址，通常是物理块号，供调入该页时使用。

6.2.2 缺页中断机构

在分页虚拟存储管理系统中，每当要访问的页面不在内存时，便产生一个缺页中断，请求操作系统把所缺页面调入内存。缺页中断作为中断，它同样需要经历诸如保护 CPU 现场环境、分析中断原因、转入缺页中断处理程序进行处理、恢复 CPU 环境等几个步骤。但缺页中断又是一种特殊的中断，它与一般的中断相比有着明显的区别，主要表现如下：

（1）在指令执行期间产生和处理中断信号。通常，都是在一条指令执行完后去检查是否有中断产生。若有，便去响应处理中断；否则，继续执行下一条指令。然而，缺页中断是在指令执行期间，发现所要访问的指令或数据不在内存时产生和处理的。

（2）一条指令在执行期间，可能产生多次缺页中断。如图 6-1 所示的一个例子，在执行一条 copy A to B 的指令时，可能要产生 6 次缺页中断，其中指令本身跨了两个页面，A 和 B 分别是一个数据块，也都跨了两个页面。基于这些特征，系统中的硬件机构应能保存多次中断时的状态，并保证最后能返回到中断前产生缺页中断的指令处，继续执行。

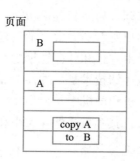

图 6-1　缺页中断示例

6.2.3 地址变换机构

分页虚拟存储管理中的地址变换机构是由分页存储管理方式中的地址变换机构发展而来的，在原来地址变换机构的基础上增加了产生和处理缺页中断以及从内存中换出一页等功能。具体过程如下：当用户进程要求访问某一页时，如果该页已经调入内存，那么按照分页存储管理方式中的地址变换过程转换地址；如果该页还没有调入内存，则产生一缺页中断，系统进入相应的缺页中断处理过程。其中断处理过程：首先，保存当前进程的 CPU 现场环境，从外存中找到该页，然后，查看当前内存是否有空闲空间调入该页，如果有则启动 I/O，将该页由外存调入内存，同时修改页表，再按分页存储管理方式的地址变换过程转换地址；如果内存已满，则按照某种算法选择一页作为淘汰页调出，腾出空间后再调入。当然如果被淘汰的页在内存中已经被修改过，则需将该页写回外存。

6.2.4 页面置换算法

如果内存空间已被装满而又要装入新页，则必须按某种算法将内存中的一些页淘汰出去，以便调入新页，这个工作称为"页面置换"。选择被淘汰页的方法称为页面置换算法。页面置换算法的好坏直接影响到系统的性能。一个好的页面置换算法应具有较低的页面更换频率。目前存在多种置换算法，下面介绍几种常用的置换算法。

1. 最佳置换算法

最佳置换算法是一种理想化的算法，其所选择的被淘汰页面将是以后永不使用或者是在最长时间内不再被访问的页。采用最佳置换算法可以保证获得最低的缺页率。但是无法预知一个进程在内存的若干个页面中哪一个页面是未来最长时间不再被访问的，因此这种算法是无法实现的，只能作为其他置换算法的衡量标准。

2. 先进先出算法

这是最早出现的置换算法。先进先出算法每次淘汰最先进入内存的页。这种置换算法的优点是简单、易于实现。由操作系统维护一个所有当前在内存中的页面的链表，最老的页面在表头，最新的页面在表尾。当发生缺页需要淘汰一页时，淘汰表头的页面并把新调入的页面加到表尾即可。其缺点是效率不高，因为在内存中驻留时间最长的页不一定是最长时间后才使用的页。

3. 最近最久未使用（LRU）算法

最近最久未使用算法淘汰在最近一段时间里最少使用的一页。LRU 算法是较好的一个算法，但是开销太大，要求系统有较多的支持硬件。为了实现 LRU，必须在内存维护一张程序所有页的链表，表中各项按访问时间先后排序，最近访问的页排在表头，最久未用的页排在表尾，这就是所谓的栈式算法。每当要置换一页时，必须对链表中的各项进行修改。若被访问的页在内存，则将其移到表头，调整相应项。若不在内存，则将新调的页放在表头，其他项依次后移，将表尾一项挤掉。

为了改进使用链表费时的不足，可使用一个特殊硬件实现 LRU。第一种方法是系统为每个在内存中的页面配置一个移位寄存器，可表示为

$$R=R_{n-1}R_{n-2}\cdots R_3R_2R_1$$

当进程访问某页时，便将相应的寄存器的最高位（R_{n-1}）置 1。此时，定时信号将每隔一定时间将寄存器右移一位。如果把 n 位寄存器的值看作一个整数，那么，具有最小数的寄存器所对应的页面就是最近最久未使用的页。第二种方法是利用一个特殊的栈来保存当前使用的各个页面的页面号。每当进程访问某页面时，便将该页面的页面号从栈中移出，将它压入栈顶。因此，栈底就是最近最久未使用页面的页面号。

虽然采用特殊硬件的 LRU 算法是可实现的，但这要依赖于专用硬件。操作系统的设计者不采用这种方法，它采用软件的方法来实现。

4. 简单 Clock 置换算法

使用 Clock 算法时，只须为每页设置一个访问位，再将内存中的所有页面都通过连

接指针链成一个循环队列。当某页被访问时，其访问位置1。置换算法在选择一页淘汰时，只须检查其访问位，如果是0，就选择该页换出；若为1，则重新将它复0，暂不换出而给该页第二次驻留内存的机会，再按照FIFO算法检查下一个页面。当检查到队列中的最后一个页面时，若其访问值仍为1，则再返回到队首去检查第一个页面。图6-2给出了该算法的流程图。由于该算法是循环地检查各页面的使用情况，故称为Clock算法。但因该算法只有一位访问值，只能用它表示该页是否已经使用过，而置换时是将未使用过的页面换出，故又把该算法称为最近未使用算法（Not Recently Used，NRU）。

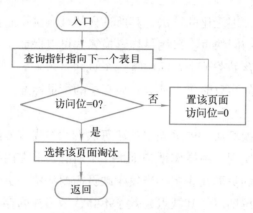

图6-2 简单Clock置换算法

5. 改进型Clock置换算法

在将一个页面换出时，如果该页面被修改过，须将它重新写到磁盘上，但如果该页面未被修改过，则不必将它写回磁盘。换言之，对于修改过的页面在换出时所付出的开销将比未修改过的页面的开销大。在改进型Clock算法中，它除了考虑到页面的使用情况外，还增加了置换代价这一因素，选择换出页面时，既要是未使用过的页面，又要是未被修改过的页面。把同时满足两条件的页面作为首选被淘汰的页。由访问位A和修改位M可以组合成下面4种类型的页面：

（1）1类（A=0，M=0），表示该页最近既没有被访问、又没有被修改，是最佳淘汰页。

（2）2类（A=0，M=1），表示该页最近未被访问，但已被修改，并不是很好的淘汰页。

（3）3类（A=1，M=0），最近已被访问，但未被修改，该页有可能再被访问。

（4）4类（A=1，M=1），最近已被访问且被修改，该页可能再被访问。

在内存中的每个页必定是这4类页面类型之一，在进行页面置换时，采用与简单Clock置换算法类似的算法，差别在于须同时检查访问位和修改位，以确定该页是4类页面中的哪一种。此算法称为改进型Clock算法，其执行过程可分成以下3步：

（1）从指针所指示的当前位置开始，扫描循环队列，寻找A=0，M=0的第一类页面，将所遇到的第一个页面作为所选中的淘汰页。在第一次扫描期间不改变访问位A。

（2）如果第一步失败，即查找一周后未遇到第一类页面，则开始第二轮扫描，寻找A=0，M=1的第二类页面，将所遇到的第一个这类页面作为淘汰页，在第二轮扫描期间，将所有经过的页面的访问位置0。

（3）如果第二步也失败，即未找到第二类页面，则将指针返回到开始的位置。然后，重复第（1）步，如果仍失败，必要时再重复第（2）步，此时就一定能找到被淘汰的页。

该算法与简单 Clock 算法比较，可减少磁盘的 I/O 操作次数，但为了找到一个可置换的页，可能须经过几轮扫描。换言之，实现该算法本身的开销将有所增加。

6.2.5 内存分配策略和分配算法

为进程分配内存时，将涉及 3 个问题：第一，为了保证进程能正常运行所需的最少物理块数的确定；第二，物理块的分配策略；第三，物理块的分配算法。

1. 最少物理块数

这里所说的最少物理块数是指能保证进程正常运行所需的最少物理块数。当系统为进程分配的物理块数少于这个值时，进程将无法运行。进程所需的最少物理块数与计算机的硬件结构有关，取决于指令的格式、功能和寻址方式。例如，对于有些机器采用单地址指令且采用直接寻址方式，则所需的最少物理块数为 2，其中一块用于存放指令的页面，另一块则存放数据的页面。如果该机器允许间接寻址，则至少需要有 3 个物理块。对于指令长度可能是两个或多于两个字节的机器，其指令本身可能跨两个页面，且源地址和目标地址所涉及的区域也都可能跨两个页面。如前面所介绍的发生 6 次缺页中断的情况一样，对于这种机器，至少要为每个进程分配 6 个物理块。

2. 物理块的分配策略

在分页虚拟存储管理系统中，可采用两种内存分配策略，即固定分配和可变分配。在进行置换时，也可采用两种策略，即全局置换和局部置换。于是可组合出以下 3 种适用的策略。

（1）固定分配局部置换。这种策略基于进程的类型或根据程序员的建议，为每个进程分配一定数量的物理块，在整个运行期间都不再改变。采用该策略时，如果进程在运行期间发现缺页，则只能从该进程在内存的 n 个页面中选出一页换出，然后再调入一页，保证分配给该进程的物理块数保持不变。实现这种策略的困难在于难以确定为每个进程分配的物理块数。物理块数若太少，则会频繁地出现缺页中断，降低了系统的吞吐量；若太多，则必然使内存中驻留的进程数目减少，进而可能造成 CPU 空间或其他资源的浪费，而且在实现进程交换时，会花费更多的时间。

（2）可变分配全局置换。在采用这种策略时，先为系统中的每个进程分配一定数量的物理块，而操作系统本身也保留一个空闲物理块队列。当某个进程发生缺页时，由系统从空闲物理块队列中取出一个物理块分配给该进程，并将欲调入的（缺）页装入其中。这样，凡产生缺页的进程都将获得新的物理块。仅当空闲物理块队列中的物理块用完时，操作系统才从内存中选择一页调出，该页可能是系统中任一进程的页。这样，自然又会使那个进程的物理块数减少，进而使其缺页率增加。这种策略是最容易实现的一种物理块分配和置换的策略。

（3）可变分配局部置换。同样基于进程的类型或根据程序员的要求，为每个进程分配一定数目的物理块，但当某进程发生缺页时，只允许从该进程在内存的页面中选出一页换出，这样就不会影响其他进程的运行。如果进程在运行中频繁地发生缺页中断，则系统须再为该进程分配若干附加的物理块，直至进程的缺页率减少到适当程度为止；反之，若一个进程在运行过程中的缺页率特别低，则此时可适当减少分配给该进程的物理块，但不应引起其缺页率的明显增加。

3. 物理块分配算法

在内存容量和进程数量确定的前提下，采用固定分配策略应该如何将内存物理块分配给各个进程呢？有如下几种方法。

方法一：平均分配算法。

此算法将系统中所有可供分配的物理块等分给各个进程。例如，内存中物理块数为 200 个，进程数为 10，则每个进程分得 20 个物理块。这是最简单的物理块分配方法，貌似公平，但是它没有考虑到不同进程的大小因素，如有一个进程长度为 5 个页，则它会浪费 15 个物理块，另一个进程长度为 100 个页，只给它分配了 20 个物理块，可能会经常发生缺页中断。

方法二：按比例分配算法。

根据进程的大小按比例分配物理块。如果系统中共有 n 个进程，每个进程的页面数为 s_i，则系统中各进程页面数总和为：

$$s = \sum_{i=1}^{n} s_i$$

又假设 m 为内存空间可用物理块数，则分配给进程 P_i 的物理块数 a_i 为：

$$a_i = s_i/s \times m$$

a_i 应取整而且必须大于最小物理块数。

方法三：考虑优先级的分配算法。

上述两种分配方法都没有考虑到进程的优先级，高优先级的进程与低优先级的进程同等对待。为了加速高优先级进程的执行速度，可以为其分配较多的物理块，如此便可得到另外一种物理块分配方法，即根据进程的优先级别按比例分配内存物理块。

6.2.6 调页策略

要确定何时将所缺的页面调入内存，可采用请求调页策略和预调页策略。

1. 请求调页策略

所谓请求调页策略就是当缺页中断发生时进行调度，即当访问某一页面而该页面不在内存时由操作系统将其调入内存。采用请求调页策略，被调入内存的页面一定会被访问到，即不会发生无意义地页面调度。但是，请求调页也有一个缺点，从缺页中断发生到所需页面被调入到内存，这期间对应的进程需要等待，如此将会影响进程的推进速度。

2. 预调页策略

预调页策略也称先行调度，是在缺页中断发生前进行调度，即当一个页面即将被访问之前就将其调入内存。预调页可以节省进程因缺页中断而等待页面调入的时间。预调页策略通常可以根据程序的顺序行为特性而作出：如某进程当前正访问第12页，则接下来很可能会访问第13页、第14页，此时可将第13页甚至第14页预先调入内存，这样当该进程访问第13页以至第14页时它们已经在内存中，不会发生缺页中断，从而提高进程的推进速度。预调页不一定是百分之百准确的，由于程序中存在转移语句，第13页用完后可能需要访问第20页，而该页目前可能不在内存。也就是说，预先调入的页面可能有的未被用到，预调页策略仍会发生缺页中断。因而，采用预调页策略的系统必须辅以请求调页的功能。预调页策略可以减小缺页中断率，但其实现开销较大，故这种策略主要用于进程的首次调入时。

6.2.7 抖动问题

虚拟存储器的实现使得只需要装入一个进程的一部分程序和数据便能运行。所以人们总是想在内存中装入更多的程序，提高多道程序的度，以便提高处理机的利用率。在开始阶段，随着进程数量的增加，处理机的利用率急剧增加，当进程的数量达到一个值 N_{max} 时，处理机的利用率达到最大，但之后随着进程数量的继续增加，处理机的利用率反而开始缓慢下降，当超过 N 之后，继续增加进程的数量，处理机的利用率急剧下降趋向为零，如图6-3所示。此时系统中出现了"抖动"。

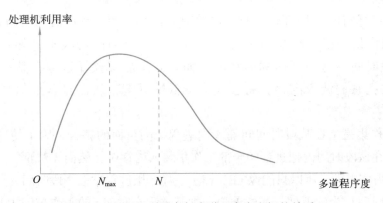

图6-3 处理机利用率与多道程序度之间的关系

1. 产生抖动的原因

产生抖动的根本原因是系统中进程的数量太多，因此分配给每个进程的物理块数量太少，使得每个进程在运行时频繁的发生缺页中断，请求操作系统把所缺页面由外存调入内存，显然这样对磁盘的访问时间也随之急剧增加。每个进程的大部分时间都用于页面的换进换出，而几乎不能再去做任何有效的工作，从而导致发生处理机利用率急剧下降，而趋于零的现象，称此时系统处于抖动状态。

抖动是系统运行中出现的严重问题，必须采用某种方法加以解决。因为抖动现象的产生和每个进程分配到的物理块数有关，于是1968年Denning提出了关于进程"工作集"的概念。

2. 工作集

抖动发生时进程的缺页率必定很高，通过控制进程的缺页率就可预防抖动的发生。

进程发生缺页率的时间间隔与进程获得的物理块数有关，其关系如图 6-4 所示。由图可以看出缺页率随着所分配到的物理块数的增加明显减少，当物理块数达到某个数量时，再为进程增加物理块数，对缺页率的改善已经不明显。此时已经没有必要为该进程在分配更多的物理块。反之，当进程分配到的物理块数少于某个数量时，每减少一块，进程的缺页率都会急剧增加，此时应该为该进程分配更多的物理块以减少缺页率。

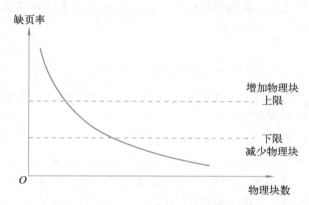

图 6-4　缺页率与物理块数之间的关系

　　基于程序运行时的局部性原理，在进程的运行期间，对页面的访问是不均匀的，在一段时间内仅局限于较少的页面，在另外一段时间内局限于另外一些较少的页面。在这段时间内这些页面称为活跃页面。如果能够预知进程在某段时间内的活跃页面，并把它们调入内存，将会大大降低缺页率，从而显著地提高处理机的利用率。

　　所谓工作集是指在某段时间间隔 Δ 内进程访问页面的集合。为了使进程有较低的缺页率，应在该段时间内把进程的全部工作集装入内存中。然而无法预知进程在不同时刻将要访问哪些页面，所以只能像 LRU 算法一样，用进程过去一段时间的行为，作为进程将来一段时间行为的近似。具体地说，把某进程在时间 t 的工作集记为 $w(t, \Delta)$，其中变量 Δ 称为工作集的"窗口尺寸"。不同时刻进程的工作集是不同的，并且在同一时刻进程工作集的大小还与 Δ 的取值有关。如果 Δ 取值过大，在极端情况下，如果 Δ 与进程运行时间接近，那么工作集的大小接近于整个进程所需页面的总数，虽然不会产生缺页，但也失去了虚拟存储器的意义；反之，如果 Δ 取值过小，未能把进程所需的工作集全部装入内存，则在进程的运行中会频繁发生缺页，降低了处理机的利用率。因此工作集的大小要选择适中。

　　工作集是时间 t 和时间间隔 Δ 的二元函数，即在不同时刻 t 的工作集窗口尺寸大小不同，所包含的页面数也不同。图 6-5 示出了某进程访问页面的序列和窗口尺寸为 3、4、5 时的工作集。

访问页面序列	Δ=3 时	Δ=4 时	Δ=5 时
25	25	25	25
16	16 25	16 25	16 25
19	19 16 25	19 16 25	19 16 25
29	29 19 16	29 19 16 25	29 19 16 25
25	25 29 19	-----	-----
10	10 25 29	10 25 29 19	10 25 29 19 16
19	19 10 25	-----	-----
25	-----	-----	-----
19	-----	-----	-----
10	-----	-----	-----
10	-----	-----	-----
16	16 10 19	16 10 19 25	-----
10	-----	-----	-----
25	25 10 16	-----	-----
19	19 25 10	-----	-----

图 6-5 窗口大小为 3、4、5 时某进程的工作集

由图 6-5 可以看出，工作集大小是窗口尺寸 Δ 的非降函数，即 $w(t, \Delta) = w(t, \Delta+1)$。

3. 预防抖动的方法

为了保证处理机的利用率，必须防止抖动现象的发生。预防抖动的发生或者限制抖动影响有多种方法。根据产生抖动的根本原因，这些方法都基于调节多道程序的度。下面介绍几种常用的预防抖动发生的方法。

（1）采用局部置换策略。在页面分配和置换策略中，如果采取的是可变分配方式时，为了预防抖动的产生，可采取局部置换策略。当某个进程发生缺页时，只能在分配给自己的内存空间进行置换，不允许从其他进程处获得新的物理块。这样，即使该进程发生了抖动也不会影响到其他进程的运行，不会引发其他进程出现抖动，使抖动局限于一个较小的范围内。该方法的优点是简单易行，但该方法并未消除抖动的发生，而在一些进程发生抖动的情况下，这些进程会长时间处于磁盘 I/O 的等待队列中，使队列的长度增加，从而延长了其他进程的缺页处理时间，使得平均缺页处理时间延长，延长了有效访问时间。

（2）利用工作集算法防止抖动。当调度程序发现处理机的利用率较低时，便从外存调一个新的程序进入内存，以提高处理机的利用率。当引入工作集算法后，在把新程序调入内存之前，必须先检查此时内存中的各个进程在内存中的驻留页面是否足够多，如

果足够多，则新程序的调入不会导致缺页率的增加，此时便可以调新的程序进入内存；反之，如果此时有些进程的内存页面不足，则应该首先为那些进程分配新的物理块以降低其缺页率，而不是调入新的程序。

（3）利用"L=S"准则调节缺页率。L是缺页之间的平均时间，S是平均缺页服务时间，即用于置换一个页面所需要的时间。如果L远大于S，说明很少发生缺页，处理机和磁盘的能力尚未得到充分利用；如果L比S要小，说明频繁发生缺页，缺页的速度已经超出了磁盘的处理能力，可能产生了抖动。只有L和S接近时，处理机和磁盘的都可达到它们的最大利用率。理论和实践证明：利用"L=S"准则，对于调节缺页率十分有效。

（4）挂起某些进程。当多道程序的度偏高，出现处理机利用下降时，为了防止抖动的产生可以挂起一个或几个进程，腾出内存空间供缺页率较高的进程使用，从而达到预防或消除抖动的目的。被挂起进程的选择策略有多种，如选择优先权最低的进程、缺页进程、最近激活的进程、驻留集最小的进程、驻留集最大的进程等。

6.3 分段虚拟存储管理

6.3.1 基本原理

分段虚拟存储管理原理同分页虚拟存储管理原理一样，在程序运行前，不必调入所有分段，只需先调入若干个分段便可启动运行。当所访问的段不在内存中时，可请求操作系统将所缺的段调入内存。为了实现虚拟存储器，分段虚拟存储管理中的段表包括：段名、段长、段的基址、存取方式、访问位、修改位、存在位、增补位和外存地址。其中，存取方式用来标识本分段的存取属性是可执行、只读，还是允许读/写；访问位用于记录该段是否被访问过；修改位用于表示该页在进入内存后，是否已被修改过，供置换时参考；存在位指示本段是否已调入内存；增补位是分段虚拟存储管理中所特有的字段，用于表示本段在运行过程中，是否做过动态增长；外存地址只是本段在外存中的起始地址，即起始盘块号。

6.3.2 缺段中断机构

在分段虚拟存储管理系统中，如果访问的段不在内存中，系统将产生一个缺段中断，请求操作系统将该段调入到内存。缺段中断和缺页中断一样，都可以在一条指令的执行过程中产生和处理中断信号，并且在执行一条指令过程中可能产生多次中断。两者的不同之处在于段是信息的逻辑单位，所以不可能出现一条指令被分割在两个段内，也不可能一组信息被分割在两个段中的情况，缺段中断处理过程如图6-6所示。

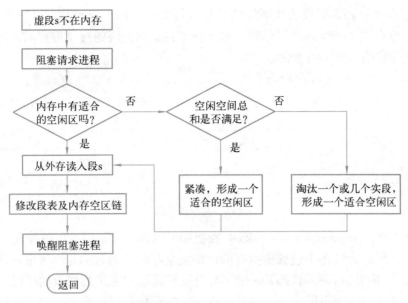

图 6-6　缺段中断处理过程

6.3.3　段的动态连接

一个程序由若干程序模块组成，在前面所讲的各种存储管理方法中，程序在运行前，所有的程序模块必须由系统的连接装配程序进行连接和重定位，进行静态连接。它既费力又费时，有时连接好的模块在程序运行当中根本不用。因而造成时间和空间的浪费。最好的办法是不事先做连接工作，把它推迟到程序运行过程中进行，需要哪一段，才把那段连接到程序地址空间中，实现运行时的动态连接方法。在分段虚拟存储管理中，每个程序模块构成独立的分段，且地址空间是二维的，因而为实现动态连接创造了条件。

6.3.4　段的共享

利用段的动态连接很容易实现段的共享，一个共享段在不同程序中可具有不同的段号，如图 6-7 所示，共享段在程序 J1 中为段 2，在程序 J2 中为段 3。

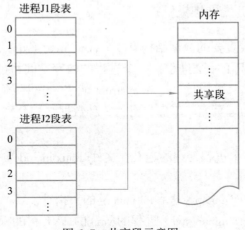

图 6-7　共享段示意图

可通过设立一张共享段表来对段的共享进行集中管理，记录共享段的段名、段长、内存始址、存在位、外存始址等信息，并记录了共享此分段的每个进程的情况以及进程的个数。共享段表如图 6-8 所示。

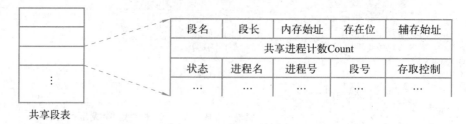

共享段表

图 6-8　共享段表项

可重入代码（Reentrant Code）又称"纯代码"（Pure Code），是一种允许多个进程同时访问的代码。为使各个进程所执行的代码完全相同，绝对不允许可重入代码在执行中有任何改变。因此，可重入代码是一种不允许任何进程对它进行修改的代码。但事实上，大多数代码在执行时都可能改变，例如，用于控制程序执行次数的变量以及指针、数组及信号量等。为此，每个进程都必须配以局部数据区，把在执行中可能改变的部分复制到该数据区。这样程序在执行时，只对该数据区中属于该进程私有的内容进行修改，并不去改变共享代码的内容，这时的可共享代码即可成为可重入代码。

6.4　Linux 的内存管理

Linux 采用的是虚拟存储技术，用户的虚拟地址空间可达到 4 GB。用户要对其虚拟地址空间进行寻址，必须要通过二级页表转换得到物理地址。而且不同系统中页面的大小可能相同，也可能不同，给管理带来了不便。Alpha AXP 处理机上运行的 Linux 页面大小为 8 KB，而 Intel x86 系统上使用 4 KB 页面。为实现跨平台运行，Linux 将这些访问页表的寻址过程都用转换宏来实现，这样内核无须知道页表入口的结构。每个页面通过一个页面框号（PFN）来标识。

6.4.1　Linux 存储管理的重要数据结构

Linux 存储管理中最重要的数据结构有 3 个，vm_area_struct、mm_struct 和 page。其中，一个 mm_struct 结构标识了一个进程，一个进程的内存空间可能有多个区域，每个区域可进行的操作可能都是不同的，vm_area_struct 就表示这样的区域，page（也是 mem_map_t）就代表了一个物理页面。下面将对这 3 种数据结构分别加以介绍。

1. mm_struct

mm_struct 标识了一个进程，它的定义在文件 \linux\include\linux\sched.h 中，主要域说明如下：

struct vm_area_struct *mmap：进程的 vma 链的头指针。

struct vm_area_struct *mmap_avl：进程的 vma 的 AVL 树的根结点。

struct vm_area_struct *mmap_Cache：上一次检索到的 AVL 树中的 vma 结点。

pgd_t *pgd：该进程的一级页表的指针。

int map_count：该进程在内存中有映像的 vma 的个数。

struct semaphore mmap_sem：对该进程的 mm_struct 结构进行操作所需的信号量。

unsigned long context：进程运行的环境。

unsigned long start_code，end_code，start_data，end_data：数据段和代码段的起始地址和结束地址。

unsigned long start_brk，brk，start_stack：和堆栈段及可用空间有关的数据。

unsigned long arg_start，arg_end，env_start，env_end：参数和环境有关的地址。

unsigned long rss，total_vm，locked_vm：进程所占用的总页面数。

void *segments：进程的 LDT。

2. vm_area_struct

每个 vm_area_struct 管理着进程的虚拟地址空间的一个区域，一般简写为 vma，它的定义在文件 \linux\include\linux\mm.h 中，主要域的说明如下：

struct mm_struct * vm_mm：指向这块区域所属的进程的 mm_struct 结构。

unsigned long vm_start：这块区域的起始虚拟地址。

unsigned long vm_end：这块区域的结束虚拟地址。

struct vm_area_struct *vm_next：进程的 vma 链的下一个结点，这些结点是按照地址顺序排列的。

pgport_t vm_page_prot：记录了默认情况下对该区域的所有页的保护权限设置。

unsigned short vm_flags：这块区域的读写权限等有关的标志。

short vm_avl_height：进程的 vma 的 AVL 树的高度。

struct vm_area_struct *vm_avl_left：进程的 AVL 树中这个 vma 的左结点。

struct vm_area_struct *vm_avl_right：进程的 ALL 树中这个 vma 的右结点。

struct vm_area_struct *vm_next_share：共享同一个文件的下一个 vma。

struct vm_area_struct **vm_pprev_share：共享同一个文件的前一个 vma。

struct vm_operations_struct *vm_ops：这个区域自定义的一些操作。

unsigned long vm_offset：是该区域的内容相对于文件起始位置的偏移量，或相对于共享内存首址的偏移量。

struct file * vm_file：这块区域内存放的数据或代码所属的文件。

可以看到，一个进程的 vm_struct 中有两种管理 vma 的策略，这也是 Linux 管理的一个特点。vma 是 Linux 的一个很重要的结构，很多情况都需要检索某个 vma 结点。用单链表来管理 vma 的优点是在结点数比较少的时候可以很快地检索到需要的结点，而且插入、删除结点方便；缺点是随着进程虚拟地址空间不断的扩大，vma 结点数不断增加，它的检索效率会大大下降。用 AVL 树来管理 vma 的优点是检索效率高，尤其是在 vma 结点数很多的时候；缺点是建立 AVL 树需要额外代价，插入结点和删除结点都比单链表要麻烦。因此，Linux 将二者的优点结合起来，在 vma 结点数比较少的时候，就只采用单链表来管理，mm_struct 结构中的 *mmap_avl 指针是空的；随着进程的不断运行和 vma 结点数的增加，当 vma 结点数超过了 AVL_MIN_MAP_COUNT（Linux 中定义为 32）

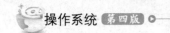

时，就会为这个进程建立 vma 结点的 AVL 树，这时 mm_struct 结构中的 *mmap_avl 指针不再为空。Linux 将单链表的优点和 AVL 树的优点结合起来，既保证了较高的检索效率，又尽量减少了不必要的消耗。

3. page(mem_map_t)

page 结构代表了物理上的一个页，它的定义在文件 \linux\include\mm.h 中，主要是用在空闲页面管理、页面 cache 管理中。主要域说明如下：

struct page *next：下一个空闲页面。

struct page *prev：前一个空闲页面。

struct inode *inode：这个页面内存放的数据或代码所属的文件的 inode。

unsigned loog Offset：这个页面内存放的数据或代码在所属的文件中的偏移量。

struct page *next_hash：在页面 Cache 的散列表中的下一个结点。

struct page *pprev_hash：在页面 Cache 的散列表中的前一个结点。

在 page Cache 中 page 结构是通过对 inode 和 offset 的散列形式组织起来的，这样可以加快检索的速度，从而提高 Cache 的效率。

6.4.2 页表的管理

Linux 假定页表是分三级管理的，一级页表只占用一个页，其中存放了二级页表的入口的指针，记为 pgd；同理，二级页表中存放了三级页表的入口的指针，记为 pmd；在二级页表中每个项是一个页表入口（pte）。

一个页表入口标识一个物理页，它包含了物理页的大量信息，例如该页是否有效、该页的读写权限等，最重要的是页表入口给出了物理页的页框号（PFN），根据这个物理页框号就可以找到这个物理页的实际起始物理地址。

虚拟地址一般来说是由 4 部分组成，一级页表中的偏移量、二级页表中的偏移量、三级页表中的偏移量和物理页面中的偏移量。一般说来，一级页表的起始地址（是一个 pgd 的指针）就存放在进程的 mm_struct 结构中，每次寻址都会先将这个一级页表的起始地址先读出来，再从一级页表找起，由一级页表中的偏移量找到该地址所在的二级页表的入口地址（是一个 pmd 的指针），再由二级页表中的偏移量找到该地址所在的二级页表的入口地址（是一个 pte 的指针），至此找到了该地址所属的物理页面的页框号，再根据页内偏移量就可以读取进程所需的内容，如图 6-9 所示。

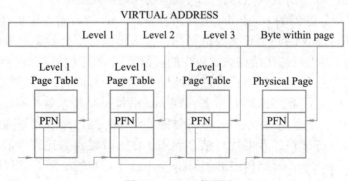

图 6-9 Linux 的寻址

为实现跨平台运行，Linux 将这些访问页表的寻址过程都用转换宏来实现，于是内核无须知道页表入口的结构。这样对不同的处理机就可以有不同的页表组织方式。例如，对于 Intel x86 的处理机的页表就只有两级，它在其转换宏的定义中屏蔽了二级页表的寻址，这一点可以在 \linux\include\asm-I386\pglable.h 文件中见到。

6.4.3 页面分配和回收

在系统的物理页面请求十分频繁的时候，页面的分配和回收就显得越发重要。Linux 的空闲页面管理采用的是伙伴系统，其中 free_area 数组是寻找和释放页面所涉及的一个重要的数据结构（它的定义在 \linux\mm\page_allocc.c 文件中），它里面的每一个元素都包含固定大小页面块的信息和一个 mem_map_t 的双链表，链中每一个结点都是一个大小为 2^n 个页的空闲块的起始页 mem_map_t 结构，如图 6-10 所示。

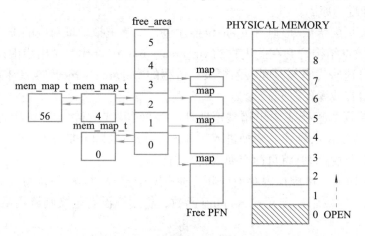

图 6-10　空闲页面的分配与回收

系统在初始化的时候调用函数 free_initmem（在 \linux\arch\i386\mm\init.h 文件中）来对空闲空间进行初始化，将可以用伙伴系统分配空间的页面用函数逐一放入 free_area 数组的空闲链中。

系统每次分配的空间都是 2 的整数次幂个页面，如果申请的空间大小不是 2 的整数次幂，则会有一部分多余的空间分配给进程，这也是伙伴系统的一个缺点。分配空间时，首先要在空间大小相应的空闲空间链中找到一块空间来返回给调用者，如果在这个链里没有找到合适的空间分配，则到 free_area 数组中下一个元素的空闲链中去查找，直至找到能够分配的空间。然后将得到的空闲块进行分割，直至得到的块大小与申请的块大小匹配，再将那些分割出来的空闲块插入到相应的空闲链中去。这一过程是由函数 get_free_pages（在 \linux\mm\page_alloc.c 文件中）来实现的。

因为在分配空间时将大块部分割成了小块，使系统很难找到大的空间分配，所以在回收时要尽可能地将小块合并成大块。系统会检查回收内存块的 buddy 是否在空闲链中，如果在，就将二者合并为一个两倍大小的空闲块，然后再继续找两倍大小块的 buddy。重复上述过程直至不能合并为止。

Linux 是很重效率的系统，采用 buddy 算法也体现了这一点，虽然伙伴系统可能造

成了空间的浪费，但是效率上的提高是不容置疑的。

这部分的主要函数如下：

```
void page(struct page *page);
void free_pages(unsigned long addr, unsigned long order);
unsigned long get_free_pages(int gfp_mask, unsigned long order);
```

6.4.4 页面换入

保存在 swap Cache 中的 dirty 页面可能被再次使用到，例如，当应用程序向包含在已交换出物理页面上的虚拟内存区域写入时。对不在物理内存中的虚拟内存页面的访问将引发页面错误。由于已被交换出去，此时描述此页面的页表入口被标记成无效。处理机不能处理这种虚拟地址到物理地址的转换，它将控制传递给操作系统，同时通知操作系统页面错误的地址与原因。

处理机相关页面错误处理代码将定位描述包含出错虚拟地址对应的虚拟内存区域的 vm_area_struct 数据结构，它在此进程的 vm_area_struct 中查找包含出错虚拟地址的位置直到找到为止。这些代码与时间关系很大，进程的 vm_area_struct 数据结构用 AVL 树结构进行连接使得查找操作时间较少。

通用页面错误处理代码为出错虚拟地址寻找页表入口 pte。如果找到的 pte 是一个已换出的页面，Linux 必须将其交换进入物理内存。pte 实际上是页面在 swap Cache 中的入口，Linux 利用这些信息将页面交换进物理内存。

此时 Linux 知道出错虚拟内存地址并且拥有一个包含页面位置信息的 pte。Linux 调用 vm_area_struct 区域用户定义的 swapin() 函数，若用户没有定义则调用系统的 swapin() 函数。

如果引起页面错误的访问不是写操作，则页面被保留在 swap Cache 中并且它的 pte 不再标记为可写。如果页面随后被写入，则将产生另一个页面错误，这时页面被标记为 dirty，同时其入口从 swap Cache 中删除。如果页面没有被写并且被要求重新换出，Linux 可以免除这次写操作，因为页面已经存在于 swap Cache 中。

这部分的主要函数如下：

```
void swap_in(struct task_struct *tsk, struct vm_area_struct
*vma,pte_t *page_table,unsigned long entry, int write_access);
```

6.4.5 换出与丢弃页面

随着系统的运行，内存中的空闲物理页面数逐渐减少，这时就需要将一部分页面交换出去，以保证系统中有足够的空闲页面来维持内存管理系统运行的效率，这些工作是由守护进程 kswapd 来完成的。这个进程没有虚拟内存，它由内核的 init 进程在系统启动时运行，被定时器周期性调用。

当定时器时间到后，kswapd 进程会检查系统的空闲页面数（nr_free_pages）是不是太少，这要根据 freepages 变量的两个域 freepages.low 和 freepages.high 来判断。如果当前系统的空闲页面数小于 freepages.high，就要有页面被交换出去；如果小于 freepages.low， kswapd 进程不仅要交换出部分页面，还要将睡眠时间减为平时的一半，而在空闲页面数大于 freepages.low 时睡眠时间又会恢复。具体交换页面都是由函数 do_try_to_free_pages（见 \1inux\mm\vmscan.h）来完成的。

do_try_to_free_pages 函数首先会调用 kmem_Cache_reap 来减少内核 Cache 中不用的空闲块，然后循环采用以下 3 种方法来释放页面。

（1）减少缓冲和页面 Cache 的大小，这主要是通过调用函数 shrink_mmap（见 \linux\mm\filemap.c）来实现的，这部分采用的是时钟算法，详细情况请参考 filemap.c 模块的文档。

（2）减少共享页面数，这主要是通过调用函数:hm_swap（见 \linux\Ipc\shm.c）来实现的。

（3）换出或者丢弃页面，这主要是通过调用函数 swap_out（见 \linux\mm\vmscan.c）来实现的，这部分采用的也是时钟算法。

Linux 每次循环采用 3 种方法来换出页面或是丢弃页面，直至换出或丢弃的页面数达到 6。

这部分的主要函数如下：

```
int kswapd(void *unused);
struct int do_try_to_free_pages(unsigned int gfp_mask);
static int swap_out(unsigned int priority, int gfp_mask);
```

6.4.6 页面错误的处理

当运行 fork() 函数产生一个新的进程的时候，系统会为这个进程申请页表（包含一级页表、二级页表和三级页表），并将部分可执行文件映像映射到进程的虚拟地址空间。在进程运行过程中很快就可能发生缺页错误（缺页错误是页面错误的一种情况），Linux 会处理这些页面错误。随着进程的运行，页面不停地分配给进程，当然其间进程页面也有可能被换出，但可以看出页面错误处理是进程物理页面的一个重要来源。

进程在发生页面错误的时候首先会调用 do_page_fault 函数（见 \linux\arch\i386\mm\fault.c），这个函数负责从 cr2 寄存器中取得发生页面错误的地址，然后根据从 sys_call.s 文件中得到的 error_code 来对错误进行分类，通过调用 find_vma 来找到发生页面错误的地址所在的 vm_area_struct 结构的指针。一个进程可能有很多个 vm_area_struct 结构。如果只采用链表结构来管理将会降低页面错误处理的效率，因此 Linux 的 vm_area_struct 结构是用 AVL 树结构来管理的，这些将会在后面加以介绍。主要的错误都是通过调用函数 handle_mm_ fault（见 \linux\mm\memory.c）来处理的。在 handle_mm_fault 函数中，首先为要映射到进程虚拟地址空间的页分配二级页表中相应的页表入口指针，然后调用真正处理页面错误的函数 handle_pte_fault（见 \linux\mm\memory.c）。

handle_pte_fault 函数处理的错误有 3 种：一是缺页错误且这个页面还从未被映射到虚拟地址空间，针对这种页面错误它会调用函数 do_no_page（见 \linux\mm\memory.c）来进一步处理；二是缺页错误但这个页面曾经映射到虚拟地址空间，也就是说这个页现在应该在 swap Cache 中，则调用 do_swap_page 函数（见 \linux\mm\memory.c）；三是页面写权限的错误，主要是进程向一个共享页面进行写操作的处理，当发生这种页面错误时 handle_pte_fault 会调用 do_wp_page 函数（见 \linux\mm\memory.c）来进一步处理。

do_no_page 函数中，如果发生页面错误的地址所在的 vm_area_struct 没有定义自己的 nopage 函数，则为这个页面申请一个新的页面并将可执行文件的映像调入内存，否则调用用户自己定义的操作。如果发生错误的页面是可写的，则将页面直接置为可写 dirty，以免下次对这个页面进行写操作时再重复处理。

do_swap_page 函数主要是将 swap Cache 中的内容调入内存，如果用户没有自定义 swapin 函数，则调用系统的 swapin 函数，否则调用用户自定义函数。

do_wp_page 函数处理的是向共享页面写的情况。Linux 对这种情况的页面错误采取的是 copy_on_write 策略。当子进程创建之后，系统并不是把父进程的所有页面复制一份给子进程，而只是将父进程的页表复制给子进程，当子进程要对页面进行写操作时，才申请新的页面将父进程的该页面的内容复制给子进程。do_wp_page 所做的工作就是为进程重新申请一个页面，然后将共享页面的内容复制到新申请的页面中去，并为新申请的页面填写三级页表中的内容。

这部分的主要函数如下：

```
int handle_mm_fault(struct task_struct *tsk,struct vm_area_struct
*vma, unsigned long address,int write_access);
    static inline int handle_pte_fault(struct task_struct *tsk,struct
varea_struct *vma,unsigned long address,int write_access,pte_t *pte);
    static int do_swap_page(struct task_struct *tsk,struct vm_area_
struct *vma, unsigned long address, pte_t *page_table, pte_t entry,int
write_access);
    static int do_wp_page(struct task_struct *tsk, struct vm_area_struct
*vma, unsigned long address, pte_t *page_table);
```

6.4.7 页面 Cache

Linux 使用页面 Cache 的目的是加快对磁盘上文件的访问。内存映射文件以每次一页的方式读出并将这些页面存储在页面 Cache 中。图 6-11 表明页面 Cache 由 page_hash_table 指向 mem_map_t（页面）数据结构的指针数组组成。

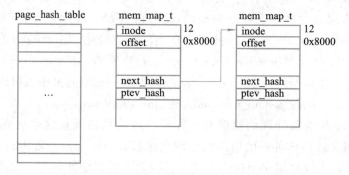

图 6-11　Linux 的页面 Cache

Linux 中的每个文件通过一个 VFS inode 数据结构来表示，并且每个 VFS inode 都是唯一的，它可以并仅可以描述一个文件。页面 Cache 中的索引由文件的 VFS inode 和页面在文件的偏移量经散列函数 page_hashfn(struct inode *,unsigned long)（在文件 \include\linux\ pagemap.h 中定义）散列后生成。

从一个内存映射文件中读出页面,例如产生读文件请求（调用 gneric_file_read() 函数）时要将页面读入内存中, 系统尝试从页面 Cache 来读出。如果页面在 Cache 中，则返回给页面失效处理过程一个指向 mem_map_t 的数据结构；否则此页面将从包含映像的文件系统中读入页面 Cache 并为之分配物理页面。

在映像的读入与执行过程中，页面 Cache 不断增长，当不再需要某个页面时，即页面不再被任何进程使用时，它将被从页面 Cache 中删除。

这部分的主要函数如下：

```
ssize_t generic_file_read(struct file *filp, char *buf, size_t count,
loff_t *ppos);
```

6.4.8 Linux 的 swap Cache

swap Cache 是 Linux 为提高效率而使用的一种内存缓冲机制。页面在换出内存时，如果 dirty 且 swappable，就调用 get_swap_page(void *) 函数（在文件 \mm\swapfile.c 中）在 swap Cache 中申请一个页面，将 dirty 页面缓存到 swap Cache 中。当将页面交换到 swap Cache 中时，Linux 总是避免页面写，除非必须这样做。若页面已经被交换出内存，但是进程要再次访问，就将它重新调入内存。只要页面在内存中没有被写过，swap Cache 中的副本总是有效的。

swap Cache 由一组 swapfile（交换文件）组成，其数量由 MAX_SWAPFILES 指定，每个 swapfile 由一个 swap_info_struct 类型的数据结构管理，其中包含与该 swapfile 连接的文件、设备，以及优先级、页面数、在 swap_list 中的位置等信息。

所有的 swapfile 是通过单链表连接起来的。swap_list 就是管理这个单链表的数据结构，它包含 swapfile 链的 head 以及 next 等信息。

每个 swapfile 包含若干页面。第一个页面为 swap_header 数据结构，它是一个管理 swapfile 的页面的位图，标志着页面是否可用等信息。

当 Linux 需要将一个物理页面交换到 swap Cache 时，它将检查 swap Cache，如果对应此页面存在有效入口，则不必将这个页面写到交换文件中。这是因为自从上次从 swap Cache 中将其读出来，内存中的这个页面还没有被修改过。

页面被换出时如果被加入到 swap Cache 中，则虽然 pte 被置为无效，但可以通过调用 swap_duplicate（unsigned long）函数（在文件 mm\swap_sta.c 中）复制一个 swap Cache 入口到 pte，指示出该页面在 swap Cache 中的 swapfile 和偏移量等信息。

这部分的主要函数如下：

```
unsigned long get_swap_page(void);
    <系统调用>asmlinkage int sys_swapoff(const char *specialfie);
    <系统调用>asmlinkage int sys_swapon(const char *specialfile, int swap_
flags);
```

6.4.9 内核 Cache 的管理

slab.c 分配的 memory 是给 kernel stack 使用的，kernel stack 的内存以 physics address 为标志，而不是由 buddy 来管理，这至少有两方面的原因。

（1）kernel 用 physic address 效率高，不用经过三级页表转化。

（2）buddy 系统本身对内存造成浪费，例如一个进程需要的空间为 2^k+1，系统就会给它分配 2^{k+1} 的空间。

kernel 很常见的情况是为一些数据结构（如 ts、vmarea 等）分配内存，这些数据结构的大小往往是不同的，这就给用 buddy 算法分配内存带来了困难，因此 Linux 采用了另一种方法来分配管理这部分内存。Linux 可以为每种数据结构建立一个 Cache，每个 Cache 有一个 slab 的链，所谓的 slab 就是一大块内存空间，slab 所占用的空间是用 buoldy 算法分配得到的。每个 slab 又被划分为多个 obj，每个 obj 就是建立 Cache 的数据结构（如 tss、vmarea）。由于要建立 Cache 的数据结构的大小是不同的，所以每个 slab 中 obj 的个数也就是不定的。对于 Cache，它的 slab 链的管理是有规律的，全满的、没有空闲 obj 的 slab 处于链首，随后是有空的 obj 的 slab，链尾可能是全空的 slab，即所有 obj 都未被使用。

对 Cache 的操作主要有分配、回收和减少，其中分配和回收的操作是对称的。

下面是管理这部分内存所涉及的几种数据结构及其主要域的说明。

（1）管理 Cache 的 kmem_Cache_s。

kmem_slab_t c_freep：指向这个 Cache 的第一个有空闲 obj 的 slab。

unsigned long c_num：指出这个 Cache 的每个 slab 中 obj 的个数。

kmem_slab_t *c_firstp：指向这个 Cache 的第一个 slab。

kmem_slab_t *c_lastp：指向这个 Cache 的最后一个 slab，很有可能是全空的 slab。

unsigned long c_growing：标志一个 Cache 是否正在增长。

unsigned long c_gfporder：和 slab 大小有关的值，slab 的大小为 c_gfporder。

（2）管理 slab 的 kmem_slab_s。

struct kmem_bufctl_s *s_freep：指向 slab 中的第一个空闲的 obj。

struct kmem_bufctl_s *s_index：指向 slab 中的第一个使用中的 obj。

unsigned long s_inuse；指出这个 slab 中正在使用中的 obj 的个数。

struct kmem_slab_s *s_nextp：指向同一个 Cache 中的下一个 slab。

struct kmem_slab_s *s_prevp：指向同一个 Cache 中的前一个 slab。

void *s_mem：指出这个 slab 的第一个 obj 的首地址。

（3）管理 obj 的 kmem_bufctl_s。

struct kmem_bufctl_s *buf_nextp：指向下一个 obj。

kmem_slab_t *buf_slabp：指向这个 obj 所属的 slab。

void *buf_objp：指向所管理的 obj。

这部分的初始化主要是建立一个管理各种 Cache 的 Cache_Cache_Cache，这个 Cache

对应的每个 obj 是一个 Cache，也就是一个 kmem_Cache_s 结构。建立一个 Cache 并对这个 Cache 进行初始化要调用 kmem_Cache_create 函数，Linux 首先在 Cache_Cache 中申请一个 obj，来建立一个新的 Cache 的 kmem_Cache_s 结构，然后会预先申请一个 slab，使这个 cache 的 c_freep 域、c_firstp 域和 c_lastp 域都指向这个 slab。

分配时，调用者要给出所分配的 obj 对应的 Cache 类型以及一个和权限有关系的标志，系统会检查是否还有有空闲 obj 的 slab，如果没有，则 Linux 会去申请一个 slab，然后从该 Cache 的 kmem_Cache_s 结构的 c_freep 指针指向的 slab 中分配出一个 obj，同时将这个 slab 的 i_nuse 域加 1；如果这个 slab 的所有 obj 都被分配出去，则将 kmem_Cache_s 的 c_freep 指向下一个 slab，然后将刚刚找到的 obj 的指针返回。

回收时，调用者同样要给出回收的 obj 对应的 Cache 类型以及一个和权限有关的标志，系统会先找到 obj 对应的 kmem_bufctl_s 结构，然后由 kmem_bufctl_s 的 buf_slabp 域得到要回收的 obj 所属 slab 对应的 kmem_slab_s 结构，将这个 obj 归还给 slab，slab 对应的 kmem_slab_s 的 inuse 域减 1。如果这个 slab 的 inuse 域值为 0，则将这个 slab 从当前的 slab 链中删除出来，调用 kmem_Cache_full_free 函数来将这个完全空闲的 slab 插入到 slab 链的末端。

当系统的空闲页面数很少时，系统会交换出一部分页面，其中有一种方法就是减少内核所占用的 Cache 的空间，实际上也就是减少某个 Cache 的 slab 个数，具体减少 slab 的函数共有两个：kmem_Cache_shrink 和 kmem_Cache_reap。

kmem_Cache_shrink 函数是对指定的 Cache 释放空间的 slab。根据 slab 链的特点，位于链首的是满的 slab、位于链尾的是全空的 slab，Linux 会从 slab 链的末端开始释放空闲的 slab，直至释放到 slab 链的最后一个 slab 的 inuse 域不为 0。对于每个要释放的 slab，首先将它从 slab 链中删除，再调用 kmem_slab_destory 函数将这个 slab 所占用的物理空间归还给伙伴系统。

kmem_Cache_reap 函数是在 Cache 链中找到一个最佳的 Cache，对这个最佳的 Cache 释放 slab，它采用的是时钟算法。每次从 clock_searchp 开始查找，满足如下条件的 Cache 就是要找的最佳 Cache：

① 这个 Cache 可以释放的 slab 的个数超过 10 个。

② 这个 Cache 可以释放的 slab 的个数超过任何其他一个 Cache。

将这个 Cache 标志为 clock_searchp，然后对这个 Cache 进行类似 kmem_Cache_shrink 的操作，释放所有空闲的 slab。

这部分的重要函数如下：

```
void *kmem_Cache_alloc(kmem_Cache_t *Cachep,int flags)
void kmem_Cache_free(kmem_Cache_t *Cachep,void *objp)
void kmalloc(size_t size,int flags)
void kfree(const void *objp)
int kmem_Cache_shrink(kmem_Cache_t *Cachep)
void kmem_Cache_reap(int gfp_mask)
```

习　题

1. 什么叫虚拟存储器？

2. 局部性原理可以体现在哪两个方面？

3. 在分页虚拟存储管理方式中，常采用哪几种页面置换策略？

4. 在一个分页虚拟存储管理方式中，采用 LRU 页面置换算法时，假如一个程序的页面走向为 1、3、2、1、1、3、5、1、3、2、1、5，当分配给该程序的物理块数 M 分别是 3 和 4 时，试计算在访问过程中所发生的缺页次数和缺页率，并比较所得结果（采用请求调页策略）。

5. 说明分页虚拟存储管理方式中缺页中断的处理过程。

6. 实现 LRU 算法所需的硬件支持是什么？

7. 如何实现分段共享？

8. 假定一个磁盘有 1600 个磁盘块可用来存储信息，如果用字长为 16 位的字来构造位示图，若位示图部分内容如图 6-12 所示。

	0位	1位	2位	3位	4位	5位	6位	7位	8位	9位	10位	11位	12位	13位	14位	15位
0字	1	1	1	1	1	1	1	1	1	1	1	1	1	1	1	1
1字	1	1	1	0	1	1	1	0	0	0	0	1	1	1	1	1
2字	1	1	1		0	0	0	0	1	1	1	0	0	1	1	0
	…	…	…				…							…	…	…

图 6-12　位示图局部

请问：（1）位示图共需多少个字？（2）若某文件被删除，它所占用的盘块块号依次为 9、30、31、34，文件删除后，位图如何修改？

9. 缺页中断和一般中断有哪些不同？

第四部分

文件和输入 / 输出管理

第 7 章

>>> 用户接口管理

让计算机完成用户所要求的给定任务，一定要先编写程序，然后把该程序提交给计算机，这实际上就是用户与操作系统的接口。为了方便用户使用计算机系统，操作系统为用户提供了两类接口：命令接口和用户接口，本章将探讨这方面的问题。

7.1 概　述

人们花费很多力量去研究、设计操作系统，其目的之一就是方便用户使用计算机，无须操作员太多干预，系统就能顺利运行。用户对每台计算机的印象——使用是否方便、可靠性如何、功能是否齐全等都是通过操作系统运行的结果而得出的。用户通过操作系统使用和控制计算机不再与裸机发生直接的关系，因而操作系统便成了用户和计算机之间的接口。

在现代计算机系统中，操作系统为用户提供的使用计算机的接口通常分为命令接口和程序接口两个主要类型。用户要将自己的要求通过某种方式告诉计算机，计算机根据要求完成相应处理，将结果返回给用户。而用户使用计算机解决问题的方式有两种：一种是用编写计算机程序的方式，另一种是让计算机上已有的软件为之服务，两者都需要操作系统的支持。操作系统正是针对这两种方式，为用户提供了相应的两类接口，一类应用于程序一级，称为程序接口（或编程接口）；另一类应用于用户控制一级，称为命令接口。在较晚出现的操作系统中，又向用户提供了图形接口。

7.1.1 命令接口

命令接口根据控制方式的不同又分为联机命令接口和脱机命令接口。

1. 脱机命令接口

在批处理操作系统中，用户使用计算机解题时，通常采用某种高级语言对计算问题编写源程序，准备好运行时的初始数据，同时可提出控制执行过程的要求。这些命令也称脱机命令。

脱机命令接口是为批处理作业的用户提供的，故也称批处理用户接口，它由作业控制语言组成。批处理作业的用户不能直接与自己的作业交互，用户利用作业控制语言将其对作业执行的控制意图提供给操作系统，由系统自动地对用户作业一个个地进行处理。这里的作业控制语言是操作系统提供给批处理作业用户的，是为实现所需功能委托系统代为控制的一种语言。用户用作业控制语言把对作业进行的控制和干预事先写在作业控制说明书上,然后将作业连同作业控制说明书一起提供给系统。当系统调度到该作业运行时,又调用命令解释程序,对作业控制说明书上的命令逐条地解释执行。如果作业在执行过程中出现错误,系统也将根据作业控制说明书上的指示进行干预。作业一直在作业控制说明书的控制下运行,直至遇到作业结束语句时,系统才停止该作业的运行。

2. 交互式命令接口

交互式命令接口主要用于交互式程序控制,用户利用操作系统提供的控制命令或会话语句直接控制程序的执行。系统每接到一条命令,就按照命令的要求控制程序的执行。在执行完该命令后向用户报告执行结果,用户再决定下一步操作。如此反复地通过人机对话方式控制程序执行完成。

7.1.2 程序接口

程序接口在程序、系统资源及系统服务之间实现交互作用。程序接口通常由若干系统调用组成,用户可以在程序中直接或者间接地使用这些系统调用。采用低级语言(例如汇编语言)编程可以直接使用这些系统调用;采用高级语言编程则采用程序调用方式,通过解释或者编译程序将其翻译成有关的系统调用,完成各种功能和服务。用户在程序中可通过调用系统调用向操作系统提出启动外围设备进行数据交换、申请和归还资源(例如内存资源、外围设备等)以及各种控制要求。操作系统则按用户的要求进行启动外围设备、分配或回收资源、进行调度、显示信息、暂停执行、解除干预等控制工作。

7.1.3 图形接口

图形用户接口是近些年一种比较流行的交互式接口。

图形用户接口采用了图形化的操作界面,用非常容易识别的各种图标来将系统的各项功能、各种应用程序和文件直观地表示出来。用户可通过鼠标、菜单和对话框来完成对应用程序和文件的操作,此时用户已完全不必像使用命令接口那样去记住各种子命令名及格式,从而把用户从烦琐且单调的操作中解放出来,也使计算机成为一种非常有效且生动有趣的工具。

图形用户接口可以方便地将文字、图形和图像集成在一个文件中。可在文字型文件中加入一幅或多幅彩色图画,也可以在图画中写入必要的文字,而且还可进一步将图画、文字和声音集成在一起。

20 世纪 90 年代推出的主流操作系统都提供了图形用户接口。例如,Microsoft 公司的 Windows 系列。

7.2 命令接口

命令接口通过在用户和操作系统之间提供高级通信来控制程序运行,用户通过输入设备(终端、键盘、鼠标、触摸屏等)发出一系列命令告诉操作系统执行所需功能。

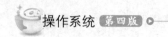

7.2.1　联机命令接口

用户使用交互方式控制程序执行时，必须使用操作系统提供的操作控制命令。不同的计算机系统提供给用户使用的操作控制命令可能是不同的，但它们都有一个共同点，即每条命令都包含请求"做什么"的命令名和要求"怎么做"的参数。其一般格式为：

命令名　　参数 1，参数 2，…，参数 n

命令名是请求完成指定功能的标识，它是不可省略的。参数是用来表示完成指定功能时所需要的各种信息，在某些情况下参数可以部分省略或全部省略。当参数部分省略时其后的逗号不能省略，以便系统识别省略的是哪些参数。

1. 命令的分类

一个系统的操作控制命令的集合称为这个系统的命令语言。单用户的微机系统和多用户的系统都为用户提供了一套命令语言。尽管各系统的命令语言的格式和功能上有差异，但从命令的种类上区分大致有如下几种类型。

（1）系统访问命令。系统访问命令通常有注册和注销两条，注册是用户请求进入系统，注销是用户请求退出系统。当系统接到用户请求进入系统的命令后，做一些必要的核对等准备工作，然后通知用户已进入系统且可进行其他操作。当用户程序结束后，用户使用退出命令，由系统收回其占用的资源及计算其使用系统的时间等。

（2）文件、目录管理命令。文件、目录管理命令用来控制用户的文件和目录，例如建立一个新文件、删除一个不再使用的文件、更改文件名、修改文件的使用权限、保存文件、输出文件、显示文件、显示文件目录、建立删除目录等。

（3）编辑修改命令。编辑修改命令用来编辑和修改用户的文件，例如，编辑一个新文件，对老文件进行删除、插入、修改等。为用户发现由于某种原因需要修改文件时，可直接输入命令立即修改。

（4）编译、连接和执行命令。编译、连接和执行命令用来调出编译程序或连接程序进行编译，或把有关模块装配连接成一目标程序，以及把生成的目标程序装入内存启动执行。

（5）询问命令。用户可以用询问命令要求系统显示一个程序的运行时间、所占内存空间等。此外，可要求显示磁盘上各文件所占的盘区数及磁盘剩余空间量，询问当前日期、当前时间等。

（6）操作员专用命令。操作员专用命令由操作员专用，并且只能从操作员控制台发出，操作员通过这些命令来了解系统内部情况、系统内程序当前运行状态，以及建立和修改系统时钟等。

这种方式下，用户利用操作控制命令直接控制程序的执行。

2. 命令的接收和解释执行

交互式系统提供的命令接口应该完成的基本任务是接收用户的命令，解释操作系统命令语言中的命令，将命令传送到系统以便执行，然后接收系统发来的信息，以响应语言的形式提交给用户。系统这一部分主要包括：一组联机命令、终端处理程序和命令解释程序。

在某些系统中，命令接口是操作系统的一个组成部分；而在另外一些系统中，命令接口是由独立的程序来实现的。但是，所有操作系统都应提供某种类型的命令接口。

（1）终端处理程序。交互式命令同操作系统的通信是通过一个 I/O 装置来实现的。在绝大多数系统中，这个 I/O 装置是一个显示终端。输入是通过键盘传给系统的。在有的系统中，可通过指示装置（例如鼠标）来进行输入。系统输出呈现在显示器的屏幕上，一次显示若干正文行。在某些系统中，也提供图形显示功能。不管哪种 I/O 方式，这个终端装置都是由一个终端处理程序来管理和控制的。

终端处理程序提供的 I/O 方式对整个用户命令接口有着重大影响，同时也确定了用户与其应用程序之间的通信方式。所以，终端处理程序必须作为用户接口的一个组成部分来考虑。配置在终端上的终端处理程序主要用于实现人机交互，它应具有以下功能：

① 接收用户从终端上输入的字符。多数系统终端处理程序将所接收的字符暂存在行缓冲中，并可对行内字符进行编辑，仅在收到行结束符后，才将一行正确的信息送给命令解释程序。

② 字符缓冲管理。用字符缓冲暂存所接收的字符，现在一般有公用缓冲和专用缓冲两种方式。

③ 回送显示。回送显示（回显）是指每当用户输入一个字符后，终端处理程序将该字符送屏幕显示。有些终端的回显由硬件实现，其速度虽快，但往往会引起麻烦，用硬件实现回显也缺乏灵活性，因而近年来多改用软件来实现回显，这样可以在用户需要时才回显。用软件实现还可方便地进行字符变换，如将键盘输入的小写英文字母变成大写，字母变成星号等。

④ 屏幕编辑。为实现屏幕编辑，终端处理程序必须提供若干个编辑键进行插入、删除等工作。

⑤ 特殊字符处理。终端处理程序必须能对若干特殊字符进行及时处理，这些字符是中断字符、恢复上卷字符和停止上卷字符。

当程序在运行中出现异常情况时，用户可通过键入中断字符来中止当前程序的运行。许多系统中用 Ctrl+Break 作为中断字符。对中断字符的处理比较复杂。当终端处理程序收到用户输入的中断字符后，将向该终端上的所有进程发送一个要求进程终止的软中断信号。这些进程收到该软中断信号后，便进行自我终止。用户输入停止上卷字符后，终端处理程序应使正在上卷的屏幕暂停上卷屏幕内容。用户输入恢复上卷字符后，终端处理程序便恢复屏幕的上卷功能。

（2）命令解释程序。命令解释程序通常处于操作系统的最外层，用户直接与之进行交互。其主要功能是对用户输入的命令进行解释，并转入相应的命令处理程序去执行。一般来说，对于用户所输入的命令，命令解释程序有如下两种处理方法：

① 由命令解释程序直接处理。在没有创建子进程功能的系统中，终端命令通常直接由对应的命令解释程序处理。在这样的系统中，任何时刻仅有一个进程对应一个终端用户。

② 由子进程代为处理。在具有创建子进程功能的系统中，对于较为简单的命令，如列目录、复制文件等，命令解释程序本身便能完成，此时由命令解释程序直接处理；

而对于比较复杂的命令，如对一个 C 源程序进行编译，命令解释程序本身不能处理，此时它为终端用户创建一个子进程，并由该子进程运行 C 编译程序，对用户的 C 源程序进行处理。

7.2.2 脱机命令接口

计算机系统可以成批接收用户作业，然后由操作系统控制运行。批处理作业在进入系统之前，用户必须用作业控制语言写好一份作业控制说明书，以告诉操作系统用户希望如何控制作业执行。作业控制语言是对用户作业进行组织和管理的各种控制命令的集合。不同计算机系统的作业控制语言格式不同，各有特点。它们提供的主要功能包括：作业的提交；控制作业和作业步的执行；各种软硬件资源的使用；其他各种功能，如日历、时间、账号等。

作业控制语言是系统提供给用户用来描述其作业控制意图的工具。目前存在两种作业控制语言：一种相当于汇编语言（如 IBM 360/370 操作系统的作业控制语言 JCL），一种类似于高级语言（如 1900 系列机的 Ctorge 语言）。

作业控制说明书是用户用于描述批处理作业处理过程控制意图的一种特殊程序。用作业控制语言书写作业控制说明书，规定操作系统如何控制作业的执行。作业控制说明书主要包括 3 方面内容，即作业的基本描述、作业控制描述和资源要求描述。作业基本描述一般包括用户名、作业名、使用的编程语言名称、允许的最大处理时间等；作业控制描述则大致包括作业在执行过程中的控制方式，例如各作业步的操作顺序以及作业不能正常执行的处理等；资源要求描述包括要求内存的大小、外设种类和台数、处理机优先级、所需处理时间、所需库函数或实用程序等。

从上面可以看出，作业由 3 部分组成，即程序、数据和作业控制说明书。一个作业可以包含多个程序和多个数据集，但必须至少包含一个程序，否则将不成为作业。作业包含的程序和数据完成用户所要求的业务处理工作，作业控制说明书则体现用户的控制意图。

7.3 系统调用

系统调用是操作系统提供给编程人员的唯一接口。编程人员利用系统调用在源程序级动态请求和释放系统资源，调用系统中已有的系统功能来完成那些与机器硬件部分相关的工作以及控制程序的执行速度等。因此，系统调用像一个黑箱子，对用户屏蔽了操作系统的具体动作而只提供有关的功能。

7.3.1 系统调用的概念

当用户使用程序设计语言编程时，有时会使用读写文件等需要使用特权指令的功能操作，而用户程序不能使用特权指令。为了解决这个矛盾，操作系统编制了许多不同功能的子程序，这些子程序通常包含特权指令，用户程序可以调用这些子程序从而得到特

权指令提供的功能，并且没有使用特权指令。由操作系统提供的这些子程序称为"系统功能调用"程序，或简称"系统调用"。

1. 系统调用分类

不同的操作系统提供的系统调用不全相同，系统调用大致可分为 5 类：

（1）文件操作类。文件操作类系统调用一般包括创建文件、打开文件、关闭文件、读文件、写文件和删除文件等。

（2）进程控制类。进程控制的有关系统调用包括进程创建、进程执行、进程撤销、执行等待和执行优先级控制等。

（3）资源申请类。资源申请类系统调用被用来请求、释放有关设备，驱动设备操作以及申请归还内存空间等。

（4）进程通信类。进程通信类系统调用用于进程之间传递消息或信号。

（5）信息维护类。信息维护类系统调用用于在用户程序和操作系统之间传递信息，例如设置时间日期、获得时间等。

2. 系统调用与一般过程调用的区别

由于操作系统的特殊性，应用程序不能采用一般的过程调用方式来调用这些功能过程，而是利用一种系统调用命令去调用所需的操作系统过程：通过非特权指令——访管指令调用系统调用程序。

系统调用在本质上是应用程序请求操作系统核心完成某一特定功能的一种过程调用，是一种特殊的过程调用，它与一般的过程调用有以下几方面的区别：

（1）系统调用通过软中断进入。一般的过程调用可直接由调用过程转向被调用过程；而执行系统调用时，由于调用和被调用过程处于不同的系统状态，因而不允许由调用过程直接转向被调用过程，而通常都是通过软中断机制转向相应的命令处理程序。

（2）运行在不同的处理机状态。一般的过程调用，其调用程序和被调用程序都运行在相同的处理机状态，而系统调用与一般调用的最大区别就在于：调用程序运行在目态，而被调用程序运行在管态。

（3）处理机状态的转换。一般的过程调用不涉及系统状态的转换，可直接由调用过程转向被调用过程。但在运行系统调用时，由于调用和被调用过程工作在不同的系统状态，因而不允许由调用过程直接转向被调用过程，通常都是通过软中断机制先由目态转换为管态，在经操作系统核心分析之后，转向相应的系统调用处理与程序。

（4）返回问题。一般的过程调用在被调用过程执行完后，将返回到调用过程继续执行。但是，在采用抢占式调度方式的系统中，系统调用被调用过程执行完后，系统将对所有要求运行的进程进行优先级分析。如果调用进程仍然具有最高优先级，则返回到调用进程继续执行；否则，将引起重新调度，以便让优先级最高的进程优先执行。此时，系统将把调用进程放入就绪队列。

（5）嵌套调用。像一般过程一样，系统调用也允许嵌套调用，即在一个被调用过程执行期间，还可以再利用系统调用命令去调用另一个系统调用。一般情况下，每个系统对嵌套调用的深度都有一定的限制，例如最大深度为 6。

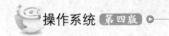

7.3.2 系统调用的处理过程

系统调用程序是操作系统程序模块的一部分，且不能直接被用户程序调用。为了保证操作系统程序不被用户程序破坏，一般操作系统不允许用户程序访问操作系统的系统程序和数据。那么，编程人员在给定了系统调用名和参数之后是怎样得到系统服务的呢？这里需要有一个类似于硬件中断处理的中断处理机构。当用户使用操作系统调用时，产生一条相应的指令，处理机在执行到该指令时发生相应的中断，并发出有关的信号给该处理机构，该处理机构在收到处理机发来的信号后，启动相关的处理程序去完成该系统调用所要求的功能。

在系统中，控制系统调用服务的机构称为陷入或异常处理机构。与此相对应，把由于系统调用引起处理机中断的指令称为陷入或异常指令（访管指令）。在操作系统中，每个系统调用都对应一个事先给定的功能号，例如 0、1、2、3 等。访管指令中必须包括对应系统调用的功能号。而且，在有些访管指令中，还带有传给陷入处理机构和内部处理程序的有关参数。

为了实现系统调用，系统设计人员必须为实现各种系统调用功能的子程序编写入口地址表，每个入口地址都与相应的系统程序名对应。然后，陷入处理程序把访管指令中所包含的功能号与该入口地址表中的有关项对应起来，从而由系统调用功能号驱动有关子程序执行。

系统调用的执行过程大体上分成以下 3 步：

（1）设置系统调用号和参数。参数传递可直接将参数送入相应的寄存器中，这是一种最简单的方式。也可采用参数表方式，即将系统调用所需的参数放入一张参数表中，再将指向该参数表的指针放在某个规定的寄存器中。UNIX 系统中便是采用后一种方式。

（2）系统调用命令的一般性处理。在设置了系统调用号和参数后，便可执行一条系统调用命令。在不同的系统中可采用不同的方式来进行一般性处理。在 UNIX 系统中是执行 CHMK 命令，而在 MS-DOS 中是执行 INT 21H 中断。它们首先要做的事情是保护CPU 现场，将处理机状态字 PSW、程序计数器 PC、系统调用号、用户栈指针以及通用寄存器等压入堆栈，然后将用户定义的参数传送到指定的地方保存起来。

为了使不同的系统调用能方便地转向相应的命令处理程序，在系统中配置了一张系统调用入口表。表中的每个表目都对应一条系统调用命令，它包含该系统调用自带参数的数目、系统调用命令处理程序的入口地址等。操作系统可利用系统调用号去查找该表，即可找到相应命令处理程序的入口地址而转去执行它。

（3）系统调用命令处理程序做具体处理。对于不同的系统调用命令，其命令处理程序将执行不同的功能。这一步执行系统调用命令对应的程序段。

习　题

1. 操作系统提供了哪些便于用户使用计算机的接口？
2. 联机命令接口由哪几部分构成？
3. 什么是系统调用？系统调用与一般过程调用的区别是什么？
4. 分时系统中终端处理程序的作用是什么？
5. 简述系统调用的过程。

第8章

>>> 文件管理

操作系统提供文件管理功能，负责管理外存上的文件，并把对文件的存取、共享和保护等手段提供给用户。这不仅可以方便用户，保证文件的安全性，还可有效地提高系统资源的利用率。

8.1 概　　述

在现代计算机系统中，要用到大量的程序和数据。由于内存容量有限，又不能长期保存，故平时总是把它们以文件的形式存放在外存中，需要时可随时将它们调入内存。用户和系统要频繁地对它们进行访问，如果让每个用户在程序中自己安排这些资源，安排它们在外存中的具体存放位置，不仅要求用户熟悉外存的特性、各种文件的属性以及它们在外存上的位置，而且在多用户环境下，还必须能保证数据的安全性和一致性。显然，这是用户所不能胜任也不愿意承担的工作。操作系统本身就是一种重要的系统资源，而且往往是一个庞大的资源。它们不能全部常驻内存。因为内存空间是有限的，并且还要存放用户程序，所以操作系统的程序模块必须存放在可直接存取的磁盘存储介质或其他外存上。在用户需要用到操作系统某部分功能时，才把操作系统的相应部分调入内存。由此可见，操作系统的文件管理部分不仅为用户所需要，同时也为操作系统本身所需要。

8.1.1　文件和文件系统

文件管理系统是通过把它所管理的信息（程序和数据）组织成一个个文件的方式来实现其管理的。文件是在逻辑上具有完整意义的信息集合，它有一个名字作为标识。一个文件必须要有一个文件名，用户利用文件名来访问文件。文件名通常由一串字符构成，名字的长度因系统而异。如有的系统中规定为 8 个字符，有的规定为 11 个字符。因此，文件具有以下 3 个基本特征：

（1）文件的内容为一组相关信息，可以是源程序、可执行的二进制代码程序、待处理的数据、表格、声音、图像等。

（2）文件具有保存性。文件被存放在如磁盘、磁带、光盘等存储介质上，其内容可以被长期保存和多次使用。

（3）文件可按名存取。每个文件都具有唯一的标识名信息，用户无须了解文件所在的存储介质。

文件系统是操作系统中负责管理和存取文件的程序模块，也称信息管理系统。它由管理文件所需的数据结构（例如文件控制块、存储分配表等）、相应的管理软件以及访问文件的一组操作组成。

文件系统应具有以下 5 大功能：

（1）完成文件存储空间的管理。其基本任务是在建立文件时进行文件存储空间的分配，在删除文件时进行文件存储空间的回收。

（2）实现文件名到物理地址的映射。这种映射对用户是透明的，用户不必了解文件存放的物理位置和查找方法等，只需指出文件名就可以找到相应的文件。这一映射是通过在文件说明部分中文件的物理地址来实现的。

（3）实现文件和目录的操作管理。文件的建立、读、写和目录管理等基本操作是文件系统基本功能。文件操作管理负责根据各种操作的要求完成各种操作所规定的任务，如从外存中读出数据，或将数据写入外存。

（4）提供文件共享能力和安全可靠措施。文件共享是指多个用户可以使用同一个文件，安全是防止文件被盗窃或被破坏。通常采用多级保护措施来实现文件的共享和安全。另外，还要提供保证文件系统的可靠性的方法。

（5）文件系统向用户提供了有关文件和目录操作的接口。

8.1.2　文件的分类

在文件系统中，为了有效、方便地管理文件，常常从不同的角度对文件进行分类。常见的分类有以下几种。

（1）按文件的性质和用途可以将文件分为以下 3 类：

① 系统文件。该类文件只允许用户通过系统调用来执行它们，而不允许对其进行读写和修改。系统文件主要由操作系统核心、各种系统应用程序和数据所组成。

② 库文件。该类文件包括允许用户对其进行读取、执行，但不允许对其进行修改的子程序库。如 C 语言子程序库、Pascal 语言子程序库等。

③ 用户文件。用户文件是用户委托文件系统保存的文件。这类文件只有文件的所有者或被授权的用户才能使用。用户文件主要由源程序、目标程序、用户数据库等组成。

（2）按文件的组织形式可以将文件分为以下 3 类：

① 普通文件。普通文件既包括系统文件也包括用户文件、库函数文件和实用程序文件。普通文件主要是指组织格式为系统中所规定的最一般格式的文件，也就是平常所说的文件。

② 目录文件。目录文件是由文件的目录信息构成的特殊文件数据。

③ 特殊文件。有的系统中，所有的输入、输出设备都被看作特殊文件。这组特殊文件在使用形式上与普通文件相同，如查找目录、存取操作等。但是特殊文件的使用是与设备处理程序紧密相关的。系统必须把对特殊文件的操作转入到对不同的设备的操作。

（3）在一些系统中，根据使用和管理情况可以将文件分为以下 3 类：

① 临时文件。它是一种私有资源，是用户在某次解题过程中建立的中间文件。这

类文件仅保存在磁盘上。在作为"档案"的外存介质上没有副本，临时文件随用户撤离系统而撤销，因此不可共享。

②永久文件。这是用户经常要使用的文件。这类文件不仅在磁盘上有文件副本，且在作为"档案"的介质上也有一个可用的副本。

③档案文件。仅保存在作为"档案"用的外存介质上，以备查证和恢复用。

（4）按文件系统提出的保护级别可以将文件分为以下3类：

①只读文件。这类文件只允许用户对其执行读操作，对于写操作，系统将拒绝执行并给出错误信息。

②读写文件。这类文件允许用户对其执行读、写操作，而拒绝对其执行任何其他的操作。

③不保护文件。这类文件是不加任何保护措施的文件，所有用户都可以进行存取等所有操作。

（5）按文件的数据流向可以将文件分为以下3类：

①输入型文件。这些文件只能读。

②输出型文件。这类文件只能写入。

③输入/输出文件。这类文件既可读又可写。

文件的分类还有很多种，在文件系统中比较重要的文件分类方式是按文件的逻辑结构和物理结构进行分类。这是下一节所要学习的重点。

8.2 文件的结构和存取方式

文件的组织结构是指文件的构造方式，用户和文件系统往往从不同的角度对待同一个文件，因此对于任何一个文件都存在两种形式的结构。

（1）文件的逻辑结构。用户按自己对信息的使用要求组织文件，这种文件是独立于物理环境而构造的，因此把用户概念中的文件称为文件的逻辑结构，或称逻辑文件。这是从用户观点出发所观察到的文件组织形式，是用户可以直接处理的数据及其结构。

（2）文件的物理结构，又称文件的存储结构，是指文件在外存上的存储组织形式，这与存储介质的性质有关。

无论是文件的逻辑结构还是物理结构，其构造方式都会影响对文件的处理速度。

8.2.1 文件的存取方式

用户通过对文件的存取来完成对文件的各种操作。文件的存取方式是由文件的性质和用户使用文件的情况来确定的。文件存取方法的选取与文件的逻辑结构和物理结构有关。常用的存取方法有顺序存取、随机存取和按键存取3种方式。

1. 顺序存取

顺序存取是按照文件的逻辑地址顺序存取。在记录式文件中，这反映为按记录的排列顺序来存取。例如，若当前读取的记录为 R_i，则下一次存取的记录被自动地确定为 R_i 的下一个相邻的记录 R_{i+1}。在无结构的字符流文件中，顺序存取反映当前读写指针的变化。在存取完一段信息之后，读写指针会自动加上或减去该段信息长度，以便指出下次存取时的位置。

2. 随机存取

随机存取法允许用户根据记录的编号存取文件的任一记录，或者是根据存取命令把读写指针移到欲读写处来读写。

UNIX 操作系统采用顺序存取和随机存取两种方法。

3. 按键存取

按键存取是一种用在复杂文件系统特别是数据库管理系统中的存取方法。文件的存取是根据给定的键或记录名进行的。按键存取法首先搜索到要进行存取的记录的逻辑位置，再将其转换到相应的物理地址后进行存取。

8.2.2 文件的逻辑结构

一般情况下，在文件系统设计时，选择逻辑结构应遵循下述原则。

（1）便于修改。便于在文件中增加、删除和修改其中的数据。当用户对文件信息进行修改操作时，给定的逻辑结构应能尽量减少对已存储好的文件信息的变动。

（2）提高检索效率。当用户需要对文件信息进行操作时，给定的逻辑结构应使文件系统在尽可能短的时间内查找到需要的信息。

（3）应使文件信息占据最小的存储空间。

（4）便于用户进行操作。

目前，文件的逻辑结构一般可分为两大类：一是有结构文件，它是由一个以上的记录构成的文件，故又称记录式文件；二是无结构文件，它是指由字符流构成的文件，故又称流式文件。

1. 记录式文件

记录式文件是一种有结构的文件。这种文件在逻辑上总是被看成一组连续有序的记录的集合。每个记录由彼此相关的域构成。记录可以按顺序编号为记录 1、记录 2、……、记录 n。

在记录式文件中，所有的记录通常都是描述一个实体集的，有着相同或不同数目的数据项。根据记录的长度可分为定长记录文件和变长记录文件两类。

（1）定长记录文件。它是指文件中所有记录的长度都是相同的，所有记录中的各数据项都处在记录中相同的位置，具有相同的顺序及相同的长度，文件的长度用记录数目表示。在检索时，可以根据记录号 i 及记录长度 L 确定记录的逻辑地址。

定长记录文件处理方便，开销小，是目前较常用一种记录格式，被广泛用于数据处理中。对于定长记录，除了可以方便地实现顺序存取外，还可根据长度较方便地实现直接存取。

（2）变长记录文件。它是指文件中各记录的长度不相同。原因可能是一个记录中所包含的数据项数目不同，例如书的著作者、论文中的关键词；或者数据项本身的长度不定，例如，病历记录中的病因、病史，科技情报记录中的摘要等。

由于变长记录文件中各个记录长度不等，在查找时，必须从第一个记录开始逐一地查找，直到找到所需的记录，所以，变长记录文件处理相对复杂，开销比较大。

无论是定长记录还是变长记录在处理前每个记录的长度都必须是可知的。

记录式的有结构文件可把文件中的记录按各种不同的方式排列，构成不同的逻辑结构，以方便用户对文件中的记录进行修改、追加、查找和管理等操作。这样记录式文件又可以分为3类。

（1）顺序文件。它是指按某种顺序排列的记录所组成的文件，通常是定长记录文件，因而能用较快的速度查找文件中的记录。

（2）索引文件。通常为之建立一张索引表，并为每个记录设置一表项，以加速对记录的检索速度。索引表通常是按记录键排序的。索引表本身是一个定长记录的顺序文件，从而也就可以方便地实现直接存取。

为了对变长记录文件实现直接存取，可采用索引文件方式。为变长记录文件建立一张索引表，文件中的每个记录在索引表中有一相应表项用于记录该记录的长度及指向该记录的指针（该记录在逻辑地址空间的首址）。

（3）索引顺序文件。索引顺序文件是上述两种文件方式的结合，它将顺序文件中的所有记录分为若干个组（例如，50个记录为一个组），并且为顺序文件建立一张索引表，在索引表中为每组中的第一个记录建立一个索引项，其中含有记录的键值和指向该记录的指针。

索引顺序文件可能是最常见的一种逻辑文件形式。它有效地克服了变长记录文件不便于直接存取的缺点，而且所付出的代价也在可接受范围内。

2. 流式文件

无结构的流式文件是相关的有序字符的集合。流式文件指文件内的数据不再组成记录，只是依次的一串信息集合，字符是构成文件的基本单位。这种文件常按长度来读取所需信息，也可以用插入的特殊字符作为分界。事实上，有许多类型的文件并不需要分记录，像源程序就是一个顺序字符流，硬要把源程序文件分割成若干记录只会带来操作复杂、开销增大的缺点。

对于字符流的无结构文件来说，查找文件中的基本信息单位（例如某个单词）是比较困难的。反过来，字符流的无结构文件管理简单，用户可以方便地对其进行操作。所以有些文件较适于采用字符流的无结构方式，例如，源程序文件、目标代码文件等。UNIX文件的逻辑结构就是采用这种方式。

对于各种慢速字符设备来说。由于它们只能顺序存放，并且是按连续字符流形式传输信息的，所以系统只要把字符流的字符依次映像为逻辑文件中的元素，就可以非常简单地建立逻辑文件和物理文件之间的联系，从而可以把这些设备看作用户观点下的文件。

流式文件对操作系统而言，管理比较方便；对于用户而言，适于进行字符流的正文处理，也可以不受约束地灵活组织其文件内部的逻辑结构。

8.2.3 存储介质

常用的存储介质有磁盘、光盘、闪存、磁带等。一盘磁带、一个磁盘组都称为一卷。卷是存储介质的物理单位。对于磁带机和可卸盘组磁盘机等设备而言，由于存储介质与存储设备可以分离，所以物理卷和物理设备不总是一致的，不能混为一谈。一个卷上可以保存一个文件（称为单文件卷）或多个文件（称为多文件卷），也可以一个文件保存在多个卷上（称为多卷文件）或多个文件保存在多个卷上（称为多卷多文件）。

块是存储介质上连续信息所组成的一个区域，也称物理记录。块是内存和外存进行信息交换的物理单位，每次总是交换一块或整数块信息。决定块的大小要考虑到用户使用方式、数据传输效率和存储设备类型等多种因素。不同类型的存储介质块的大小常常不相同；同一类型的存储介质，块的大小也可以不同。

文件的存储结构密切地依赖于存储设备的物理特性。存储设备的特性也决定了文件的存取方法。下面主要介绍以磁带机为代表的顺序存储设备和以磁盘机为代表的直接存储设备。

1. 顺序存储设备

顺序存储的设备是严格依赖信息的物理位置进行定位和读/写的存储设备。顺序存储设备只有在前面的物理块被存取访问过之后，才能存取后续的物理块的内容，即只有当第 i 块被存取之后，才能对第 $i+1$ 块进行存取操作。

磁带机是一种典型的顺序存储设备，由磁带的读写方式可知，某个特定记录（或物理块）的存取访问与该物理块到磁头当前位置的距离有很大关系。如果相距甚远，则要花费很长的存取时间来移动磁头。例如，磁头在磁带的始端，为了读出第 100 块上的记录信息，必须正向引带走过前面 99 块。因此，如果按随机方式或按键存取方式存取磁带上的文件信息，其效率不会很高。但是磁带执行顺序存取方式时存取速度比较高。

磁带上的物理块没有确定的物理地址，只是由带上的物理标志来识别。在磁带上，磁带有带标，物理块有块标，文件有文件标志，这些标志一般要使用专用的命令才能写入。除带始点标存在于磁带的始端外，其他的标志没有固定的位置，但有固定的格式以供识别，一般写在相应对象的前面。每个物理块除了有特定的标志外，块与块之间还应留有一定长度的间隙，用于磁带设备的启动和停止的缓冲。间隙是块之间不记录用户代码信息的区域，如图 8-1 所示。

图 8-1 磁带的存储结构

如果带速高，信息密度大，且所需块间隙小，则磁带存取速度和数据传输率高。否则从存取一个信息块到存取另一个信息块要花费较多的时间。对于磁带机，除了读写一个物理块的命令外，还有重绕、倒退、前进、反绕等命令以实现多种灵活的控制。

磁带的一个突出优点是物理块长的变化范围较大，块可以很小，也可以很大。原则上没有限制。但为了保证可靠性，块长取适中较好，因为块过小时不易区别是干扰还是有用信息，块过大对产生的误码难以发现和校正。

磁带作为顺序存储介质具有存储容量大、稳定可靠、文件卷可拆卸、便于保存和块长变化范围较大（原则上只受到带长的限制）等优点，因此被广泛用作保存档案文件的存储介质。

2. 直接存储设备

直接存储设备又称随机存储设备。允许文件系统直接存取对应存储介质上的任意物理块。

磁盘机是一种典型的直接存储的设备。它的每个物理块有确定的位置和唯一的地址，存取任何一个物理块所需的时间几乎不依赖于此信息的位置。

磁盘机是一种高速、大容量、旋转型的存储设备，它能把信息记录在盘片上，也能把盘片上的信息读出。每个盘片有正反两面，若干张盘片可以组成一个盘组，一个盘组中的盘片被固定在一个轴上，沿着一个方向高速旋转。驱动机构可分为固定磁头型和可移动磁头型。固定磁头型的磁头是不可移动的，每个磁道上都设置一个磁头，其优点是速度快，但因其结构复杂，目前使用较少。可移动磁头型是每个盘面有一个读写磁头，如图 8-2 所示，所有的读写磁头被固定在唯一的移动臂上同时移动，把所有的读写磁头按从上到下的次序从 0 开始进行编号，称为"磁头号"，每个盘面上有许多磁道，从 0 开始按由外向里的次序顺序编号，不同盘面上具有相同编号的磁道在同一柱面上，把盘面上的磁道号称为"柱面号"。移动臂可以带动读写磁头访问所有的磁道，当移动臂移动到某一位置时，所有的读写磁头都在同一柱面上，每次只有其中的一个磁头可以进行读/写的操作。在磁盘初始化时把每个盘面划分成相等数量的扇区，按磁盘旋转的方向从 0 开始给各扇区编号，称为"扇区号"，每个扇区的各磁道上均可存放相等数量的字符，称之为"块"，块是信息读写的最小单位，要确定一个块所在的位置必须给出 3 个参数：柱面号、磁头号和扇区号。

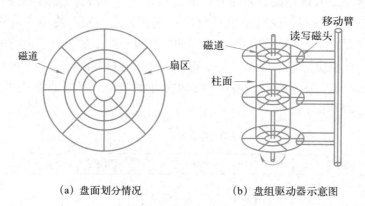

(a) 盘面划分情况　　　　(b) 盘组驱动器示意图

图 8-2　可移动磁头型磁盘示例图

各磁盘块的编号按柱面顺序（0 号柱面开始），每个柱面按磁道顺序，每个磁道又按扇区顺序进行排序。假定用 t 表示每个柱面上的磁道数，用 s 表示每个盘面上的扇区数，则第 i 柱面、j 磁头、k 扇区所对应的块号 b 为：

$$b=k+s \times (j+i \times t)$$

同样地，根据块号也可确定该块在磁盘上的位置。每个柱面上有 $D=s \times t$ 个磁盘块，设 $M=\lfloor P/D \rfloor$，$N=P\%D$。于是，第 P 块在磁盘上位置为：

$$柱面号 =M$$
$$磁头号 =\lfloor N/S \rfloor$$
$$扇区号 =N \% S$$

由于这种设备上的存储介质具有直接读写的性质，并且物理块的大小固定不变，所以在这种介质上可以按照多种物理结构组织信息，并且不一定要求信息按逻辑记录的顺序存储。由于磁盘定位时间远远小于磁带设备的定位时间，因此广泛用于信息存储，并且作为虚拟存储器和虚拟设备使用。又由于磁盘存储介质的容量逐渐增大，并且有些可像磁带一样随时更换，因而也作为保存档案材料之用，成为一种高速、大容量、可拆卸的海量存储器。

光盘是另一种随机存取介质，其存储介质的性能、特征和磁盘几乎相同。但由于它不是用磁性材料存储信息，而是通过激光将信息刻录在介质表面，因而除具有磁盘的优点外，还具有防磁、防潮、防震等优点，更便于长期保存。光盘有只读光盘和可读写光盘之分，前者一次刻录多次读出，但不能多次写，因而用作保存信息的首选介质，后者可以多次读写，是一种动态保存信息的理想介质。

闪存是不易丢失存储器中的一种。之所以有这个名称，只因为信息在一瞬间被存储下来之后，即使除去电源，存储器中的信息依旧保留。这同只要一掉电信息就丢失的易失性存储器形成鲜明的对照。较之其他的存储器，闪存有独特的优点。首先，闪存是电可擦除的，且在系统中是可直接存取的。其次，闪存没有任何机械运动部件，寿命和可靠性相当高。显然，闪存的读写比硬盘快而且方便。只是目前闪存的价格比硬盘高。另外，闪存在擦除和重编程时并不需要额外的电源。而且闪存比一般 EPROM 价格低、存储密度高。闪存目前已经进入各类应用产品中，例如计算机、外设、电信设备、移动电话、网际设备、仪器和自动化设备。在面向消费者的语音、影像和数字存储设备，例如数码照相机、数码录音器以及掌上电脑、个人数字助理等多种智能家电产品中，闪存的优势是非常明显的。

8.2.4　文件的物理结构

用户看到的是逻辑文件，处理的是逻辑记录，按照逻辑文件形式去存储、检索和组织有关的文件信息。但逻辑上的文件总要以某种方式保存到存储介质上，所以文件的物理结构也就是逻辑文件在物理存储空间中的存放方法和组织关系。这时的文件被称为物理文件，即相关物理块的集合。文件的物理结构涉及块的划分、记录的排列、索引的组织、信息的搜索等许多问题，文件的物理结构直接影响文件系统的性能。究竟采用哪种文件存储结构必须根据存储设备类型、应用目标、响应时间和存储空间等多种因素进行权衡。一般文件系统往往会提供若干种文件存储结构。

1. 磁带文件的物理结构

磁带机是一种顺序存取的设备，一切组织在磁带上的文件都采用顺序结构，也就是将一个文件中在逻辑上连续的信息存放到存储介质的依次相邻的块上，便形成顺序结构，磁带上的每个文件都有文件头标、文件信息和文件尾标 3 个组成部分，如图 8-3 所示。

| ● 始点 | 文件头标 | *文件* | 文件尾标 | * | 文件头标 | *文件* | 文件尾标 | * | 文件头标 | *文件* | 文件尾标 | **…… | ● 末点 |

图 8-3　磁带文件的组织形式

文件头标用来表示一个特定的文件和说明文件的属性，文件的头标的内容可以是用户名、文件名、文件的分块数、块长度等信息。文件信息是用户逻辑文件中的信息，把这些信息存放在若干块中，这些块中信息的顺序与逻辑文件中的信息顺序一致。文件尾标表示一个特定的文件信息结束。

图 8-3 中的"*"表示带标，带标是在磁带上的各类信息之间的一个特殊字符，用来隔开各类信息，用两个连续的带标表示有效信息到此结束。

文件头标和文件尾标表示文件系统管理磁带文件时的控制信息。当用户要读取磁带上的一个文件时，文件系统从磁带的始点开始搜索，首先读出第一个文件头标，比较用户名和文件名，若是用户指定文件，则可读出随后的信息。若不是用户指定的文件，则让磁头前进到下一个文件的文件头标的位置，然后读出文件头标进行比较，直到找到指定的文件。若比较到最后一个文件头标仍没有找到指定文件，则表示所要找的文件不在这卷磁带上。

2. 磁盘文件的物理结构

（1）连续文件。将一个文件中逻辑上连续的信息存放到磁盘上的依次相邻的块上便形成顺序结构，这类文件称为顺序文件，又称连续文件。这是一种逻辑顺序和物理顺序完全一致的文件。在磁盘上所谓相邻的块也就是块号相邻，也就是说磁盘文件的连续结构要求为每一个文件分配一组块号相邻接的盘块。例如，第一个盘块的块号为 b，则第二个盘块的块号为 $b+1$，第三个盘块的块号为 $b+2$，……

为使系统能找到文件存放的地址，文件控制块需要记录该文件第一个盘块的盘块号和文件长度。

同内存的可变分区分配一样，随着文件空间的分配和文件删除时的收回，磁盘空间被分割成许多小块。这些较小的连续区已难以用来存储文件，这就是外存的外部碎片。同样可利用紧凑的方法将磁盘所有的文件紧靠在一起，使所有的碎片拼接成大片连续的存储空间。但将磁盘上的空闲空间进行一次紧凑所花费的时间远比内存紧凑一次所花费的时间要多得多。

顺序文件的优点是顺序访问容易、速度快。顺序访问一个占用连续空间的文件非常容易，系统只要找到该顺序文件所在的第一个物理块，从此开始顺序地、逐个物理块地往下读/写。通常相邻块大多数都位于同一柱面上，在进行读/写时不必移动磁头，当访问到一个柱面最后一条磁道的最末一个盘块时，才需要移动磁头到下一个柱面，于是

又连续地读 / 写多个盘块。因此，顺序读取顺序文件时磁头的移动距离最短，访问的速度是几种存储空间分配方式中最高的。

连续文件的主要缺点有以下几点：

① 要求有连续的存储空间。由于要求连续的物理块，所以一个文件如果要求插入、删除或动态增长时，系统要实现就需要移动大量数据，效率很低。并且对于磁盘文件，要为每一个文件分配连续空间就会出现许多外部碎片，严重地降低了外存空间的利用率，消除碎片又需花费大量的计算机时间。

② 必须事先知道文件的长度。对于磁盘顺序文件，要将一个文件装入到一个连续的存储区中必须事先知道文件的大小。在有些情况下，知道文件大小却很难，例如建立一个文件时。

在磁盘上连续分配所存在的问题在于必须为一个文件分配连续的磁盘块。如果将一个逻辑文件存储到外存上，并不要求为整个文件分配一块连续的空间，而是可以将文件装到多个离散的盘块中，这样也就可以消除上述的缺点。下面几种文件的物理结构都不需要连续的磁盘空间。

（2）连接文件。采用连接分配方式时，把逻辑文件的各个逻辑记录任意存放到一些磁盘块中，这些磁盘块可以分散在磁盘的任意位置。顺序的逻辑记录被存放在不连续的磁盘块上，用指针把这些磁盘块按逻辑记录的顺序连接起来，则形成了文件的连接结构。连接结构的文件称为"连接文件"或"串联文件"。

由于连接分配是采取离散分配方式，从而消除了外部碎片，故可显著地提高外存空间的利用率，且也无须事先知道文件的长度。磁盘上的所有空闲块都可以被利用，建立文件时也不必事先考虑文件的长度，只要有空闲的磁盘块，文件可继续扩展，就可根据需要在文件的任何位置插入一个记录或删除一个记录。

为使系统能找到文件存放的地址，文件控制块记录该文件第一个记录所在的盘块号和文件长度。

根据文件中下一个盘块的指针存放位置的不同，连接方式又可分为隐式连接和显式连接两种。

① 隐式连接。在采用隐式连接分配方式时，在每个盘块中都含有一个指向下一个盘块的指针。

如图 8-4 所示，文件 example 起始盘块块号为 9，以后依次为 7、17、18、19，是一个占用 5 个盘块的链式文件，每个盘块中都含有一个指向下一个盘块的指针。如果指针占用 4 B，对于盘块大小为 512 B 的磁盘，每个盘块中，只有 508 B 可供用户使用。

隐式连接分配方式的主要问题是：它只适合于顺序访问，对直接访问是极其低效的。如果要访问文件所在的第 i 个盘块，就必须先读出文件的第一个盘块，从中得到第二个盘块的盘块号，然后再读出第二个盘块，……就这样顺序地查找直至第 i 块。当 i=100 时，就须启动磁盘读出 100 个盘块。可见，直接访问的速度多么低。此外，只通过连接指针来将一大批离散的盘块连接起来，其可靠性较差，因为只要其中的任何一个指针或盘块出现问题，都会导致整个链的断开。

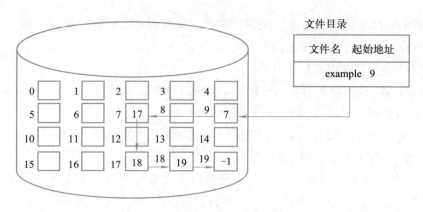

图 8-4　磁盘文件连接结构示意图

　　为了提高检索速度并减小指针所占用的存储空间，可以将几个盘块组成一个分配单位（簇）。例如，一个簇可包含 8 个盘块，在进行盘块分配时是以簇为单位进行的。在连接文件中的每个元素也是以簇为单位。这样将会成倍地减少查找指定块的时间，而且也可减小指针所占用的存储空间，但是却增加了内部碎片，且这种改进对效率的提高也是非常有限的。

　　② 显式连接。这是指把用于连接文件物理块的指针显式地存放在外存的一张连接表中。该表一个磁盘仅设置一张（但是通常都存有副本）。磁盘有多少块（簇），该表就有多少项。若某文件的一个磁盘块号（簇号）为 i，则这个文件的下一个磁盘的块号（簇号）j 应该记录在表的第 i 项。例如，某磁盘此表的前几项值如图 8-5 所示。某个文件的起始盘块号为 3，则由图 8-5 可知该文件的磁盘块号依次为 3、4、9、12、13（用 -1 表示文件结束，不存在下一个盘块）。如果要查找某一盘块，只要先将磁盘的此表读入内存，然后在表中先找到对应块号，再把该块读入内存即可。这样不仅显著地提高了检索速度，而且大大减少了访问磁盘的次数。这张表被称为文件分配表（FAT）。

第几项	0	1	2	3	4	5	6	7	8	9	10	11	12	13	14	15	…
内容	-1	-1	-1	4	9	0	7	8	-1	12	11	-1	13	-1	0	0	…

图 8-5　某磁盘文件存放连接指针部分内容

　　FAT 的每个表项对应于磁盘的一个盘块，其中用来存放分配给文件的下一个盘块的块号，故 FAT 的表项数目由物理盘块数决定，而表项的长度则由磁盘系统的最大盘块号决定（它必须能存放最大的盘块号）。为了地址转换的方便，FAT 表项的长度通常取半个字节或半字节的整数倍，所以必要时还必须对由最大盘块号获得的 FAT 表项长度做一些调整。

　　假定盘块的大小为 1 KB，硬盘的大小为 500 MB。采用显示连接分配方式时，该硬盘共有 500K 个盘块，故 FAT 中共有 500K 个表项。如果盘块从 0 开始编号，为了能保存最大的盘块号 511999，该 FAT 表项最少需要 19 位，将它扩展为半个字节的整数倍后，可知每个 FAT 表项需 20 位，即 2.5 B。因此，FAT 需占用的存储空间的大小为 2.5 B × 500 K=1250 KB。

　　DOS 和 Windows 操作系统都采用显式连接方式。

采用显式连接方式时存在两个问题：一是不能支持高效地直接存取，对一个较大的文件进行直接存取必须首先在存放连接指针的表中查找许多盘块；二是存放连接指针的表会占用较大的内存空间，由于一个文件所占用盘块的盘块号是随机地分布在表中的，因而系统只有将整个表调入内存，才能保证在表中可找到一个文件的盘块号。磁盘容量较大时，此表可能要占用数百兆以上的内存空间。

（3）索引文件。为每个文件分配一个索引块（用来存放索引的盘块），把分配给该文件的所有盘块号都记录在该索引块中，按照这种分配方式存储的文件就是索引文件。由于索引块就是一个存有许多盘块号的盘块，因此为使系统能找到文件存放的地址，文件控制块记录该文件索引块的盘块号和文件长度，如图8-6所示。这种只有一个索引块的索引文件是一级索引文件。

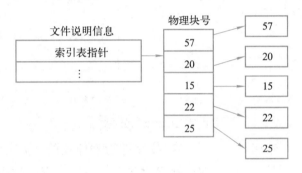

图 8-6 一级索引分配方式

为一个大文件分配磁盘空间时，如果所分配盘块的盘块号已经装满一索引块时，便需再为该文件分配另一个索引块，用于将以后继续分配给该文件的盘块号记录其中，依此类推。同时，应为这些索引块再建立一级索引，称为第一级索引，即系统再分配一索引块，作为第二级索引的索引块，将第一块、第二块、……索引块的盘块号写入此索引块中，这样便形成了二级索引分配方式，如图8-7所示。如果文件非常大时，还可用三级、四级索引分配方式。

索引分配方式支持直接访问。当要读文件的第 i 个盘块时，可以方便地直接从索引块中找到第 i 块的盘块号；索引分配方式也不会产生外部碎片。当文件较大时，索引分配方式无疑是优于连接分配方式的。

索引分配方式的主要问题是索引要占用较多的外存空间。每当建立一个文件时，便须为之分配索引块，将分配给该文件的所有盘块号记录在其中。但在一般情况下，总是中、小型文件居多，甚至有不少文件只需 1 ~ 2 个盘块（这时如果采用连接分配方式，只须设置 1 ~ 2 个指针）。如果采取一级索引分配方式，则同样仍须为之分配一个索引块。采取二级索引分配方式同样需要为之分配两个索引块，这时索引块的利用率是极低的。

针对上述缺点，可以采用混合索引分配方式。混合索引分配方式是指将多种不同级的索引分配方式结合而形成的一种分配方式，有效且实用。例如，系统既采用了直接地址方式，又采用了一级索引分配方式、两级索引分配方式及三级索引分配方式。这种混合索引分配方式已在 UNIX 系统中采用。

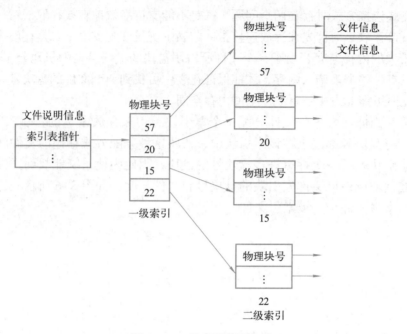

图 8-7 二级索引分配方式

在 UNIX 的目录（索引结点）中，存放文件物理地址的地方共设有 13 个地址项，其中 10 项登记直接地址，在这里的每项中所存放的是该文件的盘块的盘块号，1 项登记一级索引的索引盘块号，1 项登记二级索引中的第一级索引的索引盘块号，1 项登记三级索引中的第一级索引的索引盘块号。假如每个盘块的大小为 4 KB，一个盘块号占用 4 B，则直接地址项登记文件 10 个盘块，一级索引可登记 1K 个盘块，二级索引可登记 1K×1K=1M 个盘块，三级索引可登记 1K×1K×1K=1G 个盘块，当文件不大于 4 KB×10=40 KB 时，便可从直接地址项中读出该文件的全部盘块号。对于大、中型文件，只采用直接地址是不现实的，因此再用上地址项中一级索引分配的地址项，此时允许文件长达 1K×4 KB+40 KB ≥ 4 MB；若还不能满足要求，可再用上地址项中二级索引分配的地址项，此时允许文件长达 1M×4 KB+1K×4 KB+40 KB ≥ 4 GB，若还不能满足要求，可再用上地址项中三级索引分配的地址项，此时允许文件长达 1G×4 KB+1M×4 KB+1K×4 KB+40 KB ≥ 4 TB，应该足可以满足需求了。

（4）直接文件。直接文件是针对记录式文件存储在磁盘上的一种物理存储方式。

在直接存取存储设备上，记录的关键字与其地址之间可以通过某种方式建立对应关系，利用这种关系实现记录存取的文件称为直接文件。这种存储结构是通过指定记录在介质上的位置进行直接存取的，记录无所谓次序。而记录在介质上的位置是通过对记录的键施加变换而获得相应地址，这种变换方法就是常用的散列法（或称杂建法）。利用这种方法构造的文件常称为直接文件（或散列文件）。这种文件常用在规模不大、关键字分布均匀、记录次序较乱、存取时间要求较快的文件中，如实时处理文件、操作系统的目录文件、编译系统的名字表等。

使用直接文件应特别注意解决"冲突"问题。一般来说，地址的总数和记录的关键字之间并不存在一一对应的关系，不同的关键字经过变换可能会得到相同的地址，而有的地址没有关键字的变换值与之对应。因此，直接文件结构成功与否的关键是设计出好的变换函数，并且还要求有好的处理冲突的方法。

按照这种结构，文件目录中应该存放指向变换函数的指针。当要求存取该记录时，便将此函数作用于存取操作指定的关键字，就会得到物理块的地址。一般来说，这种变换函数不能太复杂。这种结构的优点是存取速度较快，存储空间不必连续，逻辑记录与物理记录之间不存在对应或顺序关系。其缺点主要是对冲突的处理需要时间和空间的开销。

（5）NTFS 文件系统的物理文件。NTFS 是微软公司为其操作系统 Windows NT 开发的一种文件系统。NTFS 是一个可恢复的、安全高效的文件系统，NTFS 在设计时还考虑到了支持多数据流，西欧字符集名称和坏簇重定向功能。NTFS 文件系统与 FAT 文件系统相比最大的特点是安全性，NTFS 提供了服务器或工作站所需的安全保障。在 NTFS 分区上，支持随机访问控制和拥有权，对共享文件夹指定权限，以免受到本地访问或远程访问的影响；对于在计算机上存储文件夹或单个文件或者是通过连接到共享文件夹访问的用户都可以指定权限，使每个用户只能按照系统赋予的权限进行操作，充分保护了系统和数据的安全。NTFS 使用事务日志自动记录所有文件夹和文件更新，当出现系统损坏和电源故障等问题而引起操作失败后，系统能利用日志文件重做或恢复未成功的操作。另外，它还提供了文件的加密和压缩等功能。它与之前 FAT 相比较，文件系统的性能有所提高。

① 磁盘组织。簇是 NTFS 文件系统磁盘空间分配和回收的基本单位。NTFS 中一个簇必须是物理扇区的整数倍，而且总是 2 的整数次幂。NTFS 文件系统并不去关心什么是扇区，也不会去关心扇区到底有多大（如是不是 512 B），而簇大小在使用格式化程序时则会由格式化程序根据卷大小自动地进行分配。事实上，为了在传输效率和簇内碎片之间进行折中，NTFS 在大多数情况下都是用 4 KB。

NTFS 中采用位示图方式记录簇的分配情况。在进行磁盘空间分配时，尽量分配连续的存储空间。

② 元数据文件。NTFS 里的所有数据都是文件，甚至包括 NTFS 内部使用的分区管理数据、统计信息和控制信息等。控制信息（control information）存储在一些特殊文件里。在 NTFS 分区格式化的时候创建，它们被称为"元数据文件（metadata files）"，包含了诸如用户文件列表、卷属性、簇分配信息之类的数据。唯一的例外就是"分区启动扇区（partition boot sector）"，它位于所有其他元数据文件之前，定义了 NTFS 分区最基本的一些操作，比如如何加载操作系统。

在 NTFS 里，磁盘上的所有数据都是以文件的形式出现，包括用来定位和获取文件的数据结构、引导程序和记录这个卷的记录的位图。这些文件系统的管理信息以一组文件形式存储，即元文件。NTFS 里一共有 16 个元文件，记录着磁盘和文件系统的各种信息。

这些元文件在 NTFS 主文件表的以是 $（美元符号）开始的名字的隐藏文件。记录在主文件表的前 16 个记录：

第 0 个记录就是 MFT 自身（$Mft）。MFT 存储 NTFS 卷上所有文件和目录的信息，是所有系统文件里最重要的成员。

第 1 个记录是一个镜像文件（$MftMirr）。由于 MFT 文件本身的重要性，为了确保文件系统结构的可靠性，系统专门为它准备了一个镜像文件（$MFTMirr）。

第 2 个记录是日志文件（$LogFile）。该文件是 NTFS 为实现可恢复性和安全性而设计的。当系统运行时，NTFS 就会在日志文件中记录所有影响 NTFS 卷结构的操作，包括文件的创建和改变目录结构的命令，例如复制，从而在系统失败时能够恢复 NTFS 卷。

第 3 个记录是卷文件（$Volume）。它包含了卷名、被格式化的卷的 NTFS 版本和一个标明该磁盘是否损坏的标志位。

第 4 个记录是属性定义表（$AttrDef）。它存放了卷所支持的所有文件属性，并指出它们是否可以被索引和恢复等。

第 5 个记录是根目录（$）。它保存了存放于该卷根目录下所有文件和目录的索引。

第 6 个记录是位图文件（$Bitmap）。NTFS 卷的分配状态都存放在位图文件中，其中每一位（bit）代表卷中的一簇，标识该簇是空闲的还是已被分配的。

第 7 个记录是引导文件（$Boot）。它是另一个重要的系统文件，存放着 Windows 的引导程序代码。

第 8 个记录是坏簇文件（$BadClus）。它记录了磁盘上该卷中所有的损坏的簇号，防止系统对其进行分配使用。

第 9 个记录是安全文件（$Secure）。它存储了整个卷的安全描述符数据库。

第 10 个记录为大写文件（$Upcase）。该文件包含一个大小写字符转换表。

第 11 个记录是扩展元数据目录（$Extended）。

第 12 个记录是重解析点文件（$Extend\$Reparse）。

第 13 个记录是变更日志文件（$Extend\$UsnJrnl）。

第 14 个记录是配额管理文件（$Extend\$Quota）。

第 15 个记录是对象 ID 文件（$Extend\$ObjId）。

③ 文件的组织。在 NTFS 中，卷中所有存放的数据均在一个称为 MFT 的文件记录（File Record）数组中，称为主文件表（Master File Table），MFT 是由高级格式化产生的。它就像整个卷的"目录"或控制中心，所有的操作都从它开始。MFT 可以在磁盘的任何位置。而 MFT 则由文件记录（File Record）数组构成。文件记录的大小一般是固定的，不管簇的大小是多少，均为 1 KB。文件记录在 MFT 文件记录数组中物理上是连续的，且从 0 开始编号。

NTFS 里每个文件都是一些属性的集合，文件的数据只是属性之一，其他的属性还有文件名和大小等。MFT 本质上是一个数据库表，包含了各种文件的各种属性，这些属性包括：

- 标准信息：包括一些基本文件属性，如只读、系统、存档；时间属性，如文件的创建时间和最后修改时间等。

- 文件名：用 Unicode 字符表示的文件名，由于 MS-DOS 不能识别长文件名，所以 NTFS 系统会自动生成一个 DOS 格式文件名。
- 属性列表：当一个文件需要多个 MFT 文件记录时，用来描述 MFT 记录的位置。
- 对象 ID：一个具有 64 位、对此卷唯一的文件标识符。
- 安全描述符：这是为向后兼容而保留的，主要用于保护文件以防止没有授权的访问，但 Windows 中以将安全描述符存放在 $SECURE 元数据中，以便于共享（早期的 NTFS 将其与文件目录一起存放，不便于共享）。
- 重解析点：用于加载和符号链。
- 卷名（卷标示）：该属性仅存在于 $VOLUME 元数据中。
- 卷信息：该属性仅存在于 $VOLUME 元数据中。
- 索引根：用于目录。
- 索引分配：用于很大的目录。
- 位图：用于很大的目录。
- 日志工具流：控制记录日志到 $LogFile。
- 数据：数据流，可以重复。一个 NTFS 文件有一个或多个数据流。

当在 NTFS 卷里创建一个文件时，首先在 MFT 里创建它的记录。NTFS 里文件的数据也是属性之一，没有任何特殊性。如果一个文件的所有属性和值（包括数据）比一个 MFT 记录还小，那么"数据"属性的值是文件的内容。这样的文件不需要任何额外的存储空间，于是也不需要访问多次磁盘来得到文件的数据。若数据属性放不下文件的内容，则数据属性存放的是文件内容存放的位置。

NTFS 使用逻辑簇号（Logical Cluster Number，LCN）和虚拟簇号（Virtual Cluster Number，VCN）来进行簇的定位。LCN 是对整个卷中所有的簇从头到尾所进行的简单编号。卷因子乘以 LCN，NTFS 就能够得到卷上的物理字节偏移量，从而得到物理磁盘地址。VCN 则是对属于特定文件的簇从头到尾进行编号，以便于引用文件中的数据。VCN 可以映射成 LCN，而不必要求在物理上连续。

例如，某文件占用了磁盘的 20、21、22、23、24、50、51、52、53、54、55、56、78、79、80 簇，则数据属性值为：

$$(0，15)，(20，5)，(50，7)，(78，3)$$

（0，15）表示该文件虚拟簇号从 0 开始，占用了 15 个簇，虚拟簇号为（0~14）；（20，5），（50，7），（78，3）表示虚拟簇号对应的逻辑簇号分别为 20、21、22、23、24、50、51、52、53、54、55、56、78、79、80。

逻辑簇号表达方式：连续的一组簇号记为（起始簇号，簇数），例如（20，5）表示从 20 簇开始的 5 簇，即 20、21、22、23、24 簇。

自从 Windows 2000 开始，微软开始推荐使用 NTFS 磁盘格式，其后推出的 XP 更是要配合这种磁盘格式才能发挥其最大的性能优势。不仅仅是微软推广的缘故，由于其自身的技术优势，加上配合目前硬件、网络发展的趋势的作用，NTFS 的磁盘格式正逐渐被广大用户接受。

8.3 文件目录

在现代计算机系统中，通常都要存储大量的文件。为了能有效地管理这些文件，必须对它们加以妥善的组织，以做到用户只需向系统提供所需访问文件的名字，便能快速、准确地找到指定文件。这主要是依赖于文件目录来实现，也就是说通过文件目录可以将文件名转换为该文件在外存上的物理位置。

一般，要求文件目录的管理应达到以下要求：

（1）实现"按名存取"，即用户只须提供文件名，就可对文件进行存取。这是目录管理中最基本的功能，也是文件系统向用户提供的基本服务。

（2）提高对目录的检索速度。合理地组织目录结构，可以加快对目录的检索速度，从而加快对文件的存取速度。这是设计一个大、中型文件系统必须追求的主要目标之一。

（3）文件共享。在多用户系统中，应允许多个用户共享一个文件。

（4）允许文件重名。系统应允许不同用户对不同文件用相同的名字，以便用户按照自己的习惯命名文件。

8.3.1 文件控制块

文件系统在创建每个文件时为其建立了一个文件目录，也称文件说明或文件控制块(File Control Block, FCB)。文件控制块是设置用于文件描述和文件控制的数据结构，它与文件一一对应，随着文件的建立而诞生，随着文件的删除而消失，某些内容随着文件的使用而动态改变。文件控制块是用于查找文件的，是文件系统实现按名存取的重要手段。文件控制块由若干目录项组成，每一个文件控制块记录一个文件的有关信息，在文件控制块中除了指出文件名和文件在存储介质上的位置外，还应包括如何控制和管理文件的信息。不同系统根据系统需要，文件控制块的内容也不同，但一般文件控制块应包括如下 3 类内容：

（1）有关文件存取控制的信息。例如，用户名、文件名、文件类型、文件属性等。

（2）有关文件结构的信息。例如，文件的逻辑结构、文件的物理结构、记录个数、文件在存储介质上的位置等。

（3）有关文件管理的信息。例如，文件的建立日期、文件被修改的日期、文件保留期限和记账信息等。

例如，CP/M 操作系统中的文件控制块包括盘号、文件名、扩展名、文件范围、记录数、存放位置等。

8.3.2 文件目录结构

文件系统把若干个文件的文件目录组织成一个独立的文件，这个全部由文件目录组成的文件称为目录文件。目录文件是文件系统管理文件的最重要的信息源。目录文件的结构形式（称目录结构）是关系到文件的共享和安全、影响文件存取速度的重要因素。目前目录结构形式有一级目录、二级目录和多级目录。

1. 一级目录结构

最简单的文件目录是一级目录结构。在操作系统中构造一张线性表，与每个文件有关的说明信息占用一个目录项，这就构成了一级目录结构。单用户微型机操作系统CP/M的软盘文件目录便采用这一结构。每个磁盘上设置一张一级文件目录表，不同磁盘驱动器上的文件目录互不相关。

单级目录结构实现容易，管理简单。它通过管理目录文件实现了对文件信息管理，通过物理地址指针在文件名与物理存储空间之间建立了对应关系，实现了按文件名存取，但是一级目录还存在着以下缺点：

（1）搜索范围宽。在一级目录中，搜索文件的范围是整个目录文件中的所有目录项，致使查找文件的开销大、速度慢。

（2）不允许文件重名。在一个目录文件中，不允许两个不同的文件具有相同的名字。在多用户环境中，用户都是以自己的习惯给文件命名，要求各自独立的用户对文件命名不重名是难以做到的。

（3）难以实现文件共享。如果允许不同用户使用不同文件名来共享一个文件，这在一级目录中是很难实现的。

为了解决上述问题，操作系统往往采用二级或多级目录结构，使得每个用户有各自独立的文件目录。

2. 二级目录

在二级目录中，第一级为主文件目录，它用于管理所有用户文件目录，它的目录项登记了系统用户的名字及该用户文件目录的地址。第二级为用户文件目录，它为该用户的每个文件保存一个登记栏，其内容与一级目录的目录项相同，如图8-8所示。每个用户只允许查看自己的文件目录。当一个新用户作业进入系统执行时，系统为其在主文件目录中开辟一栏，登记其用户名，并准备一个存放这个用户文件目录的区域，这个区域的地址填入主文件目录中的该用户名所在项。当用户需要访问某个文件时，系统根据用户名从主文件目录中找出该用户的文件目录的物理位置，其余的工作与一级文件目录类似。

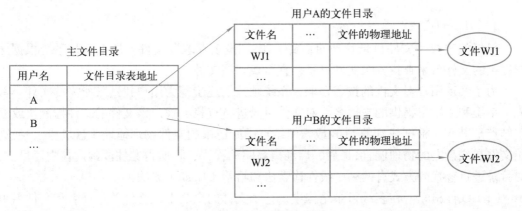

图8-8 二级目录结构

采用二级目录管理文件时，因为任何文件的存取都通过主文件目录，于是可以检查访问文件者的存取权限，避免一个用户未经授权就存取另一个用户的文件，使用户文件的私有性得到保证，实现对文件的保密和保护。特别是不同用户具有同名文件时，由于各自有不同的用户文件目录而不会导致混乱。对于文件的共享，原则上只要把对应目录项中文件的物理地址指向同一物理位置即可。

3. 多级文件目录结构

在多级目录结构中，主文件目录演变为根目录。根目录项既可以表示一个普通文件，也可以是下一级目录的目录文件的一个说明项。如此层层类推，形成一个树形层次结构，如图 8-9 所示。

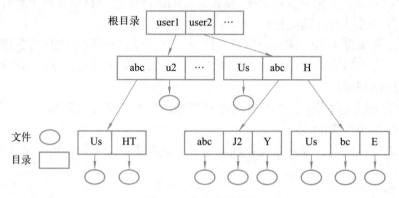

图 8-9　多级目录结构

多级目录解决了重名问题，同一目录中的各文件不能同名，但在不同目录中的文件名可以相同。

多级目录有利于文件的分类。文件是若干有意义的相互关联的信息的集合，信息本身就具有某种层次关系的属性。树形目录结构能确切地反映这些层次关系，可以把某些具有相同性质的文件安排在同一个子目录下，使用文件更加方便。

多级目录的层次结构关系便于制定保护文件的存取权限，有利于文件的保密。

8.3.3　目录的查找和目录的改进

1. 目录的查找

目录的查找是文件目录管理的重要工作，"按名存取"文件实质上就是系统根据用户提供的文件名来查找各级文件目录，直至找到该文件。

为了实现用户对文件的按名存取，系统须按下述步骤为用户找到其所需的文件：首先，系统利用用户提供的文件名，对文件目录进行查找，找出该文件的文件控制块或索引结点；其次，根据找到的 FCB 或索引结点中所记录的文件物理地址（盘块号），换算出文件在磁盘上的物理位置；最后，启动磁盘驱动程序，将所得文件读到内存中。目前，对目录进行查找的方式有两种：线性检索法和哈希（Hash）方法。

（1）线性检索。在多级目录结构中，一个文件的全名由该文件的路径名和文件名组成。一个文件的路径名由根目录开始沿各级子目录到达该文件的通路上的所有子目录名组成，多数系统各子目录名之间一般用斜线或反斜线分隔。在多级目录结构中，若每访问一个文件都必须从根目录开始，按全名逐级查找，显然查找速度慢。因此，建立当前目录，采用按相对路径名进行查找的方法来减少查找层次，加快查找速度。当前目录（又称工作目录）就是默认目录，表示查找时从该目录开始。相对路径名就是从当前目录开始到文件的路径名。

假设要查找绝对路径名为 \usr\inaude\user.h 的文件，从根目录查起，线性检索查找过程如下：

① 从根目录查起，把根目录文件信息读到内存缓冲区。按给定的路径名中第一个分量 usr 依次与缓冲区中每个目录项比较，若找不到名为 usr 的目录项，则继续读入根目录文件的后续信息再比较，直到找到 usr 目录项或查完根目录都没有找到。

② 找到 usr 后，再根据这个目录项内容把 usr 目录文件信息读到内存缓冲区。按第①步的过程，查找到 inaude 目录项。

③ 找到 include 后，再根据这个目录项内容把 include 目录文件信息读到内存缓冲区。按第一步的过程，查找到 user.h 目录项。

如果当前目录为 \usr\include\，采用相对路径名的查找过程就简单许多，只要把当前目录文件信息读到内存缓冲区，与缓冲区中每个目录项比较，若找不到名为 user.h 的目录项，则继续读入该目录文件的后续信息再比较，直到找到文件名为 user.h 的目录项或查完该目录都没有找到为止。显然使用相对路径名查找速度较快。

（2）哈希检索。采用哈希检索算法时，目录项信息存放在一个哈希表中。进行目录检索时，首先根据目录名来计算一个哈希值，然后得到一个指向哈希表目录项的指针。该算法可以大幅度地减少目录检索的时间。插入和删除目录时，要考虑两个目录项的冲突问题，即两个目录项的哈希值相同。

哈希检索算法的难点在于选样合适的哈希表长度和哈希函数的构造。

（3）其他算法。除了上面的两种算法之外，还可以考虑其他算法，如 B$^+$ 树。Windows 2000 就采用了 B$^+$ 树来存储大目录的索引信息。B$^+$ 树是一个平衡树，对于存储在磁盘上的数据来说，平衡树是一种理想的分类组成方式，这是因为它可以使得查找一个数据项所需的磁盘访问次数减少到最小。

由于使用 B$^+$ 树存储文件目录项，文件按顺序排列，所以可以快速地查找目录，并且可以快速地返回已经排好序的文件名。同时，B$^+$ 树是向宽度扩展而不是向深度扩展的，目录查找时间不会因为目录的增大而增大。

2. 目录的改进

一个文件目录项一般要占用很多空间，这样导致目录文件往往也很大。在查找目录时，为了找到所需要的目录项，常常要将存放目录文件的多个物理块逐块读入内存进行查找，这就降低了查找速度。

为加快目录查找可采用目录项分解法，即把目录项分为两部分：符号目录项（包含文件名以及相应的文件号）和基本目录项（包含除了文件名外的文件控制块的其余全部信息），如图 8-10 所示。

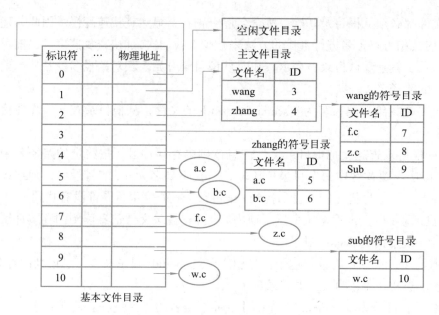

图 8-10　符号目录项和基本目录项

例如，假设一个文件目录项有 48 B，符号目录项占 8 B，文件名占 6 B，文件号占 2 B，基本目录项占 48 B–6 B=42 B。设物理块大小为 512 B，目录文件有 128 个目录项。若不分解目录项，一个盘块存放 $\lfloor 512/48 \rfloor$=10 个目录项，128 个目录项需要 13 个盘块，查找一个文件的平均访问的盘块数：(1+13)/2=7 次。分解后，一个盘块存放 $\lfloor 512/8 \rfloor$=64 个符号目录项，128 个符号目录项需要 2 个盘块，查找一个文件的平均访问的盘块数：(1+2)/2=1.5 次。

目录项分解法可减少访问硬盘的次数，提高文件目录检索的速度。

UNIX 把目录中的文件名和其他管理信息分开，后者单独组成定长的一个数据结构，称为索引结点。索引结点单独存放在外存的索引结点表中，从 1 开始顺序编号。于是，文件目录项中仅剩下 14 B 的文件名和 2 B 的顺序编号。因此，一个物理块可存放 32 个目录项，系统把由目录项组成的目录文件和普通文件一样对待，均存放在外存中。索引结点的内容包括文件属性、连接该索引结点的目录项数（共享数）、文件主用户标识、文件同组用户标识、文件大小（以字节计数）、放文件物理块号的索引区、文件最近被访问的时间、文件最近被修改的时间、文件创建的时间。

8.4　文件系统的实现

本节从实现的角度介绍文件系统。

8.4.1　打开文件表

当用户申请打开一个文件时，系统要在内存中为该用户保存一些表目。在内存中所需的表目有系统打开文件表和用户打开文件表。

1. 系统打开文件表

该"系统打开文件表"放在内存，用于保存已打开文件的目录项，还保存文件号、共享计数、修改标志等，如图 8–11 所示。

文件号	目录项基本内容	共享计数	修改标志	…
…	…	…	…	…

图 8–11　系统打开文件表

2. 用户打开文件表

每个进程都有一个"用户打开文件表"。该表的内容有文件描述符、打开方式、系统打开文件表入口等，如图 8–12 所示。

另外，进程的 PCB 还记录了"用户打开文件表"的位置。

文件描述符	打开方式	读写指针	系统打开文件表入口	…
…	…	…	…	…

图 8–12　用户打开文件表

3. 用户打开文件表与系统打开文件表之间的关系

用户打开文件表指向系统打开文件表。如果多个进程共享同一个文件，则多个用户打开文件表目对应系统打开文件表的同一入口，如图 8–13 所示。

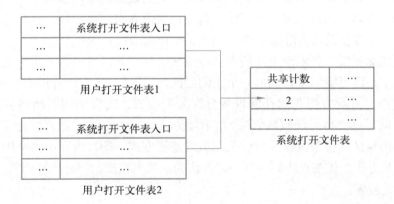

图 8–13　文件表之间的关系

8.4.2　外存空间管理

存储空间管理是文件系统的重要任务之一。只有有效地进行存储空间管理才能保证多个用户共享文件存储设备和得以实现文件的按名存取。对于磁带空间的分配，从前面所学的磁带的物理特性知道它的空间分配很简单。这里主要讨论直接存储介质的空间分配。由于直接存储介质是分成若干个大小相等的物理块，并以块为单位来交换信息的，因此存储空间的管理实质上是一个空闲块的组织和管理问题。它包括空闲块的组织、空闲块的分配与空闲块的回收等问题。下面介绍几种常用的存储空间管理方法。

1. 空闲块表法

系统为每个磁盘建立一张空闲块表，表中每个登记项记录一组连续空闲块的首块号和块数，空闲块数为"0"的登记项为"空"登记项，如图8-14所示。

首块号	空闲块数
30	39
16	4
	0
...	...

图 8-14　空闲块表

这种管理方式适合采用顺序结构的文件。创建文件时从空闲块表中找一组连续的空闲块，删除文件时把归还的一组连续块登记到空闲块表中。空闲块的分配和回收算法类似内存的可变分区管理方式中采用的首次适应、最佳适应和最差适应算法。

2. 空闲链表法

空闲链表法是将所有的空闲盘区链成链表，根据构成链的基本元素的不同有两种链表形式：空闲盘块链和空闲盘区链。

（1）空闲盘块链。空闲盘块链以盘块为基本元素构成一条链。当用户创建文件而请求分配存储空间时，统一从链首开始，依次摘下适当数目的空闲盘块分配给用户。因删除文件而释放存储空间时，统一将回收的盘块依次链入空闲盘块链。这种方法的优点是分配和回收一个盘块的过程非常简单；缺点是空闲盘块链可能很长。

（2）空闲盘区链。将磁盘上的所有空闲盘区（每个盘区可包含若干个盘块）链成一条链。在每个盘区上除用于指示下一个空闲盘区的指针外，还应标有指明本盘区大小（盘块数）的信息。分配方法与内存的可变分区分配类似，通常采用首次适应算法。在回收盘区时，同样也要将与回收区邻接的空闲盘区与之合并。在采用首次适应算法时，为了提高对空闲盘区的检索速度，可以采用显式连接方式，即在内存中为空闲盘区建立一张链表。这种方法的优缺点刚好和第一种方法的优缺点相反，即分配和回收过程较复杂，但空闲盘区链较短。

3. 位示图法

由于磁盘被分块后，每一块的大小都是一样的，所以对每个磁盘可以用一张位示图指示磁盘空间的使用情况。分配回收磁盘块类似页式存储管理分配回收主存块的方法。

4. 成组连接法

（1）空闲块的组织。把空闲块分成若干组，把指向一组中各空闲块的指针集中在一起，这样既可方便查找，又可减少为修改指针而启动磁盘的次数。UNIX系统就是采用空闲块成组连接的方法，图8-16是UNIX系统的空闲块成组连接示意图。

UNIX系统把每100个空闲块作为一组，每一组的第一个空闲块中登记下一组空闲块的块号和空闲块数，余下不足100块的那部分空闲块的块号及块数登记在一个专用块中，登记最后一组块号的那个空闲块（在图8-15中是第350块）其中第2个单元填"0"，表示该块中指出的块号是最后一组的块号，空闲块链到此结束。

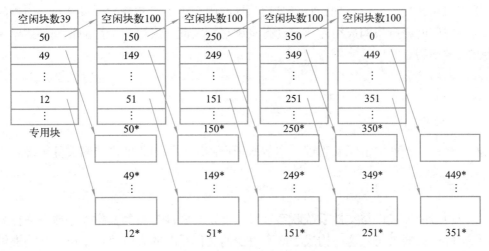

图8-15　UNIX系统空闲块成组连接示意图

（2）空闲块的分配和回收。系统初始化时先把专用块内容读到内存储器，当需要分配空闲块时，就可直接在内存中找到哪些块是空闲的。每分配一块后把空闲块数减1，但要把一组中的第一个空闲块分配出去之前应把登记在该块中的下一组的块号及块数保存到专用块中（原专用块中的信息已经无用，因为它指示的一组空闲块都已被分配）。

当一组空闲块被分配完后，则再把专用块的内容读到内存，指出另一组可供分配的空闲块。当归还一块时，只要把归还块的块号登记到当前组中且空闲块数加1。如果当前组已满100块，则把内存中的内容写到归还的那块中，该归还块作为新组的第一块。假设初始化时系统已把专用块读入内存单元L开始的区域中，分配和回收的算法如下：

① 分配一个空闲块。

```
查询 L 单元内容（空闲块数）;
当空闲块数 >1   i=L+ 空闲块数 ;
                从 i 单元得到一空闲块号 ;
                把该块分配给申请者 ;
                空闲块数减 1;
当空闲块数 =1 取出 L+1 单元内容（第一块块号或 0）;
                其值 =0    无空闲块，申请者失败 ;
                其值 ≠ 0   把该块内容复制到专用块 ;
                          把该块分配给申请者 ;
                          把专用块内容读到内存 L 开始的区域 ;
```

② 归还一块。

```
查询 L 单元的空闲块数 ;
当空闲块数 <100    空闲块数加 1;
                 j=L+ 空闲块数 ;
                 归还块号填入 j 单元 ;
当空闲块数 =100    把内存中登记的信息写入归还块中 ;
                 把归还块号填入 L+1 单元 ;
                 将 L 单元置成 1;
```

采用成组连接法后，分配回收磁盘块时均在内存中查找和修改，只是在一组空闲块分配完或空闲的磁盘块构成组时才启动磁盘读写。因此，成组连接法的管理方式比单块连接方式效率高。

8.5 文件的使用

前面介绍了文件的组织和管理，本节从用户使用文件的角度来介绍文件系统。

8.5.1 主要操作

用户通过两类接口与文件系统联系：第一类是与文件有关的操作命令或作业控制语言中与文件有关的语句，这些构成了必不可少的文件系统的人机接口；第二类是提供给用户程序使用的文件类系统调用指令，构成了用户和文件系统的另一个接口，通过这些指令用户能获得文件系统的各种服务。一般来说，文件系统提供的基本的文件系统调用有建立、打开、关闭、删除、读/写和控制等。

1. 建立文件

当用户需要将一批信息（或程序）作为文件保存在文件存储介质上时，需要使用建立文件命令来达到自己的目的——建立一个新文件。建立文件的系统调用命令的参数需要文件名和访问权限。

系统接收到建立文件的命令后，首先检索所提供的参数的合法性，若不合法则发送出错误信息后返回，否则一般要做下述工作：

（1）查文件目录表，看有没有同名文件存在。有则拒绝建立，给出错误信息；否则分配给该文件一空目录项，并填入文件名和用户提供的参数。

（2）为要建立的文件分配存储空间。对于连续文件，按用户提供的文件长度分配一连续文件存储空间；对于索引文件，则先分配一物理块供建立索引表之用。分配到的物理空间的地址需填入为该文件而设的目录项中。

（3）将新建文件的目录项读入打开文件表中（完成打开文件的工作），为以后写文件体做好准备。

需要清楚的是建立文件所做的主要工作仅仅是建立了一个文件目录，而真正的文件内容还必须由随后的写命令写入外存中。

文件一经建立，就一直存入系统之中，直到用户使用撤销命令撤销该文件为止。

2. 打开文件

用户要使用某一个文件，必须先用打开文件系统调用命令将它打开，建立起用户与该文件的直接联系才能使用。打开文件的系统调用命令的参数一般有文件名和打开方式。打开文件的实质是将外存中该文件的目录项读到打开文件表中，以便对文件的控制操作在内存中进行。

打开文件的主要工作是：

（1）根据文件路径名查目录。

（2）根据打开方式、共享说明和用户身份检查访问合法性。

（3）根据文件号查看系统打开文件表，确定文件是否已被打开。如果是，共享计数加 1；否则，信息填入系统打开文件表空表项，共享计数置为 1。

（4）在用户打开文件表中取一空表项，填写打开方式等，并指向系统打开文件表对应表项。

文件打开以后直至关闭之前，可被反复使用，不必多次打开。这样做能减少查找目录的时间，加快文件存取速度，从而提高文件系统的运行效率。

由于活动文件表的大小限制，通常系统允许一个用户同时打开文件的数量有一定限制。

3. 读 / 写文件

文件打开以后，用户需要把文件信息（文件体）从外存读入内存或从内存写回外存，这都是通过调用读写文件系统调用来实现的。这两个命令一般应给出以下参数：文件名、内存缓冲区地址、读 / 写的记录或字节个数，对有些文件类型还要给出读 / 写起始逻辑记录号。

当系统接到此系统调用后，应完成如下动作：

（1）核对所给参数的合法性。

（2）按文件名从打开文件表中找到该文件的目录项。

（3）按存取控制说明检查访问的合法性。

（4）根据打开文件表中该文件的参数确定读写的物理位置（确定块号、块数、块内位移与长度等）。

（5）向设备管理程序发 I/O 请求，完成数据交换工作。

4. 关闭文件

当用户不用（或暂时不用）某个文件时，可以使用关闭文件的系统调用命令。关闭文件的要求可以通过显式方式，即直接向系统提出；也可用隐式，例如要求使用同一设备上的另外一个文件时，就可以认为隐含了关闭上次使用过的文件的要求。关闭文件系统调用指令的参数一般是文件名。

当某文件关闭后，用户又要重新使用它，则必须重新打开该文件。

关闭文件的主要工作是：

（1）将打开文件表中该文件的"当前使用用户数"减 1。若为 0，则撤销此表目。

（2）若打开文件表目内容已被改过，则应先将表目内容写回外存上相应表目中，以使文件目录保持最新状态；做卷定位工作。

5. 删除文件

当用户确定不必保存某一个文件时，可以用删除文件的命令将它删除。删除文件的系统调用的参数一般是文件名。

系统接到此命令后，需要做的工作为：

（1）系统根据用户提供的文件名或文件描述符，检查此次删除的合法性。

（2）查找文件目录。

（3）将该文件从目录中删除，并释放该文件所占用的存储空间。

删除文件必须小心，因为一旦删除就无法恢复。尤其要注意的是，在多级目录结构文件的删除时，若删除的是普通文件必须注意是否有连接，有则必须先处理连接才能删除；若删除的是目录文件，则删除的是该目录下的所有文件，必须小心。

文件操作的种类远不止上述这些类型，还有文件定位、读取文件属性、设置文件属性、修改文件名称等。

文件系统提供按名存取功能后，为保证对文件的正确管理和文件信息的安全可靠，规定了用户请求文件的操作步骤。

（1）读文件。用户请求读文件信息时依次调用：

① "打开文件"。

② "读文件"。

③ "关闭文件"。

（2）写文件。用户请求写文件信息时依次调用：

① "建立文件"。

② "写文件"。

③ "关闭文件"。

（3）删除文件。用户请求删除文件时依次调用：

① "关闭文件"。

② "删除文件"。

一个正在使用的文件是不允许删除的，所以，只有先归还文件的使用权后才能删除文件。

8.5.2　文件共享

在多用户环境中，不同用户之间存在着对文件共享的需求，若不提供文件共享功能，则只能为各个用户保留一份需要共享的文件的副本，这样会造成存储空间的浪费；若提供了共享功能，则可以提高文件的利用率，避免存储空间的浪费，并能实现用户用自己的文件名去访问共享文件。通常，实现文件共享的方法有以下 5 种。

1. 绕道法

在绕道法中，用户对所有文件的访问都是相对于当前目录进行的，当所访问的共享文件不在当前目录下时，从当前目录出发向上返回到与共享文件所在路径的交叉点，再沿路径下行到共享文件，如图 8–16 所示。

绕道法要求用户指定到达被共享文件的路径，并要回溯访问多级目录，因此共享其他目录下的文件的搜索速度较慢。

2. 连接法

连接法是将一个目录中的连接指针直接指向共享文件的目录项，如图 8–17 所示，子目录 Us1 下的以文件名 u2 共享子目录 \er2\abc 下的文件 c，文件 u2 的目录项中用一指针指向文件 c 的目录项，从而可从子目录 Us1 下以文件名 u2 访问共享文件，也可从子目录 abc 下以文件名 c 访问共享文件。

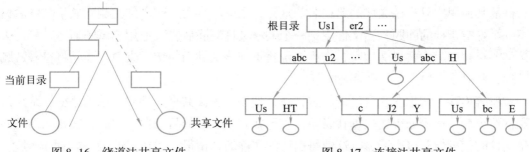

图 8-16　绕道法共享文件　　　　　图 8-17　连接法共享文件

3. 基本文件目录

该方法是在文件目录分解为基本目录的和符号目录的前提下实现的。只要在不同文件符号目录中使用相同的文件内部标识符就可实现文件的共享。如图 8-18 所示，文件 b.c 和文件 tt.c 就是在使用不同的名字共享一个文件。图 8-18 中文件系统把 0 作为基本文件目录的标识符，1 作为空文件目录的标识符，2 作为主文件目录（根目录）的标识符。在图 8-19 中，主目录有两个用户目录，ID=3 是用户 wang 的文件目录，ID=4 是用户 zhang 的文件目录。wang 用文件名 a.c 访问 ID=6 的共享文件，zhang 用文件名 b.c 访问 ID=6 的共享文件。

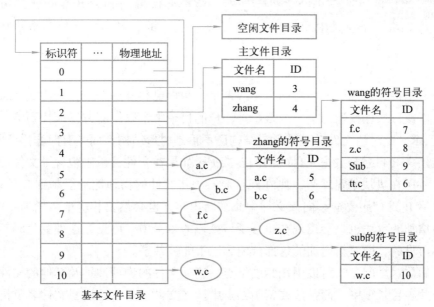

图 8-18　基本文件目录法共享文件

4. 利用符号链实现文件共享

用户 H 为了共享用户 C 的一个文件 f，可以由系统创建一个 LINK 类型的新文件，将新文件写入 H 的用户目录中，在新文件中只包含被连接文件 f 的路径名，称这样的连接方法为符号连接。当 H 要访问被连接的文件 f 且正要读 LINK 类型的新文件时，被操作系统截获，操作系统根据新文件中的路径名去读该文件，于是就实现了用户 H 对文件 f 的共享。

在利用符号连接方式实现文件共享时，只有文件主才拥有文件的目录项；而共享该文件的其他用户只有该文件的路径名。这样，也就不会发生在文件主删除共享文件后留下一个悬空指针的问题。当文件主把一个共享文件删除后，其他用户试图通过符号链去访问一个被删除的共享文件时，会因系统找不到该文件而使访问失败。于是将符号链删除掉，此时不会发生其他任何影响。

符号连接方式也存在自己的问题，在其他用户去读共享文件时，系统是根据给定的文件路径名，逐个分级地去查找目录，直至找到该文件的目录项。因此，在每次访问共享文件时就可能要多次读盘。这使每次访问文件的开销很大，且增加了启动磁盘的频率。此外，为每个共享用户建立一条符号链，由于该链实际上是一个文件，所以尽管该文件非常简单，却仍要为它配置一个目录项，也要消耗一定的磁盘空间。

符号连接方式有一个很大的优点，即它能够用于连接（通过计算机网络）世界上任何地点的计算机中的文件，此时只需提供该文件所在计算机的网络地址以及在该计算机中的文件路径。

后 3 种方式都存在这样一个共同的问题：每个共享文件都具有几个文件名。每增加一条链路就增加一个文件名。这在实质上就是每个用户都使用自己的路径名去访问共享文件。当试图去遍历整个文件系统时，将会多次遍历到该共享文件。例如，当有一个程序要将一个目录中的所有文件转存到磁带上时，就可能产生一个共享文件的多个副本。

5. 基于索引结点的共享方式

在树形结构的目录中，当有两个（或多个）用户要共享一个子目录或文件时，必须将共享文件或目录连接到两个（或多个）用户的目录中，以便能方便地找到该文件，如图 8-19 所示。此时该文件系统的目录结构已不再是树形结构，而是有向非循环图。

如何建立 B 目录与共享文件之间的连接呢？如果在文件目录中包含了文件的物理地址，即文件所在盘块的盘块号，则在连接时必须将文件的物理地址复制到 B 目录中去。但如果以后 B 或 C 还要继续向该文件中添加新内容，也必然要相应地再增加新的盘块。而这些新增加的盘块也只会出现在执行了该操作的目录中。可见，这种变化对其他用户而言是不可见的，因而新增加的这部分内容已不能被共享。

为了解决这个问题，可以引用索引结点，诸如文件的物理地址及其他的文件属性等信息不再放在目录项中，而是放在索引结点中。在文件目录中只设置文件名及指向相应索引结点的指针，如图 8-20 所示。此时，由任何用户对文件进行追加操作或修改，所引起的相应索引结点内容的改变，例如，增加了新的盘块号或文件长度等，都是其他用户可见的，从而也就能提供给其他用户来共享。

在索引结点中还应有一个连接计数 count，用于表示连接到本索引结点（文件）上的用户目录项的数目。当 count = 3 时，表示有 3 个用户目录项连接到本文件，或者说有 3 个用户共享此文件。

当用户 C 创建一个新文件时，他是该文件的拥有者，此时将 count 置 1。当有用户 B 要共享此文件时，在用户 B 的用户目录中增加一目录项，并设置一指针指向该文件的索引结点，此时，文件主仍然是 C，count = 2。如果用户 C 不再需要此文件，是否能将文件删除呢？

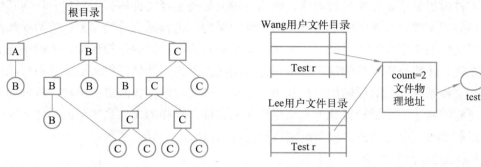

图 8-19 包含共享文件的文件系统   图 8-20 基于索引结点的共享方式

回答是否定的。因为删除了该文件也必然删除了该文件的索引结点。这样，使 B 的指针悬空了，而 B 则可能正在此文件上执行写操作，此时只好半途而废。但如果 C 不删除此文件，等 B 继续使用，由于文件主是 C，如果系统要计账收费，则 C 必须继续为 B 使用该共享文件而付账，直至 B 不再需要。图 8-21 表示 B 连接到文件上的前、后情况。

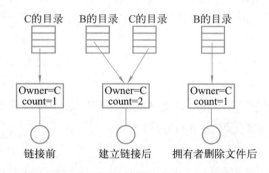

图 8-21 进程 B 连接到文件前、后的情况

8.6 文件系统的安全性和数据一致性

文件系统往往包含用户非常宝贵的信息，如何保护这些信息的安全性是所有文件系统的一个主要内容。影响文件系统安全性的主要因素有：

（1）人为因素。由于人们有意或无意的行为而使文件系统中的数据遭到破坏、丢失或窃取。

（2）系统因素。由于系统的部分出现异常情况而造成对数据的破坏或丢失，特别是作为数据存储介质的磁盘在出现故障或损坏时，会对文件系统的安全性造成影响。

（3）自然因素。存放在磁盘上的数据随着时间的推移而发生溢出或逐渐消失等。

这些数据丢失问题大多数可以通过保存足够的备份而解决，最好是将备份数据放在与源数据相隔较远的地方。

8.6.1　防止人为因素造成的文件不安全性

文件保护是指防止文件被破坏，而文件保密是指不经文件所有者授权，任何其他用户不得使用文件。文件的安全性既包括文件的保护，也包括文件的保密，这两项都涉及用户对文件的使用权限。因此，一个文件系统必须具有良好的保护机构，才能保证文件的安全性，才能获得用户的信任。特别是大型文件系统，严格的保密措施是不可缺少的条件。文件系统一般对任何用户在调用文件时，都要对使用权限进行审核。较好的文件系统还能够防止一个用户冒充另一个用户存取文件，这样的文件系统中的文件就安全多了。目前实现安全措施的办法有制定用户的访问权限、密码、密码等。

1. 隐蔽文件和目录

按照这种方法，系统和用户将要保护的文件目录隐蔽起来，在显示文件目录信息时由于不知道文件名而无法使用。在小型的计算机系统或简单的操作系统中可以采用这种方法。

2. 密码

密码有两种方式，一是文件密码，二是用户密码。对前者，系统要求文件的建立者为他需要保密的文件设置一个密码，这样任何用户在使用文件时都应该核对密码，只有密码相符才能使用，否则拒绝用户访问；对后者，当用户利用计算机终端使用计算机时，首先核对用户的密码，只有密码一致才能使用计算机。在多用户操作系统中，基本上都会为每一个用户设置各自的目录和密码，这样只有拥有密码的用户才能进入相应的目录。

存在的问题是当收回某个用户对文件的使用权时必须更改密码，而新的密码又必须通知其他授权的用户，这无疑是很不方便的。

3. 文件加密

高度机密的文件可采用文件加密的措施。文件加密是把文件中所有字符代码，按某种变换规则重新编码。文件的输入和读出都经过编码程序和解码程序的处理。变换规则中的关键字是可变的，是由文件主设置，不存放在系统中，并可随时修改。例如，常用的一种加密的方法是文件主给出一组代码键，编码程序将此代码键作为随机数产生器的起始码，并将产生的随机数序列和文件中的各字符代码依次相加，然后存入磁盘。读出文件时，用户只要输入相同的一组代码键，解码程序用它产生相同的随机数序列，并和从磁盘上读出的各个代码依次相减，就能恢复文件本来的字符码。文件主写盘时，输入的一组代码不存放在文件系统中，只有文件主知道，并可随时修改，所以加密方法最为可靠、严密。但因读/写都要经过编码和解码的处理，所以增加了系统的开销，并降低了访问的速度。

4. 制定访问权限

文件主建立文件时，可以规定本人和其他用户对该文件的访问权限。这些权限和限制条件登记在文件目录中。文件主可以使用系统提供的命令随时修改各类用户的访问权限。规定用户使用文件权限的办法很多。

（1）存取控制矩阵。这种矩阵是由系统中的全部用户和全部文件组成的二维矩阵，所以也称存取控制矩阵。在这个二维矩阵中，矩阵每一行代表一个用户，每一列代表一个文件，矩阵的每个元素表示用户对文件的使用权限，这个权限可以是只读、可写、读写、可执行等，如图 8-22 所示。这种矩阵只适用于用户较少或文件较少的情形，如果用户数和文件数都比较多，矩阵就会相当庞大，查找时间和存储空间的开销就会很大。

权限 \ 用户	文件 1	文件 2	文件 3	...	文件 n
用户 1	R	R	R		RW
用户 2	ERW	E	E		E
⋮					
用户 n	RW	RW	RW		RW

E：执行　　　　R：读　　　　W：写

图 8-22　存取控制矩阵

（2）访问权限表和访问控制表。采用存取控制矩阵时，由于大多数用户对文件的共享要求并不多，因此存取控制矩阵的大部分项为空。也就是说存取控制矩阵往往是一个稀疏矩阵，所以需要对存取控制矩阵进行压缩处理。

访问权限表就是对存取控制矩阵中的一列进行压缩，可让每一个文件附加一个简单的表格，它规定了对该文件的可访问性（权限），文件系统就把用户分成不同的类，不同类的用户有不同的权限，如图 8-23 所示。当一个用户提出对某个文件的访问时，文件系统便检查该用户对这个文件的访问权限，以达到对文件保护的目的。例如，UNIX 将用户分为文件主、文件组（伙伴）和其他用户 3 类，当文件主生成一个文件时，就赋予他的伙伴和其他用户对该文件的访问权限。经压缩处理后，文件访问权限表就很短了。一般将它存放在文件说明中，系统对文件体进行存取前，要根据它检查合法性。这种访问权限表就是文件说明中的"文件所有者名及其存取权限"和"文件授权使用者名及其存取权限"两个条目。

还可以对存取控制矩阵按行进行压缩，每行一张表，称为访问控制表。在该表中列出该用户对每个文件的访问权限，如图 8-24 所示。通常，所有的访问控制表存放在一个特定的存储保护区内，只有负责存取合法性处理（检查）的程序才能访问这些访问控制表。这样就可以达到有效的保护。当用户要求访问某一个文件时，系统查找相应的访问控制表，验证要求的合法性，作出相应的处理。

用户	权限
文件主	RWE
A	R
B	WE
⋮	⋮

图 8-23　访问权限表

文件名	权限
F1	R
F2	W
F3	RW
⋮	⋮

图 8-24　访问控制表

8.6.2 防止系统因素或自然因素造成的文件不安全性

1. 坏块管理

磁盘常常有坏块。对坏块问题有软件和硬件两种解决方法。硬件方法是建立一个坏块表，在硬盘上为坏块表分配一个扇区，当控制器第一次被初始化时，它读坏块表并找一个空闲块（或磁道）代替有问题的块，并在坏块表中记录映射。此后，全部对坏块的请求都使用该空闲块。软件解决方法要求用户或文件系统构造一个包含全部坏块的文件。这类技术能把坏块从空闲表中删除，使其不会出现在数据文件之中。只要不对坏块进行读写操作，文件系统就不会出现任何问题。在磁盘备份时，需要注意避免读取这个文件。

2. 磁盘容错技术

容错技术是通过在系统中设置冗余部件来提高系统可靠性的一种技术。磁盘容错技术本身则是通过增加冗余的磁盘驱动器、磁盘控制器等来提高磁盘系统的可靠性，从而在磁盘系统的某部分出现缺陷或故障时，磁盘仍能正常工作，不会造成数据的错误和丢失。在中、小型机系统和局域网中，磁盘容错技术都已广泛使用，用以提高磁盘系统的可靠性。磁盘容错技术往往也称系统容错技术（System Fault Tolerance，SFT）。它可分为 3 个级别：SFT–I 是低级磁盘容错技术，主要用于防止磁盘表面发生缺陷所引起的数据丢失；SFT–Ⅱ是中级磁盘容错技术，主要用于防止磁盘驱动器和磁盘控制故障所引起的系统不能正常工作；SFT–Ⅲ是高级系统容错故术。

（1）第一级容错技术。第一级容错技术是最早出现的，也是最基本的一种磁盘容错技术。它包含双份目录、双份文件分配表及写后读校验等措施。

① 双份目录和双份文件分配表。在磁盘上存放的文件目录和文件分配表 FAT 是文件管理所用的重要数据结构。如果这些表格被破坏，将导致磁盘上的部分或全部文件成为不可访问的。为了保护这些数据，可在不同的磁盘上或在磁盘的不同区域中，建立两份目录表和 FAT，一份称为主文件目录及 FAT，另外一份称为备份目录及备份 FAT。一旦由于磁盘表面缺陷而造成文件目录或 FAT 损坏，系统便自动启用备份文件目录及备份 FAT，并将损坏区写入坏块表中；系统还要在磁盘的其他区域再建立新的文件目录或 FAT 作为备份。在系统每次加电启动时，都要对两份目录和两份 FAT 进行检查，以验证它们的一致性。

② 热修复重定向和写后读校验。对于磁盘表面有少量缺陷的情况，多是采取其他补救措施后继续使用。补救措施主要用于防止将数据写入有缺陷的盘块中。

- 热修复重定向。系统将一定的磁盘容量（例如 2% ~ 3%）作为热修复重定向区。用于存放当发现盘块有缺陷时的待写数据，并对写入该区的所有数据进行登记，以便于以后对数据进行访问。例如，操作系统要向第 12 磁道的第 10 扇区的盘块中写入数据时，如果此盘块是坏的，便将数据写入热修复区中，如果写在第 153 磁道的第 27 扇区中，则在以后操作系统要读第 12 磁道的第 10 扇区的盘块中的数据时，要改从第 153 磁道的第 27 扇区的盘块中读数据。

- 写后读校验。为了保证所有写入磁盘的数据都能写入到完好的盘块中，应该在每次从内存缓冲区向磁盘中写入一个数据块后，又立即从磁盘上读出该数据块，送至另一缓冲区中；再将该缓冲区中内容与内存缓冲区中在写后仍保留的数据进行比较，若两者一致，便认为此次写入成功，否则重写。若重写后两者仍不一致，则认为该盘块有缺陷，将应写入该盘块的数据写入热修复重定向区中，并在坏盘块表中记录该损坏盘块。

（2）第二级容错技术。

① 磁盘镜像。SFT-I 只能用于防止由磁盘表面部分故障造成的数据丢失，但不能防止由于磁盘驱动器发生故障造成的数据丢失。为了避免由于磁盘驱动器发生故障造成的数据丢失，可增设磁盘镜像功能。磁盘镜像是在同一磁盘控制器下，再增设一个完全相同的磁盘驱动器，如图 8-25 所示。

采用磁盘镜像时，在每次向文件服务器的主磁盘写入数据之后，采用写后读校验方式，将数据再同样地写到备份磁盘上。两个磁盘上有着完全相同的位像图。当一个磁盘驱动器发生故障时，由于有备份磁盘的存在，在进行切换后，文件服务器仍能正常工作，从而不会造成数据的丢失。在一个磁盘驱动器发生故障时，必须立即发出警告，尽快修复，以恢复磁盘镜像功能。磁盘镜像虽然实现了容错功能，但并未能使服务器的磁盘 I/O 速度得到提高，并且磁盘的利用率仅为 50%。

② 磁盘双工。磁盘镜像功能虽能有效地解决在一台磁盘机发生故障时的数据保护问题，但如果磁盘控制器或主机到磁盘控制器之间的通道发生故障，将使这两台磁盘机同时失效。为此，增加了磁盘双工功能。所谓磁盘双工，是指将两台磁盘驱动器分别接到两个磁盘控制器上，同样使这两台磁盘机镜像成对，如图 8-26 所示。

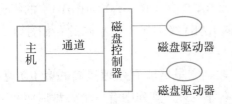

图 8-25　磁盘镜像示意图

图 8-26　磁盘双工示意图

磁盘镜像和磁盘双工是经常使用的有效的数据保护手段。但应注意，磁盘镜像和磁盘双工技术都比较复杂，且在磁盘中都可能保存了许多有用的数据，误操作很容易造成数据的丢失，甚至造成硬件的损坏。这两种功能的操作最好交由专业人员去负责。

（3）廉价磁盘冗余阵列。廉价磁盘冗余阵列（Redundant Arrays of Inexpensive Disks，RAID）是一种由多块磁盘构成的冗余阵列。虽然 RAID 包含多块磁盘，但是在操作系统下是作为一个独立的大型存储设备出现。RAID 是 1987 年由美国加利福尼亚大学伯克利分校提出的。现在已广泛地应用于大、中计算机系统和计算机网络中。它是利用一台磁盘阵列控制器来统一管理和控制一组（几台到几十台）磁盘驱动器，组成一个高度可靠的、快速的大容量磁盘系统。

为了提高对磁盘的访问速度，把在大、中型机中应用的交叉存取技术应用到磁盘存储系统中。采用交叉存取的系统中有多台磁盘驱动器，系统将数据分为若干个盘块数据，再把每一个子盘块的数据分别存储到各个不同磁盘中的相同位置。当要将数据传送到内存时，采取并行传输方式，将各个盘块中的数据同时向内存中传输，从而使传输时间大大减少。例如，在存放一个文件时，可将该文件中的第一个数据子块放在第一个磁盘驱动器上，将文件的第二个数据子块放在第二个磁盘驱动器上，……，将第 N 个数据子块放在第 N 个磁盘驱动器中。在读取数据时，采取并行读取方式，即同时从第 1 ~ N 个磁盘上将第 1 ~ N 个数据块读出，这样便把磁盘 I/O 的速度提高了 $N-1$ 倍。图 8-27 给出了磁盘并行交叉存取方式的示意图。

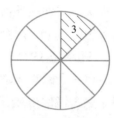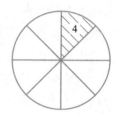

图 8-27　磁盘并行交叉存取方式示意图

在开发 RAID 时主要基于下述设想：几块小容量硬盘的价格总和要低于一块大容量的硬盘。除了性能上的提高之外，RAID 还可以提供良好的容错能力，在任何一块硬盘出现问题的情况下都可以继续工作，不会受到损坏硬盘的影响。

RAID 技术经过不断地发展，现在已拥有了 RAID 0 ~ RAID 7 的基本 RAID 级别。另外，还有一些基本 RAID 级别的组合形式，如 RAID 10（RAID 0 与 RAID 1 的组合）、RAID 50（RAID 0 与 RAID 5 的组合）等。不同 RAID 级别代表着不同的存储性能、数据安全性和存储成本。

① RAID 0 级。该级仅提供了并行交叉存取。它虽然能有效地提高磁盘 I/O 速度，但并无冗余校验功能，致使磁盘系统的可靠性不好，只要阵列中有一个磁盘损坏便会造成不可弥补的数据丢失。虽然 RAID 0 可以提供更多的空间和更好的性能，但是整个系统是非常不可靠的，如果出现故障，无法进行任何补救。所以，RAID 0 一般只是在那些对数据安全性要求不高的情况下才被使用。

RAID 0 最简单的实现方式就是把几块硬盘串联在一起创建一个大的卷集。磁盘之间的连接既可以使用硬件的形式通过智能磁盘控制器实现，也可以使用操作系统中的磁盘驱动程序以软件的方式实现。

② RAID 1 级。它具有磁盘镜像功能，可利用并行读、写特性，将数据分块并同时写入主盘和镜像盘，故比传统的镜像盘速度快，但它的磁盘容量的利用率只有 50%，它是以牺牲磁盘容量为代价的。

RAID 1 的技术重点全部放在如何能够在不影响性能的情况下最大限度地保证系统

的可靠性和可修复性上。RAID 1 是所有 RAID 等级中实现成本最高的一种，可以选择 RAID 1 来保存那些关键性的重要数据。

单独使用 RAID 1 在同一时间内只能向一块磁盘写入数据，不能充分利用所有的资源。为了解决这一问题，可以在磁盘镜像中建立带区集。因为这种配置方式综合了带区集和镜像的优势，所以被称为 RAID 0+1。

③ RAID 2 级。写入数据时在一个磁盘上保存数据的各个位，同时把一个数据不同的位运算得到的海明校验码保存在另一组磁盘上。海明码可以在数据发生错误的情况下将错误校正，以保证输出的正确。但海明码使用数据冗余技术，使得输出数据的速率取决于驱动器组中速度最慢的磁盘。RAID 2 是为大型机和超级计算机开发的，它可在工作不中断的情况下纠正数据。

④ RAID 3 级。这是具有并行传输功能的磁盘阵列。它利用一块奇偶校验盘来完成容错功能，比起磁盘镜像，它减少了所需要的冗余磁盘数。例如，当阵列中只有 7 个盘时，可用 6 个盘作数据盘，一个作校验盘，磁盘的利用率为 6/7。RAID 3 级常用于科学计算和图像处理。

⑤ RAID 4 级。RAID 4 是带奇偶校验码的独立磁盘结构，它对数据的访问是按数据块进行的，也就是按磁盘进行的，每次一个盘。由于这种类型缺乏对多种同时写操作的支持，因而几乎不使用。

⑥ RAID 5 级。这是一种具有独立传送功能的磁盘阵列，每个驱动器都各有自己独立的数据通路。独立地进行读、写，且无专门的校验盘。用来进行纠错的校验信息是以螺旋方式散布在所有数据盘上。RAID 5 级常用于 I/O 较频繁的事务处理。

⑦ RAID 6 级。这是强化了的 RAID。在 RAID 6 级的阵列中设置了一个专用的、可快速访问的异步校验级。该盘具有独立的数据访问通路，具有比 RAID 3 级及 RAID 5 级更好的性能。但其性能改进有限，且价格昂贵。

3. 备份

为了保证系统信息的安全和防止偶发事故造成的系统"崩溃"、自然因素造成的数据丢失或某些不负责任的用户经常误删他人的文件，文件系统经常采用建立副本和转储的方法来保护文件。

（1）建立副本。把同一个文件保存到多个存储介质上，这些存储介质可以是同类型的，也可以是不同类型的。当某个文件损坏或丢失时，就可用其他存储介质上的备用副本来替换。这种方法简单，但是设备费用和系统开销增大，当文件需要修改或更新时，必须改动所有副本。这种方法一般用于短小且极为重要的文件。

（2）转储。

① 海量转储。这种方法的基本思想是把存储器中的全部文件定期（如每天或每周一次）复制到备用存储介质上。当系统出现故障，文件受到破坏时，就可以将存储介质上的副本信息复制到系统中去，系统又可照常运行。由于转储全部文件会浪费大量的时间和影响用户工作，以及一个故障就使得所有用户文件都要进行转储，因此时间间隔要尽量长一些，最好利用空闲时间进行转储。

② 增量转储。这种方法的基本思想是：在相当短的时间间隔（如几小时）把上一次转储以来改变过的文件（包括控制块）和新文件转储到备用存储介质上，关键性的重要文件也可以再次转储。这种方法克服了海量转储的缺点，但转储到磁带上的信息不紧凑，浪费存储空间。为此，可以定期将属于同一文件主的文件搜集在一起保存。

8.6.3　文件系统的数据一致性

很多文件系统在读取磁盘块进行修改后，再写回磁盘。如果在修改过的磁盘块全部写回之前，系统崩溃，则文件系统有可能会处于不一致状态。如果一些未被写回的块是目录块或者包含空闲表的磁盘块，那么这个问题尤为严重。

为了解决文件系统的不一致问题，一些计算机带有一个实用程序以检验文件系统的一致性。系统启动时，特别是崩溃之后重新启动，可以运行该程序。一致性检查分为两种：块的一致性检查和文件的一致性检查。

1. 块的一致性检查

盘块是用于存储文件的物理空间，用来描述盘块使用情况的数据结构就经常被访问。如果正在修改这些数据结构时系统突然发生故障，此时会使盘块数据结构中数据不一致，因此在每次启动机器时应检查这几个数据结构是否保持了数据的一致性。

为了保证盘块数据结构的一致性，可利用软件方法构成一个计数器表，每个盘块对应一个表项，每个表项中包含两个计数器，分别用作空闲盘块号计数器和数据盘块号计数器。计数器表中的表项数目等于盘块数。

在对盘块的数据结构进行检查时，应该先将计数器表中的所有表项初始化为 0；然后用 n（假定磁盘有 n 个盘块）个空闲盘块号计数器组成的第一组计数器，来对记录空闲盘块的数据结构中读出的块号进行计数，再用 n 个数据盘块号计数器所组成的第二组计数器，去对从记录各个文件占用盘块的数据结构中读出的已分配给文件使用的盘块号进行计数。如果情况是正常的，则上述两组计数器中对应的一对计数器中的数据应互补，也就是某个盘块在第一组计数器中计数值为 1，则在第二组计数器中计数器内容必为 0，反之亦然。但如果情况并非如此时，说明发生了某种错误。

图 8–28（a）的情况属于正常情况。图 8–28（b）中不是正常情况，对盘块号 7 的计数在两组计数器中都为 0，盘块丢失。当检查到这种情况时，应向系统报告，该错误的影响不大，只是盘块 7 未被利用，其解决的方法也较简单，只需将盘块 7 归入空闲块中即可。图 8–28（c）表示空闲盘块号重复出现的错误，即盘块号 1 在空闲盘块中出现了两次，其解决方法是从空闲盘块表中删除一个空闲盘块号 1。图 8–28（d）所示的情况是相同的数据盘块号出现了两次（或多次），这种错误影响较严重，必须立即报告。

盘块号 计数器组	0	1	2	3	4	5	6	7	8	9	a	b	c	d	e	f
空闲盘块计数组	1	1	0	0	0	1	0	1	1	1	1	0	1	1	1	1
数据盘块计数组	0	0	1	1	1	0	1	0	0	0	0	1	0	0	0	0

（a）正常情况

盘块号 计数器组	0	1	2	3	4	5	6	7	8	9	a	b	c	d	e	f
空闲盘块计数组	1	1	0	0	0	1	0	0	1	1	1	0	1	1	1	1
数据盘块计数组	0	0	1	1	1	0	1	0	0	0	0	1	0	0	0	0

（b）盘块丢失

盘块号 计数器组	0	1	2	3	4	5	6	7	8	9	a	b	c	d	e	f
空闲盘块计数组	1	2	0	0	0	1	0	1	1	1	1	0	1	1	1	1
数据盘块计数组	0	0	1	1	1	0	1	0	0	0	0	1	0	0	0	0

（c）空闲盘块号重复出现

盘块号 计数器组	0	1	2	3	4	5	6	7	8	9	a	b	c	d	e	f
空闲盘块计数组	1	1	0	0	0	1	0	1	1	1	1	0	1	1	1	1
数据盘块计数组	0	0	1	1	1	0	2	0	0	0	0	1	0	0	0	0

（d）数据盘块重复出现

图 8-28　盘块一致性检查情况

2. 文件一致性的检查

（1）重复文件的数据一致性。为保证文件系统的可用性，在有的系统中为关键文件设置了多个重复备份，它们分别存储在不同的地方。在有重复文件时，如果一个文件修改了，则必须同时修改它的几个文件副本，保证该文件中数据的一致性。这可采用两种方法来实现。

① 当一个文件被修改后，可查找文件目录，以得到其另外副本的物理位置，然后对它们进行同样的修改。

② 为新修改的文件建立几个副本，并用它取代原来的文件副本。

（2）共享文件的数据一致性。一致性语义是系统的一个特征，是评价任何支持文件共享的文件系统的重要标准。它说明同时存取一个共享文件的多个用户的语义。特别地，这些语义应该说明一个用户对数据所做的修改何时为其他用户所知。

UNIX 系统使用下列一致性语义。

① 用户对已打开文件所写的内容立即为已同时打开该文件的其他用户所见。

② 一种共享方式是用户共享同一文件的当前指针。这样，一个用户移动指针则影响所有共享用户。一个文件有一个唯一的交织了所有存取的图像，而不管这些存取来自哪个用户程序。

在考虑上述语义的实现时，必须保证一个文件只和一个唯一的物理映像相连，该映像作为唯一的来源被存取。

8.7 磁盘调度

文件系统的物理基础是磁盘存储设备。磁盘存储器的服务效率以及其速度和可靠性就成为系统性能和可靠性的关键。设计文件系统时应尽可能减少磁盘访问次数，可以适当减少磁盘存储器性能对文件系统性能的影响。除此之外，还应该从其他方面考虑采取有效的措施。提高文件系统的性能有如下几种方法：块高速缓存、磁盘空间的合理分配和对磁盘调度算法进行优化。

（1）块高速缓存。块高速缓存的方法是：系统在内存中保存一些存储块，这些存储块在逻辑上属于磁盘。工作时，系统检查所有的读请求，看所需的文件块是否在高速缓存中。如果在，则直接在内存中进行读操作；否则，首先要将块读到高速缓存中，再复制到所需的地方。如果内存中的高速缓存已满，则需要按照一定的算法淘汰一些较少使用的文件块，让出空间。

（2）合理分配磁盘空间。在磁盘空间中分配块时，应该把有可能顺序存取的块放在一起，最好放在同一柱面上。这样可以有效地减少磁盘臂的移动次数，加快文件的读写速度，从而提高文件系统的性能。

（3）磁盘调度。为了降低若干个磁盘访问执行输入/输出操作的总时间，增加单位时间内的输入/输出操作次数，从而提高系统效率，计算机系统往往采用一定的策略来决定各等待访问磁盘的执行次序，这项工作称为"磁盘调度"。

8.7.1 磁盘 I/O 时间

磁盘上的一个物理记录块要用 3 个参数来定位：柱面号、磁头号、扇区号。因此，对于采用移动磁头的磁盘要访问某特定的物理块时，所用时间一般包括 3 部分。

（1）查找时间。由于所有读写磁头的磁头总是一起沿磁盘半径方向移动的。存取磁盘上的一个盘块时，首先要按给定的柱面号（磁道号）将读写磁头移动到指定的柱面或磁道上。这个动作称为查找操作，完成查找操作所花的时间称为查找时间。

（2）等待时间。当磁头定位到指定的柱面上后，还要等待磁盘旋转，使读写的块位于读写磁头之下，这一旋转延迟时间称为等待时间。

（3）传输时间。第 3 部分操作就是内存和磁盘之间数据的实际传送，其所用的时间称为传输时间。

这 3 部分时间都涉及机械的运动，其中查找时间所占比例最大，通常要占整个访问时间的 70% 左右。而传输时间是由机械性能决定的，用户一般无法改变。人们总是希望采用使磁头的移动最少的调度策略来减少查找时间；同时还采用旋转化策略，减少旋转等待时间。

磁盘的驱动调度是根据访问者指定的柱面位置来决定执行次序的调度。对于柱面号相同的请求，总是让先到磁头位置下的扇区先进行传送操作。如果柱面号、扇区号都相同，则可选择任意一个读写磁头进行传送操作。

8.7.2 磁盘的移臂调度

常用的磁盘移臂调度算法有：先来先服务、最短寻道时间优先和各种扫描算法。

1. 先来先服务调度算法

先来先服务调度算法（First Come First Served，FCFS）根据访问请求的先后次序选择先提出访问请求的请求者为之服务。例如，如果在为访问 43 号柱面的请求者服务后，当前正在为访问 67 号柱面的请求者服务，同时有若干请求者在等待服务，它们依次要访问的柱面号为 186、47、9、77、194、150、10、135、110，按照先来先服务的策略，处理顺序为：186 → 47 → 9 → 77 → 194 → 150 → 10 → 135 → 110。

先来先服务调度算法是磁盘调度的最简单的一种形式，它既容易实现，又公平合理。它的缺点是效率不高，相邻两次请求可能会造成从最内到最外的柱面寻道，使磁头反复移动，增加了服务时间，对机械的寿命也有影响。

2. 最短查找时间优先算法

最短查找时间优先算法（Shortest Seek Time First，SSTF）的基本出发点是以磁头移动距离的大小作为优先的因素。它从当前磁头位置出发，选择离磁头最近的磁道为其服务。

例如，对于前面的请求队列，开始最靠近磁头初始位置 67 磁道的请求在 77 磁道，当磁头移到 77 磁道服务后，下一个离磁头最近的就是 47 磁道；离 47 磁道距离最近的是 10；而离 10 磁道最近的是 9；然后依次服务 110、135、150、186 和 194 磁道。所以采用最短寻找时间优先算法服务的顺序为：77 → 47 → 10 → 9 → 110 → 135 → 150 → 186 → 194。

最短查找时间优先算法使那些靠近磁头当前位置的申请可及时得到服务，防止了磁头大幅度来回摆动，减少了磁道平均查找时间。最短查找时间优先算法只考虑了离磁头位置的远近，没考虑磁头移动的方向，也没有考虑进程在队列中等待的时间。从而可能使移动臂不断花时间改变方向，还可能使一些离磁头较远的申请者在较长时间内得不到服务。

3. 扫描算法

（1）扫描算法 SCAN（电梯调度算法）。电梯调度算法是选择请求队列中沿磁臂前进方向最接近于磁头所在柱面的访问请求作为下一个服务对象。如果移动臂目前向内移动，下一个服务对象应该是在磁头位置以内的柱面上的访问请求中最近者，这样依次地进行服务，直到没有更内的服务请求，移动臂才改变方向，转而向外移动，并依次服务于此方向上的访问请求。或者说电梯调度算法就是当设备无访问请求时，磁头不动，当有访问请求时，磁头按一个方向移动，在移动过程中对遇到的访问请求进行服务。然后判断该方向上是否还有访问请求，如果有则继续扫描；否则改变移动方向移动，并为所经过的访问请求服务。如此反复，整个磁头的运动过程同电梯的上下运动类似，故称电梯调度算法。

仍以上面的请求序列为例，在使用电梯调度算法后，服务次序为：77 → 110 → 135 → 150 → 186 → 194 → 47 → 10 → 9。

电梯调度算法简单、实用且高效，克服了最短寻道优先的缺点，既考虑了距离，又考虑了方向。如果正好有一个请求在磁头前进方向上到达，那么这个请求将会立即得到处理。电梯调度算法既能获得较好的寻道性能，又能防止进程饥饿，故被广泛用于大、中、小型计算机和网络中的磁盘调度。但其也存在这样的问题：如果一个请求在磁头刚刚移动过后到达，那么它只能等到处理完移动方向上所有的请求后，磁头反方向移到它的位置时才能得到处理，这样这个请求可能等待时间太长。

（2）循环扫描策略。循环扫描策略与电梯调度策略的不同之处在于单向反复地扫描。当移动臂向内移动时，它对本次移动开始前到达的各访问要求自外向内地依次给予服务，直到对最内柱面上的访问要求满足后，移动臂直接向外移动，停在所有新的访问要求的最外边的柱面上。然后再对本次移动前到达的各访问要求依次给予服务。

（3）N 步扫描策略。N 步 SCAN 算法是将磁盘请求队列分成若干长度为 N 的子队列，磁盘调度将按 FCFS 算法依次处理这些子队列。而每处理一个队列时又是按 SCAN 算法，对一个队列处理完后，再处理其他队列。当正在处理某子队列时，如果又出现新的磁盘 I/O 请求，便将新请求进程放入其他队列，这样就可避免出现粘着现象。当 N 值取得很大时，会使 N 步扫描法的性能接近于 SCAN 算法的性能；当 N=1 时，N 步 SCAN 算法便退化为 FCFS 算法。

（4）FSCAN 算法。FSCAN 算法实质是 N 步 SCAN 算法的简化。它只将磁盘请求访问队列分成两个子队列。一是当前所有请求磁盘 I/O 的进程形成的队列，由磁盘调度按 SCAN 算法进行处理。另一个队列则是在扫描期间，新出现的所有请求磁盘 I/O 进程的队列，把它们排入另一个等待处理的请求队列，所有的新请求都将被推迟到下一次扫描时处理。

8.7.3 磁盘的优化分布

有些系统对数据的存放位置进行优化分布可减少延迟时间，从而缩短了输入 / 输出操作的时间。例如，某系统对磁盘初始化时把每个盘面分成 8 个扇区，今有 8 个逻辑记录被存放在同一个磁道上供处理程序使用，处理程序要求顺序处理这 8 个记录，每次请求从磁盘上读一个记录，然后对读出的记录要花 5 ms 的时间进行处理，以后再读下一个记录进行处理，直至 8 个记录都处理结束。假定磁盘转速为 20 毫秒 / 周，现把这 8 个逻辑记录依次存放在磁道上，如图 8-29（a）所示。请问处理这 8 个记录所要花费的时间为多少？如何优化，可以使处理记录花费的时间最少？

显然，读一个记录要花 2.5 ms 的时间。当花了 2.5 ms 的时间读出第 1 个记录并花 5 ms 时间进行处理后，读写磁头已经在第 4 个记录的位置，为了顺序处理第 2 个记录，必须等待磁盘把第 2 个记录旋转到读写磁头位置下面，即要有 15 ms 的延迟时间。于是，处理这 8 个记录所要花费的时间为

$$8 \times (2.5+5)+7 \times 15=165(\text{ms})$$

如果把这 8 个逻辑记录在磁道上的位置重新安排一下，如图 8-29（b）所示即为这 8 个逻辑记录的最优分布。当读出一个记录处理后，读写磁头正好位于顺序的下一个记录位置，可立即读出该记录，不必花费等待延迟时间。于是，处理这 8 个记录所要花费的时间为

$$8 \times (2.5+5)=60(\text{ms})$$

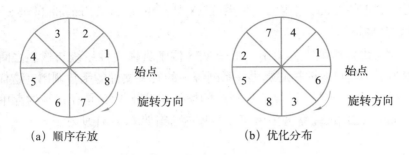

（a）顺序存放　　　　　　（b）优化分布

图 8-29　记录的顺序存放和优化分布

可见记录的优化分布有利于减少延迟时间，从而缩短输入 / 输出操作的时间。

有些系统把一些常常使用的系统数据不再集中地放在靠近磁盘的起始部分的磁道，而是放在中间位置的磁道上。如果放在靠近磁盘的起始部分，磁头的平均移动距离为磁道数目的 1/2；如果将数据放在中间位置的磁道上，则平均距离为磁道数目的 1/4。

可见，信息在磁道上的排列方式也会影响 I/O 操作的时间，对于一些信息采用优化分布可以提高系统的效率。

8.8　Linux 的文件系统

作为 Linux 的一个重要组成部分，Linux 的文件系统以其快速、稳定、灵活而著称于世。

8.8.1　Linux 文件系统的结构

Linux 的文件系统主要采用了两层结构来进行构建，如图 8-30 所示。

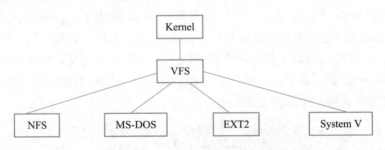

图 8-30　Linux 文件系统的基本结构

第一层：虚拟文件系统（VFS）。之所以称其为虚拟文件系统是因为它并不是一个真正的文件系统。它只是把各种通用的文件系统，例如 EXT2、System V、NFS、MS-DOS 等中的公共结构部分抽取出来，建立一种统一的以 I 结点为核心的组织结构（类似于 UNIX 的 V-I 结点），从而达到与其下各不同文件系统之间的良好兼容；虚拟文件系统掩盖了各文件系统的结构差异性，从而给底层的内核以统一的调用接口，使系统内核不用关心相关的操作由哪个文件系统来实现。

第二层：真正的 Linux 自身的文件系统 EXT2（The second Extended File System）。

1. VFS 文件系统

VFS 文件系统即虚拟文件系统。由于 VFS 位于具体文件系统与核心之间，所以它实际上是作为一个接口层向核心提供一系列统一的有关文件的函数调用，这样系统不用关心具体文件系统的细节就可以实现相应的操作。鉴于 VFS 是存在于内存中的，所以它与内存、Buffer 之间的关系甚为密切。其基本结构如图 8-31 所示。

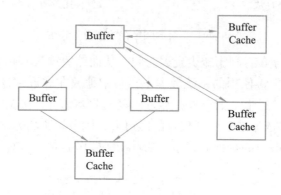

图 8-31　VFS 基本结构

在 VFS 中定义的 I 结点结构是不同文件系统的公共结构部分的抽象。这里的 I 结点不是真正意义上存于硬盘上的文件系统的 I 结点，而是系统将硬盘上的 I 结点信息读入内存 Cache 后形成的虚拟 I 结点（类似于 UNIX 的 I 结点）。这个结构和后面介绍的 dentry（directory entry）结构构成了 VFS 系统的核心内容。

2. 对新文件系统的支持

Linux 作为一个开放灵活的操作系统可以支持多种文件系统，而且它对新文件系统的支持也相当的方便。例如，如果有一个基于名为 secret 的新文件系统的硬盘，如何使 Linux 计算机能够对其进行操作？方法很简单，Linux 提供了 register_filesystem 这个函数，只要按 Linux 约定的模式重新编写一下该文件系统的基本类型结构，之后通过该函数注册一下，计算机就可以支持这种文件系统了。如果不想再支持相应的文件系统只需 unregister_filesystem 就可以了。当然这一过程要发生在系统初始化时。

Linux 支持新文件系统的主要函数有：

```
int register_filesystem(struct file_system_type  *fs)
int unregister_filesystem(struct file_system_type  *fs)
```

8.8.2　Linux 文件类型

在 Linux 中，所有的设备、所有的目录均对应有文件，这点与 UNIX 类似。一个文件的类型，会在它的 file mode 域中给出说明。具体地讲，在 VFS 中有以下几种文件类型：

（1）正规文件（Regular file）。这是最普通的文件类型，基本数据的载体。

（2）目录文件（Directory file）。其包含其目录下文件的文件名及相应的文件指针。

（3）字符型特殊文件（Character special file）。系统中特定设备在文件系统中的表示。

（4）块型特殊文件（Block special file）。系统中磁盘设备（包括字符设备）在文件系统中的表示。

（5）FIF。进程通信文件。

（6）Socket。进程间网络通信文件。

（7）符号连接文件（Symbolic link）。它是连接其他文件的文件。

8.8.3　Linux 文件系统的目录

Linux 的文件系统的组织形式是一种树形结构，根结点是根目录 Root 区的文件系统，之后每个装载的文件系统都被安装到一个指定的目录下（一般是在 "/mnt" 目录下），同时以该目录作为这个文件系统的根目录，该目录原来的信息被覆盖，如图 8–32 所示。

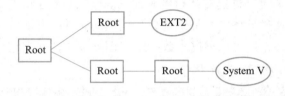

图 8–32　Linux 文件系统的目录

8.8.4　Linux 文件的查找

文件的查找对任何一个文件系统而言都是相当重要的。在 VFS 中，采用 dentry 结构配合 I 结点来实现相关的查找。

在 VFS 中每一个打开的文件都对应有一个 dentry 结点，该结点与对应文件的 I 结点之间有紧密的联系，并存放于 dentry_Cache 核心内存 Cache 中。每当需要查找某一个文件时，通过它的路径名依次查看每一层目录的 dentry 结点是否出现在 dentry_Cache 中，哪层没有，就通过其父目录直接到磁盘上去查找，得到它对应的 I 结点，将其读入内存中，之后在 dentry_Cache 中新建一个 dentry 结点与得到的存于内存中的 I 结点建立联系。

这样就保证了系统在文件查找时不用每次都去访问磁盘，直接从核心内存中就能得到文件的 I 结点，从而提高了系统效率。

在 dentry_Cache 中，子目录的 dentry 结点是以散列表的形式排列于父目录的 dentry 结点之下的，每一个 dentry 结点对应一个固定的散列值，这样做的目的也是提高系统的效率。

在 dentry_Cache 中，当一个 dentry 结点不再被使用时，系统会释放该 dentry 结点以及对应的 I 结点所占有的空间，同时采用 LRU 算法将该 dentry 结点的指针链入一个无用的 dentry 指针链表中，以备将来生成新的 dentry 结点时使用；再进一步，就把指针也从链表中删除，实现彻底的清理。

Linux 文件查找的主要函数有：

```
struct dentry *namei(const char *pathname,unsigned int lookup_flags)
```

8.8.5　Linux 文件的操作

Linux 对文件的操作提供了大量的函数，这里仅简要地叙述其中的一部分文件操作功能。

1.　Linux 文件的打开

在 Linux 中，为了便于对文件进行操作，对每一个打开的文件，系统都会给它分配一个唯一的固定的文件 ID 号（与 UNIX 一样）。这样当每个进程想对某一个打开的文件进行操作时，只需知道该文件的 ID 号便可得到相应的文件指针，之后就可以进行相应的文件操作了。

在 VFS 中，要打开某个文件时，系统先得到一个空的文件 ID 号和一个文件信息结点，然后由相应的文件名通过文件的查找得到它的 dentry 结点和 I 结点，建立 4 个对象之间的联系，最后则需要通过具体的文件系统自身提供的文件打开函数真正地打开指定的文件。如果该文件不存在，还可以根据参数指定，创立该文件并把它打开。

用于 Linux 文件打开的主要函数有：

```
asmlinkage int sys_open(const char *filename,int flags,int mode)
asmlinkage int sys_create(const char *pathname,int mode)
```

这里，mode 参数通常会用到下面的常数：

O_RDONLY：只读方式打开。

O_WRONLY：只写方式打开。

O_RDWR：读写方式打开。

O_APPEND：扩展方式打开，每次写时都从文件的末尾开始。

O_CREATE：当文件不存在时，创建它。

O_EXCL：如果文件存在，且也标明了 O_CREATE 的话，则产生一个错误。

O_TRUNC：如果文件存在，且它成功地被打开为只写或读写方式，将其长度裁减为 0。

O_NOCTTY：如果文件名代表一个终端设备，则不把该设备设为调用进程的控制设备。

O_NONBLOCK：如果文件名代表一个 FIFO，或一个块设备、字符设备文件，则在以后的文件及 I/O 操作中置为非阻塞形式。

O_SYNC：当进行一系列写操作时，每次都要等待上一次的 I/O 操作完成再进行。

2.　Linux 读文件

在 VFS 中，读文件功能的实现最终还是要落实到具体的文件系统之上。系统先要判断所要读的文件区域是否被别的进程锁住，如果没有，就调用具体文件系统提供的读文件函数，将指定文件的内容读到指定的内存区域中。这里 VFS 提供了两种函数供选择：一种从文件的当前指针读起；一种从指定的文件指针处读起。

用于读 Linux 文件的主要函数有：

```
asmlinkage ssize_t sys_read(unsigned int fd,const char *buf,size_t
count)
asmlinkage ssize_t sys_pread(unsigned int fd,char *buf,size_t
count,loff_t pos)
```

3. Linux 写文件

在 VFS 中，写文件与读文件类似。系统先判断所要写的区域是否被别的进程锁住，如果没有，就调用具体文件系统提供的写文件函数，将指定的信息写入到指定的文件中。这里 VFS 提供了两种函数供选择：一种从文件的当前指针写起；另一种从指定的文件指针处写起。

用于写 Linux 文件的主要函数有：

```
asmlinkage ssize_t sys_write(unsigned int fd,const char *buf,size_t
count)
asmlinkage ssize_t sys_pwrite(unsigned int fd,char *buf,size_t
count,loff_t pos)
```

4. Linux 文件的关闭

在 VFS 中要关闭一个文件，系统首先释放掉该文件得到的文件 ID 号，然后释放掉其文件信息结点、dentry 结点、I 结点，最后调用具体文件系统提供的文件关闭函数，彻底地关闭该文件。如果该文件已被更改，则还要进行更新。关闭的同时，移去所有其他进程在该文件之上留下的记录锁。

用于 Linux 文件关闭的主要函数有：

```
asmlinkage int sys_close(unsigned int fd)
```

5. Linux 文件指针的移动

在 Linux 中，每一个打开文件都有一个当前的文件指针，用以标明对指定文件进行操作的开始位置。系统可以通过给定的操作参数对文件的指针进行相应的移动。移动后的文件指针可以超过文件的长度，这样就会在原文件中留下一个"空洞"。在读文件时，空洞里的内容为 0。

在 VFS 中，文件指针的移动有两种默认选择：一种从当前文件指针开始，移动相应的长度；一种从文件的末尾开始，移动相应的长度。同时针对不同的文件类型也提供了两个函数供选择：一种当指定文件为符号连接文件时，查找到其连接的源文件，并移动源文件的指针；另一种当指定文件为符号连接文件时，不进行连接查找，仅移动指定文件的文件指针。

用于 Linux 文件指针移动的主要函数有：

```
asmlinkage int sys_llseek(unsigned int fd,unsigned long offset_
high,unsigned long offset_loww,loff_t *result,unsigned int origin)
asmlinkage off_t sys_lseek(unsigned int fd,off_t offset,unsigned int
origin)
```

6. 文件访问权限的测试

当想要访问一个文件，系统通常为了安全起见会先对该文件进行文件访问测试，看用户有没有权限访问该文件，之后再进行相关的操作。每个文件都有自己的访问权限，这些信息在这个文件的 file mode 域中，在 Linux 的 VFS 中，文件的访问权限有以下几项：

S_IRWXU：用户读写执行。

S_IRUSR：用户读。

S_WUSR：用户写。

S_IXUSR：用户执行。

S_IRWXG：组读写执行。

S_IRGRP：组读。

S_IWGRP：组写。

S_IXGRP：组执行。

S_IRWXO：其他人读写执行。

S_IROTH：其他人读。

S_IWOTH：其他人写。

S_IXOTH：其他人执行。

S_ISUID：进程执行该文件时，将进程的 EUID 置为该文件的 UID。

S_ISGID：进程执行该文件时，将进程的 EGID 置为该文件的 GID。

S_ISVTX：保存文本。（仅用于交换技术中。在 Linux 的早期版本中用以指明一个程序在执行时其副本保存在交换区域中，以便以后加载进内存时速度快一些。）

至于对应文件访问权限的一些操作规则请参阅 Linux 的相关书籍。主要函数有：

```
asmlinkage int sys_access(const char *filename,int mode)
```

7. 文件访问权限的修改

在 VFS 中，系统提供了相应的函数用以对指定文件的访问权限进行修改。这里 VFS 提供了两种函数供选择：一种适用于所有存在的文件；另一种仅适用于打开文件。主要函数有：

```
asmlinkage int sys_chmod(const char *filename,mode_t mode)
asmlinkage int sys_fchmod(unsigned int fd,mode_t mode)
```

8. 文件 UID 和 GID 的修改

在 VFS 中，系统提供了相应的函数用以对指定文件的 UID 和 GID 进行修改。这里 VFS 提供了 3 种函数供选择：一种适用于所有文件；一种适用于打开文件；一种也适用于所有文件，只不过当该文件为符号连接文件时，只改变该文件的 UID 和 GID，不进行连接跟踪。

主要函数有：

```
asmlinkage int sys_chown(const char *filename,uid_t user,gid_t group)
asmlinkase int sys_lchown(const char *filename,uid_t user,gid_t group)
asmlinkagc int sys_fchown(unsigned int f,uid_t user,gid_t group)
```

9. 文件的连接、反连接和符号连接

在 VFS 中，可以有多个 dentry 结点指向同一个 I 结点，这称为文件的连接。在应用中，可以将某个文件与想访问的文件建立连接，之后通过访问这个文件就可以达到访问

源文件的目的。一般来说，这种连接仅限于同一文件系统之中，而且只有系统管理员可以创建一个文件的连接，是一种比较强的连接。

在 VFS 中，还提供了一种连接方式——符号连接。符号连接与上面的文件的连接不一样，它并不是将符号连接文件的 dentry 结点指向源文件的 I 结点，而仅仅是在符号连接文件中保存其连接目标文件的绝对路径（路径的长度也是该符号连接文件的长度），之后通过文件中保存的路径达到对源文件访问的目的。这种连接可以发生在不同文件系统之间。

主要函数有：

```
asmlinkage int sys_link(const char *oldname,const char *newname)
asmlinkage int sys_unlink(const char *pathname)
asmlinkage int sys_symlink(const char *oldname,const char *newname)
```

10. 文件的重命名

在 VFS 中，可以修改一个文件或目录的名称。不过这里需要注意的是，修改目录名时目录必须为空，也就是仅包含"."和".."两个目录。主要函数有：

```
asmlinkage int sys_rename(const char *oldname,const char *newname)
```

8.8.6　Linux 文件的共享

在 VFS 中，系统采用不同的文件 ID 号指向同一文件信息结点来实现文件的共享。两个不同的进程如果想共享一个文件，就可以让其所有的进程打开文件表中某一项指向相同的文件信息结点，这样两个进程就可以通过不同的文件 ID 号实现对相同文件的操作，如图 8-33 所示。

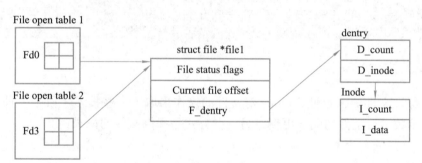

图 8-33　文件 ID 号的复制

在 VFS 中提供了两种文件 ID 号复制的方式：一种是选择最小有效的文件 ID 号作为新的另一个文件 ID 号；一种是用指定的文件 ID 号作为新的另一个文件 ID 号。

用于 Linux 文件 ID 号复制的主要函数有：

```
asmlinkage int sys_dup(unsigned int fildes)
asmlinkage int sys_dup2(unsigned int oldfs,unsigned int newfs)
```

8.8.7　Linux 文件目录操作

1.　目录的创立和删除

在 VFS 中，系统提供了相应的函数用以创立一个空目录以及删除一个空目录。当新目录被创立时，其 UID 为调用该函数的进程的 EUID，GID 则根据不同的文件系统的要求可以为调用该函数的进程的 EGID，也可以为父目录的 GID。Linux 文件目录的创立和删除的主要函数有：

```
asmlinkage int sys_mkdir(const char *pathname,int mode)
asmlinkage int sys_rmdir(const char *pathname)
```

2.　读目录

在 VFS 中,系统提供了相应的函数用以读取一个目录文件到内存中。在目录文件中，目录项有着统一的结构编排。读目录的主要函数有：

```
asmlinkage int sys_getdents(unsigned int fd,void *dirent,unsigned
int count)
asmlinkage int old_readdir(unsigned int fd,void *dirent,unsigned int
count)
```

3.　获取和改变当前的工作目录

在 Linux 中，每一个进程都有一个当前工作目录。这个目录是查找所有相对路径的起点。在 VFS 中，提供了相应的函数用以改变及获取调用进程的当前工作目录。获取和改变当前的工作目录的主要函数有：

```
asmlinkage int sys_chdir(const char *filename)
asmlinkage int sys_fchdir(unsigned int fd)
asmlinkage int sys_chroot(const char *filename)
```

8.8.8　Linux 文件的一致性处理

为了保证文件的一致性，Linux 对文件的操作采取了一些技术手段：一种方式是提供相应的函数进行文件的同步更新，另一种方式是提供文件的记录锁。

1.　文件的同步更新

在 Linux 中，通过核心中的 Buffer Cache 来进行有关文件的 I/O 操作。当写一个文件时，通常是把数据写入它的 Buffer 中，之后依次排队，在某个合适的时间通过 I/O 操作写入到磁盘中。为了保证数据的连续性，引入相应的函数来进行文件的同步更新。主要函数有：

```
ssize_t block_write(struct file *filp,const char *buf,size_t count,l-
off_t *ppos)
ssize_t block_read(struct file filp,char *buf,size_t count,loff_t
*ppos)
int block_fsync(struct file filp,struct dentry  *dentry)
```

2. 文件的记录锁

在 Linux 中，为了防止某一进程对文件进行操作时，另一进程也对该文件进行操作，系统提供了文件的记录锁功能。它使一个进程可以阻止其他进程修改文件的某一个区域。锁区域可以从文件的任何一处开始，而且长度任意。可以锁住整个文件，也可以只锁住一个字节。一个文件的所有记录锁信息，是以记录锁结点的形式连接到相应文件的 I 结点的某个域中的，如图 8-34 所示。

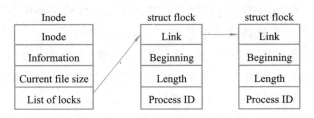

图 8-34　文件的记录锁

用于记录锁的主要函数有：

```
asmlinkage int sys_flock(unsigned int fd,unsigned int cmd)
```

8.8.9　Linux EXT2 文件系统

前面已经说过，EXT2 文件系统是 Linux 自身的文件系统，下面介绍 EXT2 文件系统的结构。

1. EXT2 文件系统的整体结构和布局

EXT2 文件系统由一系列逻辑上线性排列的数据块组成，每个数据块具有相同的大小。所有块又被划分成若干个块组，每个块组包含相同个数的数据块。整个文件系统的布局如图 8-35 所示。

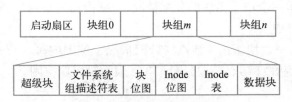

图 8-35　EXT2 文件系统的布局

每个块组都包含了一份文件系统关键控制信息的副本（超级块和文件系统组描述符表）以及描述组内数据存储与控制信息的位示图、I 结点位图和 I 结点表。

2. 主要数据结构

（1）超级块。超级块包含了对文件系统基本大小和状态的描述，文件系统管理者可以用这些信息来使用和维护文件系统。当文件系统被安装之后，通常情况下只读取位于块组 0 的超级块。但每个块组都包含一份超级块的备份用以当文件系统被破坏时能够恢复。

超级块中的重要信息包括：

① 魔术号码（Magic Number）。文件系统安装软件通过检查这个号码来判断这是否是 EXT2 文件系统的超级块。

② 修订版本号（Revision Level）。主、次修订版本号使安装代码可以判断这个文件系统是否支持只在某些特定修订版本有效的功能。

③ 安装次数和最大安装次数。每次安装文件系统时安装次数都加 1，当安装次数等于最大安装次数时，系统将提示运行磁盘检查程序检查文件系统中是否存在错误。

④ 块组号。包含此超级块的块组号。

⑤ 块大小。文件系统中一个块的大小，以字节为单位。文件系统创建时可设定此值。

⑥ 每组块数。每个块组中包含的块数，这个值也是在文件系统创建时设定。

⑦ 空闲块数。文件系统中空闲块的数目。

⑧ 空闲 I 结点数。文件系统中空闲的 I 结点数。

⑨ 起始 I 结点号。文件系统中第一个 I 结点的号码。在 EXT2 根文件系统中，第一个 I 结点应该是根目录"/"的目录入口。

ext2_super_block 是 EXT2 文件系统实现代码中超级块结构，ext2_sb_info 结构是 EXT2 文件系统超级块在内存中保存的形式，其中各个域的定义可参考有关资料。

（2）组描述符。组描述符用于描述每个块组的控制和统计信息。所有块组的组描述符在每个块组中都有备份，以便在文件系统遭到破坏时能够恢复。但通常情况下文件系统只使用块组 0 内的组描述表。

实现代码中组描述符是由 ext2_group_desc 结构表示的，结构中的域采用物理存储设备的数据存储格式，其中各个域的定义可参考有关资料。

8.8.10 EXT2 位示图和 I 结点图

位示图用于表示一个块组内块的分配情况，位图内每一位对应一个块，一个位为"1"表示对应的块已被分配。

I 结点位图表示一个块组内 I 结点的分配情况，位图内每一位对应一个 I 结点，一个位为"1"表示对应的 I 结点已被分配，"0"表示对应块空闲。

1. I 结点

在 EXT2 文件系统中，每个文件或目录都由一个 I 结点唯一描述。每个块组的 I 结点集中存放在一个 I 结点表中。

I 结点中包含的重要信息有以下几点：

（1）模式。模式包括两方面内容，即 I 结点所描述文件的类型和用户访问该文件时的权限。

（2）拥有者信息。包括文件所有者的用户标志号（UID）和组标志号（GID）。

（3）大小。以字节计算的文件大小。

（4）时间标志。包括 I 结点创建和最后一次被修改的时间。

（5）数据块指针。I结点包含指向所描述文件的数据块的指针。EXT2文件系统的I结点采用三级索引结构来组织数据块指针。前12个指针直接指向文件的数据块；第13个指针指向一个一级索引块，一级索引块中包含指向数据块的指针；第14个指针指向一个二级索引块，二级索引块中包含指向一级索引块的指针；第15个指针指向一个三级索引块，三级索引块中包含指向二级索引块的指针。

EXT2文件系统的I结点的结构如图8-36所示。

在实现代码中，EXT2文件系统的I结点是用ext2_mode结构表示的，ext2_inode结构中的域使用物理存储设备上的数据存储格式。在内存中，I结点的信息是以ext2_inode_info结构的形式存储的。各个域的定义可参考有关资料。

2. EXT2文件系统目录入口

在EXT2文件系统中，目录文件由一系列的目录入口组成，系统通过这些目录入口访问目录下的文件和目录。

实现代码中目录入口是用ext2_dir_entry_2结构来表示的，各个域的定义可参考有关资料。目录文件中目录入口与I结点表之间的关系如图8-37所示。

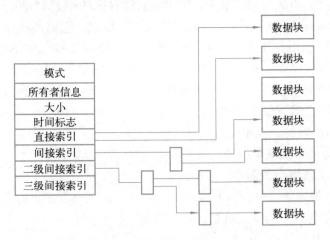

图8-36　EXT2的I结点结构

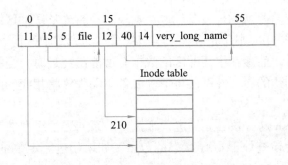

图8-37　目录入口与I结点表之间的关系

8.8.11　Linux 高速缓存

使用文件系统时，会产生大量对块设备的读写请求。在 Linux 中，所有的块读写请求都将通过标准核心过程以数据结构 buffer_head 的形式传递给设备驱动程序。该数据结构给出了设备驱动程序所需的所有信息，设备标志符唯一确定所用设备，而块号则告诉驱动程序应该对哪一块进行读写操作。所有的块设备都被视作同样大小的块的线性组合。

为了加速对块设备的访问，Linux 维护一个高速缓存。系统中所有的块缓冲都放在这个高速缓存中，包括新的、未使用的缓冲区。高速缓存由所有物理块设备共同使用，任何时刻缓存中都可能有属于各种块设备、不同状态的块缓冲。如果缓存中保存了有效数据，那么将节省系统访问物理设备的时间。任何用于读写数据的缓冲区都将放入高速缓存。如果一个缓冲区很少被使用，它可能被淘汰出缓存；反之如果被频繁访问则将一直保留在缓存中。

缓存中的块缓冲区由拥有该缓冲区的设备的设备号和块号唯一标识。块缓冲区高速缓存由两个功能部分组成。第一部分是空闲的块缓冲区的列表。对应每种缓冲区大小都有一个列表。当系统中的空闲块缓冲被创建或被丢弃时，它们都将被插入这些列表中。现在支持的缓冲区大小有 512 B、1024 B、2048 B、4096 B 和 8192 B。第二部分则是缓存自身。一个散列表包含了指向具有同样散列索引的缓冲区链的指针。散列索引是由设备标志符和数据块的块号产生的。一个块缓冲不是在空闲列表中就是在缓存中。缓存中的块缓冲同时被插入最近最少使用（Least Recently Used）列表中。对应于每一种缓冲区类型都有一个 LRU 列表。缓冲区的类型反映了它的状态。

目前 Linux 支持下面 5 种缓冲区类型：

（1）clean。未使用、新创建的缓冲区。

（2）locked。被锁住、等待被回写。

（3）dirty。包含最新的有效数据，但还没有被回写。

（4）shared。共享的缓冲区。

（5）unshared。原来被共享但现在不共享。

当一个文件系统需要从物理设备读取数据块时，将先从缓冲区缓存中获取一个缓冲区。如果无法获取缓冲区，则从相应大小空闲块缓冲的列表中取得一个未使用的缓冲区，并将其放入高速缓存。而缓存中缓冲区的数据有可能已经过时，当缓冲区的数据过时或者缓冲区是一个新创建的，文件系统将请求设备驱动程序将相应的数据块从物理设备上读入。

Linux 使用 bdflush 这一核心守护进程来执行一系列维护缓存的工作。当分配和丢弃缓冲区时，系统都会检查处于 dirty 状态的数目；如果超过一定数量，该进程将被唤醒，将处于 dirty 状态并超过一定时间的缓冲区回写。

缓冲区缓存的结构可用图 8-38 表示，有关 buffer_head 结构的各个域的类型和意义可参考有关资料。

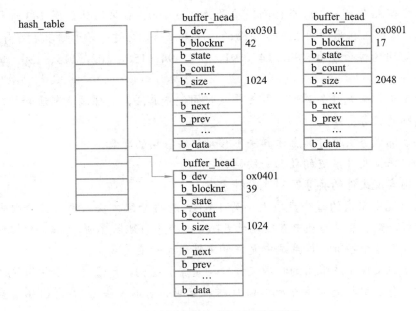

图 8-38　Linux 缓冲区缓存结构

1. 什么是文件？

2. 什么是文件的逻辑结构？常用的逻辑结构有哪几种？有何特点？

3. 叙述下列术语并说明它们之间的关系：存储介质、卷、块、文件和记录。

4. 什么是文件的物理结构？常用的逻辑结构有哪几种？

5. 文件目录的主要内容和作用是什么？

6. 文件操作主要有哪几个？它们的功能是什么？

7. 文件的保护和保密措施有哪些？

8. 假定某计算机系统中磁盘的盘块的大小为 4 KB，硬盘的大小为 40 GB，采用显示连接分配方式时，每个 FAT 表项至少需要多少位？FAT 至少需占用多少存储空间？

9. 采用 UNIX 操作系统的某系统的专用块内容为：空闲块数 3，然后依次登记的空闲块数为 77、89、60。此时若一个文件 A 需要 5 个盘块，系统进行分配后有个文件 B 被删除，它占用的盘块块号为 100、101、109、500，则回收这些盘块后专用块的内容如何？

10. 假定有一个磁盘组共有 100 个柱面，每个柱面上有 8 个磁道，每个盘面被划分成 8 个扇区。现有一个含有 6400 个逻辑记录的文件，逻辑记录的大小与扇区大小一致，该文件以顺序结构的形式被存放到磁盘上。柱面、磁道、扇区的编号均从 0 开始，逻辑记录的编号也从 0 开始。文件信息从 0 柱面、0 磁道、0 扇区开始存放，试问：

（1）该文件的第 3680 个逻辑记录应存放在哪个柱面的第几磁道的第几个扇区？

（2）第 78 柱面的第 6 磁道的第 6 扇区中存放了该文件的第几个逻辑记录？

11. 假定某磁盘共有 200 个柱面，编号为 0～199，如果在为访问 143 号柱面的请求者服务后，当前正在为访问 125 号柱面的请求者服务，同时有若干请求者在等待服务，它们依次要访问的柱面号为：86，147，91，177，94，150，102，175，130。回答下列问题：

（1）分别用先来先服务算法、最短寻找时间优先算法、电梯调度算法和单向扫描算法来确定实际的服务次序。

（2）按实际服务次序计算上述算法下移动臂需移动的距离。

12. 如何保证文件系统的数据一致性？

13. 如何实现文件的共享？简述一种方案。

14. 某系统中磁盘的每个盘块大小为 1 KB，外存分配方法采用索引分配方式中的混合分配方式，其中索引结点中直接地址 6 项，一级索引地址 2 项，二级索引地址 1 项，每个盘块号占用 4 个字节，该系统中允许的文件最大长度是多少？

15. 某系统文件系统采用的物理文件结构是索引结构，请设计一个该系统的磁盘空间管理方案（包括数据结构和分配、回收磁盘空间的基本方法），并写出磁盘空间的分配算法。

第 9 章

设 备 管 理 »»»

除了提供进程管理、存储管理、文件管理之外，操作系统还要控制计算机的所有 I/O（输入 / 输出）设备。操作系统必须向 I/O 设备发送命令、捕捉中断，并处理 I/O 设备的各种错误。设备管理在操作系统中是十分重要的，也是相当复杂的，它与硬件的关系相当紧密。

9.1 概 述

设备管理是指对计算机系统中除 CPU 和内存以外的所有其他设备的管理，既包括 I/O 外围设备，也包括有关的支持设备，如通道和设备控制器等。

9.1.1 设备的分类

计算机的 I/O 设备种类很多，结构也较复杂，管理起来比较困难。为了管理上的方便，通常按不同的观点从不同的角度对设备进行分类。下面给出几种常见的分类。

1. 按所属关系分类

（1）系统设备。是指在操作系统生成时已登记在系统中的标准设备，如键盘、鼠标、磁盘等。

（2）用户设备。是指在系统生成时未登记在系统中的非标准设备。通常这类设备是由用户提供的，用户必须用某种方式把这类设备交给系统统一管理，如绘图仪、扫描仪等。

2. 从资源分配角度分类

（1）独占设备。是指在一段时间内只允许一个用户（进程）访问的设备，即临界资源。对多个并发进程而言，应互斥地访问这类设备。系统一旦把这类设备分配给某进程后，便由该进程独占，直至用完释放。应当注意，独占设备的分配有可能引起进程死锁。

（2）共享设备。是指在一段时间内允许多个进程同时访问的设备。当然，对于每一时刻而言，该类设备仍然只允许一个进程访问。显然，共享设备必须是可寻址的和可随机访问的设备。典型的共享设备是磁盘。共享设备可获得良好的设备利用率。

（3）虚拟设备。是指通过虚拟技术，如 Spooling 技术，将一台独占设备变换为共享设备，供若干个用户（进程）同时使用，通常把这种经过虚拟技术处理后的设备称为虚拟设备。

3. 从外围设备分类

（1）存储设备（或文件设备）。是指计算机用来存储信息的设备，例如磁盘、磁带等。

（2）I/O 设备。包括输入设备和输出设备两大类。输入设备用于将信息输送给计算机，如键盘、鼠标、扫描仪等；输出设备用于将计算机处理或加工好的信息输出，如打印机、显示器、绘图仪等。

4. 按信息交换方式分类

（1）块设备。这类设备用于存储信息。由于信息的存取总是以数据块为单位，故称块设备。它属于有结构设备。典型的块设备是磁盘。

（2）字符设备。用于数据的输入和输出。其基本单位是字符，故称字符设备。它属于无结构设备。字符设备的种类繁多，如交互式终端、打印机等。字符设备的基本特征是：传输速率较低；不可寻址，即不能指定输入时的源地址及输出时的目的地址。字符设备在 I/O 操作时，常采用中断驱动方式。

9.1.2 设备管理的目标和功能

1. 设备管理的目标

操作系统的主要目标是提高系统的利用率，方便用户使用计算机。设备管理应实现如下主要目标：

（1）方便性。使用户摆脱具体的、复杂的物理设备特性的束缚，灵活方便地使用各种设备为用户服务。

（2）并行性。既要使 CPU 与 I/O 设备的工作高度重叠，又要尽可能地保证设备之间能充分进行工作。

（3）均衡性。监视设备的状态，避免设备忙闲不均的现象，采用缓冲技术，均衡设备的使用。

（4）独立性（或无关性）。独立性是指程序独立于设备，或者说程序与设备无关，即用户编制程序时所使用的设备与实际使用的设备无关，也就是在用户程序中仅使用逻辑设备名。逻辑设备名是用户自己指定的设备名，它是暂时的、可更改的；而物理设备名是系统提供的设备的标准名称，它是永久的、不可更改的。

2. 设备管理的功能

设备管理的功能是按照设备的类型和系统采用的分配策略，为请求 I/O 进程分配一条传输信息的完整通路，包括通道、控制器设备。合理地控制 I/O 的控制过程，可最大限度地实现 CPU 与设备、设备与设备之间的并行工作。

（1）监视所有设备的状态。为了能对设备实施有效地分配和控制，系统需在任何时间内都能快速地跟踪设备状态。设备状态信息保留在设备控制表中，它动态地记录状态的变化及有关信息。

（2）制定设备分配策略。在多用户环境中，系统根据用户要求和设备的有关状态，给出设备分配算法。

（3）设备的分配。把设备分配给进程，而且必须分配相应的控制器和通道。

（4）设备的回收。当进程运行完毕后，要释放设备，则系统必须回收，以便其他进程使用。

9.2　I/O 硬件特点

计算机的 I/O 设备种类很多，结构复杂，设备管理驱动程序与 I/O 设备密切相关。

9.2.1　设备组成

一般而言，I/O 设备由物理设备和电子部件两部分组成。

这里所谓的物理设备是泛指 I/O 设备中为执行所规定的操作所必需的物理装置，包括机械运动、光学变换、物理效应，以及机电、光电或光机电结合的各种有形的装置。

电子部件是指和计算机系统发生直接联系的那部分电子部件，其中主要是指接收和发送计算机与 I/O 设备之间的控制命令以及数据的电子部件，例如设备控制器。其他在 I/O 设备内部对控制命令进行一次处理以及从事数据采集或发送、数据传送或变换的电子部件，均视作 I/O 设备的物理部分。这样分开处理，主要目的是便于分析。

9.2.2　设备接口

1. 接口的功能

I/O 设备接口的主要功能是：按照计算机主机与设备的约定格式和过程接收或发送数据和信号。这些电气信号的物理特性在 I/O 接口标准中都有严格的规定。

设备接口一般遵从国际通用的接口标准。接口的形式根据不同的应用有多种。从数据传送的方式来看，有并行接口和串行接口之分。从传送的同步方式来看，有异步和同步之分。

2. 接口的标准化

除了通用 I/O 接口之外，还有一些专用 I/O 接口。比如，在一些特殊应用领域，计算机系统往往要同一些特殊的 I/O 设备打交道，或者因为某些性能上的特别要求，不能采用标准接口，这时就必须设计专用的接口。

任何一种接口都有自己的技术特点，为了争夺市场上的竞争优势，各个厂家都极力推崇符合自身技术优势的接口。一种新设备、新技术出现时，往往没有现成标准可以遵循，此时的接口是五花八门的。这些各不相同的接口既推动了接口技术的发展，也给应用带来了困难，往往使用户无所适从。经过一段时间之后，标准才可能出现，所以标准总是落后于技术的发展，在采用接口标准时应加以注意。

例如，在个人计算机中，应用到的 I/O 接口标准就有不少。键盘有自己专用的接口标准，如 RS-232C 串行接口标准；打印机有 Centronics 并行接口标准；显示器有 VGA 接口标准；硬盘有 IDE、EIDE、SATA（Serial ATA）接口标准；还有 USB 接口标准等。

又如，计算机输入 / 输出设备在办公室环境下的无线接口，其接口技术就一直长期没有统一。由于该领域市场潜力巨大，所以各个厂家为了争夺市场主导地位，在无线接口上各提各的标准，相互竞争，直到 1999 年，才由若干厂家共同联合制定发布了一个无线接口标准，这就是蓝牙（Bluetooth）标准。

9.2.3 设备控制器

设备控制器的主要功能是控制一个或多个 I/O 设备，以实现 I/O 设备和计算机之间的数据交换。它是 CPU 和 I/O 设备之间的接口，它接收从 CPU 发出的命令，并控制 I/O 设备工作。设备控制器是一个可编址的设备，当它只控制一个设备时，它有唯一的一个设备地址；若控制器连接多个设备，则应含有多个设备地址，使每一个设备地址对应一个设备。设备控制器的复杂性因设备而异，相差很大。可以把设备控制器分成两类：一类是用于控制字符设备的控制器；另一类是用于控制块设备的控制器。

设备控制器主要完成以下功能：

（1）接收和识别命令。接收从 CPU 发来的命令并识别这些命令。在控制器中应具有相应的控制寄存器，用来存放接收到的命令和参数，并对所接收的命令进行译码。

（2）数据交换。指实现 CPU 与设备控制器之间、控制器与设备之间的数据交换。对于前者，是通过数据总线，由 CPU 并行地把数据写入控制器或从控制器中并行地读出数据；对于后者，是设备将数据输入控制器或从控制器传送给设备。为此，在控制器中需设置数据寄存器。

（3）地址识别。系统中每一个设备都有一个地址，设备控制器必须能够识别它所控制的每个设备的地址。为此，在控制器中应配置地址译码器。

（4）标识和报告设备的状态。控制器应记下设备的状态供 CPU 了解。例如，仅当该设备处于发送就绪状态时，CPU 才启动控制器从设备中读出数据。在控制器中应设置一状态寄存器，存储当前设备的状态。CPU 可以从该寄存器中得到该设备的状态。

（5）数据缓冲。由于 I/O 设备的速度较低而 CPU 和内存的速度较高，故在控制器中可以设置一缓冲，以缓和 I/O 设备和 CPU、内存之间的速度矛盾。

（6）差错控制。设备控制器还兼管对由 I/O 设备传来的数据进行差错检测。若发现传送中出现了错误，便将差错检测码置位向 CPU 报告，于是 CPU 将本次传送来的数据作废，并重新进行一次传送。这样可以保证数据传送的正确性。

I/O 控制器发展的一个趋势是不断增强控制器的功能，另外将控制器的一部分功能合并到 I/O 设备上，这样的 I/O 设备称为智能 I/O 设备。

9.2.4 通道

1. 通道的引入

在计算机系统中，增加设备控制器后，大大减少了 CPU 对 I/O 操作的干预，但当主机所配置的外围设备很多时，CPU 的负担仍然很重。为此，在 CPU 和设备控制器之间又增设了通道。通道主要目的是建立独立的 I/O 操作，不仅使数据的传送能独立于 CPU，而且希望对 I/O 操作的组织、管理及结束也尽量独立，以保证 CPU 有更多的时间进行数据处理，也就是说，其目的是使一些原来由 CPU 处理的 I/O 任务转由通道来承担，从而把 CPU 从繁忙的 I/O 操作中解放出来。在设置通道后，CPU 只需向通道发出一条 I/

O 指令，通道收到该指令后，便从内存中取出本次要执行的通道程序，然后执行该通道程序，仅当通道完成规定的 I/O 任务后，才向 CPU 发出中断信号。

实际上，I/O 通道是一种特殊的处理机。它具有执行 I/O 指令的能力，并通过执行通道程序来完成对 I/O 的操作。I/O 通道与一般的处理机不同，主要表现在两个方面：一是其指令类型单一，即由于通道硬件比较简单，其所能执行的指令主要局限于与 I/O 操作有关的指令；另一方面是通道没有自己的内存，通道所执行的通道程序是存放在主机的内存中的，换言之，通道和 CPU 共享内存。

由于通道的引入，现代计算机 I/O 系统的结构如图 9-1 所示，由通道、设备控制器和设备三级组成。I/O 操作要经过三级控制：第一级由 CPU 执行 I/O 指令，启动或停止通道运行，查询通道状态；第二级是在通道接收 CPU 的 I/O 指令后，由通道执行为其准备的通道程序，向设备控制器发命令；第三级由设备控制器根据通道发出的命令控制设备完成 I/O 操作。

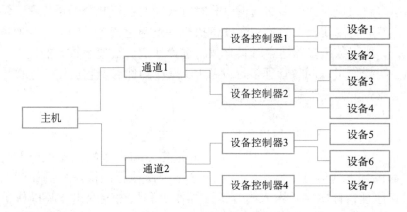

图 9-1　I/O 系统的三级结构

通道和设备控制器都是独立的功能部件，它们可以并行操作。在一个计算机系统中可以配置多个通道，一个通道也可以连接多个设备控制器，一个设备控制器可以连接多台同类型的设备。通道价格昂贵，致使计算机中所设置的通道数量势必较少。这又往往使它成为 I/O 的瓶颈，进而造成整个系统吞吐量的下降。解决瓶颈问题最有效的方法，便是增加设备到主机之间的通路而不增加通道，即系统可以将一台设备连接到几个控制器，一个控制器也可以连接到几个通道上，以提高设备的利用率和灵活性。多通路情况如图 9-2 所示。

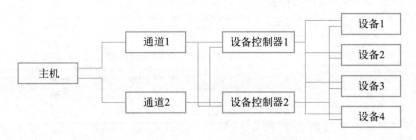

图 9-2　I/O 系统多通路情况

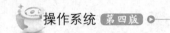

2. 通道的类型

根据信息交换方式，通道可分成 3 种类型：字节多路通道、数组选择通道和数组多路通道。

（1）字节多路通道。字节多路通道以字节为单位传输信息。通道程序由通道指令组成，一个通道以分时方式可以同时执行几个通道程序，以管理多台外围设备的工作。当通道执行一设备的通道程序，实现该外设和内存之间的一个字节数据传送后，立即执行另一台外设的通道程序，以实现其外设和内存之间的字节数据传送。字节多路通道适用于连接打印机、终端、卡片 I/O 机等低速或中等速度的 I/O 设备。

（2）数组选择通道。数组选择通道一次仅执行一个通道程序，以实现内存和外设之间的成批数据传送。当通道执行完一通道程序时，通道才执行另一台设备的通道程序，以实现该外设和内存之间的成批数据传送。数组选择通道一次仅控制一台设备工作，因而数据传送速率较高。它主要用来连接高速外围设备，例如磁盘、磁鼓等。

（3）数组多路通道。数组多路通道以分时方式同时执行几个通道程序，每执行完一条通道指令，然后自动转换，为另一台设备执行一条通道指令。因为每条通道指令可以传送一批数据，所以数组多路通道既具有数组选择通道传输速率较高的优点，也具有字节多路通道分时操作可以同时管理多台设备 I/O 操作的优点。它适用于连接传输速率介于两者之间的设备，如磁带等。

3. 通道程序

通道是通过执行通道程序与设备控制器共同实现对 I/O 设备的控制。通道程序由一系列通道指令（或称通道命令）所构成。通道指令与一般的机器指令不同，在它的每条指令中都包含下列信息：操作码，规定了指令所执行的操作，例如读、写、控制等操作；内存地址，标明字符送入内存（读操作）和从内存取出（写操作）时的内存首址；计数，表示本条指令所要读（或写）数据的字节数；通道程序结束位 P，用于表示通道程序是否结束，P=1 表示本条指令是通道程序的最后一条指令；记录结束标志 R，R=0 表示本通道指令与下一条指令所处理的数据是同属于一个记录，R=1 表示这是处理某记录的最后一条指令。

下面给出一个通道程序的例子，如图 9-3 所示。在该例中，通道程序由 6 条通道指令构成。该通道程序的功能是将内存中不同地址中的数据写成多个记录。其中，前 3 条指令是分别将从 1977 单元开始的 12 个字符、从 1996 单元开始的 13 个字符和从 1000 单元开始的 99 个字符写成一个记录；第 4 条指令是单独写一个 573 个字符的记录；第 5、6 两条指令合写一个 600 个字节的记录。

操　　作	P	R	计　　数	主存地址
Write	0	0	12	1977
Write	0	0	13	1996
Write	0	1	99	1000
Write	0	1	573	3698
Write	0	0	100	858
Write	1	1	500	2000

图 9-3　通道程序示例

9.2.5 I/O 控制方式

随着计算机技术的发展，I/O 控制方式也在不断地发展。I/O 控制方式的发展经历了4 个阶段：程序查询方式、I/O 中断方式、直接存储器访问（DMA）方式和 I/O 通道方式。在 I/O 控制方式的整个发展过程中，始终贯穿着这样的一条宗旨：尽量减少主机对 I/O 操作的干预，把主机从繁忙的 I/O 操作控制中解放出来，以便更多地去完成数据处理任务。

1. 程序查询方式

早期计算机或现代一些简单的微型计算机系统采用程序查询 I/O 方式。程序查询是一种用程序直接控制 I/O 操作的方式。CPU 与外围设备的活动本质上是异步的，为了实现 CPU 与外设间的信息传送，CPU 必须重复测试外设的状态，仅当外围设备处在准备好的状态时，CPU 才能与外设交换信息。所以，在程序查询 I/O 方式的接口电路中必须设置一状态端口，以使 CPU 通过执行输入指令了解外设的状态。

采用程序查询方式，每当程序要使用某一外设进行 I/O 操作时，CPU 要执行一段循环测试程序，以实现在外设准备好时执行一条 I/O 指令，进行一个字节或字的数据传送操作。在这种方式下，CPU 的大量时间消耗在等待输入 / 输出的循环检测上，使 CPU 与外设串行工作，严重影响了 CPU 和外设的使用效率，致使整个系统效率很低。

2. I/O 中断方式

引入中断技术后，每当设备完成 I/O 操作时，便向 CPU 发出中断请求信号，通知 CPU 外设已准备好，可以进行数据传送操作。这样，CPU 一旦启动 I/O 设备后便可执行其他程序，仅在收到 I/O 中断请求时才执行其中断服务程序，进行 I/O 处理和 I/O 操作。例如，行式打印机每打印一行约需 60 ms。在程序查询方式中，大约有 59.99 ms CPU 都处于循环测试，而在程序中断 I/O 方式中，CPU 仅用 0.1 ms 时间处理打印机的中断服务程序，其余的 59.9 ms 可以处理其他任务。

在多道程序系统中，当一进程使用系统调用进行 I/O 操作时，系统使该进程进入阻塞状态，执行指定设备的处理程序，启动设备进行 I/O 操作，并从就绪状态进程队列中调度另一进程运行。在该设备的中断处理程序中，完成指定的 I/O 操作后，唤醒等待该 I/O 操作的进程，由进程调度程序在适当时机调度该进程运行。

程序中断传送方式改善了 CPU 的利用率，并使 CPU 与外设并行操作。但 I/O 数据的处理和 I/O 操作的控制都是由 CPU 承担的，仍然消耗了 CPU 不少时间。例如，为传输 1000 个字符，系统需处理 1000 次中断，其中 999 次中断处理用以传送每一个字符，第 1000 次中断用作传送结束处理。如果每次中断处理需 100μs，对于传送速率 1000 B/s 的字符输入设备来说，则 CPU 有 10% 的时间忙于 I/O 设备的处理上，倘若有多台 I/O 设备并行工作，CPU 有可能完全陷入 I/O 处理事务中。

3. 直接存储器访问（DMA）方式

虽然 I/O 中断方式比程序查询方式更有效，但须注意它仍是以字节或字为单位进行输入 / 输出的，每当完成一个字节或字时，控制器便要向 CPU 请求一次中断。换言之，采用 I/O 中断方式时的 CPU 是以字节或字为单位进行干预的。如果将这种方式用于块设备的 I/O，显然是低效的。例如，为了从磁盘中读出 1 KB 的数据块，需要中断 CPU 1000 次。为了进一步减少 CPU 对 I/O 的干预而引入直接存储器访问（DMA）方式。

许多控制器，特别是块设备的控制器支持直接存储器存取，即 DMA。为了说明 DMA 是如何工作的，首先看一下不用 DMA 时磁盘如何读。首先，控制器从磁盘驱动器串行地一位一位地读一个块，直到将整块信息放入控制器的内部缓冲区中；接着它计算检查以核实没有读错误发生；然后控制器产生一个中断；CPU 响应中断，控制转给操作系统。当操作系统开始运行时，它重复地从控制器缓冲区中一次一个字节或一个字地读这个磁盘块的信息，并将其存入存储器中。这种采用软件的方法由 CPU 重复地一个字节或一个字地从控制器缓冲区读信息浪费了大量 CPU 时间。DMA 的采用使 CPU 摆脱了这种低级工作。当使用 DMA 时，除向控制器提供要读块的磁盘地址外，还要向控制器提供两个信息：要读块送往内存的起始地址和要传送的字节数，如图 9-4 所示。

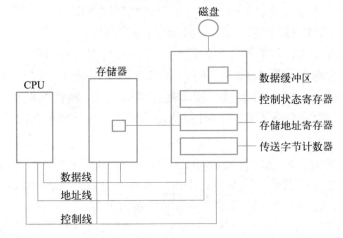

图 9-4　控制器独立进行的 DMA 传送

采用 DMA 方式时，不仅允许 CPU 控制地址线进行 CPU 与内存的数据交换，而且允许 DMA 控制器接管地址线的控制权，直接控制 DMA 控制器与内存的交换。从而使磁盘设备与存储器之间的数据传送不需要 CPU 介入，因而减轻了 CPU 的负担。

当 DMA 硬件控制磁盘与存储器之间进行信息交换时，每当磁盘把一个数据读入控制器的数据缓冲区时，DMA 控制器取代 CPU 接管地址总线的控制权，并按照 DMA 控制器中的存储器地址寄存器内容把数据送入相应的存储器单元中。然后，DMA 硬件自动地把传送的字节计数器减 1，把存储器地址寄存器加 1，并恢复 CPU 对内存的控制权，DMA 控制器对每一个传送的数据重复上述过程，直到传送字节计数器为 0 时，向 CPU 产生一个中断信号。当操作系统接管 CPU 控制权时，再无须做块复制的工作了。

4. I/O 通道方式

虽然 DMA 方式比起中断方式已经显著地减少了对 CPU 的干预，即已由以字节或字为单位的干预减少到以数据块为单位的干预，但 CPU 每发出一条 I/O 指令，也只能去读（或写）一个连续的数据块。而当需要一次去读多个数据块且将它们分别传送到不同的内存区域，或者相反时，则须由 CPU 分别发出多条 I/O 指令，即进行多次中断处理后，才能完成。

I/O 通道方式是 DMA 方式的发展，它会进一步减少对 CPU 的干预，即把对一个数据块的读（或写）为单位的干预，减少为对一组数据块的读（或写）为单位的干预。I/O 通道有自己的指令系统，即通道程序，可以与 CPU 并行操作，独立管理外设和实现内存和外设之间的信息传输，使 CPU 摆脱了繁忙的 I/O 操作。在配置通道的计算机系统中，不仅能实现 CPU 与通道的并行操作，而且通道与通道、各通道的外设之间均能实现并行操作，因而有效地提高了整个系统的使用效率。

9.2.6 缓冲技术

1. 缓冲的引入

虽然通道的建立使 CPU、通道和 I/O 设备可以并发执行，但是因为 CPU 和设备之间的速度相差很大，所以并不能使它们很好地并发执行。例如，有一进程时而进行计算，时而把计算后的数据通过打印机输出。若无缓冲，打印输出时，由于打印机的速度跟不上处理机的速度，处理机不得不经常等待，而在计算阶段打印机又被闲置。如在打印机和处理机之间设一个缓冲区，情况便可大为改观：当进程打印输出时，将输出数据暂存在缓冲区中，由打印机取出慢慢打印，处理机在将数据传送到缓冲区之后便可继续其计算任务，此时处理机便可与设备并行操作。

再者，从减少中断的次数看，也存在引入缓冲区的必要性。在中断方式时，如果在设备控制器中增加一个 100 个字符的缓冲，则由前面对中断方式的描述可知，设备控制器对处理机的中断次数比没有设置缓冲的时候将降低 100 倍，即等到能存放 100 个字符的缓冲区满了以后才向处理机发出一次中断。这将大大减少处理机的中断时间。

事实上，凡是在数据到达速度和离去速度不匹配的地方都可以采用缓冲技术，以提高 I/O 设备的利用率和系统效率。在操作系统中，引入缓冲的主要原因可归结为以下几点：

（1）缓和 CPU 与 I/O 设备间速度不匹配的矛盾。

（2）减少对 CPU 的中断频率，放宽对中断响应时间的限制。

（3）提高 CPU 和 I/O 设备的并行性。

2. 缓冲的类型

（1）按照缓冲区存在的位置，可以把缓冲分为硬件缓冲和软件缓冲。

所谓硬件缓冲是指设备本身配有的少量必要的硬件缓冲器；所谓软件缓冲是指在内存中划出一个特定区域来充当缓冲区，使用时，由输入指针和输出指针来控制对它的信息的写入和读取。

（2）按照缓冲区的个数以及缓冲区的组织形式，可以把缓冲分为单缓冲、双缓冲、循环缓冲和缓冲池 4 种类型。

① 单缓冲。单缓冲是在设备和处理机之间设置一个缓冲区。设备和处理机交换数据时，先把被交换数据写入缓冲区，然后需要数据的设备和处理机从缓冲区取走数据。由于缓冲区属于临界资源，即不允许多个进程同时对一个缓冲区操作。因此，尽管单缓冲能匹配设备和处理机的处理速度，但是设备和设备之间不能通过单缓冲达到并行操作。

② 双缓冲。为了加快输入和输出速度，提高并行性和设备的利用率，引入双缓冲

机制，也称缓冲对换。双缓冲即设置了两个缓冲区。设备输入时，输入设备先将数据送第一缓冲区，装满后便转向第二缓冲区。此时，操作系统可以从第一缓冲区移出数据，送用户进程；输出时，CPU把要输出的数据装满第一缓冲区后，转向第二缓冲区，这时输出设备输出第一缓冲区内的数据。

③ 循环缓冲。当输入与输出或生产者与消费者的速度基本匹配时，采用双缓冲能获得较好的效果，可使生产者和消费者基本上能并行操作。但若两者的速度相差较远，双缓冲的效果就不够理想，但可以随着缓冲区数量的增加，使情况有所改善。因此，又引入多缓冲机制，可将多个缓冲组织成循环缓冲形式。对于用作输入的循环缓冲，通常是提供给输入进程或计算进程使用，输入进程不断向空缓冲区输入数据，而计算进程则从中提取数据进行计算。

④ 缓冲池。无论是单缓冲、双缓冲还是循环缓冲都仅适用于某特定的I/O进程和计算进程，因而它们属于专用缓冲。当系统较大时，将会有许多这样的缓冲，这不仅要消耗大量的内存空间，而且其利用率也不高。为了提高缓冲区的利用率，目前广泛流行公用缓冲池，在池中设置多个可供若干个进程共享的缓冲区。

3. 缓冲池

（1）缓冲池的组成。因为缓冲池既可以作为输入缓冲又可以作为输出缓冲，所以在缓冲池中存在3类缓冲区：空缓冲区、装满输入数据的缓冲区和装满输出数据的缓冲区。把各类缓冲区连接在一起，组成以下3条队列：

① 空缓冲队列emq。这是由空缓冲所连接成的队列，其队首指针为F(emq)，队尾指针为L(emq)。

② 输入队列inq。这是由装满输入数据的缓冲区所连接成的队列，其队首指针为F(inq)，队尾指针为L(inq)。

③ 输出队列outq。这是由装满输出数据的缓冲区所连接成的队列，其队首指针为F(outq)，队尾指针为L(outq)。

除了3种缓冲队列以外，系统（或用户进程）还可从这3种队列中申请和取出缓冲区，用得到的缓冲区进行存数、取数操作，在存数、取数操作完成后，再将缓冲区挂到相应的队列。这些缓冲区称为工作缓冲区。在缓冲池中，有4种工作缓冲区，即：

① 用于收容设备输入数据的收容输入缓冲区hin。

② 用于提取设备输入数据的提取输入缓冲区sin。

③ 用于收容CPU输出数据的收容输出缓冲区hout。

④ 用于提取CPU输出数据的提取输出缓冲区sout。

缓冲池的工作缓冲区如图9-5所示。

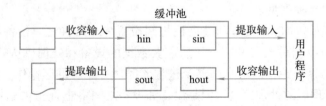

图9-5 缓冲池的工作缓冲区

（2）缓冲池的操作。对缓冲池的操作由如下几个过程组成：

① 从缓冲区队列中取出一个缓冲区的过程 Take_buf(type)。

② 把缓冲区插入相应的缓冲区队列的过程 Add_buf(type,number)。

③ 供进程申请缓冲区用的过程 Get_buf(type,number)。

④ 供进程将缓冲区插入到相应缓冲区队列的过程 Put_buf(type,work_buf)。

其中，参数 type 表示缓冲队列的类型，number 为缓冲区号，而 work_buf 则表示工作缓冲区类型。

因为缓冲池中的队列本身是临界资源，多个进程在访问一个队列时，既应互斥，又须同步。为此，不能直接用 Take_buf 过程和 Add_buf 过程对缓冲池中的队列进行操作，而是使用对这两个过程改造后，形成的能用于对缓冲池中的队列进行操作的 Get_buf 和 Put_buf 过程。

为使诸进程能互斥地访问缓冲池队列，可为每一队列设置一个互斥信号量 MS(type)，初始值为 1。此外，为了保证诸进程同步地使用缓冲区，为每个缓冲队列设置一个资源信号量 RS(type)，初始值为 n（n 为 type 队列长度）。既可实现互斥又可保证同步的 Get_buf 和 Put_buf 过程描述如下：

```
void Get_buf(type)
{
    Wait(RS(type));
    Wait(MS(type));
    B(number)=Take_buf(type);
    Signal(MS(type));
}
void Put_buf(type,number)
{
    Wait(MS(type));
    Add_buf(type,number);
    Signal(MS(type));
    Signal(RS(type));
}
```

使用这两个过程，缓冲池的工作过程可描述如下：

① 收容输入。在输入进程需要输入数据时，调用 Get_buf(emq) 过程，从空缓冲队列 emq 的队首摘下一空缓冲，把它作为收容输入工作缓冲区 hin，把数据输入其中，装满后再调用 Put_buf(inq,hin) 过程，将该缓冲区挂在输入队列 inq 上。

② 提取输入。当计算进程需要输入数据时，调用 Get_buf(inq) 过程，从输入队列 inq 的队首取得一缓冲区作为提取输入工作缓冲区 sin，计算进程从中提取数据。计算进程用完该数据后，再调用 Put_buf(emq,sin) 过程，将该缓冲区挂到空缓冲队列 emq 上。

③ 收容输出。当计算进程需要输出时，调用 Get_buf(emq) 过程，从空缓冲队列 emq 的队首取得一空缓冲作为收容输出工作缓冲区 hout。当其中装满输出数据后，调用 Put_buf(outq,hout) 过程，将该缓冲区挂在 outq 末尾。

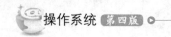

① 提取输出。由输出调用 Get_buf(outq) 过程从输出队列的队首取得一装满输出数据的缓冲区作为提取输出工作缓冲区 sout。在数据提取完后，再调用 Put_buf(emq,sout) 过程，将该缓冲区挂在空缓冲队列末尾。

9.3　I/O 软件的组成

I/O 设备管理软件的设计水平决定了设备管理的效率。I/O 设备管理软件结构的基本思想是层次化，也就是把设备管理软件组织成为一系列的层次。低层与硬件相关，它把硬件与较高层次的软件隔离开；而最高层的软件则向应用提供一个友好的、清晰而统一的 I/O 设备接口。

9.3.1　I/O 软件的目标

1. 独立性

设计 I/O 软件的一个最关键目标是独立性。也就是说，除了直接与设备打交道的低层软件之外，其他部分的软件并不依赖于硬件。

I/O 软件独立于设备，就可以提高设备管理软件的设计效率。当 I/O 设备更新时，没有必要重新编写全部涉及设备管理的程序。在实际应用的一些操作系统中，只要安装了相对应的设备驱动程序，就可以很方便地安装好新的 I/O 设备。例如，在 Windows 系统中，系统可以自动为新安装的 I/O 设备寻找和安装相对应的设备驱动程序，从而实现输入 / 输出设备的即插即用。

I/O 软件一般分为 4 层，它们分别是中断处理程序、设备驱动程序、与设备无关的系统软件和用户级软件。至于一些具体分层时细节上的处理是依赖于系统的，没有严格的划分，只要有利于独立这一目标，可以为了提高效率而作出不同的结构安排。

2. 统一命名

操作系统要负责对输入 / 输出设备进行管理。有关管理的一项重要工作就是如何给 I/O 设备命名。不同的系统有不同的命名原则。对设备统一命名是与设备独立性密切相关的。这里所说的统一命名是指在系统中采取预先设计的、统一的逻辑名称，对各类设备进行命名，并且应用在同设备有关的全部软件模块中。

通常给 I/O 设备命名的做法是用一个序列字符串或一个整数来表征一个 I/O 设备的名字，这个统一命名不依赖于设备，也就是说在一个设备的名称之下，其对应的物理设备可能发生了变化，但它并不在该名称上体现，因此用户并不知晓。例如，在 UNIX 系统中，硬盘和其他所有块设备都能安装在文件系统层次中的任意位置。因此，用户不必知道哪个名字对应于哪台设备。例如，一个 U 盘可以安装到目录 \usr\ast\backup 下，所以复制一个文件到 \usr\ast\backup\Monday 就是将文件复制到 U 盘上。在 UNIX 系统中，一切文件和设备都用相同的工具——路径名来定位。Windows 也采用类似的技术。

9.3.2 中断处理程序

中断处理程序是设备管理软件中一个相当重要的部分。下面将着重分析中断处理程序的内部工作原理，然后讨论中断在设备管理中的作用。

1. I/O 设备中断

中断是指计算机在执行期间系统内发生任何非寻常的或非预期的急需处理事件，使得 CPU 暂时中断当前正在执行的程序，而转去执行相应的事件处理程序，待处理完毕后又返回原来被中断处，继续执行或调度新的进程执行的过程。

在外部中断里，包括了 I/O 设备发出的 I/O 中断，以及其他外部信号中断（例如用户按下【Esc】键）、各种定时器引起的时钟中断以及调试程序中设置的断点等引起的调试中断等。外部中断在狭义上称为中断。

2. 软中断

软中断的概念来源于 UNIX 系统。软中断是对应于硬中断而言的。那么什么是硬中断呢？通过硬件产生相应的中断请求，称为硬中断。而软中断则不然，它是在通信进程之间，通过模拟硬中断而实现的一种通信方式。

在中断源发出软中断信号后，CPU 或接收进程在"适当的时机"进行中断处理或完成软中断信号所对应的功能。这里"适当的时机"表示接收软中断信号的进程须等到该接收进程得到处理机之后才能进行。如果该接收进程是占据处理机的，那么该接收进程在接收到软中断信号后，将立即转去执行该软中断信号所对应的功能。

3. 设备管理与中断方式

处理机的高速和输入 / 输出设备的低速是一对矛盾，是设备管理要解决的一个重要问题。为了提高整体效率，减少在程序直接控制方式中 CPU 的等待时间，采用中断方式来控制输入 / 输出设备和内存与 CPU 之间的数据传送，是很必要的。

（1）中断方式的实现。在硬件结构上，这种中断方式要求 CPU 与 I/O 设备（或控制器）之间有相应的中断请求线，而且在 I/O 设备控制器的控制状态寄存器上有相应的中断允许位。

在中断方式下，中央处理器与 I/O 设备之间数据的传输，大致步骤如下：

① 在某个进程需要数据时，发出指令启动 I/O 设备准备数据。同时该指令还通知 I/O 设备控制状态寄存器中的中断允许位置位，以便在需要时中断程序可以被调用执行。

② 在进程发出指令启动设备之后，该进程放弃处理机，等待相关 I/O 操作完成。此时，进程调度程序会调度其他就绪进程使用处理机。另一种方式是该进程继续运行（如果能够运行），直到 I/O 中断信号来临。

③ 当 I/O 操作完成时，I/O 设备控制器通过中断请求线向处理机发出中断信号。处理机收到中断信号之后，转向预先设计好的中断处理程序，对数据传送工作进行相应的处理。

④ 得到了数据的进程转入就绪状态。在随后的某个时刻，进程调度程序会选中该进程继续工作。

显然，当处理机发出启动设备和允许中断指令之后，处理机已被调度程序分配给其他进程。此时，系统还可以启动不同的 I/O 设备和允许中断指令，从而做到 I/O 设备与 I/O 设备间的并行操作以及 I/O 设备和处理机间的并行操作。

（2）中断方式的优缺点。中断方式使处理机的利用率提高，并且能支持多道程序和 I/O 设备的并行操作。

不过，中断方式仍然存在一些问题。首先，现代计算机系统通常配置有各种各样的 I/O 设备。如果这些 I/O 设备都通过中断处理方式进行并行操作，那么中断次数的急剧增加会造成 CPU 无法响应中断和出现数据丢失现象。其次，如果 I/O 控制器的数据缓冲区比较小，在缓冲区装满数据之后将会发生中断。那么，在数据传送过程中，发生中断的机会较多，这将耗去大量的 CPU 处理时间。

9.3.3 设备驱动程序

设备处理程序通常又称设备驱动程序，它是 I/O 进程与设备控制器之间的通信程序，又由于它常以进程的形式存在，所以也简称设备驱动进程。其主要任务是接收由上层软件发来的抽象要求，例如 Read 或 Write 命令。在把它转换为具体要求后，发送给设备控制器，启动设备去执行。此外，它也将由设备控制器发来的信号传送给上层软件。由于驱动程序与硬件密切相关，因此需为每一类设备配置一种驱动程序，有时也可为非常类似的两类设备配置同一个驱动程序。

1. 设备驱动程序功能

设备驱动程序的主要功能如下：

（1）将接收到的抽象要求转换为具体要求。通常在每个设备控制器中都有若干个寄存器，它们分别用于暂存命令、数据和参数等。用户及上层软件对设备控制器的具体情况毫无了解，因而只能向它们发出抽象的要求（命令），但又无法传送给设备控制器。因此，需要将这些抽象要求转换为具体要求。例如，将抽象要求中的盘块号转换为磁盘的盘面、磁道号及扇区。这一转换工作只能由驱动程序来完成，因为在操作系统中只有驱动程序才同时了解抽象要求和设备控制器中的寄存器情况，也只有它才知道命令、数据和参数应分别送往哪个寄存器。

（2）检查用户 I/O 请求的合法性，了解 I/O 设备的状态，传递有关参数，设置设备的工作方式。

任何输入设备都只能完成一组特定的功能，例如该设备不支持这次 I/O 请求，则认为这次 I/O 请求非法。例如，用户试图请求从打印机输入数据，显然系统应予以拒绝。此外，还有些设备，例如磁盘和终端，它们虽然是既可读又可写，但若在打开它们时，规定的是只读，则用户的写请求必然被拒绝。

另外，要启动某个设备进行 I/O 操作的前提条件应是该设备正处于空闲状态。因此在启动设备之前，要从设备控制器的状态寄存器中读出设备的状态。例如，为了向某设备写入数据，此时应先检查该设备的状态是否处于接收就绪，只有它处于接收就绪状态时，才能启动其设备控制器，否则只能等待。

有许多设备，特别是块设备，除必须向其控制器发出启动命令外，还需传送必要的参数。例如，在启动磁盘进行读 / 写之前，应先将本次要传送的字节数、数据应到达的内存始址送入控制器的相应寄存器中。

有些设备可具有多种工作方式，典型情况是利用 RS–232 接口进行异步通信。在启动该接口之前，应先按通信规程设定下述参数：波特率、奇偶校验方式、停止位数目及数据字节长度等。

（3）发出 I/O 命令，启动分配到的 I/O 设备，完成指定的 I/O 操作。在完成上述各项准备工作后，驱动程序可以向控制器中的命令寄存器传送相应的控制命令。对于字符设备，若发出的是写命令，驱动程序将把一个数据传送给控制器；若发出的是读命令，则驱动程序等待接收数据，并通过从控制器中的状态寄存器读入状态字的方法来确定数据是否到达。

收到程序发出 I/O 命令后，基本的 I/O 操作是在设备控制器的控制下进行的。通常，I/O 操作所要完成的工作较多，需要一定的时间，如读 / 写一个盘块中的数据，此时驱动程序进程把自己阻塞起来，直至中断到来时才将它唤醒。

（4）及时响应由控制器或通道发来的中断请求，并根据其中断类型（正常、异常结束的中断或其他类型中断）调用相应的中断处理程序进行处理。

（5）对于设置有通道的计算机系统，驱动程序还应能够根据用户的 I/O 请求自动地构成通道程序。

2. 设备驱动程序的特点

设备驱动程序与一般的应用程序及系统程序之间存在下列明显差异：

（1）驱动程序主要是在请求 I/O 的进程与设备控制器之间的一个通信程序。它将进程的 I/O 请求传送给控制器，再把设备控制器中所记录的设备状态、I/O 操作完成情况反映给请求 I/O 的进程。

（2）驱动程序与 I/O 设备的特性紧密相关，因此对于不同类型的设备应配置不同的驱动程序。例如，可以为相同的多个终端设置一个终端驱动程序，但即使是同一类型的设备，由于生产厂家不同而并不完全兼容，因而也需分别为它们配置不同的驱动程序。

（3）驱动程序与 I/O 控制方式紧密相关。常用的设备控制方式是中断驱动和 DMA 方式。这两种方式的驱动程序明显不同，因为前者应按数组方式启动设备来进行中断处理。

（4）由于驱动程序与硬件紧密相关，因而其中的一部分程序必须用汇编语言书写。目前有很多驱动程序，其基本部分已经固化，放在 ROM 中。

9.3.4 独立于设备的软件

虽然 I/O 软件中的一部分是设备专用的，但大部分软件是与设备无关的。设备驱动程序与设备独立软件之间的确切界限是依赖于具体系统的。因为按照设备独立方式能够实现的一些功能，出于效率和其他原因，实际上也可以在设备驱动级实现。图 9–6 给出了设备独立的软件层通常实现的功能。

独立于设备的软件的基本任务是实现所有设备都需要的功能，并且向用户级软件提供一个统一的接口。

如何给文件和设备这样的对象命名是操作系统中的一个主要课题。独立于设备的软件负责把设备的符号名映射到正确的设备驱动上。在 UNIX 系统中，像 \dev\tty01 这样的设备名唯一地说明了为一个特别文件设置的 I 结点，这个 I 结点包含了主设备号和次设备号。主设备号用来分配正确的终端设备驱动，次设备号作为参数用来确定设备驱动要读 / 写的是哪一台终端。

与设备驱动程序的统一接口
设备命名
设备保护
提供与设备无关的块尺寸
缓冲技术
块设备的存储分配
独占设备的分配与释放
报告错误信息

图 9-6 独立于设备的 I/O 软件的功能

与设备命名机制密切相关的是设备保护。系统如何防止无权存取设备的用户存取设备呢？在某些微型计算机系统中，如 MS-DOS 根本没有保护，任何进程都可以做它想做的事情。在大、中型计算机系统中，用户进程对 I/O 设备的直接访问是完全禁止的。在 UNIX 系统中，使用比较灵活的模式，相应于 I/O 设备的特别文件通常用"rwx"位进行保护。为此，系统管理员可以为每一个设备设置正确的存取权。

在各种 I/O 设备中，有着不同的存储设备，其空间大小、读取速度和传输速率等各不相同。比如，当前台式计算机和服务器中常用的硬盘，其空间大小有若干个 TB，而在掌上计算机和数码照相机这一类设备中，使用闪存这种存储器，其容量一般在数十GB。又如，目前高性能的打印机都自带缓冲存储器，它们可能是一个硬盘，也可能是随机存储芯片，也可能是闪存。这些存储器的空间大小、读取速度和传输速率都不相同。因此，与设备无关的软件有必要向较高层软件屏蔽各种 I/O 设备空间大小、处理速度和传输速率各不相同的事实，而向上层提供大小统一的逻辑块尺寸。

较高层的软件只与抽象设备打交道，不考虑物理设备空间和数据块大小而使用等长的逻辑块。差别在这一层都隐藏起来了。

缓冲技术是设备独立软件应提供的另一个目标。虽然中断、DMA 和通道控制方式使得系统中的设备和设备、设备和 CPU 等得以并行工作，但外围设备和 CPU 的处理速度不匹配的问题是客观存在的。为此，可采用设备缓冲区的方法解决。块设备和字符设备都存在着缓冲的问题。就块设备而言，硬件一般一次读 / 写一个完整的块，但用户进程按任意单位处理数据。倘若用户进程写了半块数据后，暂时不再写数据，这时操作系统一般先将数据保存在内部缓冲区，等到用户进程写完整块数据或用户进程运行完时才将缓冲区的数据写入磁盘中。就字符设备而言，当用户进程把数据写入系统的速度快于系统输出数据速度时，也必须设置缓冲。采用缓冲技术后，用户可预先从键盘输入数据到缓冲区等待系统处理。而系统处理后要输出的计算结果也可写到缓冲区，等待设备空闲或计算完成后再由输出设备输出。这正是 Spooling 系统。

对于磁盘、磁鼓之类的外部存储器，既有很大的存储容量，其定位操作的时间又短，因此它们可为多用户共享。这样的一台共享设备在逻辑上可以看成几个独享设备。

某些设备需要人工干预（例如将一盘磁带放到磁带机上）或者需要较长的预备操作时间（如磁带定位操作、活动头磁盘的寻道操作等），显然，欲使若干用户共享这些设备是困难的。因此，通常采用独占分配方式，即一个设备由一个用户独占使用，直到该用户使用完释放后，其他用户才能使用。像打印机、纸带凿孔机、卡片机等也应采用独占分配方式。

出错处理一般来说是由设备驱动程序实现的。绝大部分错误是与设备密切相关的。对于这类错误，驱动程序知道应如何做（例如重试、忽略还是放弃）。例如，由于磁盘块受损而不能再读这样一类错误，驱动程序将设法重读一定次数，若仍有错误，则放弃读并通知设备独立软件。之后如何处理这个错误就与设备无关。如果错误出现在读用户文件的时候，则将错误信息报告给调用者。若在读关键的系统结构（比如磁盘的位映射表）时出现错误，操作系统只能打印一些错误信息并终止执行。

9.3.5 用户空间的 I/O 软件

大部分 I/O 软件包含在操作系统中，但是在用户程序中仍有一小部分是与 I/O 过程连接在一起的。通常的系统调用包括 I/O 系统调用，由库过程实现。例如，一个用 C 语言编写的程序可含有如下的系统调用：

```
Count=write(fd,buffer,nbytes);
```

在程序运行期间，该程序将与库过程 write 连接在一起，并包含在运行时的二进制程序代码中。显然，所有这些库过程是设备管理 I/O 系统的组成部分。

通常这些库过程所做的工作主要是把系统调用时所用的参数放在合适的位置，由其他 I/O 过程去实现真正的操作。在这里，I/O 的格式是由库过程完成的。标准的 I/O 库包含了许多涉及 I/O 的过程，它们都是作为用户程序的一部分运行的。

当然，并非所有的用户层 I/O 软件都是由库过程组成的。Spooling 系统则是另一种重要的处理方法。Spooling 系统是多道程序设计系统中处理独占 I/O 设备的一种方法，在后面会具体分析。

图 9-7 总结了软件的所有层次及每一层的主要功能。

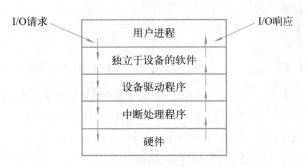

图 9-7　I/O 系统的分层图

举一个读硬盘文件的例子。当用户程序试图读一个硬盘文件时，需通过操作系统实现这一操作。与设备无关的系统软件检查高速缓存中有无要读的数据块。若没有，则调用硬盘设备驱动程序，向硬盘设备发出一个请求。然后，用户进程阻塞等待磁盘操作的完成。当磁盘操作完成时，硬件产生一个中断，转入中断处理程序。中断处理程序检查中断的原因，认识到这时磁盘读取操作已经完成，于是唤醒用户进程取回从磁盘读取的信息，从而结束此次 I/O 请求。用户进程在得到所需的硬盘文件内容之后，继续运行。

9.4 设备分配

在多道程序环境下，系统中的设备供所有进程使用。为防止诸进程对系统资源的无序竞争，规定系统设备不允许用户自行使用，必须由系统统一分配。每当进程向系统提出 I/O 请求时，只要是可能和安全的，设备分配程序便按照一定的策略把设备分配给请求进程。在有的系统中，为了确保在 CPU 与设备之间能进行通信，还应分配相应的控制器和通道。为了实现设备分配，必须在系统中设置相应的数据结构。

9.4.1 设备分配中的数据结构

设备的分配和管理通过下列数据结构进行。

1. 设备控制表（DCT）

系统为每个设备配置了一张设备控制表 DCT。设备控制表 DCT 反映了设备的特性、设备和 I/O 控制器的连接情况，包括设备标识符、设备类型、设备地址或设备号、设备状态、设备队列队首指针、重复执行次数或时间、指向控制器表的指针等，如图 9-8 所示。

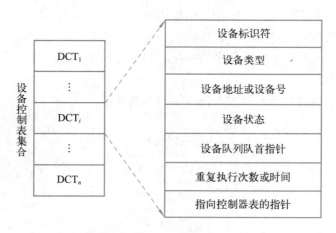

图 9-8　设备控制表

（1）设备标识符。设备标识符用来区别设备。

（2）设备类型。反映设备的特性，例如终端设备、块设备或字符设备等。

（3）设备地址或设备号。每个设备都有相应的地址或设备号，这个地址既可以和内存统一编址，也可以是单独编址的。

（4）设备状态。指设备当前是空闲还是繁忙。

（5）设备队列队首指针。凡因请求本设备而未得以满足的进程的 PCB 都应按照一定的策略排列成一个队列，该队列称为设备请求队列或简称设备队列。其队首指针指向队首 PCB。在有的系统中还设置了队尾指针。

（6）重复执行次数或时间。由于外围设备在传送数据时，较易发生数据传送错误，因而在许多系统中，如果发生传送错误，并不立即认为传送失败，而是令它重新传送，并由系统规定设备在工作中发生错误时，应重复执行的次数。在重复执行时，若能恢复正常传送，则仍认为传送成功。仅当屡次失败，致使重复执行次数达到规定值而传送仍不成功时，才认为传送失败。

（7）指向控制器表的指针。该指针指向与设备相连接的控制器的控制表。在设备到主机之间具有多条通路的情况下，一个设备将与多个控制器相连接。此时，在 DCT 中还应设置多个控制器表指针。

2. 控制器控制表（COCT）

COCT 也是每个控制器一张，它反映了控制器的使用状态以及和通道的连接情况，如图 9-9（a）所示。

3. 通道控制表（CHCT）

每个通道都配有一张通道控制表，以记录通道的信息，如图 9-9（b）所示。

4. 系统设备表（SDT）

整个系统设置一张 SDT，它记录了当前系统中所有设备的情况。每个设备占一个表目，其中包括设备类型、设备标识符、设备控制表、驱动程序入口、正在使用设备的进程等信息，如图 9-9（c）所示。

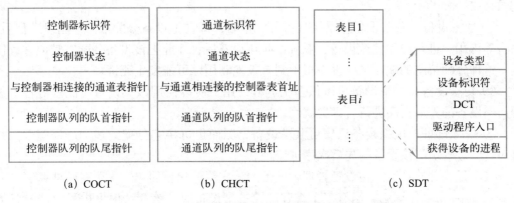

(a) COCT   (b) CHCT   (c) SDT

图 9-9　控制器控制表、通道控制表、系统设备表

9.4.2 设备独立性

为了提高操作系统的可适应性和可扩展性，现代操作系统中都毫无例外地实现了设备独立性，又称设备无关性。设备独立性的含义是：应用程序独立于具体使用的物理

设备。为了实现设备的独立性，在操作系统中引入了逻辑设备名和物理设备名两个概念。在实现了设备独立性的系统中，I/O 进程申请设备是以逻辑设备名申请的。这样，系统可根据当时的设备使用情况动态地为之分配该类中的任一物理设备。例如，若一系统中有两台打印机，其中一台打印机已分配给一用户进程使用，当另一进程申请使用打印机时，系统可分配另一台打印机给该进程使用。仅当两台打印机均已分配时，申请使用打印机的进程才必须等待。倘若使用物理设备申请，如果该设备已分配，虽然系统中尚有同类设备空闲，该进程也必须等待。

为了实现设备独立性，系统必须设置一张逻辑设备表，用于将应用程序中所使用的逻辑设备名映射为物理设备名。在该表目中包含 3 项：逻辑设备名、物理设备名和设备驱动程序的入口地址。逻辑设备表可以采用两种设置方式。第一种是整个系统设置一张逻辑设备表。由于系统中所有进程的设备分配情况都记录在同一张逻辑设备表中，因而不允许在表中具有相同的逻辑设备名，这就要求所有用户不得使用相同的逻辑设备名。在多用户环境下，这通常是难以做到的，因而这种方式主要用于单用户系统。第二种是为每个用户设置一张逻辑设备表。每当用户登录时，便为用户建立一个进程，同时也为之建立一张逻辑设备表，并将该表放入进程的 PCB 中。由于通常在多用户系统中，都配置了系统设备表，故此时的逻辑设备表可以包含两项内容：逻辑设备名和指向系统设备表的指针。

9.4.3 设备分配

1. 设备分配中应考虑的因素

为了使设备分配能正常工作，系统分配设备时应考虑如下因素：

（1）设备的固有属性。不同属性设备的分配是不相同的。设备的固有属性可分为 3 种：独占、共享和虚拟。所以对于独占设备、共享设备和虚拟设备应该采用不同的分配策略。

① 独占设备。独占设备应采用独占分配策略，即在把设备分配给一个用户进程后，只有等该用户进程使用完该设备，系统回收该设备后，才能把该设备分配给其他进程使用。这种分配策略的缺点是：设备得不到有效地利用，可能发生死锁。

② 共享设备。共享设备可以供多个进程使用，所以使用该类设备应注意对各个进程访问设备的先后次序进行合理地调度。

③ 虚拟设备。虚拟设备已属可共享设备，因而也可将它分配给多个进程使用，并可对这些进程访问该设备的先后次序进行控制。

（2）设备分配算法。在设备管理中设备的分配算法比较简单，主要有两种算法：

① 先来先服务算法。当有多个进程申请一个设备时，该算法根据进程申请设备的先后次序将这些进程排列成一个设备请求队列，设备分配程序总是把设备首先分配给队首进程。

② 优先权高者优先算法。这种算法中，系统首先把设备分配给优先权高的进程，使高优先权的进程能够尽快完成。对于同等优先级的进程，系统按照先来先服务的方法分配设备。

（3）设备分配中的安全性。从进程运行的安全性上考虑,设备分配有以下两种方式:

① 安全分配方式。在这种分配方式中, 每当进程发出 I/O 请求后, 便进入阻塞状态,直到其 I/O 操作完成时才被唤醒。在采用这种分配策略时, 一旦进程已经获得某种设备（资源）后便阻塞, 使它不可能再请求任何资源, 而在它运行时又不保持任何资源, 因此,这种分配方式已经摒弃了造成死锁的 4 个必要条件之一的 "请求和保持" 条件, 因而分配是安全的。其缺点是进程进展缓慢, 即对于该进程来说 CPU 与 I/O 设备是串行工作的。

② 不安全分配方式。在这种分配方式中, 进程发出 I/O 请求后仍继续运行, 需要时又可发出第二个 I/O 请求、第三个 I/O 请求。仅当进程所请求的设备已被另一进程占用时,进程才进入阻塞状态。这种分配方式的优点是一个进程可同时操作多个设备, 从而使进程推进迅速。其缺点是分配不安全, 因为它可能具备 "请求和保持" 条件, 从而可能造成死锁。因此, 在设备分配程序中应再增加一个功能, 用于对本次的设备分配是否会发生死锁进行安全性计算, 仅当计算结果说明分配是安全的情况下, 才进行分配。

2. 独占设备的分配程序

（1）基本分配程序。对于具有通道的系统, 在进程提出 I/O 请求后, 系统的设备分配程序可按下述步骤进行设备分配:

① 分配设备。首先根据物理设备名查找系统设备表（SDT）, 从中找出该设备的 DCT, 根据表中的设备状态字段可知该设备是否正忙。若忙, 便将请求 I/O 的进程的 PCB 挂在设备队列上; 否则, 便按照一定的算法来计算本次设备分配的安全性。如果不会导致系统进入不安全状态, 便将设备分配给请求进程; 否则, 仍将其 PCB 插入设备等待队列。

② 分配控制器。在系统把设备分配给请求 I/O 的进程后, 再到其 DCT 中找出与该设备连接的控制器的控制器控制表（COCT）, 从表内的状态字段中可知该控制器是否忙碌。若忙, 便将请求 I/O 的进程的 PCB 挂在该控制器的等待队列上; 否则, 将该控制器分配给进程。

③ 分配通道。在该 COCT 中可找到与该控制器连接的通道的通道控制表（CHCT）,再根据 CHCT 内的状态信息可知该通道是否忙碌。若忙, 便将请求 I/O 的进程挂在该通道的等待队列上; 否则, 将该通道分配给进程。只有在设备、控制器和通道三者都分配成功时, 这次的设备分配才算成功。然后, 便可启动该 I/O 设备进行数据传送。

（2）改进后的分配程序。仔细研究上述基本的设备分配程序, 可以发现:

① 进程是以物理设备名来提出 I/O 请求的。

② 采用的是单通路的 I/O 系统结构, 容易产生 "瓶颈" 现象。为此, 应从以下两方面对基本的设备分配程序加以改进, 以使独占设备的分配程序具有更大的灵活性并提高分配的成功率。

- 增加设备的独立性。

为了获得设备的独立性, 进程应用逻辑设备名请求 I/O 设备。这样, 系统首先从 SDT 中找出第一个该类设备的 DCT。如该设备忙, 又查找第二个该类设备的 DCT, 仅当所有该类设备都忙时, 才把进程链在该类设备的等待队列上; 而只要有一个该类设备可用, 系统便可进一步计算分配该设备的安全性。

- 考虑多通路情况。

为了防止在 I/O 系统出现"瓶颈"现象，通常都采用多通路的 I/O 系统结构。此时对控制器与通道的分配同样要经过几次反复。即若设备所连接的第一个控制器（通道）繁忙时，应查看其所连接的第二个控制器（通道），仅当所有的控制器（通道）都忙时，此次的控制器（通道）分配才算失败，才把进程挂在控制器（通道）的等待队列上；而只要有一个控制器（通道）可用，系统便可将它分配给进程。

9.5 虚 拟 设 备

虚拟设备是通过某种技术将一台独占设备改造为可以供多个用户共享的共享设备。每个用户都感觉好像自己在独占该设备。把独占设备改造为虚拟设备可以提高设备的利用率和系统效率，也便于用户的使用。

9.5.1 Spooling 技术

1. Spooling 简述

Spooling 技术是一种虚拟设备技术，它可以把一台独占设备改造为虚拟设备，使进程在所需的物理设备不存在或被占用的情况下，仍可使用该设备。

为了缓和 CPU 和 I/O 设备之间的速度矛盾，引入了脱机输入和脱机输出技术。该技术是利用专门的外围处理机，将低速 I/O 设备上的数据传送到高速磁盘上；或者相反。事实上，当系统中引入了多道程序技术后，完全可以利用其中的两道程序来分别模拟脱机输入时的外围机和脱机输出时的外围机的功能。这样，便可在主机的直接控制下，实现脱机输入和输出功能。此时的外围操作与 CPU 对数据的处理同时进行，把这种在联机情况下实现的同时外围操作称为 Spooling，或称假脱机操作。

2. Spooling 系统的组成

由上述可知，Spooling 技术是对脱机输入、输出系统的模拟。Spooling 系统必须建立在具有多道程序功能的操作系统上，而且应有高速随机外存的支持，通常是采用磁盘存储技术。Spooling 系统主要由以下 3 部分组成：

（1）输入井和输出井。这是在磁盘上开辟的两个大存储空间。输入井是模拟脱机输入时的磁盘设备，用于暂存 I/O 设备输入的数据；输出井是模拟脱机输出时的磁盘，用于暂存用户程序的输出数据。

（2）输入缓冲区和输出缓冲区。为了缓和 CPU 和磁盘之间的速度不匹配的矛盾，在内存中要开辟两个缓冲区：输入缓冲区和输出缓冲区。输入缓冲区用于暂存由输入设备送来的数据，以后再传送到输入井。输出缓冲区用于暂存从输出井送来的数据，以后再传送给输出设备。

（3）输入进程 SP_i 和输出进程 SP_o。这是利用两个进程来模拟脱机 I/O 时的外围控制机。其中，进程 SP_i 模拟脱机输入时的外围控制机，将用户要求的数据从输入设备通过输入缓冲区再送到输入井，当 CPU 需要该数据时，再从输入井中读出来直接送内存；

进程 SP。模拟脱机输出时的外围控制机，将 CPU 要输出的数据由内存先送到输入井中，待输出设备空闲时，再由输出井中把数据送到输出缓冲区，由输出设备输出。

图 9-10 为 Spooling 系统的组成。

图 9-10　Spooling 系统的组成

9.5.2　共享打印机

打印机是经常要用到的输出设备，属于独占设备。但通过利用 Spooling 技术可将它改造为一台可供多个用户共享的虚拟设备。共享打印机技术已较广泛地使用于多用户系统和局域网中。其工作流程描述如下：

当用户进程请求打印输出时，Spooling 系统同意为它打印输出，但并不真正把打印机分配给该用户进程，而只为它做两件事：

（1）由输出进程在输出井中为之申请一空闲盘块区，并将要打印的数据送入其中。

（2）输出进程为用户进程申请一张空白的用户请求打印表，并将用户的打印要求填入其中，再将该表挂到请求打印队列上。

如果还有进程要求打印输出，系统仍可接收该请求，也同样为该进程做上述两件事。

如果打印机空闲，输出进程将从请求打印队列的队首取出一张请求打印表，根据表中的要求将要打印的数据从输出井传送到内存缓冲区，再由打印机进行打印。打印完毕，输出进程再查看请求打印队列中是否还有等待要打印的请求表。若有，再取出一张表，并根据其中的要求进行打印，如此下去，直至请求队列空为止，输出进程才阻塞起来，等待下次再有打印请求时才被唤醒。

9.5.3　Spooling 系统的优缺点

Spooling 系统具有如下优点：

（1）提高了 I/O 的速度。这里对数据进行的 I/O 操作已从对低速 I/O 设备的操作演变为对高速磁盘中输入井或输出井的操作，提高了 I/O 速度，缓和了 CPU 与低速 I/O 设备之间速度不匹配的矛盾。

（2）实现了虚拟设备的功能。Spooling 系统将独占设备改造为共享设备，宏观上，虽然多个进程在同时使用一台独占设备，而对每一个进程而言，它们都会认为自己是独占了一个设备。当然，该设备只是逻辑上的设备。

Spooling 系统也有缺点：

（1）输入缓冲区和输出缓冲区占用了大量的内存空间。

（2）输出井和输入井占用了大量的磁盘空间。

（3）增加了系统的复杂性。

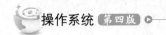 **9.6　Linux I/O 设备管理**

Linux 和其他的 UNIX 系统一样，I/O 系统相当简单明了。基本上所有的 I/O 设备都被当作文件来处理，并且通过与访问文件同样的 read 和 write 系统调用来访问。在某些情况下，必须通过一个特殊的系统调用来设置 I/O 设备的参数。

9.6.1　Linux 中的设备文件

Linux 引入设备文件这一概念，为文件和设备提供了一致的用户接口。对用户来说，设备文件与普通文件并无区别。用户可以打开和关闭设备文件，可以读数据，也可以写数据等。

Linux 习惯上将设备文件放在目录 \dev 或其子目录之下。设备文件名通常由两部分组成，第一部分通常较短，可能只由 2 或 3 个字母组成，用来表示设备大类。例如，IDE 接口的普通硬盘为 "hd"，SCSI 硬盘为 "sd"，软盘为 "fd"，并口为 "lp"。第二部分通常为数字或字母，用来区别设备实例，例如，\dev\hda、\dev\hdb、\dev\hdc 分别表示第一、第二、第三块硬盘，而 \dev\hda1、\dev\hda2、\dev\hda3 则表示第一块硬盘的第一、第二、第三分区。

在 Linux 内核中，设备文件是通过 file 结构来表示的，其具体定义请参考相关资料。

9.6.2　Linux 的设备驱动程序

1. Linux 的设备驱动程序接口

Linux 输入 / 输出子系统向内核其他部分提供了一个统一的标准的设备接口，这是通过数据结构 file_operations 来完成的，其中定义了一些常用的访问接口。

（1）lseek()：重新定位读写位置。

（2）read()：从字符设备中读数据。

（3）write()：向字符设备写数据。

（4）readdir()：无用。这只用于文件系统，而不用于设备。

（5）select()：用来实现多路设备的复用。

（6）ioctl()：控制字符设备。

（7）mmap()：将设备内存映射到进程地址空间。

（8）open()：打开设备，并初始化设备等。可以为 NULL，这样每次打开设备总会成功，而且不通知设备驱动程序。

（9）release()：关闭设备，并释放资源等。

（10）fsync()：实现内存与设备（如硬盘）之间的同步。

（11）fasync()：实现内存与设备（如鼠标）之间的异步通信。

（12）check_media_change()：仅用于块设备，用来检查设备媒介（如 CD-ROM 或软盘）是否自上次操作后发生了变化。

（13）revalidate()：仅用于块设备，该函数与缓冲区有关。

2. 设备驱动程序的框架

设备驱动程序是内核的一部分。但是由于设备种类繁多，相应地，设备驱动程序的代码也很多。而且设备驱动程序往往由很多人来开发，例如业余编程高手、设备生产厂商等。为了能协调设备驱动程序和内核之间的开发，就必须有一个严格定义和管理的接口。例如，SVR 4 提出了 DDI/DKI 规范。DDI/DKI 的意思是设备驱动程序接口 / 设备驱动程序 – 内核接口（device_driver interface/driver_kernel interface）。通过它，可以来规范设备驱动程序与内核之间的接口。

Linux 的设备驱动程序与外界的接口与 DDI/DKI 规范相似，可分为 3 部分。

（1）驱动程序与操作系统内核的接口。这是通过数据结构 file_operations（见 include\Linux\fs.h）来实现的。

（2）驱动程序与系统引导的接口。这部分利用驱动程序对设备进行初始化。

（3）驱动程序与设备的接口。这部分描述了驱动程序如何与各设备进行交互，这与具体设备密切相关。

设备驱动程序的代码根据功能可分为如下几个部分：驱动程序的注册与注销、设备的打开与释放、设备的读 / 写操作、设备的控制操作、设备的轮询与中断处理。

（1）驱动程序的注册与注销。系统引导时，通过 sys_setup() 进行系统初始化，而 sys_setup() 又调用 device_setup() 进行设备初始化。这可分为字符设备的初始化和块设备的初始化。字符设备初始化由 ckr_dev_init() 完成，包括对内存（register_chrdev()）、终端（tty_init()）、打印机（lp_init()）、鼠标（misc_init()）、声卡（soundcard_init()）等字符设备的初始化。块设备初始化由 blk_dev_init() 完成，包括对 IDE 硬盘（ide_init()）、软盘（floppy_init()）、光驱等块设备的初始化。

每个字符设备或块设备的初始化都要通过 register_chrdev() 或 register_blkdev() 向内核注册。

```
//include\Linux\fs.h
 extern int register_blkdev(unsigned int,const char *,struct file_op-
erations *);
 extern int register_chrdev(unsigned int,const char *,struct file_op-
erations *);
```

在关闭字符设备或块设备时，还需要通过 unregister_chrdev() 或 unregister_blkdev() 从内核中注销设备。

```
//include\Linux\fs.h
 extern int unregister_blkdev(unsigned int major,const char *name);
 extern int unregister_chrdev(unsigned int major,const char *name);
```

（2）设备的打开与释放。打开设备是由 open() 完成的。例如，打印机是用 lp_open() 打开的，而硬盘是用 hd_open() 打开的。打开设备通常需要执行如下几个操作：

① 检查与设备有关的错误，例如设备尚未准备好等。

② 如果首次打开，则初始化设备。

③ 确定次设备号，需要可更新设备文件的 f_op。

④ 如果需要，分配且设置设备文件中的 private_data。

⑤ 递增设备使用的计数器。

释放设备（有时也称关闭设备）与打开设备刚好相反，这是由 release() 完成的。例如，释放打印机是用 lp_release()，而释放终端设备是用 tty_release()。释放设备包括如下几个操作：

① 递减设备使用的计数器。

② 释放设备文件中私有数据所占的内存空间。

③ 如果用于最后一个释放，则关闭设备。

（3）设备的读/写操作。字符设备使用各自的 read() 或 write() 来对设备进行数据读/写。例如，对虚拟终端（virtual console screen 或 vcs）的读/写是通过 vcs_read() 和 vcs_write() 来完成的。有关更多情况可见文件 drivers\char\vc_screen.c。

块设备使用通用 block_read() 和 block_write() 来进行数据读/写。这两个通用函数向请求表中增加读写请求，这样内核可以优化请求顺序（如通过 ll_rw_block()）。由于是对内存缓冲区而不是对设备进行操作的，因而它们能加速写请求。如果内存缓冲区内没有要读入的数据或者需要将数据写入设备，那么就需要真正地执行数据传输。这是通过数据结构 blk_dev struct 中的 request_fn() 来完成的（见 include\Linux\ blkdev.h）。

对于具体的块设备，函数指针 request_fn 当然是不同的，例如，软盘的读/写是通过 do_fd_ request()，硬盘的读/写是通过 do_hd_request()。在有的文献中，这些读/写函数常常称为块策略程序。所有块设备的真正读/写都是通过策略程序完成的。

关于 block_read() 和 block_write()，可参见 fs\block_dev.c。

关于 bread()、breada() 和 bwrite()，可参见 fs\buffer.c。

关于 ll_rw_block()，可参见 drivers\block\ll_rw_blk.c。

（4）设备的控制操作。除了读/写操作外，有时还需要控制设备，这可以通过设备驱动程序中的 ioctl() 来完成。例如，对光驱的控制可以使用 cdrom_ioctl()。

与读/写操作不同，ioctl() 的用法与具体设备密切相关。例如，对软驱的控制可以使用 floppy_ioctl()：

```
//drivers\block\floppy.c
  static int fd_ioctl(struct inode * inode,struct file *filp, unsigned
int cmd,unsigned long param);
```

其中，cmd 的取值及含义都是与软驱有关的，例如，FDEJECT 表示弹出软盘。

除了 ioctl()，设备驱动程序还可能有其他控制函数，例如 lseek() 等。

（5）设备的轮询与中断处理。设备被执行某个命令时，如"将读取磁头移动到硬盘的第 42 扇区上"，设备驱动程序可以从轮询方式和中断方式中选择一种来判断该设备是否已经完成此命令。

轮询方式需要经常读取设备的状态，一直到该设备状态表明命令已经完成为止。如果设备驱动程序被连接进入 Linux 内核，这时使用轮询方式将会带来严重后果：内核将在此过程中无所事事，直到设备完成此命令。但是轮询方式可以通过使用系统定时器使内核周期性调用设备驱动程序来检查设备状态。使用定时器是轮询方式中最好的一种，但更有效的是使用中断方式。

基于中断的设备驱动程序会在它所控制的硬件设备需要服务时引发一个硬件中断。如以太网设备驱动程序从网络上接收到一个数据报时将引起中断。Linux 内核需要将来自硬件设备的中断传递到相应的设备驱动程序。这个过程由设备驱动程序向内核注册其使用的中断来协助完成。此中断处理的地址和中断请求号都将被记录下来。对中断资源的请求在驱动程序初始化时就已经完成。系统中有些中断已经固定，例如软盘控制器总是使用中断 6。其他中断在启动时进行动态分配。后面将详细介绍 Linux 的中断处理。

3. Linux 的字符设备驱动程序

下面以并口打印驱动程序为例，介绍 Linux 的字符设备驱动程序。

（1）并口打印的接口。并口打印驱动程序与内核其他部分的接口是通过 lp_fops 来实现的。

```
//drivers\char\lp.c
static struct file_operations lp_fops={
  lp_lseek,
  NULL,                   // lp_read
  lp_write,
  NULL,                   // lp_readdir
  NULL,                   // lp_select
  lp_ioctl,
  NULL,                   // lp_mmap
  lp_open,
  lp_release
};
```

并口打印驱动程序采用数组 lp_table 表示各个具体的并口打印机。

```
struct lp_table{
  int base;
  unsigned int irq;
  int flags;
  unsigned int chars;
  unsigned int time;
  unsigned int wait;
  struct wait_queue *lp_wait_q;
  char *lp_buffer;
  unsigned int lastcall;
  unsigned int runchars;
  unsigned int waittime;
  struct lp_stats stats;
};
```

其中 stats 用来表示并口打印的状态。成员 stats 的类型为 lp_stats 结构。

```
struct lp_stats{
  unsigned long chars;
  unsigned long sleeps;
  unsigned int maxrun;
  unsigned int maxwait;
  unsigned int meanwait;
  unsigned int mdev;
};
```

（2）并口打印的注册与注销。并口打印的初始化由 lp_init() 完成，包括自动探测并口打印机（lp_probe()）、向内核注册（register_chrdev()）等。并口打印的打开由 lp_open() 完成，注销由 lp_release() 完成。如果并口打印的设备驱动程序为动态模块，则可以通过 cleanup_module() 来实现注销（unregister_chrdev()）并释放内存等。

4. Linux 的块设备驱动程序

这里以 IDE 硬盘驱动程序为例来讨论 Linux 块设备驱动程序的实现。

（1）IDE 硬盘驱动器的接口。IDE 硬盘属于块设备，因而采用了缓冲区技术。IDE 硬盘驱动器与 Linux 内核其他部分的接口如下：

```
static struct file_operations ide_fops={
  NULL,                        //lseek-default
  block_read,                  //read-general block-dev read
  block_write,                 //write-general block-dev write
  NULL,                        //readdir-bad
  NULL,                        //select
  ide_ioctl,                   //ioctl
  ide_release,                 //release
  block_fsync,                 //fsync
  NULL,                        //fasync
  ide_check_media_change,      //check_media_change
  revalidate_disk              //revalidate
};
```

IDE 硬盘的读 / 写都是针对缓冲区（Buffer Cache）而言的。如果缓冲区内没有相应的数据，最终还是需要与 IDE 硬盘进行直接地数据传输。这是通过数据结构 blk_dev_struct 来实现的，其定义如下：

```
struct blk_dev_struct{
  void (*request_fn) (void);
  struct request *current_request;
  struct tq_struct plug_tq;
};
extern struct blk_dev_struct blk_dev[MAX_BLKDEV];
```

除了 blk_dev 外，还有一些变量也很重要。例如：

```
int read_ahead[MAX_BLKDEV]={0, };
int *blk_size[MAX_BLKDEV]={NULL,NULL, };
int blksize_size[MAX_BLKDEV]={NULL,NULL, };
int hardsect_size[MAX_BLKDEV]={NULL,NULL, };
```

关于其详细使用方法参见文件 drivers\block\ll_rw_block.c。

（2）IDE 硬盘驱动器的接口的注册与注销。IDE 硬盘驱动器通过 ide_init() 进行初始化，这包括设置 IDE 硬盘驱动的初值（init_ide_data()）、设置 PCI-IDE 接口参数（probe_for_hwifs()）等，最终将调用块设备注册函数 register_blkdev() 来完成向内核的注册。

IDE 硬盘驱动器的打开和释放分别由 ide_open() 和 ide_release() 来完成。

（3）处理读 / 写请求链表。处理读 / 写请求是块设备驱动程序中最重要的部分。当内核要求数据传输时，它将请求发送到请求队列上。接着该请求队列再传给设备的请求函数，该函数将对请求队列中的每一个请求执行如下操作：

① 检查当前请求是否有效。

② 执行数据传输。

③ 清除当前请求。

④ 返回开头，处理下一个请求。

更具体的操作，参见下列函数：

```
static void do_hwgroup_request(ide_hwgroup_t *hwgroup);
void ide_do_request(ide_hwgroup_t *hwgroup);
static inline void do_request(ide_hwif_t *hwif,struct request *rq);
```

（4）处理读 / 写请求。IDE 硬盘驱动器通过 request 结构来向 IDE 硬盘发送读写请求，其结构中的主要的信息有：

① rq_status 表示请求状态。

② re_dev 表示本请求所访问的设备。

③ cmd 表示是读请求还是写请求。

④ sector 表示请求所指的第一个扇区。

⑤ current_nr_sectors 表示当前所请求的扇区数；成员 nr_sectors 表示串行请求（clustered requests）的扇区数。

⑥ buffer 位于缓冲区之中，表示要写到哪里（cmd==READ）或要从哪里读（cmd==WRITE）。

⑦ bh 和 bhtail 分别表示所在缓冲区的头和尾。

⑧ sem 为信号量，用于避免同时写。

⑨ next 用于维护链表。

当前正在发送的请求为 CURRENT，这是一个宏定义：

```
#define CURRENT (blk_dev[MAJOR_NR].current_request)
```

真正传输数据由 do_request() 来完成。

9.6.3 Linux 的中断处理

1. 中断请求

对 Linux 而言，有许多设备驱动程序是基于中断的，但是也有一些是基于程序轮询的，而有的甚至可以在运行时动态切换，例如并口驱动程序。

关于系统中断使用情况的信息可以查询文件 \proc\interrupts。

在 Linux 内核中，一个设备在使用一个中断请求号时，需要首先通过 request_irp() 申请。函数 request_irp() 的原型（参见 include\linux\scked.h）如下：

```
extern int request_irq(unsigned int irq,
void(*handler)(int, void *,struct pt_regs *),
unsigned long flags,const char *device,void *dev_id);
```

以上各参数含义如下：

（1）irq 为中断号。

（2）handler 为所安装的中断处理函数。

（3）flags 是用于中断管理的一些常量，有 SA_INTERRUPT（fast 或 slow），SA_SHIRQ（shared 或 not），SA_SAMPLE_RANDOM。

（4）device 为发送中断的设备。

（5）dev_id 用来共享中断号。

在关闭设备时，常通过 free_irq() 释放所用中断请求号，函数原型如下：

```
extern void free_irq(unsigned int irq, void *dev_id);
```

其中参数 irq 为中断号，参数 dev_id 用来共享中断号。

2. 设备驱动程序的睡眠与唤醒

在 Linux 中，当设备驱动程序向设备发出读 / 写请求后，就进入睡眠状态。例如，可中断并口打印在发送一个字节后，可通过下面方法进入睡眠：

```
interruptible_sleep_on(&lp- > lp_wait_q);
```

在设备完成请求后需要通知 CPU 时，会向 CPU 发出一个中断请求，然后 CPU 根据中断请求决定调用相应的设备驱动程序。例如，可中断并口打印在处理完所接收的数据后，会产生一个中断，以唤醒进程：

```
static void lp_interrupt(int irq,void *dev_id,struct pt_regs *regs)
{
  struct lp_struct *lp=&lp_table[0];
  while(irq!=lp->irq)
  {
    if(++lp>=&lp->table[LP_NO])
      return;
  }
  wake_up(&lp->lp_wait_q);
}
```

3. 中断共享

由于 PC 可用的 IRQ 的数量有限，因此多个设备通常需要共享中断。对 PCI 设备，这是必需的。

实现中断共享至少要满足两个条件：一是 CPU 能够通过询问设备而知道一个设备是否产生过中断；二是中断处理程序（Interrupt Service Routine，ISR）能够向前传递别的设备产生的中断信号。

Linux 内核通过建立中断处理程序链表来实现中断共享。当产生中断时，do_IRQ() 或 do_fast_IRQ() 将调用链表中的每个 ISR。

```
asmlinkage void do_IRQ(int irq,struct pt_regs *regs)
{
  struct irqaction *action=*(irq+irq_action);
  int do_random=0;
  …
  while (action)
  {
    do_random=action->flags;
    action->handler(irq,action->dev_id, regs);
    action=action->next;
  }
  …
}
```

如果要安装共享中断的 ISR，在调用 resquest_irq() 时就需要设置 SQ_SHIRQ 以共享中断。如果已经有 ISR 使用同一中断号，则形成链表。当然，链表上的 ISR 应为相同类型，而且不要把速度差异大的中断号混在一起用。

4. ISR 的上部与下部

当产生中断后，并不是所有的中断处理程序的动作都要马上完成。有些重要动作需要马上处理，但也有一些可以稍后再处理（如可能费时）。Linux 将这些中断处理程序分为两部分：上部执行快速，下部则费时。

通过 void disable_bh(int nr) 和 void enable_bh(int nr) 两个函数可以决定是否使用 ISR 的下部；通过函数 void mark_bh(int nr) 可以标注一个中断下部，以便一旦有机会就执行。

习　　题

1. 设备管理的目标和任务是什么？
2. 设备接口的功能是什么？
3. I/O 控制方式有哪几种？
4. 什么是通道程序？通道程序中包含哪些指令？
5. 引入缓冲的主要原因是什么？

6. 说明缓冲池的组成和缓冲池的工作方式。

7. 什么是 I/O 软件？ I/O 软件的目标是什么？

8. 说明中断处理程序的处理过程。

9. 什么是设备驱动程序？设备驱动程序的功能是什么？

10. 用于设备分配的数据结构有哪些？都包括哪些信息？

11. 什么是设备独立性？为什么要实现设备独立性？

12. 设备分配算法有哪些？

13. 什么是安全分配方式和不安全分配方式？

14. 说明改进后的独占设备分配程序。

15. 什么是 Spooling 技术？说明 Spooling 系统的组成。

16. 说明共享打印机的实现方式。

第五部分

网络与分布式系统

第10章
>>> 网络服务器与分布式系统

随着现代计算机技术和通信技术的发展，越来越多的计算机不再独立地发挥作用，而是多台计算机连成网络作为一个整体发挥更大的作用。为了支持网络和分布式系统，操作系统发展为网络操作系统和分布式操作系统。

10.1 分布式系统概述

20 世纪 80 年代以来，高速计算机网络发展非常迅速，网络技术的发展使一些计算机系统从集中式走向分布式，使分布式数据处理的趋势越来越强。使用分布式数据处理，允许将处理机、数据和一个数据处理系统的其他方面分布在一个机构内，它通常由多个物理计算机组成。与集中式相比，分布式更能反映用户的要求，更能提供较短的响应时间和更小的通信代价。

10.1.1 分布式系统的概念

分布式计算机系统是由多个分散的计算机经互联网连接而成的计算机系统。其中各个资源单元（物理的或逻辑的）既相互协同又高度自治，能在全系统范围内实现资源管理，动态地进行任务分配或功能分配，并能并行地运行分布式程序。

分布式计算机系统是多机系统的一种新形式，涉及资源、任务、功能和控制的全面分布。在许多部门，将个人计算机与一个大的中心设施相连以实现数据处理。个人计算机用来支持各种用户友好的应用，例如字处理、电子数字图表处理、图像显示等，而主计算机则装有数据库管理和信息系统所需的公共数据库和一些复杂的软件。为此，各台计算机之间、个人计算机与主计算机之间需要进行连接，彼此通信，构成统一的计算机系统。

这些应用趋向是通过在操作系统和支持的实用程序中开发分布式能力实现的。分布式能力包括以下几个方面：

（1）通信结构。通信结构是支持各个独立计算机联网的软件。它提供支持分布式应用，例如电子邮件、文件传输和远程终端的存取。要求计算机记住用户和各个应用的身份，以便通过显式地访问实现与其他计算机通信。每个计算机有它自己独立的操作系统，只要这些计算机能支持同样的通信结构，它们可以是多机种和各种操作系统的混合。

（2）网络操作系统。它是为计算机网络配置的操作系统，网络中的各台计算机配置各自的操作系统，而网络操作系统把它们有机地联系起来。通常这些联网的计算机是单用户工作站和一个或几个服务器。服务器提供网络范围的服务或应用，如文件存储和打印机管理。网络操作系统只不过在应用计算机与服务器之间交互时对局部操作系统起辅助作用。在这样的系统中，用户知道存在多个独立的计算机，并明确地与它们进行交互通信。

（3）分布式操作系统。它是为分布式计算机系统配置的操作系统，是网络中计算机共享使用的一个公共的操作系统。在用户看来，它像一个普通的集中式操作系统。但它向用户提供透明存取许多计算机上资源的能力。分布式操作系统可依赖一个通信结构实现基本的通信功能。通常，把一组相互独立的通信功能组装成操作系统以提供更有效的服务。

分布式计算机系统与计算机网络既有类似之处又有不同点，其主要的异同如下：

（1）在计算机网络中，每个用户或任务通常只使用一台计算机，若要利用网络中的另一台计算机，则需要远程注册。在分布式计算机系统中，用户进程在系统内各个计算机上动态调度，并根据运行情况由分布式操作系统动态地、透明地将机器分配给用户进程或任务。

（2）在计算机网络中，用户知道它们的文件存放在何处，并用显示的文件传输命令在机器之间传送文件。在分布式计算机系统中，文件的放置由操作系统管理，用户可用相同方式访问系统中的所有文件而不管它们位于何处。

（3）在计算机网络中，各结点计算机均有自己的操作系统，资源归局部所有并被局部控制，网络内的进程调度是通过进程迁移和数据迁移实现的。在分布式计算机系统中，每个场点上运行一个局部操作系统，执行的任务可以是独立的，可以是某任务的一个部分，也可以是其他场点上的（部分）任务，且各场点相互协同，合作平衡系统内的负载。

（4）在计算机网络中，系统几乎无容错能力。在分布式计算机系统中有系统自动重构、适度降级使用及错误恢复功能。

（5）两者透明性的程度和级别不同。

（6）就资源共享而言，计算机网络和分布式计算机系统是类似的。

研制计算机网络的主要目的是提供网络中各台计算机间的通信并实现网络资源的共享。事实上，分布式计算机系统就是具有模块性、并行性和自治性的一种多指令多数据流结构的计算机网络。因此，可以认为计算机网络是分布式计算机系统的物质基础，而分布式计算机系统则是计算机网络的高级发展形式。

本章主要综述分布式系统的一些重要概念和模型，介绍通信结构、开放式系统互联（OSI）模型。其次介绍分布式系统中服务器软件中一些关键的概念和算法。

10.1.2　通信结构

当计算机、终端和其他数据处理设备交换数据时，涉及的过程是非常复杂的。下面以联网的两台计算机之间进行文件传输为例，说明实现时需要完成的几个任务：

（1）源系统必须告诉网络目标系统的标识。

（2）源系统必须测定目标系统是否已做好接收数据的准备。

（3）源系统上的文件传输应用必须判明目标系统上的文件管理程序是否准备接收并

存储这个特定用户的文件。

（4）如果两个系统的文件格式不一致，其中之一必须实现文件格式的转换功能。

要实现文件传输，两个计算机之间必须密切配合。在实际实现时，不是把这种合作逻辑用一个模块实现，而是将这个任务划分成几个子任务，每个子任务实现其中的一个独立功能。图 10-1 给出了文件传输技术的一个实现方法。它由 3 个模块组成：文件传输模块、通信服务模块和网络存取模块。

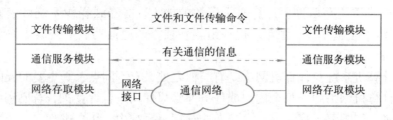

图 10-1　文件传输的简单实现

文件传输模块实现上述的任务（3）和（4），两个系统上的两个模块负责交换文件和命令。然而，每个文件传输模块实际传输的数据和命令的细节实现是由通信服务模块完成的。它确保文件传输中的命令和数据在各系统之间可靠地交换。此外，通信服务模块还应实现上述任务（2）的功能。它应确保进行文件传输的两个系统都是活动的，并且做好了传输数据和记录交换数据的准备。为了使两个系统之间的交换性质与实际连接的网络性质无关，应在网络与通信服务模块之间建立一个网络接口，这个功能是由网络存取模块完成的。它通过与网络交互实现上述任务（1）的功能。网络存取模块的存在使得上述交换任务的实现独立于实际涉及的网络逻辑。这样，一旦使用的网络改变了，只影响网络存取模块。

具有这种结构的一组模块构成了通信结构。通常，通信涉及 3 个方面：应用、计算机和网络。这里的应用是指涉及两个计算机系统之间进行数据交换的分布式应用。电子邮件和文件传输是这些应用的典型例子。计算机是支持多任务并发和采用多道程序设计技术运行这些应用的，并且这些计算机是通过网络相互连接的。被交换的数据通过网络从源应用所在计算机传送到目标应用所在计算机。因此，一个通信任务组织成相对独立的 3 层：网络存取层、传输层和应用层。

（1）网络存取层。网络存取层负责的是计算机与其连接网络之间的数据交换。发送计算机必须向网络提供目标计算机的地址，以便网络为发往指定目标的数据选择路由。同时，发送计算机希望调用网络提供的一些服务，如优先级服务等。这一层的软件依赖于使用的网络类型：对于线路交换、成组报文交换、局域网和其他网络都已开发了各种不同的标准。例如，X.25 是存取成组报文交换网的标准。因此，将网络存取必须做的这些功能构成一个独立层是比较合理的。这样网络存取层之上的其他通信软件不必关心所用网络的细节，不管使用什么网络连接计算机，较高层的软件都应能正确工作。

（2）传输层。传输层的功能是：不管交换数据的各个应用性质是什么，都应该确保可靠地进行数据交换，即确保数据按照发送的顺序到达目标。传输层为所有应用提供了可靠的传输机制。

（3）应用层。应用层包含了支持各用户应用所需的逻辑。对于每个不同的应用，如文件传输，都需一个独立的模块支持。图 10-2 给出了由 3 个计算机联网的简单通信结构。

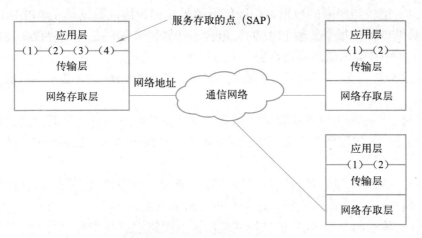

图 10-2　简单的通信结构和网络

从图 10-2 中可以看出，每个计算机都包含了网络存取层和传输层的软件以及支持一个或多个应用的应用层软件。为了成功地进行通信，整个系统中的每个实体都必须有一个唯一的地址，实际上需要两级编址：网络上的每个计算机必须有一个唯一的网络地址，以便网络将数据发送给正确的计算机。每个计算机上的每个应用必须有一个唯一的地址，以便传输层将数据发送给正确的应用。这里的应用地址称为服务存取点。通过它，每个应用可以独立地访问传输层的服务。

不同计算机上同一层的模块使用协议彼此进行通信。协议是一组规则或约定。它用来控制两个实体为交换数据进行合作的方法。协议的规范详细说明了可以执行的控制功能、通信使用的格式和控制代码以及两个实体必须遵循的方法。

为了清楚地理解两个计算机采用协议的通信过程，让我们跟踪一个简单的操作。设计算机 A 上与 SAP1 相关的应用希望发送一个信息给计算机 B 上与 SAP2 相关的另一个应用。A 上的应用将要发送给 B 的 SAP2 的信息递交给它的传输层，传输层将这个信息传递给网络存取层，指示网络将这个信息发送给计算机 B。网络不需要知道接收这个信息的目标服务存取点的标识。只要知道接收信息的目标计算机就可以。

为了控制这个操作的实现，必需的传输控制信息以及用户数据如图 10-3 所示。

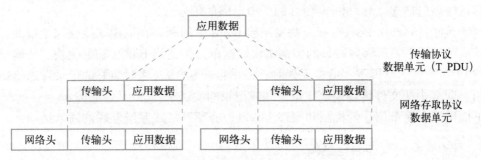

图 10-3　协议数据单元（PDU）

应用层的发送应用程序产生一个数据块并将它传送给传输层。传输层可以将这个数据块分解成两个便于管理的较小的块，并给这样的数据块追加一个传输头，它包含了协议控制信息。把较高层来的数据和控制信息的组合称为协议数据单元（PDU），这时叫传输协议数据单元。每个传输 PDU 的头包含了计算机 B 的同层传输协议要使用的控制信息。这个头中存储的信息项通常包含下面一些内容：

① 目标 SAP。当目标传输层接收到传输协议数据单元时，它必须知道数据将要发送给它的哪一个应用。

② 序列号。传输协议正在发送一系列协议数据单元，为此，对其发送的数据单元进行顺序编号。一旦发现某个数据单元（PDU）没有按序到达，目标传输实体可以要求重新发送它。

③ 错误检测码。发送传输实体可以计算和插入一个错误检测码，以便接收者能确定传输是否有错。若有错，则放弃这个 PDU，请求重发。

之后，传输层将每个 PDU 传送给网络层，以便将它进一步发送给目标计算机。为了满足这个发送请求，网络存取协议必须将数据和传输请求传送给网络。这个操作也需要控制信息。为此，网络存取协议为从传输层接收的数据追加一个网络存取头，创建了一个网络存取 PDU。这个头通常包含下面一些信息：

① 目标计算机地址。网络必须知道数据应发送给网上的哪台计算机。

② 设施请求。网络存取协议可能要求网络使用一些设施，如优先级服务等。

下面以图 10-2 为例，说明从计算机 A 向计算机 B 传输一块数据时，各模块之间的交互以及使用的命令。

当计算机 A 中的某个应用要向计算机 B 的 SAP2 相关的应用发送一个文件的记录时，使用命令：

```
A.send(Dest.Host,Dest.SAP2,record);
```

传到传输层时，传输层模块将目标服务存取点（Dest.SAP2）和其他控制信息追加到记录上，创建一个传输协议数据单元（T_PDU）。然后用传输发送命令（T.send）再向下传送给网络存取层：

```
T_send(Dest.Host,T_PDU);
```

网络存取层模块使用这个信息构造网络存取协议数据单元。假定网络是 x.25 分组报文交换网络。这时，网络存取协议数据单元是一个 x.25 的数据包。网络存取层附加的头信息应该包括连接计算机 A 和 B 的虚拟电路的编号。

网络接收计算机 A 的数据报文并发送给 B，B 中的网络存取模块接收这个报文，将报文的头信息拆下，再将封装好的传输协议数据单元传送给 B 的传输层模块。传输层再将传输 PDU 的头信息拆下，检查无误时，根据目标 SAP2，将封装好的记录发送给适当的应用，即 B 中的文件传输模块，最终完成记录的发送工作。

下面以这个简单例子的机制和原理为基础，介绍开放式系统互联的通信结构。

10.1.3 开放式系统互连通信结构

在实际应用中，人们希望能在不同类型的计算机之间进行通信。为了简化设计，不同类型的计算机之间必须采用一组公共约定。为此，国际标准化组织（ISO）在 1977 年建立了一个分委员会来专门研究这样一种体系结构——开放式系统互连（Open System Interconnection，OSI）模型。OSI 为连接分布式应用处理的"开放"系统提供了基础。所谓"开放"是指能使任意两个遵循参考模型和有关标准的系统进行连接。

国际标准化组织分委员会的任务是定义一系列层和每一层应完成的服务。层次的划分应该从逻辑上将功能分组，层次应该足够多，以使每一层更便于管理。但分层又不应过多，否则会使汇集各层的处理开销太大。最后，确定由 7 层构成，如图 10-4 所示。

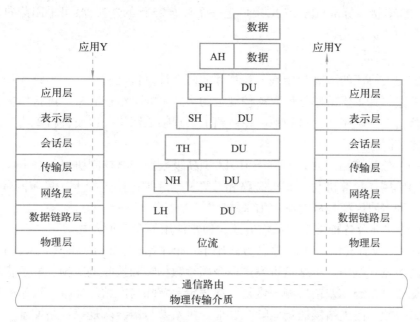

图 10-4 开放式系统互连（OSI）参考模型

OSI 参考模型的特性可描述为：

（1）这是一种将异构系统互联的分层结构。

（2）它提供了控制互联系统交互规则的标准骨架。

（3）它定义了一种抽象结构，而不是具体实现的描述。

（4）不同系统上相同层的实体称为同等层实体。同等层实体之间的通信由该层的协议管理。相邻层间的接口定义了原语操作和低层向高层提供的服务。

（5）每层完成所定义的功能，修改本层的功能不影响其他层。

（6）两个实体间的直接数据传送在底层实现，且以位流的形式传送。

下面简要地介绍各层已开发的一些标准。

1. 物理层

国际标准化组织为开放式系统互连的七层参考模型中的物理层的定义如下："物理层为启动、维护和释放数据链路实体之间二进制位而进行的物理连接提供机械的、电气的、功能的和规程的特性，这种物理连接允许进行全双工或半双工的二进制位流传输。"

（1）机械特性。它规定了数据传输设备和传输介质之间连接时所采用的可接插连接器的规格尺寸、连接器的引脚数以及信号线的排列情况等。

（2）电气特性。它规定了在物理连接器上传输比特流时线路上信号1和0电压的大小、信号维持的时间、传输速率和脱离限制等。

（3）功能特性。它规定了物理接口上各条信号线的功能分配和确切定义。物理接口上的信号线通常有数据线、控制线、同步线和地线等。

（4）规程特性。它定义了利用信号线进行比特流传输时使用的一组操作过程，即各信号线工作的规则和各信号时序的先后顺序。

最通用的物理层接口标准之一是 RS-232C 和之后的美国电子工业协会（EIA）提出的 EIA RS-232C 接口标准。RS-232C 接口是一个具有 25 针的连接器，可采用单向、半双工、全双工等多种传送方式。

2. 数据链路层

数据链路层协议的主要功能是：在相邻的两个计算机之间建立、维持和释放一条或多条数据链路。其主要工作是将数据按规定的格式（帧）组织起来，进行传输，保证数据传输无差错，按顺序到达目的地。在链路上实现帧的同步，以及进行差错控制、流量控制和顺序控制等。

作为一个数据链路层协议的例子 HDLC（高级数据链路控制协议）是 ISO 制定的一个标准。通常用在计算机与计算机链路和计算机与终端链路连接上。局域网是以 HDLC 为基础的。许多协议都是从它派生出来的。

HDLC 协议涉及各种类型的操作方式，通常使用的有 3 种方式。

（1）正常响应方式（NRM）。这种方式用于一个主站（计算机）和一个或多个次站（终端）连接的多点式结构。主站负责发送命令帧、数据帧和接收响应帧，并负责启动一个活动、数据流量控制、差错检测与恢复，在逻辑上解除与次站的连接。次站的功能是接收主站的命令帧，向主站发送响应帧，并配合主站参与错误恢复等链路控制。

（2）异步响应方式（ARM）。仅用于一个主站和一个次站的点到点的连接。次站是由主站发送置异步响应方式（SARM）命令变为这种方式的。此时次站不必被主站查询就可自发地发送帧，减少了查询开销。这种方式适用于双工通信方式。

（3）异步平衡方式（AHM）。这种方式主要用于通信双方都是混合站的结构。混合站的主要功能是既要发送命令帧，又要接收命令帧，并负责整个链路的控制。平衡的目的是消除主站与次站的不对称性，使得通信双方均有同等的能力。这一种方式是通过 SABM（置异步平衡方式）命令置成的。双方都可以发送该命令。

上面总结 HDLC 的工作方式：逻辑通信一般包括主站、次站和混合站。通信站可能处于两种状态之一：逻辑不连接状态和信息传送状态。所谓逻辑不连接状态是指禁止通信站发送信息或接收信息。如果一个次站是处于不连接状态，那么只有在接到来自主站的许可之后才能发送一个帧；若这个站处于异步不连接状态，当未接到主站的许可时也能启动一次发送（只能发送一帧），指明该帧的状态。

信息传送状态是指允许主站、次站和混合站发送和接收用户数据。可以用断开命令来改变这种状态。

一旦通信站进入信息传送状态，则可以用 3 种方式之一工作，即正常响应方式、异步响应方式和异步平衡方式。

3. 网络层

网络层提供了计算机之间通过某类通信网进行信息传输，它的任务是选择合适的网间路由和交换结点，确保数据及时传送。它接收来自数据链路层的服务，并向传输层提供服务，使得较高层摆脱了了解基本数据传输和用于连接系统需要的交换技术。是网络服务负责建立、维护和终止网络连接手段。

网络中任意两台主机的通信都是由通信子网完成的。网络层则是通信子网的最高层。它最能体现网络的概念，所以称之为网络层。网络层直接为主机服务，这种服务分为两大类：虚拟电路和分组数据报文交换。

虚拟电路服务是指两个主机通信之前，网络层负责建立一条通路，称为虚拟电路。它由若干个逻辑信道串联而成，能保证分组报文按顺序正确地到达目的地。虚拟电路一经建立，就为某一对主计算机服务。数据传输结束时，拆除该电路。

分组报文服务是指网络层直接从传输层接收报文并负责传送。它的典型例子是 x.25 标准。数据报文走哪条路径，何时发送是不确定的。在这类服务中，每个报文分组都要附有目的地址、源地址、顺序号等足够信息，才能使目的主机接收。

网络层应负责为传送的报文选择路由，以便使各分组报文能正确到达目的地。如果子网使用数据报文服务，则对每一个到达的报文分组都需做一次路由选择。但对子网采用虚拟电路服务时，只有当一条新的虚拟电路建立时才做一次路由选择。路由选择要求做到正确、简单、牢靠、稳定、公正和最优化。

网络层还应负责对死锁和拥挤的控制。

网络层另外还应提供网际互联的服务。当源端主机与目的端主机不在同一网络中时，存在一个路由选择问题，应该找出一条通过一个或多个中间网络的路径。

4. 传输层

传输层在 OSI 七层协议中是位于第 4 层。如将 OSI 七层协议按用户功能与网络功能来划分，则它应属于用户功能。网络功能仅包括网络层、数据链路层和物理层。它们的任务是如何实现通信，提供通信的方法，又称通信子网。通信子网的功能由 IMP（接口信息处理机）来完成，而构成传输层的程序则是在主机上运行的。如将 OSI 七层协议按面向信息处理与面向通信来划分，则它属于面向通信的。

传输层的功能是在通信用户之间提供点到点的可靠的通信服务。当通信子网所提供的服务与用户要求之间存在一些差别时，可以由传输层的协议加以补充，如果通信子网的服务达到了用户要求，则传输层可省略。

传输层提供的服务主要有：传输连接管理和数据传输。所谓传输连接管理就是在两个传输用户之间建立和维护一条畅通的传输通道。而数据传输服务则要求在一对传输用户之间提供相互交换数据的方法。

为了保证用户进程之间的可靠的点到点传输通信，传输层必须具备以下主要功能：

（1）将传输层所给的传输地址映射到网络层的网络地址。

（2）将多路的点到点的传输连接变成一路网络连接。

（3）传输连接的建立或释放。

（4）差错检测和恢复。

（5）对传输的信息进行分块。

（6）对传输的数据进行缓冲和流量控制。

（7）完成给定的传输服务数据单元的传送。

5. 会话层

会话层接收从传输层来的任务，同时又为表示层服务。会话层的主要任务是提供一种有效方法，以便组织并协调两个表示实体进程之间的对话，并管理它们之间的数据交换，建立各种应用程序所需的通用传输控制。会话层的功能包括：

（1）在两个表示实体之间建立会话连接，以进行正常的数据传输。

（2）控制两个表示实体之间的数据交换，限制和同步数据操作的会话服务。

（3）恢复功能。会话层可以提供一个同步检查点机制，以便两个检查点之间产生某类错误时，会话实体可以重新发送自上一检查点以来的全部数据。

一个表示层实体同另一个表示层实体之间建立会话连接时必须满足下列两个条件：

（1）它能主动发起一个会话连接。

（2）能接收对方提出的会话连接。

6. 表示层

表示层向上为应用层提供服务，向下接收来自会话层的服务。表示层的目的是对应用层送来的命令和数据内容加以解释说明，并对各种语法赋予应有的含义，以便使从应用层送入的各种信息具有明确的表示意义。每种计算机都有自身的描述数据的方法，所以不同类型的计算机之间必须进行数据转换才能相互了解。表示层的任务就是对发送方内部格式的数据结构进行编码，使形成的比特串适合传输。然后在目的地接收方进行解码，转换成所要求的格式。

表示层有 4 个主要功能：

（1）提供执行会话层原语的方法。

（2）提供说明复杂数据结构的方法。

（3）管理所需要的数据结构的集合。

（4）数据转换工作。

由此可见，表示层是为用户进程提供服务的。这些服务项目包括密码技术（加密和解密），以及文本压缩（减少通信传输的信息量）等。

7. 应用层

应用层是参考模型的最高层。这一层包含了支持分布式应用的各种管理功能和公用的机制，如虚拟终端、文件传输、电子邮件传输的服务和协议等。

所谓虚拟终端是指把各种实际的不同类型的终端映射成一个标准终端，而这种标准终端是抽象的、虚拟的。计算机网络要能支持这种虚拟终端。用户只能看到一个称为虚拟终端的实体，由这个虚拟终端进行服务，使这样两个相关的实体根据一定的协议相互配合工作，这就是虚拟终端协议。

所谓文件传输是指将一个文件从一个开放系统传送到另一个开放系统时，利用下面6层提供的服务，在两个交换文件的系统之间建立一条逻辑通路，以便实现文件的存取、访问和管理。

所谓电子邮件传输是指把电子邮件从邮件客户端发送到邮件服务器，或从邮件服务器发送到另一个邮件服务器，电子邮件的发送和接收按规定的协议来完成。

10.2 网络服务器

网络，特别是局域网的优点之一是能够共享价格昂贵的资源，例如外存设备和高质量的打印机。通常的方法是在局域网上提供一个或多个服务器。局域网上有许多个人计算机，它们是用户访问网络共享资源的操作台。用户在工作站上通过输入网络命令或调用网络菜单实用程序，向文件服务器申请网络服务。例如，使用服务器硬盘中的各种应用程序，使用共享的网络打印机。通过异步通信接口连接调制解调器（Modem），并接入电话网，与远距离的其他工作站接通。

联网的计算机可以是同一类型，也可以是不同类型的，它们也不必使用同一种操作系统。另外，对于每个共享资源可以有一个或多个服务器。

10.2.1 服务器的结构

图 10-5 所示的服务器是专为网络提供共享资源、管理网络通信的局域网中的核心设备。这类设备通常由一台或多台专用的微型计算机构成，控制一台或多台可共享的资源，它的一般结构如图 10-6 所示。与网络上的其他工作站一样，它有一个网络接口模块，该模块包括了与局域网交互所需的硬件和软件。这些功能是由 OSI 结构的物理层和数据链路层低位子层提供的。

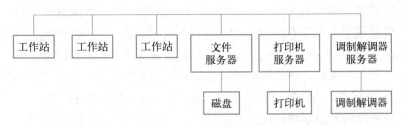

图 10-5　局域网服务器

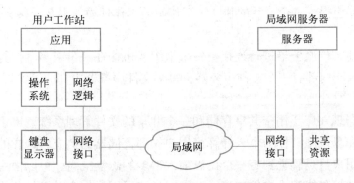

图 10-6　工作站服务器结构

用户工作站也包括了一个网络接口。此外，它还包含了与服务器通信的一些网络逻辑。例如，当应用要向服务器磁盘写一个文件时，它发送一个写命令给网络逻辑模块，这个模块依次准备和发送适当的信息给服务器。

这种结构的服务器功能强而且灵活，其功能表现在它可用于控制各种类型的资源。因此，新的服务器可以在任何时间内加到 LAN 中。除服务器系统本身之外，在每个用户工作站中也必须包括必要的网络软件。其灵活性表现在它不依赖于特定类型的计算机。因此，可对网络逻辑进行裁剪，以适合各种类型的个人计算机或工作站。

服务器能力的一个重要特性是它的透明性。理想情况下，一个用户或应用可使用相同的命令和参数存取连到本地工作站或远程服务器上的资源。例如，一个用户或应用应能使用相同的命令读或写本地磁盘或远程服务器磁盘上的一个文件。在有些情况下，用户或应用必须显式地选择本地的或远程的资源，之后使用相同的命令或参数。在其他情况下，依据文件名或某个其他的隐式指示标识由网络软件决定使用本地的还是远程的资源。

10.2.2 磁盘和文件服务器

随着网络应用的不断增长和联网的个人计算机和工作站数量的不断增加，更激发起人们使用文件服务器的兴趣。虽然局域网上的每个计算机可以创建和控制它自己的文件，并且使这些文件对其他用户可用，但人们更赞成为这些需要共享的文件提供一个集中的存储器和管理设施。办法是使用一台文件服务器机器来管理共享资源和支持在工作站上运行的应用。

连到局域网上的文件服务器是一台独立的计算机或一组计算机，以便向局域网上的其他所有系统提供公共的服务。典型的文件服务器是一台高档微机或一台小型计算机，它具有大容量的硬盘，用来存放网络中共享的程序和数据，还可为无盘工作站提供存放私人数据和程序的磁盘空间。除此之外，服务器还可提供其他有用的服务：

（1）自动备份和恢复。备份是指周期性地将文件系统内容复复制到后备盘或磁带上，以防止存储介质故障、用户使用错误和病毒破坏。备份必须定期地进行，个人计算机或工作站上的普通用户不应该担负这个工作。

（2）用户流动性。应该允许一个用户在不同的时间不同的地点使用不同的计算机。一个文件服务器应提供一个灵活的独立于工作站的工作环境。不必迁移文件存储介质（磁盘或磁带）。

（3）与其他文件服务器进行连接。一个组织或机构在一个或多个位置可能有许多局域网。每个局域网内部有一个文件服务器。每个文件服务器中都应该实现文件传输功能，以便允许用户存取其他 LAN 上的文件。

文件服务器现在广泛用于共享存储和一个共享的文件管理系统。许多文件服务器只提供一个中心磁盘设施，作为个人计算机用户局部存储器的扩充，这样的系统有时称为磁盘服务器。用户只是感觉到有一个比以前大得多的磁盘空间，可以使用这个磁盘空间存储和检索文件，并能实现文件共享。磁盘服务器可以提供自动备份和用户流动性，其最大好处是节省开支。

文件服务器还提供了分时系统中所具有的文件管理能力。因此，文件服务器除提供文件的存储空间外，还允许多个用户存取文件。服务器控制对文件的并发存取，对文件施加存取权限和限制，并提供按名存取文件和文件成组的目录结构。

10.2.3 文件高速缓冲存储器的一致性问题

当使用文件服务器时，网络传输的延迟使得文件 I/O 的性能相对于本地文件的存取可能显著地下降。为了减少这个性能损失，各个独立的用户系统可以使用文件高速缓冲存储器保留最近存取的文件记录。由于局部性原理，使用本地的文件高速缓冲存储器将大大减少对远程服务器必须进行的存取次数。

图 10-7 给出了一组联网的工作站上文件缓冲的一个典型的分布式机制。当一个进程要进行文件存取时，首先将这个请求递交给进程工作站的文件高速缓存（称为 file traffic）。如果这里不能满足，再将这个请求或者传送给本地磁盘（若文件在本地时，为 disk traffic），或者传送给存储该文件的文件服务器（为 server traffic）。当请求传送到服务器时，首先查询服务器的高速缓存。如果这里的高速缓存中仍没有时，才存取服务器的磁盘（叫 Disk traffic）。这种二重高速缓冲的方法减少了通信信息量（客户机高速缓存）和磁盘 I/O（服务器高速缓存）。

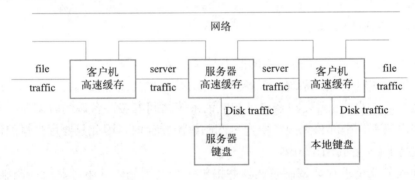

图 10-7 简化的分布式文件高速缓冲

当高速缓存总是包含了远程数据的精确副本时，高速缓存是一致的。当远程数据已被修改，相应的本地的已过时的副本还没有废弃时，高速缓存就变为不一致的。当一个客户机修改了由其他客户机高速缓冲的文件时，这种情况也可能发生。这时的困难实际出在两级上。如果客户机采用将对文件修改立即写回到服务器的策略，那么具有这个文件有关部分的高速缓冲副本的任何客户机将有作废的数据。如果客户机对文件修改推迟写回到服务器，这将使情况变得更糟。这样，文件服务器本身就包含了过时的文件版本，若此时有一个对文件服务器上该文件的新请求，获得的将是作废数据。使本地高速缓存中的副本保持远程数据的最新修改的问题称为高速缓存的一致性问题。

解决一致性问题的最简单的方法是对文件采用加锁技术，以防止多个客户机同时存取一个文件。这是以牺牲性能和灵活性为代价而保证数据一致性的方法。更有效的方法是允许任意多的进程同时打开一个文件读并创建各自的客户机高速缓存。但当有一个对服务器的请求是打开文件的写请求，而其他进程打开文件是读存取时，文件服务器采取两个活动。首先，它通知写进程，它可以保持一个高速缓存，但当它修改完时应立即将所有修改块写回到服务器。至多允许有一个这样的客户机。其次，服务器通知所有读进程正在打开的文件不再允许高速缓存。

10.2.4 打印机服务器

打印机服务器可以处理许多用户工作站的打印请求。这不仅可以节省打印费用，而且使得打印更加容易和打印速度更快。

打印机服务器使用的是操作系统技术中最早使用的技术之——Spooling 技术。Spooling 是将相对慢的打印机请求重定向到快速磁盘上的软、硬件结合的一种技术。当有打印请求时，先将每个数据文档或文件假脱机到磁盘，并将这些文件按先进先出的方法组织成队列。服务器从磁盘上一次一个地检索文件并进行打印。Spooling 技术克服了直接使用打印机时存在的两个问题。

（1）被打印的资料可以比内存的可用空间大得多，它可以存储在磁盘上，并一次读入一块地进行打印。

（2）当打印机正在打印一个文件时，多个用户仍可以发送打印请求。这些请求可以排队等待打印机的服务。

10.2.5 调制解调器服务器

加到 LAN 上的一个简单而有效的能力是调制解调器服务器。如果用户希望访问一个远程信息检索或电子邮件系统，最经济的办法是通过公用电话系统将它们与所希望的目标连接在一起。为此，需要在客户机与电话系统之间安装一台调制解调器服务器。因为任何时间内只有一小部分用户需要通过调制解调器存取，因此只要用少量的调制解调器就足以支持 LAN 上的用户团体。

用户向服务器请求存取调制解调器并提供一个电话号码，服务器启动调制解调器，拨号，并报告结果。如果呼叫成功，向用户提供一个连接。一旦连接成功，用户通过这个连接就可以发送或接收数据，就好像用户正在直接使用调制解调器一样。用户可能感觉到的真正差别是通过调制解调器传来的数据是数据报文，即当数据通过调制解调器到达服务器时，数据被缓冲，并以数据包的形式发送给用户，因此用户在屏幕上看到的是一个字符组数据流。

10.3 分布式进程管理

分布式进程是能够真正在多个处理机上同时运行的诸进程。显然，一般的并发进程利用的是多个虚拟处理机的概念，而分布式进程利用的是多个真正的物理处理机。前者只不过是实现了逻辑上的并行性，而后者实现了物理上的并行性，两者的运行在时间、空间上都有较大差异。

10.3.1 分布式进程的状态及其转换

在分布式环境下，进程的状态有运行态、等待态、挂起态和就绪态 4 种。

（1）运行态。当进程占有处理机正在执行指令的状态称为运行态。但进程在整个运行周期不一定都是在同一个处理机上运行。例如，某一进程很可能在运行过程中被打断一段时间后，又被分配到另一空闲或者轻负载的处理机上去运行，这是多机环境下运行进程的一个特点。

（2）等待态。进程运行过程中，因等待某种事件的发生所处的一种状态称为等待态。此状态是为了在进程被挂起之前对其占用的系统资源情况进行检查，并为其可能正要进行的访问内存操作保留一定时间而设置的。

（3）挂起态。进程进入等待态只不过是一个暂时的过渡，此后必须进入挂起态，暂时停止执行。此时，进程必须释放它占用的资源。为了防止死锁，有些系统还要求挂起的进程释放占用的内存和设备。当该进程再次运行的条件满足时，进程由挂起态转换为就绪态。

（4）就绪态。当进程已符合运行要求，只是因为系统中当前的进程个数已超过了处理机的个数而不能进入运行时，进入就绪态；或者是当进程运行的时间超过了系统预先分配的时间时，系统就强制其进入就绪态，排队等待下次运行机会。

分布式进程的状态转换也是在原语的控制下实现的，操作原语是调度程序的重要组成部分。应强调的是：分布式系统是以任务级并行为特征的。分布式操作系统的基本调度单位不再是单机上的进程，而是在各处理机上运行着的并行进程所组成的任务队列。而且，同一任务队列的诸并发进程可分配到不同处理机上并行运行；同一处理机也可执行多个不同的任务队列中的进程。这就使得在单机系统中许多行之有效的调度算法，如优先数法、时间片法等，都不完全适用于分布式系统。寻求合理、高效的进程调度算法仍是目前分布式系统的主要研究的课题之一。

10.3.2 处理机管理

在单机操作系统中，处理机管理归结为进程管理。在分布式系统中，处理机作为进程的执行者，对其管理上的许多问题尽管也在进程管理上得到了一些反映和解决，但处理机本身的一些问题，如处理机的状态及其转换、处理机通信和处理机分配等，仍需要专门讨论和解决。

1. 处理机的状态及其转换

处理机的状态与进程的状态不完全一样，通常处理机只有空闲、等待和运行 3 种状态，如图 10-8 所示。

（1）空闲态。系统开始工作之后，尚未分到任务的处理机状态，或虽分配到任务但已完成的处理机状态，均认为是空闲状态。

（2）等待态。处理机在执行任务期间，所运行的进程由于某种原因被挂起但又没有新的进程运行时的状态。

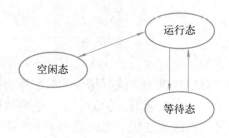

图 10-8　处理机状态

（3）运行态。处理机接受任务后且正在执行进程时的状态。

3 种状态的转换可通过操作原语进行控制。例如，可用 wait 原语控制进入"等待"状态，用 continue 原语控制进入"运行"态，而当处理机完成任务后，便回到了"空闲"态。当然，最理想的情况是，设法使所有处理机都经常保持忙碌状态。

2. 处理机通信

分布式系统中各处理机的通信一方面表现在进程运行期间的诸进程之间的通信上；另一方面还表现在无进程运行或进程运行已经结束时的信息交换上。例如，各处理机之间的通信，常常在需要发出寻找、分配和撤销服务请求时发生，而此时有关的处理机上可能没有进程在运行，或运行的进程已经完成。这也是多处理机通信的一个特点。通信时，处理机执行的是操作系统的内核模块。

处理机通信一般有"点－点"方式和"广播"方式两种。

3. 处理机的分配和调度

处理机的分配和调度一般是通过处理机间的通信来实现的。例如，一种可供选择的方法如下：

（1）当某台处理机在执行任务的过程中要求启动一并行任务时，它就把"需要一台可供使用的处理机"的请求消息连同自己的地址广播出去。

（2）这一消息被存入所有接收到请求消息的处理机的消息缓冲区中，直到发出请求消息的处理机自动撤销为止。

若有空闲的接收处理机，则它马上响应请求，投入运行，即转到（3）执行；若暂无空闲的接收处理机，则接收处理机的消息缓冲区仍继续保存发出请求消息的处理机的地址，且根据"就近原则"仅保存距离该接收处理机最近的那个发出请求消息的处理机地址。

（3）当接收处理机可接受任务时，就在其局部操作系统控制下，在消息缓冲区中找到发出请求消息的处理机地址，并向发出请求消息的处理机发送应答消息及自己的地址。发出请求消息的处理机收到应答消息后，立即转入本机局部操作系统，并向对方发出任务分配消息，让它执行任务，然后回到原来的应用程序。

任务分配信息有一特别标志位，当该位为 1 时表示任务是其他机上的；当该位为 0 时表示此任务是本机上的。任务的最后语句总是 return(p)，执行到此语句且特别标志位为 1 时，就产生局部操作系统的内部中断，然后把"任务已完成"的信号传送给发出请求消息的处理机，同时该接收处理机返回到空闲态。

当没有可供使用的接收处理机时，发出请求消息的处理机把派生的任务 P 作为一道普通子程序来执行，当执行到 return(p) 时，因特别标志位为 0，便知道该任务是本机的任务，因而不会产生中断，而只是把 return(p) 作为普通的返回命令实现从子程序返回主程序。

当任务已分配一台可供使用的（接收）处理机但又未执行完时，该机的局部操作系统使发出请求消息的处理机进入等待状态，后者在收到该接收处理机发来的完成信号后，再从等待态回到运行态。

10.4 进程迁移

进程迁移是指为了使进程在另一台计算机上执行，源计算机向目标传送足够数量的进程的状态信息。为了使联网的多个系统上的负载均衡，操作系统研究者对这个概念的研究兴趣越来越大，而且这个概念的应用领域已远远超出了原先的范围。

在分布式系统中，希望进程迁移的理由如下：

（1）负载均衡。为了改善整体性能，可以将进程从负载重的计算机上迁移到负载轻的计算机上。

（2）通信性能的改善。为了减少进程交互期间的通信代价，可将频繁交互的各进程迁移到同一个结点上。此外，当一个进程正在对某一个或一组文件进行数据分析时，若文件的尺寸大于进程尺寸，最好将进程迁移到数据所在地。

（3）可用性。长时间运行的进程在预先通知可能由于故障被停止运行之前需要迁移，以便以后某个时间可以继续在当前系统上重新启动继续运行。

（4）利用专用的能力。一个进程从一个结点迁移到另一个特定结点上，以便利用这个结点上唯一的硬件或软件能力。

10.4.1 进程迁移机制

在设计进程迁移设施时，需要从以下几个方面考虑：

（1）由谁来启动进程的迁移。

（2）应该迁移进程哪些部分的信息。

（3）进程迁移时，对尚未完成的信息和信号如何处理。

下面就这 3 个问题描述进程迁移机制。

1. 启动迁移

由谁启动迁移将依赖于迁移设施要实现的目标。如果目标是负载平衡，那么操作系统中监督系统负载的某个模块通常负责决策迁移发生的时间。它负责向迁移进程发信号。为了决定迁移的地点，这个模块需要与其他系统中的具有类似功能的模块进行通信，以便监控其他系统上的负载情况。这种迁移对用户是透明的。

如果目标是获得某个特定的资源，那么当进程需要时就可以迁移。这种情况下，进程必定知道存在着一个分布式系统，也就是说，这种迁移用户是知道的。

2. 需要迁移哪些信息

当一个进程被迁移时，需要撤销源系统上的进程，并在目标系统上创建它。这是一个进程的移动，而不是进程映像的复制。因此，需要将进程映像（至少有进程控制块）移走。此外，这个进程与其他系统之间的任何连接，例如，正在传送的信息和信号也必须被修改。

仅仅移动进程控制块是简单的。从执行性能的观点看，真正的困难是进程的地址空间和分配给进程的打开文件。首先考虑进程的地址空间，假定系统使用的是分段、分页或段页式虚拟存储技术。通常采用下面两种策略：

（1）迁移进程的整个地址空间。这无疑是最好的方法，这样源系统不需要记录和跟踪进程的剩余部分。然而，如果进程地址空间非常大，而迁移时只需要其中的一小部分，那么这个方法付出的代价太高，也没有必要。

（2）仅迁移进程在内存的那部分地址空间。虚拟地址空间的任何其他的块当需要时再进行传输，这样使传输的信息量最小。但为了使进程能继续正确运行，在进程的整个生命期内，源系统必须维持页表、段表或段页表这些实体。

如果一个进程只是临时迁移到另一台计算机上执行一个文件，之后马上返回，而且执行时只需要部分非常驻地址空间，这时采用第（2）种策略比较好。但当进程迁移后，其非常驻地址空间最终都要被存取，那么零碎地传输地址空间各块可能比简单地传输整个地址空间的效率要低得多。

在许多情况下，不可能预先知道究竟使用多少非常驻地址空间。如果进程由线程这样的单位构成，而且迁移的基本单位是线程，那么第（2）种策略似乎更好些。

对于打开文件的迁移与地址空间类似。如果最初文件是和被迁移进程在同一系统，而且已由那个进程锁住进行互斥存取，那么应与进程一起迁移。当进程只是临时迁移，且迁移回来后才需要这些文件时，文件就没有必要迁移。因此，文件迁移应在被迁移进程执行请求存取文件命令时才真正传输整个文件。

3. 对尚未完成的信息和信号的考虑

对于尚未完成的信息和信号，通过提供一个机制临时存储尚未完成的信息和信号，待进程迁移到目标计算机后再将它们转移到目标计算机去，以保证这些信息和信号的最终完成。

10.4.2 迁移处理

与进程迁移有关的是关于迁移的决策问题。在有些情况下，由一个实体进行决策。例如，如果负载平衡是系统目标，则负载平衡模块监督各个计算机上的负载并在必要时实现迁移。为了允许一个进程存取一些专用设施或一些大的远程文件，采用自我迁移策略，那么进程自己可以根据需要而决定迁移。然而，某些系统允许指定的目标系统参与决策，其理由是可以保证用户的响应时间。

下面介绍在 Charlotte 系统中采用的处理迁移的机制。其迁移的决策由 Starter 实用程序负责（它是一个进程）同时也负责系统的长程调度和存储器的分配。Starter 可以在这 3 个方面进行协调。每个 Starter 可以控制一组计算机，Starter 及时接收并对来自每个计算机内核的负载统计信息进行公平地加工处理。

迁移决策必须通过两个 Starter 进程共同决定，如图 10-9 所示。迁移决策由下面几步完成。

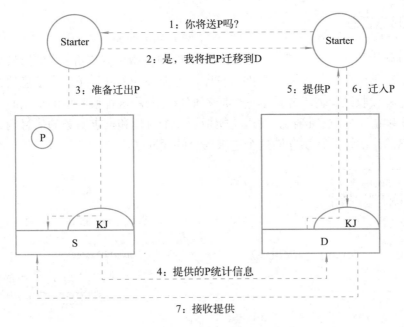

图 10-9 进程迁移的处理

（1）当负责控制源系统 S 的 Starter 决定应该将一个进程 P 迁移到一个特定的目标系统 D 时，它发送一个"请求传送"的信息给 D 的 Starter。

（2）如果 D 的 Starter 准备接收该进程，它回送一个规定的确认信息。

（3）S 的 Starter 若在 S 上运行，则将这个决策通过服务调用传送给 S 的内核。否则它传送一个信息给机器 S 的核心作业 KJ，再由一个进程将远程进程的信息转换成系统服务调用。

（4）于是 S 上的内核将这个进程发送给 D。所提供的信息包括有关 P 的统计信息，如 P 所用处理机和通信的负载。

（5）如果 D 缺少资源，它将拒绝供给；否则，D 上的内核转送这个提供给它控制的 Starter 传送的信息与 S 提供的信息相同。

（6）Starter 的最后决策通过一个迁移调用传送给机器 D。

（7）D 保留必要的资源以防止死锁的发生以及流量控制的需要。然后它发送一个接收 P 的信息给 S，准备接收进程 P 的迁移。

10.5 分布式进程通信

在真正的分布式处理系统中，通常各计算机没有公共的存储器，每一个都是独立的计算机系统。因此，依赖于共享存储器的交互处理机技术（如信号量和公共存储域）将不起作用，取而代之的是使用信息传递技术。这一节讨论应用最普遍的两个方法：第一

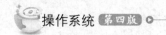

个是与在单机系统中使用相同的简单信息应用；第二个是以信息传递作为基本功能的一个独立技术即远程过程调用。

10.5.1 信息传送机制

图 10–10 给出了用于分布式信息传送的最普通的模型：客户机 / 服务器模型。一个客户机进程请求某个服务（读一个文件、打印一个文件等）并发送一个信息给服务器进程。服务器进程接收这个请求并发送一个应答信息。采用这种最简单的形式时，信息传送仅需要两个功能：发送和接收。发送功能指明一个目标和请求服务的信息内容；接收功能指出信息的来源，并提供存储这个进来信息的缓冲区。

图 10–10 分布式信息传送示意图

这些进程利用信息传送模块的服务（它是操作系统的一部分）来实现信息的相互传送。这些服务请求可以用命令和参数的形式表示，命令说明要实现的功能，参数用来说明要传递的数据和控制信息。

进程使用发送命令希望发送一个信息，其参数是目标进程的标识和信息的内容。信息传送模块构造一个包含这两个成分的数据单位。利用某类通信实体（例如 OSI 的通信结构）将这个数据单位发送给目标进程所在的机器。当数据单位在目标系统接收到时，通信实体为它选择路由给信息传送模块。这个模块检查进程标识字段，并将信息存储在那个进程的缓冲区。

在这种情况下，接收进程通过指定一个缓冲区域，使用接收命令通知信息传送模块它愿意接收这个信息。也可以使用其他的方法，如当消息传送模块接收到一个信息时，它向接收进程发送一个某类接收信息的信号，然后使被接收的信息在共享缓冲区中可以使用。

10.5.2 远程过程调用

远程过程调用是对信息传送基本模型的修改，它现在正被广泛地应用到分布式系统中，而且是封闭式通信普遍采用的方法。它允许不同计算机上的程序使用简单的过程调用和返回方式进行交互对话。这个过程调用是用来访问远程服务的。由于它具有如下一些优越性，所以得到广泛应用：

（1）过程调用是一个被广泛接收、使用和理解的概念。

（2）使用远程过程调用说明了一些远程接口，它是作为具有指定类型的一组命名操作被说明的。这些接口可以清楚地用文件的形式说明，而且可以对分布式程序静态地检查其类型错误。

（3）由于说明了一个标准的和精确定义的接口,这样可以自动生成应用的通信代码。

（4）由于说明的是一个标准的和精确定义的接口，开发者所写的客户机和服务器模块只要稍加修改就可以移植到各个计算机和操作系统上。

图 10-11 给出了远程过程调用的一般结构，调用程序在它的计算机上进行正常的带参数的过程调用，其命令格式如下：

```
CALL   P(x,y)
```

这里 P 是过程名字，x 为传送的变量，y 是返回值参数。

图 10-11　远程过程调用机制

对其他计算机上的远程过程调用的意图可能透明于用户，但一个虚的或残存的过程 P 必须包含在调用者的地址空间，或者用在调用时间进行动态的链接。这个残存的过程将创建一个信息，它指出被调用过程和所用的参数。然后，它使用发送命令发送这个信息，并等待应答信息。当收到应答时，过程 P 的残根将返回的值返回给调用进程。

在远程计算机上，另一个残根程序与调用过程相关联。当接收到信息时，对其进行检查并生成一个局部调用过程 CALL(x,y)。于是，在本地进行这个过程调用。这样在调用中寻找参数位置、堆栈的状态等，所做的工作与本地过程调用完全相同。

下面描述远程过程调用中涉及的几个设计问题。

（1）参数传递问题。大多数程序设计语言允许将参数作为值（值调用）进行传送，或者作为一个包含值所在位置的指针（引用调用）进行传递。通过值的调用对于远程过程调用是简单的，只要简单地将参数复制成信息并发送给远程系统就可以了。但通过指针调用实现起来就比较困难，因为每一个目标都需要一个系统范围的指针，而且设计这个能力的开销是不值得的。

（2）参数表示。远程过程调用的另一个问题是如何表示信息中的参数和结果。如果被调用程序和调用程序是在同一类型的计算机上，运行相同的操作系统采用的是同一种程序设计语言，那么参数表示的要求可能不成问题。但若不是上述情况，那么表示数字和文本的方法将可能是不同的。最好的办法是为一些通用目标，即整型数、浮点数、字符和字符串提供一个标准格式。这样，任何计算机上的本地参数与标准表示只要进行相应的转换即可。

（3）客户机与服务器的结合。"结合"指出了远程过程和调用程序之间的关系如何建立的问题。当两个应用已进行了一个逻辑的连接并准备交换命令和数据时，便形成了结合。

① 非持久的结合是指逻辑连接是在远程过程调用时间内两个进程之间建立的连接，而且一旦有值返回，这个连接就被解除。由于连接需要维持两个端点状态信息，所以要消耗资源，而非持久的方式正是用来保存这些资源的。但是，采用这种非持久的结合使得建立连接时所涉及的开销不适合由同一调用者频繁地进行远程过程调用。

② 持久性的结合是针对非持久结合的。采用这种方式为远程过程调用所建立的连接在过程调用返回后仍旧维持不变。这样克服了对远程过程频繁调用时的多次连接，如果一个指定周期内在连接上没有要传递的活动，这个连接就将终止。

10.5.3　确定分布式系统的全局状态

1.　全局状态和分布式瞬态

在紧耦合系统中所有的并发问题，如互斥、死锁和饿死等，在分布式系统中也会遇到。在这些领域的设计策略由于没有一个系统全局状态而变得复杂化。因为操作系统或任何进程不可能知道分布式系统中所有进程的当前状态。一个进程通过访问存储器中的各个进程控制块可以知道在本地系统上所有进程的当前状态。对于远程进程，一个进程只可能通过接收到的信息来了解它的状态信息，这个信息记录了该远程进程过去某个时间的状态。

由于网络传输的延迟，分布式系统的性质带来的时间滞后使得所有与并发有关的问题复杂化。为了说明这个问题，先举一个进程事件图的例子，如图 10-12 所示。这个图中的每个进程都有一条表示时间轴的水平线，线上的各点表示进程内部的事件（消息发送、消息接收等）；圈住点的方框表示在那一点取出的一个本地进程的瞬态；箭头表示两个进程之间的一个信息。

在这个例子中，一顾客有一个银行账户分布在这个银行的两个分行中。为了确定这个顾客账目上的总余额，银行必须结算每个分行的余额。假定下午 4 点开始结算。图 10-12（a）给出了组合结算后余额为 $100.00。但图 10-12（b）中的情况也可能出现。由于从分行 A 向分行 B 传送的结算余额正在传输过程中，3 点读的余额 $0.00 是一个假读。对于这个问题的解决，可以通过检查所有传输中的信息来实现：部门 A 保持它账目中传送出去的记录及传送目标的标识。这样当检查两个账目时，就找到了已离开分行 A 向预定分行 B 的顾客账目的传送数据。由于它还没有到达分行 B，就可以把它加到总的余额中。但正在传送中的和已经接收的任何数值只能计算一次，否则就会出现如图 10-12（c）所示的情况。由于两个分行的时钟不能完全同步，使得分行 A 的数据 $100.00 被计算了两次，得出错误余额为 $200.00。

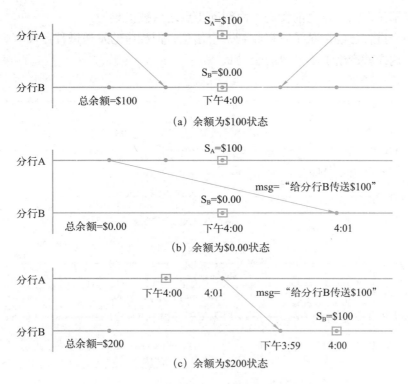

图 10-12　一个决定分布式系统全局状态的例子

为了理解这个问题并找到一个正确的解，定义几个术语：

（1）通道。如果两个进程要交换数据，在它们之间就存在一个通道。可以把通道看成信息传输的路径或手段。为了方便起见，通道被认为是单方向的。因此，如果两个进程交换信息，就需要两个通道，每个信息的传送方向有一个。

（2）状态。一个进程的状态是与该进程相关联的通道上发送和接收的信息序列。

（3）瞬态。一个瞬态记录了一个进程的状态。每个瞬态包括了自上一个瞬态以来在所有通道上发送和接收的所有信息的记录。

（4）全局状态。所有进程的组合状态。

（5）分布式瞬态。所谓分布式瞬态是指每个进程有一组状态的收集。

由于信息传送引起的时间差，不能确定一个真正的全局瞬态，但可以设法通过收集来自所有进程的瞬态定义一个全局状态。图 10-13（a）给出了在（A，B）通道上信息正在传送中的全局的状态，（A，C）通道上以及（C，A）通道上传送的信息状态。图 10-12 中的 S_A、S_B 和 S_C 是同步时间点，即它们处于同一时间点上。由图 10-12 中可以看出，信息 M_2 和 M_4 是正确的，因为它们都是在同步点之前发送，而在同步点之后到达目的地；但信息 M_3 是不正确的，因为它是在分行 A 的同步点之后发送，却在分行 C 的同步点之前到达目的地。显然，这是一个不一致的全局状态。

希望分布式的瞬态记录一个一致性的全局状态。所谓全局状态是一致的是指如果接收信息的进程已记录它接收到了信息的状态，那么在发送信息的进程状态中应记录它发送了那个信息。图 10-13（b）正是给出了全局一致性状态的例子，即 M_2、M_3 和 M_4

这 3 个信息都是在同步点之前发送，而在同步点之后被接收的。

如果一个进程已经记录了它接收到一个信息，但相应的发送进程还没有记录那个信息被发送，这样就产生了不一致的全局状态。

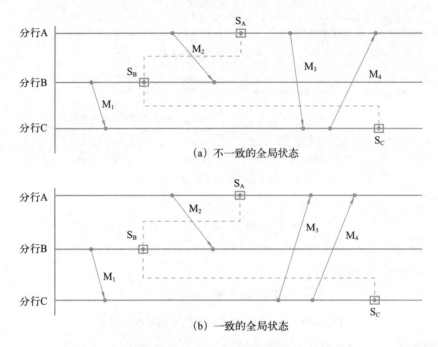

(a) 不一致的全局状态

(b) 一致的全局状态

图 10-13　全局状态的各种情况

2. 分布式瞬态算法

所谓分布式瞬态算法是指记录一致性全局状态在分布式系统中采用的方法。该算法假定：信息应按照其发送的顺序传送，并且在传输过程中没有被丢失。OSI 模型第 4 层的可靠传输协议满足了这些要求。算法用了一个专用的控制信息 marker。

一些进程在发送其他任何信息之前，通过记录它们的状态并在所有向外发送的通道上发送一个 marker 来启动这个算法。这样每个进程 P 按照如下方式前进：一旦进程 P 首先接收到了这个 marker（例如说来自进程 Q），它就执行下面几步：

（1）进程 P 记录下它的局部状态 S_p。

（2）记录从 Q 到 P 进入（incoming）通道的状态。

（3）进程 P 沿着所有向外发出的通道传播这个 marker 给它的所有邻接进程。

要求上述 3 步必须按原始方式执行，即在这 3 步执行完之前既不会发送也不会接收信息。

在记录它的状态之后的任何时间，若 P 接收了另一个进入通道（如来自进程 R）的 marker 时，进程 P 记录从 R 到 P 的通道状态。这个状态是作为从 P 记录它的局部状态 S_p 开始到它接收到来自 R 的 marker 时的信息序列而记录的。

一旦沿着每个进入通道都已收到了 marker，这个算法就在进程 P 终止。这是一个分布式算法，它包含如下一些内容：

（1）一个进程可以通过发送出一个 marker 启动这个算法。

（2）如果每个信息（包括 marker 信息）在有限时间内被发送，这个算法将在有限时间内终止。

（3）每个进程负责记录它自己的状态和所有进入通道的状态。

（4）一旦所有的状态被记录，这个算法在所有进程中终止。这时称这个算法得到了一个一致的全局状态。它包括每个进程沿着每个向外通道发送它记录的状态数据和沿着每个向外通道转发它接收的状态数据。

为了理解这个算法的功能，用图 10-14 所示的一组进程说明算法的执行过程。图中的结点表示一个进程，每个有向边表示一个通道。假定每个进程沿着它的向外通道正在发送 9 个信息。进程 1 在发送 6 个信息后决定记录全局状态；进程 4 在发送 3 个信息后独立地决定记录全局状态。一旦指定的发送终止，就收集每个进程的瞬态。

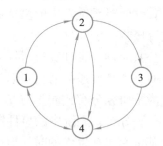

图 10-14　进程和通道

其结果如下：

进程 1 沿它的向外通道分别向进程 2 和 3 发送了 6 个信息，标记为 1、2、3、4、5、6。它没有进入通道。

进程 2 沿着它的向外通道向进程 3 发送了 1、2、3、4 等 4 个信息，向进程 4 发送的也是 1、2、3、4 这 4 个信息。它沿着它的进入通道接收进程 1 的 1、2、3、4，信息 5、6 仍在传输过程中。接收进程 3 的 8 个信息：1、2、3、4、5、6、7、8。

进程 3 沿着它的向外通道向进程 2 发送 1、2、3、4、5、6、7、8 等 8 个信息，沿着它的进入通道接收进程 1 的 1、2、3 信息，通道上还有 4、5、6 信息正在传输，接收进程 2 的 1、2、3 信息，还有信息 4 待接收，接收进程 4 的 1、2、3 信息。

进程 4 沿着它的向外通道向进程 3 发送 1、2、3 信息，沿着进入通道接收进程 2 的 1、2 信息，还有 3、4 信息待接收。

由上面可知，进程 2 在记录状态前，已沿着它的每个向外通道向进程 3 和 4 发送了 4 个信息。而由进程 1 接收了 4 个信息，还有 5、6 两个信息仍留在通道上。检查瞬态的一致性，发现发送的每个信息或者目标进程已经接收，或者记录正在通道上传输。

这个分布式瞬态算法是一个功能很强的灵活的工具。它可以使任何集中式算法适应于分布式环境，因为任何集中式算法的基础是了解全局状态。还有一些具体的例子，它包括了检测死锁和检测进程终止。它也可用来提供分布式算法的检查点，以便当检测到一个故障时，允许滚回和恢复。

10.6 分布式进程同步与互斥

进程同步主要是指彼此合作的进程在共享资源上协调其操作顺序。进程互斥则主要是指彼此竞争的进程严格按照次序（排他性的）使用资源。

10.6.1 事件定序法

在单机系统中，诸进程运行于同一个处理机和内存环境中，使用同一个时钟，进程通信十分简单。进程之间可以借助于"共享存储器"进行直接通信。而在分布式系统中，相互合作的进程可能在不同的处理机上运行，进程间是通过消息进行通信的。在分布式系统中，为了实现进程的同步，首先要对系统发生的事件进行排序。这里"事件"是不能分割的一个行为，例如发送或者接收一个消息。

由于分布式系统中没有一个公共时钟，各计算机时钟之间存在时钟差异，所以难以确定两个事件发生的先后次序，而且消息传递的通信延迟使得分布式系统开发同步与互斥机制和集中式相比更加困难。为了研究分布式同步与互斥算法，首先讨论克服时钟同步困难所采用的一个常见的方法——分布式系统中的事件定序法。

同步和互斥的分布式算法的基本操作是事件的时间定序。由于缺乏一个公共的时钟或同步局部时钟的方法，可以用下面的方法进行表达。

当说系统 i 中的事件 a 出现在系统 j 中的事件 b 之前（或之后）时，希望网络中所有系统都能得出这个一致性的结论。但这种陈述是不精确的：首先，一个事件的实际出现与某个其他系统观察到它的时间之间可能有一个延迟；其次，由于缺少同步设施，可能在不同系统上读出的时钟值不同。

为了克服上述两个问题造成的影响，Lamport 建议采用时标方法为分布式系统中的事件定序。这个技术广泛地用在解决同步和互斥的分布式算法中。

时标模式用来为传输的信息组成的事件定序。网上的每个系统 i 都维持一个局部计数器 C_i，用它充当时钟。每当一个系统传输一个信息时，首先将它的时钟值增 1，信息用下面的形式发送：

```
(m,Ti,i)
```

这里，m 是信息的内容，T_i 是信息的时标，其值设置为 C_i，i 是这个站点的数字标识。

当系统 j 接收到这个信息时，它将时钟设置成比它的当前值和进来的时标值中的最大值还大 1 的值，即 $C_j=1+\max(C_j,T_i)$。

在每个站点，事件的顺序由下面的规则决定。对于来自站点 i 的信息 x 和来自站点 j 的信息 y，如果下面的条件中有一个成立，就说 x 出现在 y 之前：$T_i < T_j$；$T_i < T_j$ 而且 i<j。与每个信息相关的时间是该信息的时标，这些时间的顺序由上述两个规则决定，即两个具有相同时标的信息由它们所在的结点号决定顺序，这种方法避免了通信进程的各个时钟的漂移问题。

为了给出这个算法的实现过程，用图 10-15 的例子说明其执行情况。

图中有 3 个结点，每个结点上有一个控制时标算法的进程表示。进程 P_1 以时钟值 0

开始。为了向其他两个结点发送信息 a，它将其时钟值增为 1，并发送信息（a,1,1）。这里，信息 a 的第一个数字值表示它的时标，第二个数字值表示该发送地的标识。当这个信息被进程 P_1 和 P_2 接收到时，此时两结点的时钟值都为 0，因此设置它们的时钟值为 2（1+max(1,0)），此后，P_2 先增加它的时钟值为 3，并发送一个信息（x,3,2）。P_1 和 P_3 两进程一接收到这个信息就增加各自的时钟值为 4。然后，几乎同时使用相同的时标，P_1 发送信息（b,5,1）给结点 2 和 3，P_3 泄放信息（j,5,3）给结点 1 和 2。根据时间定序原理，它们不会发生冲突。在所有这些事件发生后，信息的顺序在所有结点都相同，命名为 {a,x,b,j}。

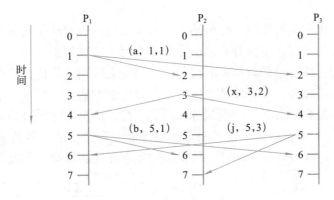

图 10-15 时标算法的执行情况

由于不考虑各等级层系统之间传输时间的差异，故这个算法是有效的。这可用图 10-16 进一步说明。

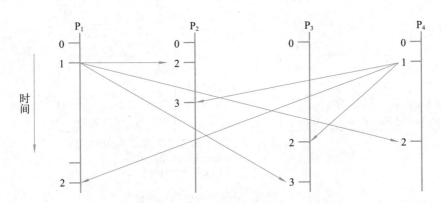

图 10-16 4 个进程的时标算法执行情况

由图中看出，P_1 和 P_4 正以相同的分时分别向其他 3 个结点发送信息。P_1 的信息为（a,1,1），P_4 的信息为（q,1,4）。P_1 的信息到达结点 2 的时间比 P_4 的信息早，但在结点 3，P_1 的信息却比 P_4 的信息晚一些时间。根据分布式算法规则，当两个信息时标相同时，以发送信息的结点数字标识为依据给信息定序。这样信息到达所有结点的顺序是完全相同的，即为 {a,q}。

10.6.2 分布式互斥

互斥是在多个进程竞争临界资源和要求进入临界区时引入的机制。支持互斥的任何设施或能力应满足下面的要求：

（1）必须强调互斥。对于同一资源或共享目标的临界区，所有要求进入的进程中，一次仅允许一个进程进入该设施的临界区。

（2）在非临界段阻塞的进程不应干扰其他进程。

（3）请求访问临界段的进程不应该无限期地被推迟，即不能存在死锁和（或）饿死现象。

（4）当没有进程在临界段时，任何请求进入临界段的进程必须允许立即进入。

（5）有关进程的相对速度或处理机的数量不进行假定和限制。

（6）一个进程在临界段的时间是有限的，不允许无限期地停留在临界段之内。

图 10-17 给出了检查一个分布式上下文中互斥方法的模型。假定这个模型是由某种类型的网络设施连接着的具有一定数量计算机的系统，而且操作系统的某个功能模块或资源控制进程（RP）负责资源分配，每个进程控制一定数量的资源并为若干个用户进程服务。现在的任务是设计一个算法，使这些进程在互斥的情况下实现合作。

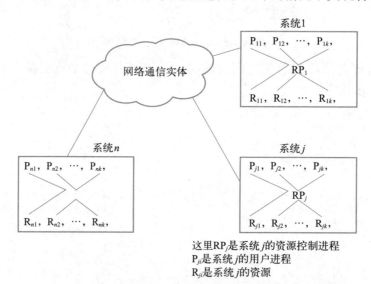

这里 RP_j 是系统 j 的资源控制进程
P_{ji} 是系统 j 的用户进程
R_{ji} 是系统 j 的资源

图 10-17 分布式进程管理中的互斥模型

实施互斥的算法可以是集中式的，也可以是分布式的。在完全集中式算法中，一个结点作为控制结点，控制对所有共享目标的存取。

当一个用户进程要求存取一个临界资源时，它向它的本地资源控制进程（RP）发送一个请求。这个控制进程向控制结点发送一个请求信息，当共享目标可用时，它返回一个"许可"应答信息。当资源使用完时，进程向控制结点发送一个释放信息。这个集中式算法有两个关键性质：

（1）只有控制结点才能对资源分配进行决策。

（2）控制结点中集中了所有必要的信息，包括所有资源的标识和位置，以及每个资源的分配状态。

集中式互斥算法比较简单，容易实现。当资源正被使用时，控制结点就不满足进程对资源的请求。然而它也存在几个缺点：

（1）如果控制结点失败了，互斥机制就无法实现。

（2）每个资源的分配和回收要求与控制结点交换信息，因此控制结点可能变为瓶颈。

由于集中式算法存在的问题，人们以更大的兴趣开发研究分布式算法。一个完全分布的算法具有下面一些特征：

（1）平均来讲，所有结点有着等量的信息。

（2）每个结点只有整个系统的一部分描述，且必须基于这个信息进行决策。

（3）所有结点对于系统的最后决策有着完全相等的作用。

（4）一个结点失败了，一般不会导致整个系统崩溃。

（5）不存在系统范围的公共时钟来协调与时间有关的事件。

10.6.3　分布式算法

1. Lamport 分布式算法

最早提出的实现分布式互斥的方法之一是基于分布式队列的概念。算法是以下面一些条件为基本点的：

（1）一个分布式系统由 n 个结点组成，每个结点有一个编号，为 $1 \sim n$。每个结点有一个进程控制其他进程请求互斥地访问资源并负责仲裁，以解决时间上重叠的所有请求。

（2）一个进程向另一个进程发送的信息按照其发送的顺序被接收。

（3）每个信息在有限的时间内正确地发送到它的目的地。

（4）网络是完全互联的，即每个进程可以直接向另一进程发送信息。

为了描述简单，假定每个结点仅控制一个资源。多资源的推广是很容易实现的。

现在总结出在一个集中式系统中使用简单方法进行工作的算法：有一个中心进程管理资源，它将所有进入的请求进行排队，并以先进先出的方式满足各个请求。为了在分布式系统中也采用同样的算法，这要求所有结点必须有同一个队列的相同副本，这样才能保证使用时标在所有结点有一致的请求资源的顺序。事实上，由于信息在网络上传输总有一些时间延迟，这样有可能使两个不同结点上队列头维持的进程不一样。如图 10-16 所示，信息 a 已到达结点 2 的 P_2，信息 q 已到达结点 3 的 P_2，而其他信息正在传输中。这样有一段时间，P_1 和 P_2 认为 a 是队列头，而 P_3 和 P_4 则认为信息 q 是队列头。这样就违反了所有结点有着同一副本的准则。为此，必须施加如下的原则：当一个进程依据它的队列进行分配决策时，它必须已经接收到了其他所有结点的一个信息，这个信息确保没有比它队列头的信息还早的信息仍在传输中。

每个结点维持一个数据结构用来记录从每个结点接收的信息以及该结点最近产生的信息。Lamport 把这个结构称为队列。实际上，它是一个数组，每个结点占有其中的一项。

在任何瞬间，本地数组中的项 q[j] 包含的是 P_j 的信息。数组被初始化如下：

```
q[j]=(Release,0,j)     j=1,…,n
```

在这个算法中使用了 3 类信息：

（1）（Request,T_i,i）：表示进程 P_i 访问资源的请求信息。

（2）（Reply,T_j,j）：表示在 P_j 的控制下允许访问资源的信息。

（3）（Release,T_k,k）：表示进程 P_k 释放先前分配给它的资源。

算法描述如下：

（1）当 P_i 请求访问一个资源时，它发送一个请求信息（Request,T_i, i），时标 T_i 是本地时钟的当前值，它把这个信息放在它自己的数组项 q[i] 中，并将这个信息发送给其他所有进程。

（2）当 P_j 接收到信息（Request,T_i, i），时，它把这个信息放在它自己的数组 q[j] 中，并发送信息（Reply,T_j,j）给其他所有进程。

（3）当下面两个条件成立时，P_i 可以访问一个资源。

① 在数组 q 中，P_i 自己的请求信息是数组中最早请求的信息。由于信息在所有结点的顺序是一致的，这个规则允许一个而且只有一个进程在任何时刻访问所请求的资源。

② 在本地数组中的所有其他信息比 q[i] 中的信息都晚一些。这保证 P_i 已了解了它的当前请求在所有请求之前。

（4）进程 P_i 释放资源时，它发送信息（Release,T_i,i），把它放在自己的数组中，并传送给其他所有进程。

（5）当 P_i 接收到信息（Release,T_j,j）时，它用这个信息置换 q[j] 的当前内容。

（6）当 P_i 接收到（Reply,T_j,j）信息时，它用这个信息置换 q[j] 的当前内容。

这个算法实现了互斥。它严格按时标定序的原则满足各个请求，因此，所有进程机会均等，所以说它是公平的。由于时标定序在所有结点是一致的，从而避免了死锁。另外，一旦 P_i 完成了它的临界区操作，就传送一个释放信息，其作用是删除 P_i 在其他结点的请求信息，从而允许某个其他进程进入它的临界区，因此避免了饿死现象。

对这个算法的有效性度量，为了保证互斥，则需要 $n-1$ 个请求信息，$n-1$ 个回答信息和 $n-1$ 个释放信息，共 $3(n-1)$ 个信息。

2．令牌传递法

许多研究者已经提出了一个与互斥完全不同的方法，即在参与进程之间传递令牌的方法。令牌（token）是进程在任何时间持有的一个实体，持有令牌的进程不必请求许可权就可以进入它的临界区。当进程离开它的临界区时，再将令牌传递给另一个进程。

这个算法需要两个数据结构，一个是被传递的令牌，另一个是请求数组。令牌实际上也是一个数组，命名为 token，它的第 k 个元素记录令牌最近访问进程 P_k 的时标。请求数组是每个进程一个，命名为 request，它的第 j 个元素记录了自 P_j 以来最以来近接收的请求时标。

令牌传递法过程如下：

初启时，可随意将某进程的标志 token_present 置为 1，将令牌分配给它。当一个进程 P 希望使用它的临界区时，如果它当前持有令牌，就可以进入；否则，它广播一个带有时标的请求信息（broadcast(request,clock,i)）给其他所有进程，并等待接收令牌（wait(access,token)）。当进程 P_i 离开它的临界区时，它必须将这个令牌传递给某个其他进程。这个进程是 P_i 按照 $i+1$，$i+2$，…，1，2，…，$i-1$ 的顺序通过检索它的请求数组 request 选择到的，该进程在请求数组中的数据项 request[j] 的时标应大于令牌数组中记录的 P_j 最近持有令牌的值。

下面是这个算法的描述程序：

程序的第一部分：

```
if(!token_present)
  {
   clock++;
   broadcast(request,clock,i);
   wait(access,token);
  }
token_held=1;
<critical section>                        //临界区
token[i]=clock;
token_held=0;
for(j=i+1;j<=n;j++)
  if(request[j]>token[j] && token_present)
    {
     token_present=0;
     send(j,access,token);
    }
for(j=1;j<i;j++)
  if(request[j]>token[j] && token_present)
    {
     token_present=0;
     send(j,access,token);
    }
```

程序的第二部分：

```
when received(request,t,j) do
  {
   request[j]=max(request[j],t);
   if(token_present && !token_held)
     <尾部的文本>
  }
```

程序由两部分组成。第一部分是处理使用临界区的操作；第二部分是接到广播请求后进程应采取的行动。第一部分由 3 部分组成：首部——使用临界区前的准备活动；临界区段；尾部——使用完临界区后应执行的活动。程序中使用的变量 clock 是时标函数使用的局部计数器。程序中执行的操作。

（1）broadcast(request,clock,i) 表示从进程 i 发出类型为 request，时标为 clock 的信息给其他所有信息。

（2）wait(access, token) 表示执行该操作的进程等待，直到接收到类型为 access 的信息为止。之后将所带的令牌值 token 放在令牌数组 token[i] 中。

（3）send(j, access, token) 向进程 j 发送类型为 access，带有时标为 token 的信息。与 wait 相对应。

（4）received(request,t,j) 从进程 j 接收类型为 Request，时标为 t 的信息。与 broadcast 相对应。

这个算法需要的信息量为以下任意之一：

（1）当请求进程没有持有令牌时，需要 n 个信息：$n-1$ 个广播请求信息，1 个信息用于传输令牌。

（2）持有令牌时，不需要信息。

10.7　分布式进程死锁问题

分布式系统与集中式系统相比，死锁涉及的问题更加复杂。下面集中讨论资源分配和信息通信中可能产生的死锁问题。

10.7.1　资源分配中的死锁

在前面章节中已经介绍了资源分配中死锁产生的 4 个必要条件：互斥条件、请求和保持条件、不剥夺条件、环路等待条件。

解决死锁的办法是防止形成环路等待，或检测到实际或隐含的死锁存在时才实际解除。

在分布式系统中，由于资源是分布在各个不同的结点上而且控制各进程对资源存取的进程又不掌握系统完整的、最新的全局状态，因此必须依据各结点的局部信息进行决策。

在分布式死锁管理中面临的困难是存在假死锁的现象。图 10-18 给出了假死锁的示意图。图中的标记 $P_1 \rightarrow P_2 \rightarrow P_3$ 表示 P_1 只阻塞等待 P_2 所持有的资源，P_2 阻塞等待 P_3 所持有的资源。假定 P_3 持有资源 R_a，P_1 持有资源 R_b。若 P_3 先释放资源 R_a 再请求资源 R_b。若释放资源的信息在请求资源的信息之前到达环路检测进程，那么，图 10-18（a）正确地反映了资源请求情况，即 P_2 得到了 P_3 释放的资源，从而删除了 P_2 到 P_3 的有向边，P_3 请求 R_b 形成了 P_3 到 P_1 的有向边。由于没有形成环路，故系统没有死锁存在。但若请求信息在释放资源的信息之前到达环路检测进程，则系统登记了一个死锁，如图 10-18（b）所示。显然，这次检测到的不是真正的实际存在的死锁。这种原因正是由于没有全局状态图而引起的。

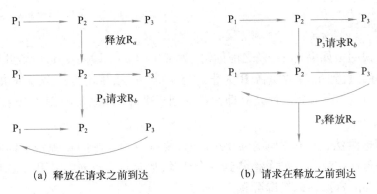

(a) 释放在请求之前到达　　　　　(b) 请求在释放之前到达

图 10-18　假死锁示意图

1. 死锁的预防

在前面章节中讨论的两个预防死锁的方法在分布式系统中同样可以使用，它们是：

（1）破坏环路等待条件，它是通过为资源类定义一个线性顺序来实现的。

（2）破坏请求和保持条件，它是通过为运行进程分配所需全部资源，若不能同时满足所需的资源，则让其等待。这个方法的效率相对比较低：一方面，为满足资源请求，进程需长期等待；另一方面，进程在实际运行时可能只需要少量资源就可以前进，而绝大部分资源长时间不用，从而推迟了使用这些资源的其他进程的执行。

这两个方法都要求进程预先决定它的资源需求，这一般是不可能的。数据库应用中的很多例子说明了这个问题。在数据库应用中，绝大多数的数据新项都是动态加入数据库中的。

这里讨论在数据库应用中使用时标的两个算法。在数据库应用中，每个事务（通常不用进程）在其整个生命期内都携带它创建时的时标，各事务严格按顺序建立。如果事务 T_2 请求的是已经被事务 T_1 使用的一个资源 R，解决这个冲突是通过比较它们的时标来实现的，其目的在于防止形成环路等待条件。这里使用的两个方法，一个称为 wait-die（等死）法，另一个叫 wound-wait（损伤等待）法。

假定事务 T_1 当前持有资源 R，T_2 释放了对资源 R 的一个请求。

对于 wait-die 法，资源 R 所在结点中的资源分配程序使用如下算法：

```
if(e(T₂)<e(T₁))
   halt T₂;
else
   kill T₂;
```

这里 $e(T_1)$、$e(T_2)$ 分别指示两个事务的时标。算法说明：如果 T_2 在 T_1 之前创建（$e(T_2) < e(T_1)$），则 T_2 阻塞，等待 T_1 释放资源 R；如果 T_2 在 T_1 之后创建，则 T_2 仍以先前的时标（$e(T_2)$）重新启动（撤销后再重新创建）。由此可见，早创建的事务其优先级高。一个被撤销的事务以它先前的时标重新创建，这样它的优先级逐渐增高。这个算法不需要让每个结点都知道全部资源的分配状态，只需要知道请求资源事务的时标就可以了。

对于 wound-wait 法，执行算法如下：

```
if(e(T₂)<e(T₁))
   kill T₁;
```

```
else
    halt T₂;
```

这个算法说明：如果 T_2 在 T_1 之前创建，则撤销 T_1，立即满足 T_2 的资源请求，否则，让 T_2 阻塞等待，直到 T_1 释放资源 R 为止。与 wait-die 法相比，一个事务决不等待比它创建晚的事务所持有的资源，而是立即撤销晚创建事务，以满足早创建事务的资源请求。

2. 死锁的检测

采用死锁检测法，当进程请求资源时，只要有空闲未用的资源就立即满足其要求，之后才决定是否存在死锁。如果检测到一个死锁，则从涉及死锁的进程中选择一个进程，要求它释放必要的资源，以解除死锁。

分布式死锁检测的困难是每个结点仅知道它自己拥有的资源，而一个死锁可能涉及各个分布的资源。为此，可根据系统控制的方式是集中式、分层式还是分布式，采取不同的方法。

如果系统是集中式的控制，即有一个结点负责死锁检测。所有请求和释放资源的信息都发送给中心进程以及控制特定资源的进程。由于中心进程有一个完整的图形描述，它负责死锁的检测。这个方法需要很多的通信信息，而且一旦中心结点故障，算法将不起作用。另外，可能检测到假死锁，如图 10-18 所示。

对于分层控制，所有结点组成一个树形结构，一个结点充当树根。除叶结点外，所有结点都要收集所有相关结点的有关资源分配的信息。它允许在比根结点低的各级上进行死锁检测。尤其对于涉及一组资源的死锁进程，死锁的检测是由它们的公共祖先结点进行的。

对于分布式控制，系统中的所有进程合作实现死锁的检测。为此，相互之间必须交换相当多的时标信息，因此系统开销很大。

10.7.2 消息通信中的死锁

1. 相互等待

在消息通信中，当一组进程中的每一个进程都正等待该组的另一个成员进程发送消息，而又没有消息正在传输时，死锁发生。

为了分析这种情况，定义一个进程的相关集（Dependence Set，DS）。对于阻塞等待信息的进程 P_i，它的相关集 $DS(P_i)$ 由所有向 P_i 发送消息的进程组成。典型情况下，P_i 只要得到所希望的任何一个消息，它都可以前进。通常情况下，仅在 P_i 得到它所希望的全部信息时才能前进。这里主要讨论前一种情况。

在集合 S 中所有进程的死锁可定义如下：
（1）集合 S 中的所有进程阻塞等待消息的到来。
（2）S 包含了集合 S 中所有进程的相关集。
（3）在 S 的各成员之间没有消息正在传递。

S 中的任何一个进程都处于死锁状态，因为没有一个进程在接收到消息之前释放消息。用图形表示时，消息死锁和资源死锁之间是有区别的。对于资源死锁，当图中有一个闭环回路时，就有死锁存在。它表示请求资源的进程依赖于正持有资源的另一个进程；

对于消息死锁，死锁的条件是 S 中任何后继成员本身就是 S 中的一个成员，即 S 的图是一个死结。图 10-19 给出了这种情况。对于图 10-19（a），P_1 正等待来自或者 P_2 或者 P_3 的信息，而 P_3 没有等待任何消息。这样，一旦 P_3 释放这个消息就可以发送给 P_1。结果（P_1，P_3）和（P_1，P_2）链可以删除。因此，图 10-19（a）不存在死锁。但图 10-19（b）增加了一个依赖关系：P_3 正等待 P_2 的消息。因此，它存在一个死结，于是死锁发生。

与资源死锁一样，消息死锁也可以通过预防或检测的方法破坏死锁的发生。

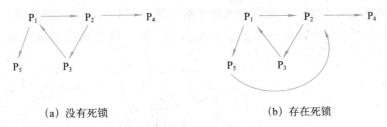

(a) 没有死锁　　　　　　　　(b) 存在死锁

图 10-19　消息通信中的死锁

2. 没有空闲可用的消息缓冲区

消息传递系统中产生死锁的另一个途径是通过分配消息缓冲区存储正在传输的消息形成的。这种死锁只在分组报文交换数据网络中才有。

在数据网络中形式最简单的死锁是直接的存储转发死锁。如果分组报文交换结点使用一个公共缓冲池，那么为请求的报文信息分配缓冲区时可能产生这类死锁。图 10-20（a）给出了这种情况。从图中可以看出，结点 A 中所有缓冲空间都指定为向结点 B 发送的报文占用，而结点 B 中的缓冲区全部指定为向结点 A 发送的报文占用。由于缓冲池满再没有一个结点能接收对方的报文，因此在任何链上既没有结点可以发送，也没有结点可以接收。这种直接存储转发死锁可以通过不将全部缓冲区指派给任何一个单向链来预防。为此，需要使用两个独立的固定尺寸的缓冲区，每个链具有一个方法来预防死锁。即使仍用一个公共的缓冲池，只要不允许任何一个单向链获得全部缓冲区就可避免死锁。

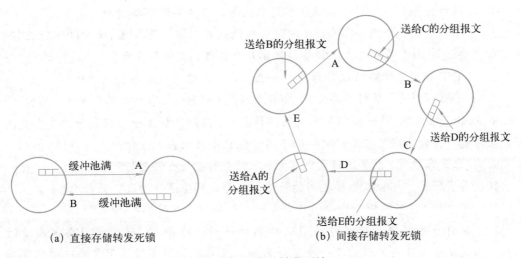

(a) 直接存储转发死锁　　　　　　　　(b) 间接存储转发死锁

图 10-20　存储转发死锁

图 10-20（b）给出了更难想象的死锁形式——间接存储转发死锁。从图中可以清楚地看到，对于每个结点，一个方向上相邻结点的队列都是满的，已指派给间隔一个结点的报文数据占用。防止这类死锁的一个简单方法是利用一个结构缓冲池，如图 10-21 所示。这种缓冲区按分层的形式组织。0 级存储器的缓冲池是没有限制的，它用来存储任何进入的报文。从 1 级到 n 级（n 是任何网络路径的最大转发（hop）数）的缓冲区容量按下面方法保留：第 k 级缓冲区容量为到目前为止至少已经转发的 k 级转发数。因此，在负载较重时，从 0 级到 n 级缓冲区逐渐被填充。如果直到 k 级的缓冲区已被填满，已经覆盖 k 个或少于 k 个转发到达的数据报文被放弃。从而消除了直接和间接存储转发的死锁。

图 10-21 预防死锁的结构化的缓冲池

习 题

1. 举出分布式系统相对于集中式系统的优点和缺点。

2. 说明分布式系统的不同结构特点。

3. 集中式系统是否自动具有并发透明性这种特性？

4. 在设计分布式系统时，应该注意什么问题，努力实现哪些功能？

5. 一个试验型文件服务器在 3/4 的时间内能正常工作，而其他 1/4 时间不能正常工作，如果要达到 99% 的可用性，需要再复制几台这样的文件服务器？

6. 在 OSI 模型中网络协议分为 7 个层次，每个网络协议层各有何作用？

7. 在 OSI 模型的七层网络协议中，哪几个层是实现网络互联所必不可少的？为什么？

8. 在分层协议中，每一层都加有自己的信息头。显然只加上一个信息头效率会更高，可在该信息头包含所有的控制信息，而不用分散到各层里去。为什么不这样做？

9. 什么是客户机/服务器模型？客户机/服务器模型有哪些好处？

10. 要实现客户机和服务器之间的通信，需要有哪些通信协议？为什么？

11. 客户机/服务器模型致命的弱点是什么？如何去克服它？

12. 在许多系统中，在调用 send 时会启动一个计时器，以防止当服务器崩溃时，客户方永远地等待下去。假设有一个容错系统，客户机和服务器是用多处理机实现的，所以在这个系统中客户机或服务器崩溃的可能性基本上等于 0。从这样的系统中去掉计时器是安全的吗？

13. 一般执行一个 RPC 包括哪些步骤？

14. 分布式系统中也可模拟单处理机中的死锁算法，应该如何模拟呢？

15. 怎样避免在分布式系统中检测出虚假的死锁呢？

16. 分布式文件系统的主要功能有哪些？

17. 在分布式系统中，一般采用什么方法保护文件？

18. 分布式文件系统中的目录有些什么功能？

参 考 文 献

[1] 陈向群，杨芙清. 操作系统教程 [M]. 北京：北京大学出版社，2001.

[2] 张尧学，史美林. 计算机操作系统教程 [M]. 2 版. 北京：清华大学出版社，2000.

[3] 张丽芬. 操作系统原理与设计 [M]. 北京：北京理工大学出版社，1997.

[4] 谭耀铭. 操作系统 [M]. 北京：中国人民大学出版社，1999.

[5] 史杏荣，杨寿保 [M]. 操作系统原理与实现技术 [M]. 合肥：中国科学技术大学出版社，1997.

[6] 胡宁. Linux 学习教程 [M]. 北京：北京大学出版社，2000.

[7] 蒋静，徐志伟. 操作系统原理、技术与编程 [M]. 北京：机械工业出版社，2004.

[8] 何炎祥，宋文欣，等. 高级操作系统 [M]. 北京：科学出版社，1999.

[9] 孙钟秀. 操作系统教程 [M]. 北京：高等教育出版社，2003.

[10] 孟庆昌. 操作系统 [M]. 北京：电子工业出版社，2008.

[11] 邹恒明. 计算机的心智：操作系统之哲学原理 [M]. 北京：机械工业出版社，2009.

[12] 罗宇，邹鹏，邓胜兰. 操作系统 [M]. 2 版. 北京：电子工业出版社，2008.

[13] 吴旭光，何军红. 嵌入式操作系统原理与应用 [M]. 北京：化学工业出版社，2007.

[14] 汤小丹，梁红兵，哲凤屏，等. 现代操作系统 [M]. 北京：电子工业出版社，2008.

[15] TANENBAU A S. 现代操作系统 [M]. 2 版. 陈向群，马洪兵，译. 北京：机械工业出版社，2009.

[16] STALLINGS W. 操作系统：精髓与设计原理 [M]. 7 版. 蒲晓蓉，周瑞，译. 北京：电子工业出版社，2013.

[17] 温静. 计算机操作系统原理 [M]. 武汉：武汉大学出版社，2014.